中国林业国家碳库与预警机制

National Forestry Carbon Pool and Its Early-Warning Mechanism in China

杨红强　聂　影　著

U0262548

国家社会科学基金重点项目（14AJY014）
江苏省"333 工程"科研项目（BRA2018070）　共同资助

科 学 出 版 社

北 京

内 容 简 介

本书全面分析了全球气候变化的发展趋势和欧美发达国家应对气候变化的响应机制，论证了林业兼具减缓和适应气候变化的双重功能，甄选了国际森林碳汇(生物量和价值量体系)及林产品碳储的计量模型，构建了复合链式结构下国家林业碳库测度模型，设计了基于森林碳汇与林产品碳储关联消长机理的中国林业国家碳库的系统框架，探讨了中国林业国家碳库计量与预测的建模原理，测度了中国林业国家碳库水平和发展趋势，建立了中国林业国家碳库安全标准及预警机理，提供了中长期林业国家碳库管理策略。

本书可作为高等院校资源经济学、林学、生态学、环境科学和管理科学等学科相关专业的研究生教材，也可为涉及国际关系、气候变化、生态保护、环境监管的政府管理部门及参与碳交易的市场机制设计者，以及关注生态文明建设事业的各级决策者、研究人员及管理工作者提供决策参考。

图书在版编目(CIP)数据

中国林业国家碳库与预警机制 = National Forestry Carbon Pool and Its Early-Warning Mechanism in China / 杨红强，聂影著. —北京：科学出版社，2021.5

ISBN 978-7-03-066288-0

Ⅰ. ①中… Ⅱ. ①杨… ②聂… Ⅲ. ①林业–碳–储量–研究–中国 Ⅳ. ①S7

中国版本图书馆 CIP 数据核字(2020)第 190524 号

责任编辑：刘翠娜 孙静惠 / 责任校对：王萌萌
责任印制：吴兆东 / 封面设计：蓝正设计

科 学 出 版 社 出版
北京东黄城根北街 16 号
邮政编码：100717
http://www.sciencep.com

北京中石油彩色印刷有限责任公司 印刷
科学出版社发行　各地新华书店经销
*
2021 年 5 月第 一 版　开本：787×1092 1/16
2021 年 5 月第一次印刷　印张：19 3/4
字数：450 000
定价：158.00 元
(如有印装质量问题，我社负责调换)

作 者 简 介

杨红强 南京林业大学教授、博导，南京大学经济学博士后。江苏省"333 工程"第二层次中青年科技领军人才、南京林业大学文科学术领军英才、国际著名学术期刊 *Forest Policy and Economics* 副主编。担任中国林业经济学会林产品贸易专业委员会副主任委员、USDA Forest Service 环境政策咨询专家等职。主持国家社会科学基金项目、国家自然科学基金项目、教育部人文社会科学基金项目及省部级科研课题 20 余项。在 *Journal of Forest Economics*、*Forest Policy and Economics*、《自然资源学报》、《资源科学》、《中国人口·资源与环境》等国内外重要期刊发表科研论文百余篇。在人民出版社等权威机构出版学术专著及教材 6 部。科研成果获教育部高等学校科学研究优秀成果奖（人文社会科学）及江苏省哲学社会科学优秀成果奖等多项。

科研领域：林产品贸易与环境、气候变化与资源经济、资源安全理论与政策。

聂影 南京林业大学教授、博导，原金陵科技学院校长，现任国家林业和草原局林产品经济贸易研究中心主任。主持和承担林业部"八五""九五"重大科技攻关项目及省部级科研项目 20 余项。在 *Forest Policy and Economics*、《农业经济问题》和《中国农村经济》等国内外学术期刊发表科研论文百余篇。出版《中国木材流通论》《中国林产品：流通、市场与贸易》等论著和教材 10 余部。研究成果获原林业部科技进步奖及江苏省哲学社会科学优秀成果奖等多项。

科研领域：林产品贸易与市场、林业经济管理、国际贸易理论与政策。

序

2020 年 9 月 22 日，国家主席习近平在第七十五届联合国大会一般性辩论上发表重要讲话："应对气候变化《巴黎协定》代表了全球绿色低碳转型的大方向，是保护地球家园需要采取的最低限度行动，各国必须迈出决定性步伐。中国将提高国家自主贡献力度，采取更加有力的政策和措施，二氧化碳排放力争于 2030 年前达到峰值，努力争取 2060 年前实现碳中和。"[①]

作为一个林业工作者，通过学习习主席的重要讲话，我深切地体会到中国作为世界大国"2030、2060 减排目标"的表态，彰显了我国在应对气候变化中的大国责任和担当。同时，也深刻体会到作为最大的发展中国家和全球第一大温室气体排放国，我国正面临着越来越大的国际减排压力。面对全球气候变暖、森林减少、湿地退化、土地沙化、物种灭绝、水土流失等一系列生态危机，森林可持续经营已成为国际社会共同关注的焦点和全球森林问题的核心。

气候变化是近 20 年来全球十大环境问题的首要难题。气候变化不仅仅是环境问题，更是涉及世界各国社会经济发展的重大战略问题。在全球气候变化严峻的背景下，如何应对和缓解气候变化成为当今各国亟待解决的主要问题之一。

森林是陆地生态系统的主体，是发展绿色低碳循环经济的自然资本和经济社会可持续发展的生态基础。坚持绿色发展理念，扩大森林面积，提高森林质量，增强生态服务功能，"绿色惠民，绿色富国"为我们林业工作者提供了难得的战略机遇。

生态系统吸收碳可以来自很多方面，森林、草地、农田、湿地都可以，在中国，目前最成功的是森林。我们可喜地看到，联合国报告指出，全球近年绿地面积扩大主要来自中国和印度，而中国比印度高很多倍。发展森林是应对气候变化的良策。中国森林资源处在数量增长、质量提高的稳步发展时期，在应对气候变化中发挥着不可替代的作用。根据第九次全国森林资源清查结果，我国森林面积 2.2 亿 hm²，人工林面积 8000 万 hm²并居世界首位，资源总量居于世界首位，森林碳汇潜力巨大。林业在全生命周期内具有碳汇和碳储以及减缓气候变化的价值，林业系统(森林碳汇和林产品碳储)是气候变化中维持全球碳平衡，继而能够控制一国碳量变化的重要碳库。林业作为不可替代的能够实现减缓气候变化的战略行业，已成为国际社会的普遍共识，也是气候变化国际谈判的重要组成部分。把林业纳入中国适应和减缓气候变化的重点领域，中国林业在行动，全社会林业科研工作者更应认真研究并付诸行动，《中国林业国家碳库与预警机制》就是这方面科学研究的代表专著。

杨红强教授是江苏省"333 工程"科技领军人才和南京林业大学文科学术领军英才，是国内外资源经济学造诣深厚的青年学者，更难能可贵的，杨红强教授是跨学科领域(资

源经济学—林业科学—产业生态学)认真从事学术研究的知名学者。他及团队的学术专著《中国林业国家碳库与预警机制》，以及十余年来承担的国家社会科学基金、国家自然科学基金项目的科学探索和在国内外重要期刊发表的一大批高质量学术论文，就是最好的例证。

《中国林业国家碳库与预警机制》是一部具有创新研究性的科研专著。它强调了应对气候变化的林业功能要高度重视林业的气候价值，加快构建中国林业国家碳库，科学评估中国林业国家碳库水平，均具有重要的科学理论价值。其一，科学论证我国森林资源的碳汇能力，系统评价林业国家碳库的综合水平，能够为"国家温室气体清单"报告和预期气候谈判提供科学依据；其二，科学核算国际贸易中林产品的碳储存和碳流动，建立中长期林产品贸易的碳流动监测体系，能够为预期林产品贸易携带的碳价值计价和交易提供依据；其三，统筹森林碳汇和林产品碳储至统一的中国林业国家碳库，对于动态监测中国碳库水平并提供预警反应，积极地应对气候谈判并争取碳责任分担的最优议价，具有重要现实意义。

《中国林业国家碳库与预警机制》是一部理论性、系统性和实践性很强的学术专著。其一，它全面归纳并梳理了气候变化及其发展趋势，总结了发达国家应对气候变化的响应机制和中国应对气候变化的主张与行动；其二，它规范论证了气候变化的森林碳汇机理和林产品碳储机理，对森林碳汇和林产品碳储的核算模型进行了科学甄选与优化；其三，它系统解析了中国森林碳汇和林产品碳储对林业碳库的输入机理，创新构建了中国林业国家碳库的系统框架；其四，它科学论述了中国林业国家碳库气候价值的输入输出的安全标准及预警机理，特别难能可贵的是，本书对"2015～2030年中国林业国家碳库水平"进行了安全评估。

结语，我想说"一本好书，就是一个迷人的世界"。

我们要遵循并牢记，国家主席习近平在第七十五届联合国大会上重要讲话的结语："历史接力棒已经传到我们这一代人手中，我们必须做出无愧于人民、无愧于历史的抉择"。[①]

以自勉和互勉。

曹福亮

中国工程院　院士

南京林业大学　教授　博士生导师

2020 年 11 月 20 日于南京

---

① 新华社. 习近平在第七十五届联合国大会一般性辩论上发表重要讲话[EB/OL]. (2020-09-22) [2020-10-01]. http://www.gov.cn/xinwen/2020-09/22/content_5546168.htm.

前　言

气候变化是近二十年来全球十大环境问题的首要难题，直接关系着人类生存以及各国在气候谈判中政治经济利益的再分配，中国作为碳排放的重要发展中国家，在气候变化中面临着严峻的环境制约问题。我国林业的中长期定位将明确从传统林业转型为生态林业的优先发展，在生态建设中林业要处于首要地位，在应对气候变化中要将林业作为战略选择。减缓气候变化，一是减少温室气体碳排放(源)，二是增加温室气体碳吸收(汇)，林业在应对气候变化及增加温室气体的碳吸收中具有特殊的生态功能，林业全生命周期均具有碳汇和碳储并减缓气候变化的价值。林业系统是气候变化中维持全球碳平衡的难以替代且能够控制一国碳量变化的重要碳库。作为"国家温室气体清单"的重要组成部分，一国林业国家碳库决定着其未来气候谈判中经济发展的减排责任和碳贸易的谈判议价能力。构建我国森林碳汇及木质林产品碳储的综合林业国家碳库，有利于为"国家温室气体清单"报告和预期气候谈判提供科学数据；也有助于动态监测中国碳库水平并提供预警，为积极应对气候谈判并争取碳责任分担的最优议价提供科学依据。

本专著首次提出中国林业国家碳库的理论图谱和创新体系，旨在系统评价国家林业碳库的综合减排潜力，并据此建立中长期林产品贸易的碳流动监测体系，继而动态评估中国林业碳库水平及预警响应机制。本专著通过运用物质流分析法、对比分析法与情景分析法等研究方法，力求理论和实际相结合，在定性分析的基础上量化中国林业国家碳库的安全水平标准和预警响应。本专著系统研究了中长期林业国家碳库管理策略，在完善国家林业碳库标准体系、统筹优化林业碳库产业链、监管调控碳汇市场与贸易碳流动以及碳市场顶层设计与反馈等层面提供了改革建议。在本专著中，中国应对气候变化的主张与行动、IPCC(联合国政府间气候变化专门委员会)框架下林产品碳储核算模型甄选及优化、中国森林碳汇与林产品碳储的关联消长机理、中国森林碳汇量与木质林产品碳储量的评估与预测、系统完善碳交易制度设计、合理配置碳限额与碳关税等杠杆政策等章节均为气候变化与林业碳科学的研究热点和重点问题。本专著对于系统认识林业在应对气候变化中的适应性和作用规律，并应用于实现国家气候减排目标方面具有重要的指导意义。

目　　录

第二部分　中国林业国家碳库的理论基础

摘　要

气候变化是近二十年来全球十大环境问题的首要难题，关系着人类的生存以及各国在气候谈判中的政治经济利益的再分配，中国作为碳排放的重要发展中国家，在气候变化中面临着严峻的发展环境制约问题。2020 年 9 月，中国国家主席习近平在第七十五届联合国大会上指出："应对气候变化《巴黎协定》代表了全球绿色低碳转型的大方向，是保护地球家园需要采取的最低限度行动，各国必须迈出决定性步伐。"①林业在应对气候变化中、在生态建设和绿色低碳发展中处于重要地位。林业的全生命周期均具有碳汇和碳储并减缓气候变化的价值，林业系统(森林碳汇和林产品碳储)是气候变化中维持全球碳平衡的难以替代且能够控制一国碳量变化的重要碳库。基于中国自身发展和应对气候变化的国际责任，高度重视气候变化并采取有效的措施，符合中国经济可持续发展的内在要求。减少温室气体的碳排放除了寄托于较长期科技创新及技术进步对产业高效产出的新贡献，合理利用目前能实现的碳吸收和碳储存是最优化的选择，林业作为不可替代的能够实现减缓气候变化的战略产业，从生态功能上远远没有发挥其应贡献的特殊功能，构建中国林业国家碳库的任务现实而迫切。

第九次全国森林资源清查结果显示，中国森林面积 2.2 亿 hm^2，人工林面积居世界首位，总体资源总量居于世界前列，森林碳汇潜力巨大。但目前存在的问题是，传统的加工贸易模式使中国成为木材加工大国，加工业大国又严重依赖资源消耗，导致中国木材安全问题日益突出，除了大量消耗本国森林资源，每年仍需进口约 2 亿 m^3 木材，进口依存度超过 45%，目前中国是世界最大的林产品进口国和出口国，林产品贸易的利润收益仅仅获取了加工贸易的廉价人力成本红利，而其中林产品碳储存并未被作为价值计量和交易。在应对气候变化和中国林业中长期规划中，林业要在应对气候变化中成为战略选择，林业发展的方向要从加工林业向生态林业转变。

应对气候变化的林业功能要高度重视林业的气候价值，加快构建中国林业国家碳库，科学评估中国国家林业碳库水平，具有以下方面的重要价值。其一，科学论证我国森林资源的碳汇能力，系统评价林业国家碳库的综合水平，能够为"国家温室气体清单"报告和预期气候谈判提供科学数据；其二，科学核算国际贸易中林产品的碳储存和碳流动，建立中长期林产品贸易的碳流动监测体系，能够为预期林产品贸易携带的碳价值计价和交易提供依据；其三，统筹森林碳汇和林产品碳储至统一的中国林业国家碳库，对于动态监测中国碳库水平并提供预警反应，积极应对气候谈判并争取碳责任分担的最优议价，均具有重要现实意义。

本专著主要从四个部分十七章来系统论证中国林业国家碳库及预警机制。主要的研究内容涉及以下方面。

---

① 新华社. 习近平在第七十五届联合国大会一般性辩论上发表重要讲话[EB/OL]. (2020-09-22) [2020-10-01]. http://www. gov.cn/xinwen/2020-09/22/content_5546168.htm.

第一部分，气候变化与发达国家的应对策略。本部分是课题的背景研究，主要结合气候变化的发展走势，梳理美欧等发达国家和地区应对气候变化的响应机制及借鉴经验，分析当前及未来中国在全球气候框架中面临的重大问题，为系统建立中国林业国家碳库厘清实践图谱和系统脉络。具体研究内容涉及三章：气候变化及其发展趋势、发达国家应对气候变化的响应机制、中国应对气候变化的主张与行动。研究发现：第一，全球气候系统变暖已是不争的事实，人类在工业化进程中的经济、社会行为是导致全球变暖的主要诱因，而全球变暖这个问题又进一步引发了一系列全球气候系统变化的问题。第二，作为陆地生态系统最大的有机碳库，林业兼具减缓和适应气候变化的双重功能，发达国家致力于不同的林业管理方式，充分发挥林业碳库的经济效益和社会效益，促进各国温室气体减排目标的实现。第三，中国高度重视气候变化问题，并把林业纳入中国适应和减缓气候变化的重点领域，应对气候变化，中国林业在行动。

第二部分，中国林业国家碳库的理论基础。此部分是课题的理论基础，结合林业国家碳库的两个主要系统，分别论证森林碳汇及林产品碳储的碳吸纳机理，继而比较和甄选森林碳汇（生物量和价值量体系）及林产品碳储的国际认可的核算模型，初步构建中国林业国家碳库虚拟系统。研究内容涉及以下五章：气候变化的森林碳汇机理、气候变化的林产品碳储机理、中国森林碳汇核算模型系统甄选、中国林产品碳储核算模型甄选及优化、中国林业国家碳库虚拟系统。研究发现：第一，森林碳增汇是森林碳储增加的过程，也是森林碳汇的碳吸纳机理，通过森林碳增汇起到减少大气中温室气体、缓解气候变化的作用。第二，应对气候变化中，林产品的减排贡献主要表现为碳储功能和替代功能，是林产品碳储机理的体现。第三，目前中国尚未有统一的森林碳汇核算模型，本专著提出了构架 FPCM 模型核算和监测森林生态系统的碳收支情况。第四，中国作为木质林产品进口大国，储量变化法视产品进口为本国碳储增加，数据处理不确定性低，适用于中国；生产法现为 IPCC 建议的主流核算方法，基于此，本专著认为结合两种方法能够实现中国林产品碳储计量方法的优化。第五，基于国家碳库的梳理框架和运行机理，构建复合链式结构下林业国家碳库测度模型以科学评价和厘清我国在应对气候变化中的碳责任分担。

第三部分，中国林业国家碳库的内生机理。本部分是课题研究的核心内容，通过论证组成林业国家碳库的虚拟系统活动，分析森林碳汇及林产品碳储影响林业碳库的内生机理，结合系统内在的关联影响，从动态上把控对林业国家碳库的系统功能调节，据此从系统结构与系统功能上实现中国林业国家碳库的构建框架。具体研究内容包括以下四章：中国森林碳汇对林业碳库的输入机理、中国林产品碳储对林业碳库的输入机理、中国森林碳汇与林产品碳储的关联消长机理、中国林业国家碳库的系统框架。研究发现：第一，森林碳汇对林业碳库的输入机理包括正向输入和负向输入，两个角度结合阐明森林子库与林业碳库之间的碳流路径。第二，林产品对林业碳库的输入机理包括正向输入和负向输入两方面，其均与林产品的碳储功能及林产品进出口贸易密切相关。第三，协同考虑森林碳汇与林产品碳储两个子系统的关联消长机理，包括对森林碳库与林产品碳库间互相作用影响，这样既遵循森林的可持续发展理论，又能长期保持森林的产品供应能力。

　　第四部分，中国林业碳库水平与预警响应。本部分是课题的应用研究环节，通过比较甄选中国林业国家碳库计量与预测方法，分析林业国家碳库安全标准及预警机理，运用模型对林业国家碳库水平进行评估与预测，设置中国林业国家碳库安全水平与预警响应，为具体落实国家碳库应对气候变化的系统职能，最终提供中长期中国林业国家碳库管理策略。具体研究内容涉及以下五章：中国林业国家碳库计量与预测方法、中国林业国家碳库安全标准及预警机理、中国林业国家碳库水平评估与预测、中国林业国家碳库安全水平与预警响应、中长期中国林业国家碳库管理策略。研究发现：第一，森林碳汇与林产品碳储通过森林管理的衔接与过渡方面，存在数理逻辑的不足，因此林产品碳储计量中林产品的最终使用无法量化。第二，如果中国林业碳库能够在中国碳排放达到峰值时对经济活动"超额碳排放"的总抵偿性支出不超过中国林业碳库未来所能达到的上限，中国林业碳库在长期上仍然能够处于相对安全状态。反之，如果突破这个临界点，中国将面临进口排放权的境地。第三，预测结果表明中国林业国家碳库在 2015～2030 年间仍将保持增长，到 2030 年中国林业国家碳库总碳储量为 223.6 亿 t。第四，对中国林业国家碳库预警预测结果显示，中国如能按照中速(年减排幅度 5.53%)和高速(在中速情景基础上逐年增加 0.1 个百分点)减排情景不断降低经济活动碳排放强度，中国林业国家碳库处于安全水平，无预警压力；但在低速减排情景下，其不断攀升年抵偿支出量表明中国林业国家碳库存在进一步恶化的可能。

　　本专著的核心研究结论涉及以下方面。

　　第一，中国林业国家碳库历史水平估计：其中森林碳库 1993～2013 年处于稳定上升趋势且增速较大，1993 年中国森林碳汇为 117.43 亿 t，2013 年增长至 175.37 亿 t，净增量为 57.94 亿 t，增幅达到 49.34%；此外，中国木质林产品截至 2015 年，全生命周期形成碳储 12.16 亿 t，约占总木纤维投入的 55.40%，其中制造、使用和废弃三个环节分别占 1.40 亿 t、8.96 亿 t 和 1.8 亿 t。第二，中国林业国家碳库未来水平预测与评价：在 2015～2030 年间仍将保持增长，到 2030 年中国林业国家碳库总碳储量为 223.6 亿 t，其中森林碳汇 201.3 亿 t，木质林产品碳储 22.3 亿 t。中国林业国家碳库累计增加 34.9 亿 t，其中森林碳汇和木质林产品碳储分别贡献 23.2 亿 t 和 11.7 亿 t。第三，中国林业国家碳库预警的量化结果表明：中国如能按照中速(年减排幅度 5.53%)和高速(在中速情景基础上逐年增加 0.1 个百分点)减排情景不断降低经济活动碳排放强度，中国林业国家碳库处于安全水平，无预警压力；当中国按照低速(年减排幅度 3.88%)减排情景所假设的减排力度降低经济活动的碳排放强度时，其不断攀升年抵偿支出量表明中国林业国家碳库存在进一步恶化的可能。第四，完善林业国家碳库标准体系方面，分别表现在林业国家碳库体系施用与响应、碳管理机构与技术标准建立及国家林业碳库体系数据库完善三个方面。第五，统筹优化林业碳库产业链方面，本专著从森林资源可持续管理和优化使用、林产品碳储存及其生命周期优化，优化废弃林产品处理三个方面进行了讨论，提出了具体的优化策略。

　　本专著对中长期中国林业国家碳库管理策略提供了改革建议。

　　首先，完善国家林业碳库标准体系。其一，林业碳库体系是进行林业碳计量的理论基础，要加强国家林业碳库体系的建设完善，响应国家林业碳库体系中预警机制；其二，碳管理机构与林业碳库技术标准是国家开展林业碳库管理的技术基础，要落实林业碳库管理机构部署，加快技术标准体系建设，同时加强林业科学技术与政策研究；其三，国家林业碳库数据库制约了碳库体系的评估精准度，需要从森林资源清单数据库、林产品生命周期数据库两方面入手进行改进与完善。

其次，统筹优化林业碳库产业链。其一，森林资源减缓气候变化可以通过增加森林碳储量、减少森林的碳排放与可持续利用森林资源来实现；其二，林产品碳储存减排效应的优化可通过延长林产品的使用寿命、增加硬木类等使用寿命较长的林产品比重等来实现，同时应重视林产品生命周期排放核查，提高林产品的碳库管理效能；其三，废弃林产品处理的优化可通过垃圾焚烧能源化利用、填埋地废弃物产生的甲烷收集并能源化利用、增加废弃林产品回收再利用率等方式来实现。

再次，监管调控碳汇市场与贸易碳流动。其一，中国林业碳汇交易存在值得改进的重点问题，要完善中国林业碳汇市场，要突破 CDM 制约，推进中国国内林业碳汇市场建设，并构建碳汇交易金融支持体系，培育市场参与主体，同时积极参与气候变化领域的国际活动，深入开展碳汇政策与计量研究；其二，基于消费者原则的碳量核算方法基础下，需要对中国林产品进出口贸易造成的碳流动进行监管，应建立贸易中林产品碳流动监管监测体系，基于监测可对中国林产品进出口结构碳流动进行优化调控。

最后，碳市场顶层设计与反馈展望。一是要构建现代化产业体系绿色低碳的生态理念，通过市场碳交易，促进产业结构向绿色低碳转型升级；二是要跟进国际气候谈判中森林与林产品相关谈判的最新进展，明确各种方法当前和预测期情境下对中国的直接和间接的影响；三是要合理配置碳限额与碳关税等杠杆政策，实行碳关税与碳限额的政策综合实施；四是要完善与建立中国碳金融市场体系，创新实践服务于碳交易市场的相关金融业务和衍生产品；五是要权衡碳市场中长期产业结构调整目标与短期保持经济稳定增长目标；六是要协同设计多种减排政策和机制，避免潜在政策冲突。

第一部分 气候变化与发达国家的应对策略

温室气体的大量排放及关联的全球气候变暖，已成为影响人类社会可持续发展的重要因素。积极应对和缓解全球气候变化，是世界范围共同关注的重大命题，应对气候变化中发达国家的响应策略，对于中国承担气候责任和采取针对措施具有借鉴意义。林业在减缓气候变化中的特殊功能，应得到足够重视和科学评估。

本专著第一部分的核心问题是气候变化与发达国家的应对策略。本部分共分为三章，即第一章至第三章，具体内容涉及气候变化及其发展趋势、发达国家应对气候变化的响应机制、中国应对气候变化的主张与行动。本部分是本专著的背景研究，主要结合气候变化的发展走势，梳理美欧等发达国家和地区应对气候变化的响应机制及借鉴经验，分析当前及未来中国在全球气候框架中面临的重大问题，为本研究系统建立中国林业国家碳库厘清实践图谱和系统脉络。

第一章　气候变化及其发展趋势

全球气候系统变暖已是不争的事实。人类在工业化进程中的经济、社会行为是导致全球变暖的主要诱因，而全球变暖这个问题又进一步引发了一系列全球气候系统变化的问题。应对气候变化，不仅仅是科学研究领域的焦点，也是当今国际政治、经济和外交的热点议题。合理界定碳排放责任、确定各国温室气体减排目标，是气候谈判的关键。林业在适应和减缓气候变化中的特殊作用，已成为国际社会的普遍共识，也是气候变化国际谈判的重要组成部分。本章首先通过梳理相关背景理清全球以及中国的气候现状，量化气候变化的过程及影响。然后就应对气候变化的国际评估报告、中国国家气候变化报告及林业相关议题把握气候变化问题的国际进程。最后总结国际社会应对气候变化采取的行动及相关气候变化谈判进展，分析不同国家和阵营在应对气候变化中所持立场，并就气候变化谈判主要涉林议题，评述林业在未来气候变化谈判中的议题进展。

第一节　气候变化问题相关背景

我们赖以生存的地球是一个极其复杂的系统，地球气候系统是构成这个地球系统的重要一环。在漫长的地球历史中，气候始终处在不断地变化之中。全球气候变化问题是目前国际政治、经济、法律、外交和环境领域的一个热点和焦点[1]。随着人类工业化的快速发展，经济社会大量地使用煤、石油等化石燃料，创造了巨大的物质财富，但同时也制造了大量的污染物和温室气体。温室气体的大量排放加剧了全球气候变暖，威胁人类社会的可持续发展。

1979 年在瑞士日内瓦召开的第一次世界气候大会上，科学家警告说，大气中二氧化碳（carbon dioxide，CO_2）浓度增加将导致地球升温①。气候变化第一次作为一个受到国际社会关注的问题提上议事日程。之后，国际社会为应对气候变化问题采取了一系列措施，包括 1988 年成立联合国政府间气候变化专门委员会（IPCC），专门负责评估气候变化状况及其影响等。1990 年，IPCC 首次发布评估报告，认为持续的人为温室气体排放将导致气候变化[2]。1991 年，联合国就制定《联合国气候变化框架公约》（UNFCCC）开始了多边国际谈判。

2013 年，在瑞典首都斯德哥尔摩，IPCC 第一工作组第五次评估报告及其决策者摘要发布。第一工作组报告指出，气候系统变暖的事实是毋庸置疑的，自 1950 年以来，气候系统观测到的许多变化是过去几十年甚至近千年以来史无前例的[3]。目前全球气候系统主要观测到了五个方面的变化：

---

① 中国网. 1979 年第一次世界气候大会召开[EB/OL]. (2011-11-18) [2018-12-15]. http://www.china.com.cn/international/zhuanti/cop17/2011-11/18/content_23951876.htm.

第一，大气观测事实。全球几乎所有地区都经历了升温过程。全球地表持续升温，近130多年（1880～2012年）来，全球地表平均温度上升约0.85℃；过去30年，每10年地表温度的上升幅度高于1850年以来的任何时期。在北半球，1983～2012年可能是过去1400年来最热的30年。

第二，海洋观测事实。海洋变暖导致气候系统中储存的能量增加，占1971～2010年储存能量的90%以上（高可信度）[4]。海洋上层（0～700m）在1971～2010年几乎肯定变暖，而在19世纪70年代至1970年则有可能变暖。从全球层面来看，海洋升温最大的是近表层。

第三，冰冻圈观测事实。在过去的20年里，格陵兰岛和南极冰盖已大量消失，世界范围内的冰川正在继续萎缩，而北极海冰和北半球春季积雪已经呈现持续减少的趋势。自20世纪中叶以来，北半球的积雪范围呈现减少的趋势。在1967～2012年期间，北半球3月、4月的积雪面积范围以每10年1.6%的速率在减少；而6月北半球的积雪面积范围则以每10年11.7%的速率在减少。

第四，海平面观测事实。自19世纪中叶以来，海平面上升的速度一直高于过去2000年的平均速度。自20世纪初以来，全球海平面平均上升速率在持续增加。在1901～2010年期间，全球海平面平均上升了0.19m。在末次间冰期，全球海平面持续几千年比现在高至少5m，但不会超过10m。

第五，碳与其他生物地球化学。大气中的CO_2、甲烷和氧化亚氮浓度已经上升到过去80万年来的最高水平。CO_2浓度已经比工业革命前水平上升了40%，这主要是因为化石燃料燃烧排放，其次是由于土地利用变化的净排放。另外海洋吸收了30%的人为CO_2排放量，从而导致海洋酸化。

从最新的IPCC评估报告可以看出，全球气候系统变暖已是不争的事实。人类在工业化进程中的经济、社会行为是导致全球变暖的主要诱因，而全球变暖这个问题又进一步引发了一系列全球气候系统变化的问题。

在全球变暖的大背景下，中国近百年的气候也发生了明显变化[5]。总体来说，这种变化的趋势与全球气候变化的趋势一致。有关中国气候变化的观测事实主要包括：①近百年来，中国年平均气温升高了0.5～0.8℃，略高于同期全球增温平均值，近50年变暖尤其明显。从地域分布看，西北、华北和东北地区气候变暖明显，长江以南地区变暖趋势不显著；从季节分布看，冬季增温最明显。1986～2005年，中国连续出现了20个全国性暖冬。②近百年来，中国年均降水量变化趋势不显著，但区域降水量变化波动较大。中国年平均降水量在20世纪50年代以后开始逐渐减少，平均每10年减少2.9mm，但1991～2000年略有增加。从地域分布看，华北大部分地区、西北东部和东北地区降水量明显减少，平均每10年减少20～40mm，其中华北地区最为明显；华南与西南地区降水量明显增加，平均每10年增加20～60mm。③近50年来，中国主要极端天气与气候事件的频率和强度出现了明显变化。华北和东北地区干旱趋重，长江中下游地区和东南地区洪涝加重。1990年以来，多数年份全国年降水量高于常年，出现南涝北旱的雨型，干旱和洪水灾害频繁发生。④近50年来，中国沿海海平面年平均上升速率为2.5mm，略高于全球平均水平。⑤中国山地冰川快速退缩，并有加速趋势①。

李栋梁[6]对中国不同地区气温变化特征的分析表明：①中国东、西部的年际和年代际温度变化趋势基本一致，增暖速度都在0.2℃/10a左右。其中，东部的东北、华北增暖最为明显，许多地区每10年以0.3～0.7℃的速度增暖；西北北部和高原地区的增暖幅度与中国东部的华北和东北相当。②1998年为近50年来最暖的年份，东部和西部都比正常值高出1.3～1.4℃；1999年中国气温仍然异常偏高，其中东部偏高0.9℃，西部偏高1.2℃。③中国西北地区气温在波动中变暖，其中变暖最早、最明显的是柴达木盆地，20世纪80年代比60年代平均升高1.6℃。④四川和贵州在20世纪50年代最暖，以后不断变冷直到80年代。在这40年中，四川温度降低0.48℃，贵州降低0.16℃；90年代后期四川和贵州温度开始回升，使得前40多年的降温趋势得到一定程度的缓解[7]。

《气候变化国家评估报告》[8]指出，1951～2002年中国四季平均气温也表现出不同的特点：在中国北方和青藏高原，除塔里木盆地外，其他地区一年四季气温都普遍上升；东北地区除秋季外的其他季节增温都比较明显；西北地区的内蒙古全年性显著增温；新疆冬季增温明显；青藏高原秋冬季节的升温显著。

降水方面，近百年来中国的年降水呈现出明显的年际振荡。其中，20世纪前10年、30～40年代和80～90年代降水偏多，其他年代偏少。近50年中国年平均降水量呈微弱减少趋势，平均减少2.9mm/10a，但1991～2000年略有增加。

从目前国内以及全球的观测数据中发现，无论是身体力行的感受，还是IPCC的科学研究报告，气候变化已是一个不争的事实。IPCC的首席领导Rajendra Pachauri表示，如果国家不采取快速的减排措施，世界将面临严峻的灾难②。气候变化不仅仅是环境问题，更是涉及各国发展的重大战略问题。全球气候变化严峻的背景下，如何应对和缓解气候变化成了当今各国亟待解决的主要问题之一。

第二节 气候变化问题国际进程

气候变化问题是一个全球性威胁，关系到世界各国的切实利益，世界各国必须携手积极应对气候变化。作为最大的发展中国家，中国对气候变化问题高度重视并采取积极的态度应对，担起负责任的大国形象。发挥林业在减缓和适应气候变化中的特殊作用，已成为应对气候变化国际治理政策的重要内容。本节首先梳理历次政府间气候变化专门委员会发布的气候变化评估报告，理清全球对气候变化问题的研究进展。然后，梳理中国科学界在应对气候变化上取得的科学成果，总结三次气候变化国家评估报告及一系列战略文件，分析中国在气候变化问题上的综合影响能力。最后，简述林业在适应气候变化中的机理，评述林业减缓气候变化的两大主要议题：土地利用、土地利用变化和林业议题，以及减少发展中国家毁林与森林退化排放议题。

---

① 中国政府网. 我国发布《中国应对气候变化国家方案》[EB/OL]. (2007-06-04) [2018-05-16]. http://www.gov.cn/gzdt/2007-06/04/content_635590. htm.

② 21世纪网. IPCC新报告称：主导全球变暖95%系人为因素非公约下的气候变化合作加快[EB/OL]. (2013-09-10) [2019-10-10]. http://news.10jqka.com.cn/20130910/c552181444. shtml.

一、全球气候变化的国际评估报告

随着气候系统各要素资料的不断积累、观测手段的丰富和数据处理能力的不断提高，全球气候变化的研究方向经历重大调整：由认识气候系统基本规律的纯基础研究发展到对与人类社会可持续发展密切相关的一系列生存环境实际问题的研究，由分析人类活动对环境变化的影响扩展到人类如何适应和应对气候变化[9]。IPCC 于 1988 年由联合国环境规划署及世界气象组织共同组建，其任务是为政府决策者提供气候变化的科学基础，以使决策者认识人类对气候系统造成的危害并采取对策。自 1988 年，IPCC 已发布 5 次评估报告及一系列特别报告、技术报告和方法学报告，气候变化研究取得重大进展。

1990 年，IPCC 第一次评估报告完成，报告显示在 1890～1989 年全球平均地面温度已经上升 0.3～0.6℃。如果不控制温室气体的排放，2025 年全球平均温度将比 1990 年之前升高 1℃左右，到 21 世纪末将升高 3℃左右[2]。报告确认了有关气候变化问题的科学基础。它促使联合国大会做出制定 UNFCCC 的决定。

1996 年，IPCC 第二次评估报告发布，此次报告再次确认了自 19 世纪晚期全球升温的事实[10]：相对于 1990 年，2100 年的全球平均温度将上升 2℃，其范围在 1～3.5℃之间。第二次评估报告的一个重要目的在于解释 UNFCCC 第二条提供的科学技术信息。

2001 年，IPCC 第三次评估报告完成，结果显示近百年温度上升的范围是 0.4～0.8℃，比第二次评估报告提高 0.1℃[11]。此次评估报告提出了减缓措施和对策建议，特别提到限制或减少温室气体排放和增加碳汇的对策。第三次评估报告对气候变化有了更好的理解，对气温等要素的评估更加准确，给出了中值和不确定范围[12]。

2007 年，IPCC 第四次评估报告基于前三次评估报告完成，对气候变化预测和不确定性问题进行深入研究[13]。第四次评估报告显示，1906～2005 年全球平均地表温度上升 0.56～0.92℃，人类活动是全球变暖的主要原因。

2014 年，IPCC 第五次评估报告的综合报告发布[14]。此前三个工作组的报告涵盖了气候变化自然科学（第一工作组），气候变化影响、适应与脆弱性（第二工作组）以及减缓气候变化的措施（第三工作组）。综合报告是对三个工作组报告内容的整合，标志着第五次评估报告全部完成。第五次评估报告确认人类活动和全球变暖的因果关系，并指出，如不采取行动，全球变暖将超过 4℃。要实现在 21 世纪末升温 2℃的目标，必须对能源供应部门进行重大变革，及早实施全球长期减排路径。

目前正处在 IPCC 第六个评估期，第六次评估报告将于 2022 年发布。届时各国将需要审查其在实现全球变暖低于 2℃的目标上取得的进展，并努力将其限制在 1.5℃①。

IPCC 致力于对全球范围内气候变化相关的科学、技术、社会、经济等信息进行评估。已发布的评估报告系统分析了气候变化观测事实，阐述了引起气候变化的主要原因及气候的多种过程和归因，并通过预测方法预估未来气候变化发展趋势。IPCC 气候变化评估报告已成为国际社会认识和了解气候变化问题的主要科学依据，对气候变化国际谈判有到重要贡献。

---

① IPCC.Global warming of 1.5℃[EB/OL]. (2018-04-10) [2020-11-19]. https://www.ipcc.ch/Sr15/.

二、中国应对气候变化的政策与战略

由于人类活动的影响，全球变暖的趋势还在加剧，中国也面临着全球气候变化等环境问题的威胁。基于"共同但有区别的责任"原则，中国科学界在气候变化领域开展大量的科学研究工作并取得一系列的科学成果。中国政府也积极采取相应政策和措施以应对气候变暖，同时积极参与相关的国际活动和气候公约谈判，履行负责任的大国义务。

中国的历史文件中，有丰富的过去的气候学和物候学的记载，近5000年的时间可以分为四个时期：①考古时期，大约公元前3000至公元1100年，当时没有文字记载（刻在甲骨的例外）。②物候时期，公元前1100年到公元1400年，当时有对于物候的文字记载，但无详细的区域报告。③方志时期，从公元1400年到公元1900年，在中国大半地区有当地写的而时加修改的方志。④仪器观测时期，中国自1900年以来开始有仪器观测气象记载，但局限于东部沿海区域[15]。

20世纪20年代，竺可桢开创了中国历史气候变化研究领域，并利用历史文献记载初步分析了中国过去5000年的温度变化特征。20世纪70年代中期至90年代，中国历史气候变化研究得到了蓬勃的发展[16]，在这段时间，国家编制了《中国近五百年旱涝分布图集》[17]，也出版了《中国气候》[18]等专著；除此之外，国家还在现代实验技术的支持下，发展了利用树轮、冰芯、湖芯、石笋、珊瑚等研究气候变化的新手段。20世纪90年代以来，在国际全球变化研究计划的推动下，中国历史气候变化研究在研究方法上实现了与国际研究接轨，取得了同行认可的成果。最近10年，中国的历史气候变化研究又在代用证据采集与分析、序列重建与变化特征分析、数值模拟与机制诊断及气候变化对社会经济的影响等方面取得了一批新成果，加密了气候变化代用资料的空间覆盖度，提升了中国在这些方面研究的定量化程度，深化了对中国过去2000年气候在年代——百年尺度的变化特征及其可能形成机制与影响的认识[16]。

为及时总结中国气候变化的科学研究成果，并为政府和社会相关部门的决策提供支撑，自2007年起，中国先后发布了三次气候变化国家评估报告。

2007年，中国首次编制了《气候变化国家评估报告》，报告共分三个部分：气候变化的历史和未来趋势、气候变化的影响与适应和减缓气候变化的社会经济评价。该报告系统总结了中国在气候变化方面的科学研究成果，全面评估了在全球气候变化背景下中国近百年来的气候变化观测事实及其影响，预测了21世纪的气候变化趋势，综合分析、评价了气候变化及相关国际公约对中国生态、环境、经济和社会发展可能带来的影响，提出了中国应对全球气候变化的立场和原则主张以及相关政策①。

2011年，《第二次气候变化国家评估报告》发布，内容包括中国的气候变化、气候变化的影响与适应、减缓气候变化的社会经济影响评价、全球气候有关评估方法的分析、中国应对气候变化的政策等五个部分。相比第一次《气候变化国家评估报告》，该报告还增加了气候变化有关评估方法等内容。报告注意将评估结论建立在坚实的科学研究基

---

① 中华人民共和国科学技术部.《气候变化国家评估报告》解读[EB/OL]. (2007-04-09) [2018-10-10]. http://www.most.gov.cn/ztzl/jqjnjp/jnjpgzjz/jnjpgzjzbm/200704/t20070409_55762.htm.

础之上，可供国家和地方各级应对气候变化管理部门决策参考以及应对气候变化专家学者开展科研参考使用[①]。

2014 年，在联合国利马气候大会上，中国发布了《第三次气候变化国家评估报告》[②]，与前两次报告不同，《第三次气候变化国家评估报告》分为 7 卷，新增了"方法与数据""企业应对气候变化案例"。其强调未来进一步增温主要带来的是不利影响。在各类自然风险中，与极端天气和气候事件有关的灾害占 70%以上。这些气候灾害包括：局部地区干旱持续范围扩大、时间延长，暴雨急速降雨程度增加，未来水资源量可能总体减少5%，而且灾害对东部地区影响更大。气候变化对中国影响总体上弊大于利[③]，有利影响涉及部分种植作物种植面积扩大、森林生态系统，而不利影响则可能有粮食产量与品质、水资源、城市等。《第三次气候变化国家评估报告》系统地概述了我国科学家的气候变化研究主要成果，在国际上产生了积极的影响。

国家气候评估报告的编制和发布，表明了中国对气候变化问题的高度重视以及积极应对的决心，国家层面先后制定了《国家适应气候变化战略》《城市适应气候变化行动方案》《"十三五"控制温室气体排放工作方案》等一系列重大战略文件，不断完善应对气候变化战略与政策体系。出台《国家应对气候变化规划(2014-2020 年)》，到 2020 年实现单位国内生产总值 CO_2 排放比 2005 年下降 40%～45%、非化石能源占一次能源消费的比重达到 15%左右、森林面积和蓄积量分别比 2005 年增加 4 亿 hm^2 和 13 亿 m^3 的目标。气候和气候变化与人类社会和经济文明息息相关，中国科学界致力于推动对气候变化及气候变化预测的科学研究，对推动中国应对气候变化科学、预测气候变化趋势做出突出贡献。但是面对迅猛变化的全球气候，仍有许多亟待解决的问题，科学界应瞄准国家需要、紧跟国际前沿，提高中国在缓解气候变暖等方面的综合影响能力。

三、减缓气候变化的林业议题

应对气候变化可以从减排和增汇两个方面入手[19]，林业在这两个方面均可发挥重要作用。林业在减缓气候变化中的作用主要是通过增汇、减排、储存、替代四个途径来实现。从增汇角度分析，森林植物通过光合作用吸收大气中的 CO_2 实现其碳汇功能，降低大气中温室气体的浓度[20]，作为森林资源的延伸利用，木质林产品(harvested wood products，HWP)可将碳长期存储，起到 CO_2 "缓冲器"的作用[21]。从减排角度分析，木质林产品在建筑部门及能源部门均具有替代作用，利用木质林产品替代钢筋、混凝土等能源密集型产品或替代煤、石油等化石能源，可直接减少工业及能源部门的碳排放，实现替代减排功能[22]。林业在应对气候变化和全球环境治理中的作用备受关注，《联合国气候变化框架公约》(1992 年)、《京都议定书》(1997 年)和《巴黎协定》(2015 年)等一系列公约和进程，都确认了森林在减排、增汇中的地位和作用。林业议题成为近年来

---

① 中华人民共和国科学技术部.《第二次气候变化国家评估报告》发布[EB/OL]. (2011-11-18) [2018-10-10]. http://www.most.gov.cn/kjbgz/201111/t20111118_90903.htm.

② 21 世纪网.《第三次气候变化国家评估报告》发布：中国的升温速度高于全球平均水平[EB/OL]. (2014-12-09) [2018-10-10]. http://epaper.21jingji.com/html/2014-12/09/content_20110.htm.

③ 中国气象局. 中国发布《第三次气候变化国家评估报告》[EB/OL]. (2014-12-07) [2018-10-10]. http://www.cma.gov.cn/2011xwzx/2011xqxxw/201412/t20141207_269047.html.

国际谈判的核心议题,应对气候变化的林业相关议题主要有:土地利用、土地利用变化和林业(land use, land use change and forestry, LULUCF)议题,以及减少发展中国家毁林与森林退化排放(reducing emissions from deforestation and degradation, REDD)等相关议题。

(1)土地利用、土地利用变化和林业议题。LULUCF 活动产生的生态系统固碳作用是降低大气中温室气体浓度的重要途径之一,减缓气候变化的机理作用于通过改变森林植被光合和分解过程,改变陆地生态系统碳储量变化。LULUCF 包含的林业活动涉及森林管理、农田管理、草地管理和植被管理,并要求这些活动须发生在 1990 年之后。在《京都议定书》第一承诺期,附件一缔约方可以利用 LULUCF 活动产生的碳汇抵消其温室气体排放,减轻其减排压力。但发达国家认为核算的技术规则限制了他们的减排潜力,主张修改核算规则,关于是否修改以及如何修改 LULUCF 相关核算规则的谈判在国际上多次进行。2010 年坎昆气候变化大会,对关于 LULUCF 的议题初步达成一致,即在第二承诺期,继续核算造林、再造林、毁林、森林管理、农田管理、草地管理活动的碳变化,同时要求发达国家对其提出的新的核算方法做出详细说明,将 LULUCF 作为重要减排手段已成为普遍共识。

(2)减少发展中国家毁林与森林退化排放议题。巴厘岛气候变化大会(2007)引入了 REDD 机制,以帮助发展中国家减少森林采伐、延缓森林退化。该议题随后扩展到减少发展中国家毁林和森林退化导致的碳排放(reducing greenhouse gas emissions from deforestation and forest degradation in developing countries,REDD+),以保护森林、实现森林可持续经营及增加森林碳汇,REDD+新机制得到 UNFCCC 各缔约方广泛支持。各缔约方在 REDD+的活动范围、实施规模、提供技术和资金支持以及分阶段实施内容等方面均已达成共识,议题关注的焦点和分歧主要集中在 REDD+项目的资金分配、森林参考排放水平、REDD+行动效果的可测度性、可报告性和可核实性,以及保障措施等方面[23]。

发展森林是应对气候变化的良策,通过可持续的林业的发展,一国能够获得除了解决气候变化问题以外的多重收益。将林业作为减缓气候变化的重要手段,已经成为各个国家目前研究的重点,充分发挥林业应对气候变化的积极贡献,也在未来全球气候变化的国际进程中面临更多的机遇和挑战。

第三节　气候变化问题的国际谈判

气候变化问题是全社会共同关注的问题,各国政府都在积极调整战略,联合起来实现气候变化的全球治理。全球气候变化不断为人类社会敲响警钟,而与此同时,国际社会为应对气候变化而制定的《联合国气候变化框架公约》和《京都议定书》(Kyoto Protocol)也走到了十字路口。2012 年之后国际气候制度向何处去,是当前各国面临的一个巨大的难题①。本节分别概述发达国家和发展中国家两大阵营在应对气候变化中的作用,理清不同阵营的责任和义务,然后分析后京都时代国际气候谈判的进展,把握国际社会各方在应对气候变化中的责任分担,分析未来国际气候变化谈判的趋势。最后简述林业在全球气候变化中的地位和立场,分析林业在未来气候变化谈判中面临的机遇和挑战。

---

① 中国网. 国际气候政治格局的发展与前景[EB/OL]. (2008-02-13) [2018-02-10]. http://www.china.com.cn/international/zhuanti/zzyaq/2008-02/13/content_9675442.htm.

一、发达国家阵营

在发达国家阵营中，欧盟作为气候谈判的发起者，一直是推动气候变化谈判最重要的政治力量。经历几次扩大，欧盟已经从《京都议定书》第一承诺期时的 15 个成员国，扩大到 27 个成员国，人口和地域不断扩大，经济和政治实力也不断强化。但各成员国之间发展水平的差异增大，使内部政策协调的难度加大。但欧盟为了在国际事务中发挥主导作用，就必须保持一个声音。为此，英国①和德国在欧盟内部承担着领导者的角色，不仅承担了第一承诺期大部分的减排任务，而且在内部政策协调方面发挥着重要的作用。例如，在 2007 年春季欧盟峰会讨论新的减排目标时，法国曾对到 2020 年可再生能源的比例要达到 20%有不同意见，由于核能利用水平很高，法国希望将可再生能源目标修改为无碳能源从而将核能包含在内，但在欧洲反核声浪中，德国作为轮值主席最终说服法国接受了可再生能源目标。

以美国为首的利益集团是发达国家阵营中另一支重要的政治力量。在《京都议定书》谈判中，以美国为首组成的"伞形"国家集团，包含日本、加拿大、澳大利亚、新西兰、俄罗斯等多个国家，曾经力量非常强盛。随着日本、加拿大和俄罗斯先后批准《京都议定书》，"伞形"国家集团形式上瓦解，力量也大大削弱。但在后京都谈判中，美国作为最大的发达国家，于 2001 年拒绝签署《京都议定书》，澳大利亚、新西兰等发达国家依然与美国立场保持一致。日本尽管批准了《京都议定书》，但其政治立场在很大程度上追随美国，而完成减排目标无望的加拿大显然对第二承诺期承诺更严格的减排目标没有兴趣。以美国为首的"伞形"国家集团出现了重新凝聚的迹象，在国际气候谈判中的态度较消极，拒绝强制性大规模的实质减排行动，同时要求发展中国家承担相同的量化目标[24]。

二、发展中国家阵营

发展中国家阵营，自谈判启动以来一直以"77 国集团+中国"模式参与谈判，至今该模式在形式上仍得以保持。但发展中国家阵营的分化日趋严重。例如，小岛屿国家联盟深受气候变化引起海平面上升的直接威胁，支持欧盟提出的将全球温度上升控制在 2℃上限的目标，提出应该根据对气候变化影响最脆弱的小岛国的切身感受，制订全球减排的长期目标。石油输出国组织（Organization of the Petroleum Exporting Countries，OPEC）成员国担心全球减排会影响国际石油市场，强调国际社会应该帮助其改善经济结构，以适应因全球减排行动对其国家经济造成的不利影响。非洲最不发达国家因排放量很小，主要关注适应问题，希望获得更多的国际资金援助。在国际资金来源非常有限的情况下，发展中国家之间为了经济利益产生矛盾和竞争不可避免。国际碳市场的发展也是如此。同为发展中大国的中国、印度、巴西各自国情也不相同，中国的快速经济发展已明显拉开了与其他发展中大国(如印度)之间的距离，2004 年，中国排放总量是印度的 4.3 倍，人均排放是其 3.6 倍，单位国内生产总值的能源强度是印度的 1.45 倍，单位能源的碳强度是其 1.5 倍。随着发展中大国参与问题成为后京都谈判的焦点之一，中国在发展中国家中的地位凸显，不得不逐渐从幕后走向前台。中国作为大国，要直接面对来自欧盟和美国的国际压力，另外，还必

---

① 英国于 2020 年 1 月脱欧。

须代言发展中国家,尽可能保持发展中国家阵营的团结。

当前国际气候政治的基本格局呈现群雄纷争、三足鼎立的局面。欧盟、美国和中国在参与谈判的众多缔约方之中可以说位列三强。2004 年,三强人口占全球的 32.4%,以购买力平价的单位国内生产总值计,三强占全球的 55.4%,能源消费占 51.1%,CO_2 排放占 51.1%,均在相当程度上占据主导地位。而且这种态势未来也不会发生根本的改变。俄罗斯作为一个军事大国,国际地位仍然显赫,在能源方面储量非常丰富,能源资源优势明显,但从经济和温室气体排放上看,俄罗斯还有一定的发展空间。2004 年俄罗斯人口占全球的 2.3%,经济占 2.5%,能源消费占 5.7%,CO_2 排放占 5.7%,相比 1973 年苏联 CO_2 排放占全球的 14.4%,能耗占 15%,相对地位有所下降。

三、后京都时代国际气候谈判

《京都议定书》生效后,大国间分歧加剧,导致国际气候谈判陷入僵局,国际行动的执行需要新的动力来推动[25]。2005 年蒙特利尔会议在国际气候制度发展历程中起到了承上启下的作用。正如会议主席 Stéphane Dion 概括的三个"I":一是执行(implement),通过《马拉喀什协定》等一系列法律文件使《京都议定书》生效并得到有效执行;二是改善(improve),通过《未来 5 年适应气候变化工作规划》以及清洁发展机制(clean development mechanism,CDM)规则的细化和改革等,改善《联合国气候变化框架公约》和《京都议定书》的运作;三是创新(innovate),发掘未来国际合作的可能方式以最大限度地反映《联合国气候变化框架公约》的精髓。显然,这三个任务相比,在各方分歧依然严重的严峻形势下,要打破谈判僵局,通过制度创新启动新一轮国际气候谈判是最困难的。在各缔约方的艰苦努力下,会议最终在三个方面都取得了重要进展,并以"双轨"并行的方式正式启动了后京都谈判。"双轨"并行是指,在《京都议定书》下成立特设工作组,谈判发达国家第二承诺期的减排义务。同时,为了使美国、澳大利亚等非《京都议定书》缔约方能够参与谈判,决定在《联合国气候变化框架公约》下就促进国际社会应对气候变化的长期合作行动启动为期两年的对话。这一模式既维护了《京都议定书》的完整性,又保证了《联合国气候变化框架公约》下所有缔约方的广泛参与,还为"双轨"之间的互动留下空间。"双轨"制的确立,被国际社会认为是蒙特利尔会议的重要成果和最大亮点。

2011 年,UNFCCC 第 17 次缔约方会议在南非德班召开,会议解决的首个关键问题是《京都议定书》第二承诺期的存续。但在这一议题上,各方矛盾重重,达成一致殊非易事。发展中国家对续签《京都议定书》第二承诺期态度坚决。"基础四国"(中国、印度、巴西、南非)在第九次气候变化部长级会议上提出一个共同目标,即坚持《京都议定书》的二期承诺,希望在美国能够做出量化减排承诺的基础上,进一步落实发展中国家的减排行动。"77 国集团+中国"支持这个立场,英国也表态支持,并努力推动欧盟把温室气体减排目标无条件地从 20% 提高到 30%。但一些发达国家在该问题上立场迥异。美国表示不会就《京都议定书》问题与各方进行磋商,也不认为各方会在德班对 2020 年前的减排承诺达成具有约束力的协议。日本反对延长《京都议定书》,希望达成所有主要排放国都参与的公平、具有约束力的新国际框架协议。

　　2012 年，第 18 次缔约方会议暨《京都议定书》第 8 次缔约方会议在卡塔尔多哈举行。会议最终就 2013 年起执行《京都议定书》第二承诺期达成了一致，为《联合国气候变化框架公约》缔约方设定了 2013~2018 年的温室气体量化减排目标。大会还通过了有关长期气候资金、UNFCCC 长期合作工作组成果、德班平台以及损失损害补偿机制等方面的多项决议。加拿大、日本、新西兰及俄罗斯已明确不参加《京都议定书》第二承诺期。

　　2013 年，第 19 次缔约方会议暨《京都议定书》第 9 次缔约方会议在波兰华沙举行，这次会议取得了诸多成果。一方面重申了落实"巴厘路线图"成果对于提高 2020 年前行动力度的重要性，敦促发达国家进一步提高 2020 年前的减排力度，加强对发展中国家的资金和技术支持。同时围绕资金、损失和损害问题达成了一系列机制安排，为推动绿色气候基金注资和运转奠定基础。另一方面就进一步推动德班平台达成决定，既重申了德班平台谈判在《联合国气候变化框架公约》下进行，以《联合国气候变化框架公约》原则为指导的基本共识，为下一步德班平台谈判沿着加强《联合国气候变化框架公约》实施的正确方向不断前行奠定了政治基础，又要求各方抓紧在减缓、适应、资金、技术等方面进一步细化未来协议要素，邀请各方开展关于 2020 年后强化行动的国内准备工作，向国际社会发出了确保德班平台谈判于 2015 年达成协议的积极信号。

　　2014 年，UNFCCC 第 20 次缔约方会议暨《京都议定书》第 10 次缔约方会议在秘鲁利马举行。最终决议进一步细化了 2015 年协议的各项要素，为各方进一步起草并提出协议草案奠定了基础。会议还就继续推动德班平台谈判达成共识，进一步明确并强化 2015 年的巴黎协议在 UNFCCC 框架下，遵循"共同但有区别的责任"原则的基本政治共识，初步明确了各方 2020 年后应对气候变化国家自主贡献所涉及的信息。尽管发达国家落实《京都议定书》第二承诺期减排指标的进展仍然有限，2020 年前行动力度仍有待提高，但利马大会还是就加速落实 2020 年前"巴厘路线图"成果，并提高执行力度做出了进一步安排，有助增进各方互信[①]。

　　2015 年，UNFCCC 第 21 次缔约方会议暨《京都议定书》第 11 次缔约方会议于法国巴黎举行。会议通过了《巴黎协定》，具有重要的现实意义，其生效标志着气候变化安全化的国际趋势已基本形成[25]。《巴黎协定》共 29 条，包括目标、减缓、适应、损失损害、资金、技术、能力建设、透明度、全球盘点等内容，将《京都议定书》对发达国家采取的"强制"减排任务，改成了由各方"自主贡献"的方式。《巴黎协定》提出，从 2023 年起每 5 年对全球行动总体进行一次盘点，以加强国际合作、实现全球应对气候变化长期目标。

　　2016 年，UNFCCC 第 22 次缔约方会议暨《京都议定书》第 12 次缔约方会议于摩洛哥马拉喀什举行，各方代表就大会的决议草案举行多轮双边和多边谈判，通过《马拉喀什行动宣言》，重申支持《巴黎协定》并强调各方以行动落实协定内容。

　　2017 年，UNFCCC 第 23 次缔约方会议暨《京都议定书》第 13 次缔约方会议于德国波恩举行，与会近 200 个国家和地区着手拟定《巴黎协定》的详细规定，主要任务是为《巴黎协定》的实施细则的谈判奠定基础。表 1.1 整理了应对气候变化的国际社会相关会议及具体涉及的会议内容。

---

　　① 中国天气. 利马气候大会通过德班决议草案[EB/OL]. (2014-12-16) [2018-02-10]. http://www.weather.com.cn/climate/2014/12/qhbhyw/2241589.shtml.

表 1.1　应对气候变化的国际社会相关会议及具体会议内容

会议地点	年份	内容
德国 (柏林)	1995	会议通过了《柏林授权书》等文件
瑞士 (日内瓦)	1996	会议就"柏林授权"所涉及的议定书起草问题进行讨论
日本 (京都)	1997	149 个国家和地区的代表在大会上通过了《京都议定书》
阿根廷 (布宜诺斯艾利斯)	1998	大会上中国坚持目前不承诺减排义务
德国 (波恩)	1999	就技术开发与转让、发展中国家及经济转型期国家的能力建设问题进行了协商
荷兰 (海牙)	2000	形成欧盟、美国、发展中大国(中国、印度)的三足鼎立,中国和印度坚持不承诺减排义务
摩洛哥 (马拉喀什)	2001	形成马拉喀什协议文件,该协议为《京都议定书》附件一缔约方批准《京都议定书》并使其生效铺平了道路
印度 (新德里)	2002	会议通过的《德里宣言》强调减少温室气体的排放与可持续发展仍然是各缔约方今后履约的重要任务
意大利 (米兰)	2003	在美国退出《京都议定书》的情况下,俄罗斯拒绝批准其《京都议定书》,致使该《京都议定书》不能生效
阿根廷 (布宜诺斯艾利斯)	2004	围绕未来面临的挑战、气候变化带来的影响、温室气体减排政策等重要问题进行了讨论
加拿大 (蒙特利尔)	2005	2005 年《京都议定书》正式生效,会议达成了 40 多项重要决定,其中包括启动《京都议定书》新二承诺期温室气体减排谈判
肯尼亚 (内罗毕)	2006	大会取得 2 项重要成果:一是达成包括"内罗毕工作计划"在内的几十项决定;二是在管理"适应基金"的问题上取得一致
印尼 (巴厘岛)	2007	会议着重讨论《京都议定书》一期承诺在 2012 年到期后如何进一步降低温室气体的排放
波兰 (波兹南)	2008	八国集团领导人就温室气体长期减排目标达成一致
丹麦 (哥本哈根)	2009	商讨《京都议定书》一期承诺到期后的后续方案
墨西哥 (坎昆)	2010	中国积极为全球气候变化承担"共同但有区别的责任"
南非 (德班)	2011	"绿色气候基金"是德班气候大会核心议题
卡塔尔 (多哈)	2012	会议最终就 2013 年起执行《京都议定书》第二承诺期达成了一致;第二承诺期以 8 年期限达成一致
波兰 (华沙)	2013	会议重申了落实"巴厘路线图"成果对于提高 2020 年前行动力度的重要性
秘鲁 (利马)	2014	最终决议进一步细化了 2015 年协议的各项要素,为各方进一步起草并提出协议草案奠定了基础
法国 (巴黎)	2015	《巴黎协定》生效,标志全球应对气候变化进程迈出重要一步,已基本形成气候变化安全化的国际趋势
摩洛哥 (马拉喀什)	2016	通过《马拉喀什行动宣言》,重申支持《巴黎协定》并强调各方以行动落实协定内容
德国 (波恩)	2017	为《巴黎协定》实施细则谈判如期完成奠定了基础

注:根据相关资料整理。

气候变化是一项全球性威胁，关系到世界各国的切实利益，世界各国必须携手积极应对气候变化。作为最大的发展中国家，中国不仅在国内推行环境治理、节能减排及可持续发展等政策，在全球气候谈判上也担负起负责任大国的责任和义务。中国高度重视全球气候变化问题，先后签署和批准了 UNFCCC 和《京都议定书》，并采取了一系列行动应对全球气候变化的挑战。积极主动地参加国际对话、承担国际责任，在推动全球气候谈判、推动气候协议的达成和实施上做出积极贡献。

四、全球气候变化谈判中涉林议题

林业减缓和适应气候变化的特殊功能已经受到国际社会的重视，应对气候变化的国际行动中，林业起到十分重要的作用，气候谈判中的林业议题一直备受国际社会的关注。

《京都议定书》(2005 年)肯定了林业减缓气候变化的重要作用。发达国家可以利用林业活动完成减排任务，一方面在本国内利用林业碳汇和林产品碳储量抵消工业、能源领域的温室气体排放量；另一方面通过清洁发展机制，即通过在发展中国家实施林业碳汇项目抵消其部分温室气体排放量[26]。这是一个对林业意义十分重大的事件，这标志林业的生态功能在经济上得到了国际社会承认，标志林业的生态服务进入了可以通过贸易获取回报的时代的到来[27]。

IPCC 第四次评估报告(2007 年)[13]突出了林业增汇减排的双重作用。其认为，林业具有多种效益，兼具减缓和适应气候变化的双重功能，是未来 30～50 年增加碳汇、减少排放、成本较低、经济可行的重要措施。不仅森林碳存储能力对减排有重大意义，林业的整个经营与管理过程都将影响森林固碳能力的实现、保障与强化。

"巴厘路线图"(2007 年)进一步重视林业碳汇的作用。将 REDD+项目，以及通过森林保护、森林可持续管理、森林面积变化而增加的碳汇作为发展中国家应对气候变化的措施纳入气候战略，同时要求发达国家对发展中国家在林业方面采取的 REDD+相关的措施提供政策和资金支持。

《哥本哈根协议》(2009 年)再次明确林业的减排和碳汇作用。通过推动建立包括 REDD+在内的正面激励机制、提高森林碳汇能力等相关的战略，减少毁林和森林退化引发的碳排放等问题，重申林业在缓解气候变化中的突出贡献。

德班气候大会(2011 年)继续关注林业议题，达成了一揽子决议[28]。通过了 LULUCF 和排放交易、清洁发展机制等技术规则，并确定在第二承诺期发达国家利用森林碳汇完成减排承诺目标的相关技术规则。

华沙气候大会(2013 年)达成了通过森林保护、森林可持续管理、增加森林面积而增加碳汇的行动(REDD+行动)，明确为发展中国家实施减少毁林排放、减少森林退化排放、保护森林碳储量、森林可持续经营、提高森林碳储量等 5 项具体行动，提供激励机制。

《巴黎协定》(2015 年)生效标志全球应对气候变化进程迈出重要一步，其继续关注林业应对气候变化的独特作用。巴黎气候大会关注第二承诺期发达国家如何核算林业等土地利用活动引起的碳排放或碳吸收等相关技术问题。就发展中国家实施减少毁林和森林退化排放与森林保育、可持续经营森林、增加碳汇行动中所涉如何提供保护生物多样性等相关信息、如何考虑相关的"非碳效益"等问题达成 3 项决定。

林业议题谈判是全球气候变化国际谈判的重要组成部分,各国都希望充分发挥林业在减缓气候变化中的作用来降低减排压力。但因气候谈判议题涉及各国的利益,各国在谈判中追求的总体目标不同,基于不同的国情和林情,林业谈判议题尚未达成一致。国际社会应采取更积极有效的措施,激励各国充分挖掘林业适应和减缓气候变化的潜力,实现温室气体的实质减排。

第四节 本 章 小 结

气候变化是一个不争的事实,不仅仅是环境问题,更是涉及各国发展的重大战略问题,如何应对和缓解全球气候变化是世界共同关注的问题。林业在适应和减缓气候变化中的特殊作用,已成为国际社会的普遍共识,也是气候变化国际谈判的重要组成部分。本章作为整个课题的第一章,旨在梳理全球气候变化的背景和发展现状,把握气候变化全球治理的国际进程,以期对气候变化问题有直观的了解。本章简要小结如下:

首先,理清全球和中国的气候变化现状。全球气候系统变暖已是不争的事实,人类在工业化进程中的经济、社会行为是导致全球变暖的主要诱因,而全球变暖这个问题又进一步引发了一系列全球气候系统变化的问题。

其次,梳理历次政府间气候变化专门委员会发布的气候变化评估报告以理清全球对气候变化问题的研究进展,总结三次气候变化国家评估报告及一系列战略文件以及气候变化背景下林业减缓气候变化的两大主要议题。

最后,概述各国在应对气候变化中的不同责任和义务,分析未来国际气候变化谈判的趋势,讨论林业在全球气候变化中的地位和立场。气候变化问题是全社会共同关注的问题,各国政府都在积极调整战略,联合起来实现气候变化的全球治理。林业减缓和适应气候变化的特殊功能已经受到国际社会的重视,应对气候变化的国际行动中,林业起到十分重要的作用,气候谈判中的林业议题一直备受国际社会的关注。

第二章　发达国家应对气候变化的响应机制

全球气候变暖加剧对社会经济可持续发展的威胁，在加强气候变化国际谈判、推进国际合作的同时，合理界定碳排放责任、确定碳减排目标也是应对气候变化问题的关键议题。适应和减缓气候变化，发达国家应承担更多的责任。为帮助发达国家实现其减排目标，《京都议定书》引入三种灵活履约机制。第一章就全球气候变化背景下世界各国应对和减缓气候变化的国际进程展开讨论。本章旨在梳理"共同但有区别的责任"原则下主要温室气体排放国应对气候变化的响应机制。本章首先概括应对气候变化的响应机制，梳理 2020 年主要温室气体排放国的减排目标。然后，剖析美、英、法、日等发达国家为实现各自减排目标采取的具体措施。最后，聚焦林业部门应对气候变化的固碳、增汇潜力，探讨典型发达国家将林业部门纳入气候减排的政策机制。

第一节　应对气候变化的响应机制

《联合国气候变化框架公约》及《京都议定书》为主的应对气候变化的体系架构，为国际社会共同行动适应和减缓气候变暖奠定基础。以"共同但有区别的责任"原则作为应对全球变暖问题的国际合作基础，强调发达国家和发展中国家在应对气候变化中承担不同的义务。应对气候变化，发达国家应承担更多的责任。本节首先概述"共同但有区别的责任"原则在解决全球变暖问题中的运用，然后简述《京都议定书》下三种灵活履约机制的核心内容及各自的特点，最后，总结主要温室气体排放国制定的到 2020 年温室气体减排目标，评估其减排潜力。

一、《联合国气候变化框架公约》与"共同但有区别的责任"原则

为减缓气候变化、维持人类社会的可持续发展，联合国政府间气候变化专门委员会于 1992 年通过《联合国气候变化框架公约》，并于 1994 年正式生效。该公约第一次以框架性公约的形式明确规定了"共同但有区别的责任"（common but differentiated responsibility，CBDR）原则，即强调发达国家和发展中国家在应对气候变化中承担不同的义务。"共同但有区别的责任"原则对所有缔约方以及附件一和附件二的缔约方提出三种层面的要求：①附件一缔约方应承担强制减排义务；②附件二缔约方应承担为发展中国家提供资金、技术援助的义务；③所有缔约方应承担的一般性义务[29]。发达国家既要采取具体措施限制温室气体排放，又要向发展中国家提供资金和技术支持，使其能履行 UNFCCC 规定的相应义务。每次的缔约方谈判都是围绕"共同但有区别的责任"原则进行谈判、妥协和斡旋[22]。

"共同但有区别的责任"原则是当今全球环境治理所遵循的基本原则，也是《京都

议定书》下执行温室气体减排机制和参与相关气候谈判应坚持的原则[30]。《京都议定书》是"共同但有区别的责任"原则的具体体现，明确规定了其缔约方温室气体排放的定量限制及减排目标。同时引入三种灵活机制实现减排目标，这一系列措施践行了"共同但有区别的责任"原则，反映了这一原则的基本要求。

二、《京都议定书》与温室气体减排机制

　　《京都议定书》引入三种灵活履约机制帮助 UNFCCC 缔约方实现温室气体减排目标，最终遏制全球变暖。即附件一缔约方与非附件一缔约方之间的清洁发展机制(clean development mechanism，CDM)、附件一缔约方之间的联合履行机制(joint implementation，JI)和国际排放贸易机制(international emissions trading，IET)。三种灵活机制的建立，允许附件一缔约方通过与附件一缔约方或与非附件一缔约方之间的合作，完成温室气体减排承诺[31]。

　　清洁发展机制，是指发达国家通过提供资金和技术的方式，与发展中国家开展项目级的合作，通过项目所实现的"经核证的减排量"，用于发达国家缔约方完成在《京都议定书》第三条下的承诺。该机制主要有两个目标：①帮助发展中国家持续发展；②帮助发达国家进行项目级的减排量抵消额的转让与获取。清洁发展机制一方面使得发达国家以低于国内减排所需成本实现减排目标，另一方面使得发展中国家额外获得资金和技术支持，实现双赢。

　　联合履行机制，是指发达国家之间通过项目级的合作，其所实现的减排单位可以转让给另一发达国家缔约方，但是同时必须在转让方的"分配数量"配额上扣减相应的额度。联合履行机制的目的在于帮助减排成本较高的附件一发达国家 A 在减排成本较低的附件一发达国家 B 实施减排项目，从而以较低成本实现减排目标。该机制涉及投资国、东道国和第三方等利益主体，投资国指减排成本高的发达国家 A，东道国指相对减排成本较低的发达国家 B，第三方指可向 A、B 两国提供潜在合作信息并对联合履行项目所产生的温室气体减排量进行测定和核证的国际执行机构。

　　国际排放贸易机制，是指一个发达国家，将其超额完成减排义务的指标，以贸易的方式转让给另外一个未能完成减排义务的发达国家，并同时从转让方的允许排放限额上扣减相应的转让额度。该机制以配额交易为基础，其核心是允许发达国家之间相互交易碳排放额度。通过货币实现发达国家之间的排放额度，提高了各国的减排积极性。

　　温室气体减排机制以承担减排义务的国内减排为主，辅以三种灵活机制。清洁发展机制作为一种国际合作机制，是三种机制中唯一涉及发达国家和发展中国家的履约机制。联合履行机制实施的交易成本高于其他两种机制，但相较国际排放贸易机制更具环境有效性。国际排放贸易机制以配额为基础，并且最具政治争议。三种灵活机制的实施，通过实现环境效益和经济效益的结合，提高了发达国家实现减排目标的积极性，有效应对气候变化。

三、2030 年主要温室气体排放国减排目标

　　气候变暖的不利影响迫使国际社会采取行动联合起来应对气候变化，温室气体减排义务的分担是气候变化国际谈判的焦点议题。UNFCCC 明确指出发达国家的工业化进程是造成温室气体排放的主要原因。"共同但有区别的责任"原则是划分发达国家和发展中国家气候减排责任分担的基本原则，发达国家的减排目标也是影响气候变化国际谈判的关键因素。《京都议定书》对签署的发达国家规定了具有约束力的减排目标，第一承诺期（2008～2012 年）发达国家的温室气体排放量应在 1990 年的基础上平均减少 5.2%。2009 年通过的《哥本哈根协议》规定发展中国家和发达国家都必须进行减排，建立筹资机制支持发展中国家的减排努力。应对气候变化，世界各国都必须采取"可测量、可报告和可核实的"减排行动。为应对气候变化，发达国家应提交温室气体减排目标，发展中国家提出限制排放增长目标。表 2.1 汇总了主要温室气体排放国和地区 2030 年温室气体减排目标。

表 2.1　2030 年主要温室气体排放国和地区减排目标

减排国家和地区		减排目标
发达经济体	美国	到 2020 年、2025 年、2030 年和 2050 年分别在 2005 年的基础上减排 17%、30%、42%、83%
	欧盟	到 2030 年在 1990 年的基础上减少 40%
	日本	到 2030 年在 2013 年的基础上减排 26%
	加拿大	到 2030 年在 2005 年的基础上减排 30%
	挪威	到 2030 年在 1990 年的基础上至少减排 40%
	澳大利亚	到 2030 年在 2005 年的基础上减排 26%
	新西兰	到 2030 年在 1990 年基础上减排 11%
	新加坡	在 2030 年前，温室气体减排强度在 2005 年的基础上减少 36%
	瑞士	到 2030 年在 1990 年基础上减排 50%
	韩国	2030 年在日常水平上减排 37%
金砖国家	中国	在 2030 年前，单位国内生产总值温室气体的排放量较 2005 年减少 60%～65%
	巴西	2025 年、2030 年在 2005 年的基础上分别减少 37%和 43%
	俄罗斯	2030 年前在 1990 年的基础上减排 30%
	印度	到 2030 年实现单位国内生产总值温室气体比 2005 年下降 33%～35%
	南非	在 2020～2025 年达到峰值，2025～2030 年指示性 CO_2 排放量达 3.98～6.14 亿 t
其他国家	印度尼西亚	到 2030 年碳排放量比当前预测减少 29%

注：根据相关资料整理。

发达国家承诺的无条件减排目标整体上相当于到 2020 年在 1990 年的基础上减少 14%，有条件减排目标整体上相当于到 2020 年在 1990 年的基础上减少 18%，这一系列目标仍远低于 IPCC 规定的 25%～40%的减排范围。发展中国家承诺的减排目标整体上相当于到 2020 年正常情形减少 5%～20%，同样低于 IPCC 规定的 15%～30%的减排范围[32]。适应和减缓气候变化，国际社会各经济主体都要尽快承诺并履行其应该承担的减排目标。

第二节　各国应对气候变化发展动向及减排措施

发达国家作为历史上温室气体排放的主要贡献国，理应采取积极措施，为减排做出具体贡献。《哥本哈根协议》进一步量化了各方在第二承诺期的减排目标，国际社会各经济主体要切实履行承诺并实现应承担的减排目标。目前，针对气候变化各个义务减排的国家都采取了适合自己国情的措施。本节简要剖析发达国家(美国、英国、法国和日本)为实现减排目标采取的战略目标和具体措施，以期为实现中国的温室气体减排目标提供借鉴。

一、美国应对气候变化的措施

美国作为世界上温室气体排放的主要大国，对解决全球气候变暖问题有不可推卸的责任。在国际气候变化谈判中，虽然美国先是签署《京都议定书》并退出，随后再次宣布退出《巴黎协定》，但其主张在不妨碍经济发展的情况下减缓气候变化。一方面联邦政府继续按照《气候行动计划》的部署从减少温室气体排放、应对不利影响和领导国际合作三大方向系统地推进应对气候变化工作，包括力推发电厂 CO_2 排放标准等举措；另一方面，气候变化在美国仍是严重极化的议题，大多数国会共和党人和民间保守派仍对气候变化持怀疑和否定态度，并从立法、预算等环节设置障碍，阻挠政府应对气候变化措施的有效实施[33]。美国在应对气候变化方面采取的具体措施主要有以下几个方面。

1. 提升应对气候变化的意识

据统计①，美国每年温室气体排放总量约 68 亿 t，电力是温室气体的最大排放源，约占 32%。其次是交通部门，约占 28%。工业和农业部门排放的温室气体分别约占排放总量的 20% 和 10%，其他部门如商业、居民生活等占 10% 左右。

给美国带来巨大洪涝灾害和伤亡事故的"桑迪"飓风过后，美国的民众中有超过一半的人都认为，气候变化与频率越来越高的自然灾害之间有着某种关联，这也显示出美国民众对于气候变化的关注度的上升。2013 年，美国年收入总额超过 4500 亿美元的 33 家大型企业联合签署了一份气候宣言，敦促国会对气候变化采取行动。同年，《美国国家气候评估》发布，报告中指出人为因素是导致全球气候变化的主要原因，并且气候变化深刻影响人类社会发展。

2. 推动能源革命

在奥巴马的第二个任期，白宫与国会合作不畅的情况使得奥巴马首先倾向于通过《清洁空气法案》提高新建电厂碳排放标准。该标准将能阻止新建燃煤电厂的建设，同时，还能进一步推进现有电厂和冶炼厂温室气体的排放标准，并出台对石油和天然气生产、运输过程中甲烷排放泄漏等问题的相关标准和规定。另外，美国页岩气革命在改变全球能源格局的同时，增强了美国应对气候变化的实力[34]。随着社会对清洁能源需求不断扩大，以页岩气为主的非常规天然气开采技术成熟并进入规模生产阶段。美国已成为世界上唯一实现页岩气大规模商业性开采的国家，有效缓解其温室气体减排目标压力。

① EPA. 2016, U.S. Greenhouse Gas Inventory Report: 1990～2014[R/OL]. (2016-04-28) [2016-04-28]. https://www.epa.gov/ghgemissions/inventory-us-greenhouse-gas-emissions-and-sinks-1990-2014.

3. 提出 "轴辐式协议" 提案

2012 年，多哈气候大会达成一揽子协议，要求缔约方就德班平台的两个方面工作提交提案。美国在提案中表现出一种希望通过德班平台构建新型国际气候机制的意图，实施一揽子 "轴辐协议"，即构建一个所有缔约方参与的、相对恒定的、包括关键设计要素的 "轴协议"，围绕这一作为核心的 "轴协议"，就细节问题达成一系列具体、可实施、不一定所有缔约方参与、便于修改的 "辐决定"，共同构成一揽子协议体系。"辐决定" 强调国内的地区、企业、非政府组织（Non-Governmental Organization，NGO）等非国家行为体参与国际减排合作，并高度重视《联合国气候变化框架公约》外多边机制的作用。

4. 寻求国际合作

美国积极响应中国提出的建设中美 "新型大国关系" 理念，2014 年中美两国发布《中美气候变化联合声明》，宣布清洁能源发展合作与温室气体减排方面的双边协议：美国计划于 2025 年实现在 2005 年基础上减排 26%～28% 的减排目标并将努力减排 28%；中国计划 2030 年左右 CO_2 排放达到峰值且将努力早日达峰，并计划到 2030 年非化石能源占一次能源消费比重提高到 20% 左右。作为世界上最大的两个温室气体排放国，中美两国以合作的方式寻求建立互信和促进全球能源转型，为国际应对气候变化行动注入新的活力。

表 2.2 汇总了近年来美国针对温室气体减排采取的具体措施。在应对气候变化上，美国作为主要的温室气体排放国有着不可推卸的减排责任。通过制定一系列政策减少温室气体排放，同时大力发展技术，促进减排技术的应用，在全球气候问题上发挥领导作用。

表 2.2　美国主要的温室气体减排措施

年份	主要措施	主要内容
1980	生态税收政策	征收化学品的消费税以及开采税和环境收入税
1998	签署《京都议定书》	目标是 2008～2012 年美国温室气体排放总量比 1990 年削减 7%
2003	芝加哥气候交易所	借用市场机制来记录温室气体排放、减排和交易
2009	《美国清洁能源与安全法案》	创造就业机会推动经济复苏，减少温室气体排放来减缓全球变暖
2013	美国加州碳交易市场	企业可在市场出售或购买排放配额，通过 "总量控制与交易"，企业可在市场出售
2013	《气候行动计划》	美国第一个旨在减少气候变化风险的国家级计划，在 2025 年前使温室气体排放水平在 2005 年的基础上降低 26%～28%
2014	《中美气候变化联合声明》	中国和美国各自宣布 2020 年后温室气体减排目标，加强双边和多边气候合作
2016	《美国优先能源计划》	降低能源价格，开发本土能源，减少外国石油进口；继续页岩气革命；发展清洁煤技术，复兴煤炭产业

注：根据相关资料整理。

二、英国应对气候变化的措施

英国是世界上积极采取措施应对气候变化的倡导者和先行者，一直保持积极的态度来应对气候变化，先后出台了一系列控制温室气体排放的政策和法律。2008 年颁布的《气候变化法》，标志着英国成为世界上第一个为温室气体减排目标立法的国家。自 1990 年以来，英国在应对气候变化方面取得明显成效，有效减少了 20%的温室气体排放[35]。本部分从设立碳预算制度、加强节能减排、发展低碳经济、建立专门机构和鼓励多种形式国际合作五个方面入手，综述英国在应对气候变化中采取的具体措施。

1. 设立碳预算制度

2009 年，英国首次通过立法约束并实施碳预算制度。碳预算指的是英国某一特定时期温室气体排放总量的上限，旨在为实现 2050 年将温室气体排放降低 80%的目标设定路线。碳预算制度规定在 2008～2022 年期间建立 3 个减排周期，分别是 2008～2012 年、2013～2017 年和 2018～2022 年，较 1990 年，三个阶段的温室气体减排水平分别为 22%、28%和 34%。设立了短期和长期减排目标，短期上实现温室气体排放在 2012 年末和 2017 年末分别减少 22%和 28%，长期上到 2022 年和 2050 年分别减少 34%和 80%。2016 年，英国政府已设定第五份碳预算，其目标是到 2032 年将碳排放量在 1990 年基础上减少近57%。英国碳预算是一项应对气候变化的制度创新，碳预算制度的建立，不仅仅是为了约束本国碳排放，也对应对全球气候变化提供示范性制度框架。发展至今，碳预算已经成为气候变化政治学的理论热点和气候谈判争论的焦点之一[36]。

2. 加强节能减排

为更好地实现减排承诺，英国在国家层面的节能减排进行了不同程度的减排行动和立法实践。表 2.3 汇总了 2001 年以来英国发布的能源和气候变化相关法案及具体科技计划等措施。英国最早于 2001 年征收气候变化税，主要针对电力、气态燃气、液态燃气、焦炭或半焦炭、石油焦的供应者征税。随后基于气候变化税，2002 年实施自愿性的碳排放交易，签署气候变化协议的企业实现减排目标后，可享受高达 80%的气候变化税减免，超额完成的减排份额可以进行交易。

表 2.3　2001 年以来英国应对气候变化的相关法案及举措

年份	主要法案及举措	主要内容
2001	气候变化税	主要针对电力、气态燃气、液态燃气、焦炭或半焦炭、石油焦的供应者征税
2002	可再生能源与能源效率合作计划	旨在消除能源项目市场化障碍,并在国际组织中推广合理的能源与环境政策
2003	创建一个低碳经济体	强调优先发展可再生能源，使英国 2050 年的 CO_2 排放量减少到目前的 40%
2004	政府行动计划	提高能效和加强节能将对气候变化和能源安全起到主导作用
2005	气候变化行动计划	实施排放贸易计划，提高能源工业的效率，减少排放
	英国可持续发展战略	确定了新的优先行动领域;建立了包括 20 个框架指标和 48 个进展监测指标的指标体系
2006	低碳建筑计划	鼓励建筑中提高能效和使用小型热电技术
	退税与补贴计划	政府对使用节能锅炉、家用电器以及节能灯的家庭提供补贴的政策
	《气候变化与可持续能源法》	规定政府温室气体报告义务以及具体碳减排目标
2007	应对能源挑战	提高能源效率以节约能源，开发清洁能源

续表

年份	主要法案及举措	主要内容
2007	英国能效行动计划	引入碳减排承诺方案；改善住房能源效率；实施新车能效强制目标
2008	核能白皮书	出台新的能源法案，加强欧盟排放交易机制等措施
	国家可再生能源计划	实现 2020 年可再生能源占能源消耗总量 15%的目标
2009	"清洁煤炭"计划	到 2030 年"清洁煤炭"计划对英国经济的价值将达到每年 40 亿英镑
	《英国低碳转型计划》	包括《可再生能源战略》《低碳工业战略》《低碳交通战略》等
2013	《主要市场和目标公司的企业治理》	要求所有上市公司必须上报本公司的温室气体排放量，并向大众公开自身的碳排放管理体系

注：根据相关资料整理。

2008 年，英国颁布《气候变化法》，该法案是世界上第一部将控制温室气体减排目标写入国内立法的法案，为其他国家进行本国气候变化立法起到借鉴作用。《气候变化法》有两个主要目的：一是表明英国为全球减排承担相应的责任；二是提高碳管理水平，促进英国经济向低碳经济的转型。《气候变化法》包括六个部分：①有关碳减排目标和碳预算的规定；②关于气候变化委员会的规定；③关于碳交易计划的规定；④关于适应气候变化的规定；⑤和⑥是涉及气候变化的其他方面的补充性规定。《气候变化法》是整个气候变化政策与法律体系的核心，也表明了英国在气候变化应对方面的雄心以及想要成为气候变化应对方面的国际领导者的意愿。

在能源方面，英国致力于开发新的洁净能源，旨在优化能源结构。于 2008 年出台《可再生能源议定书》[①]，提出到 2015 年可再生能源占全社会总用能的 15%。2009 年，《英国低碳转型计划》[②]发布，提出 2020 年将碳排放量在 1990 年基础上减少 34%，到 2020 年40%的电力来自低碳领域，采用核能、风能等清洁能源。另外，推动建筑节能措施，包括公共建筑节能和家庭住宅节能，促进全国实现节能减排目标。英国政府通过自己的单方面承诺向世界表明，应对气候变化，需要足够有效的政策调整，必须采取果断的行动并搭建新的国际制度框架。

3. 发展低碳经济

英国是全球低碳经济的积极倡导者和先行者。2003 年英国率先提出发展"低碳经济"的理念，明确宣布到 2050 年从根本上把英国变成一个低碳经济的国家[37]。英国发展低碳经济的一个主要背景是，英国恰好需要进行经济结构的转变，替换即将淘汰的燃煤电厂及核电厂等基础设施，而不只是应对全球气候变化这个单一目的。在某种程度上甚至可以说，英国是为了调整经济结构而大力发展低碳经济的。英国的工业化已经进行了几百年，积累了十分雄厚的资金与技术实力，加之已经进行了大量的前期研究，其实施碳预算，转向低碳经济更像是顺水行舟。为配合低碳经济战略，英国多措并施，推行一系列

---

① 中华人民共和国驻大不列颠及北爱尔兰联合王国大使馆经济商务处. 英国大力开发可再生能源[EB/OL]. (2004-08-16) [2018-10-21]. http://gb.mofcom.gov.cn/aarticle/jmxw/200408/20040800264789.html.

② 科学网. 英国发布"低碳"国家战略计划[EB/OL]. (2009-07-16) [2018-10-21]. http://news.sciencenet.cn/htmlnews/ 2009/7/221528.shtm.

配套措施。

(1)构建全社会互动的有机政策体系。在利用气候变化税、排放贸易机制等政策工具及低碳交通、清洁煤炭、碳预算等计划的基础上，充分发挥各种政策工具与计划的特色，组成统一的有机体系。另外，积极研发和推广低碳技术，促进科学技术的改革。英国已初步形成了由政府主导、以市场为基础、全社会参与互动的有机政策体系。

(2)设立专项基金促进可再生能源发展。2008 年英国政府启动"环境改善基金"，可以将政府对低碳能源及高能效技术示范和部署的支持以及对能源与环境相关的国际化发展结合起来，提供相应的基金资助。为了在绿色运输和能源项目中加大投资，2010 年英国设立 10 亿英镑绿色能源基金，改造运输体系使用清洁燃料，提升低碳能源(如风能、海洋波浪能和太阳能)的利用。

(3)加快能源设施工程建设。英国政府共批准了建造世界上最大的生物质能发电厂、世界上最大的海上风力项目等 8 个大型可再生能源项目，提出投巨资兴建拦海大坝、开发潮汐能的设想。

(4)鼓励大众参与低碳经济，引导人们向低碳生活方式转变。政府公开建议政府官员购买使用环保汽车，要求所有新建房屋在 2016 年达到零碳排放，目前新建房屋中至少有 1/3 要体现碳足迹减少计划，不使用一次性塑料袋。鉴于英国每年 61 万 t CO_2 排放量中的 40%直接来自个人和家庭的活动，英国环境、食品及农村事务部在其政府网站上公布 CO_2 排放量计算器，让公众可以随时上网计算自己每天生活中排放的 CO_2 量，有效地帮助公众知晓并采取有效的措施，减少 CO_2 的排放量。

在低碳技术方面，英国于 2011~2015 年间投资了 200 多万英镑作为低碳技术的创新资金，全力支持低碳技术的研究。不仅如此，英国还大力开发和发展碳捕获和封存技术，并且通过对电力市场进行改革，减少电力部门的温室气体排放量。

低碳经济有效实现可持续发展，在经济社会受到环境和能源制约的背景下，低碳经济的发展路径受到全球范围的广泛认可。低碳经济的发展不仅缓解了英国的减排压力和经济危机，也使得英国成为国际气候政治的主导者，英国发展低碳经济的路径值得全世界借鉴和学习。

4. 建立应对气候变化专门机构

以政府为主导，建立的应对气候变化专门机构，按照性质可划分为四类：管理机构、研究机构、实验基地和行业协会。

(1)专门的管理机构——气候变化委员会。

《气候变化法》创设了一个独立的专门管理机构，即气候变化委员会，旨在负责评估英国为实现 2020 年和 2050 年碳减排目标以及实现碳预算所做的努力。气候变化委员会由一名主席和 5~8 名委员组成，对英国重点领域的减排路线进行了情景分析，要求政府自 2008 年起公布 5 年碳预算，并提出到 2050 年至少减排 80%的目标。

(2)专门的研究机构——英国能源需求研究中心。

2003 年 4 月，英国工程和科学研究委员会、经济和社会研究委员会及自然环境研究委员会共同建立英国能源研究中心。英国能源研究中心是世界级可持续未来能源系统研究机构，由英国研究理事会提供资金。2018年，英国能源需求研究中心宣布成立，由英国研究理事会所属的工程学与物理学研究理事会及经济学与社会学研究理事会共同资助，旨在组建世界一流团队致力于开展有关能源需求的国际引领性研究。英国能源需求研究中心致力于开展有关能源需求方面的系统性研究，聚焦三大主题：①商业与工业效率提升；②改善人居环境；③加快低碳交通系统转型①。

(3)专门的实验基地——欧洲海洋能源中心。

欧洲海洋能源中心成立于2003年，位于距离苏格兰大陆最北端大约100km的奥克尼群岛②。欧洲海洋能源中心是世界上首家海洋能源试验场，对新型海洋能源技术和设备进行试验和推广。欧洲海洋能源中心拥有14个全比例尺潮流能和波浪能并网测试泊位，目前全球已有数十台海洋能发电装置在欧洲海洋能源中心开展了长期示范。英国海洋能技术发展快速，潮流能技术、波浪能技术、新型潮汐能技术等均处于国际领先水平。

(4)专门的行业协会——伦敦气候变化行业协会。

由伦敦金融城创立的伦敦气候变化行业协会，致力于进一步推动和规范伦敦碳交易市场。其有49家会员，基本包含了伦敦所有从事碳交易的企业，其中不仅涉及会计、保险、金融、法律、培训、市场咨询、公关传媒、风险管理等传统行业，还涉及碳交易、碳中介、碳管理、碳登记、碳排量跟踪核实、京都机制等新兴的碳实体[38]。

5. 鼓励多种形式国际合作

除借助本国力量积极应对气候变化，英国也寻求国外合作，积极推动气候变化的全球治理。通过欧盟、"欧盟排放交易机制"、八国集团、《联合国气候变化框架公约》和气候变化国际政府小组，在国际范围内开展工作，鼓励多种形式的国际合作。英国对外气候政策表现为争取不同层面的国际气候谈判和协商中的主导权，也体现在对发展中国家的气候合作和援助。一方面，英国通过主持或参与各种应对气候变化的国际会议或国际组织活动，开创了气候变化政治议程。另一方面，签署政府间合作协议，加强气候变化领域的国际合作。英国对外气候合作分为多边和双边两种，多边层面包括设立项目基金、为贫困国家和地区提供气候资金援助，双边层面包括与能耗大的发展中国家开展气候合作项目。中国作为最大的温室气体排放国，是英国对外气候合作的主要对象。

三、法国应对气候变化的措施

2015年，第21届联合国气候变化大会在法国巴黎召开，会议通过《巴黎协定》，标志着全球应对气候变化进程迈出重要一步。《巴黎协定》通过后，法国以身作则，在国内进行经济和能源结构的过渡转型。为推动《巴黎协定》，法国成为世界上第一个立即禁止颁发任何新的石油勘探许可证的国家，宣布在2040年后禁止一切石油开采活动。

---

① 环境生态网. 英国能源发展新战略[EB/OL]. (2008-03-03)[2019-01-10]. http://www.eedu.org.cn/Article/es/envir/edevelopment/200803/22282.html.

② 国际在线. 海洋能源发展——国外可再生能源专题报道[EB/OL]. (2004-08-24)[2018-05-06]. http://news.cri.cn/gb/3821/2004/08/24/1226@277512.htm.

作为世界上最早推动和减排温室气体的国家之一，法国是全球应对气候变化问题的积极支持者和推动者[39]，通过立法、改组机构、实施能源政策、健全外交机制以及引导全民应对气候变化等一系列措施和行动争当全球气候变化领导者。

1. 发布控制温室气体排放相关立法

随着全球气候变暖问题的加剧，法国政府对控制温室气体减排给予更多关注，通过气候变化相关立法推动温室气体减排。1995 年法国政府制定了《减缓气候变化第一个国家计划》，1997 年又制定了《减缓气候变化第二个国家计划》。2000 年颁布《控制温室气体效应国家计划》，提出在 2008～2012 年期间在 1990 年的基础上实现温室气体减排 1.44 亿 t。2005 年发布《法国适应气候变化战略》，将气候变化风险的科学评估与实施适应行动计划有机地结合。在能源方面，法国着力加强立法以促进节能减排。2002 年通过《电力自由化法》，致力于减少温室气体排放并促进节能和可再生能源的发展。其基本方针是：保证能源自主、稳定供应；保证大气质量；防止地球变暖，实施节能和合理用能。为了减少对核能的依赖，2015 年法国颁布《绿色增长能源转型法》，提出到 2025 年将核电的占比降至 50%。2017 年出台新的法令，提出在 2040 年后禁止一切石油开采活动，法国成为世界上第一个立即禁止颁发任何新的石油勘探许可证的国家。

2. 改组及成立专门机构

法国政府改组并成立专门机构，加强对气候变化的管理，积极应对气候变化。表 2.4 整理了法国政府近年来在成立和改组机构方面做出的改变。应对气候变化的专门机构的改组和建立，加强了法国对国内相关政策措施的管理，完善了国内气候变化监管体系。

表 2.4　法国为应对气候变化成立和改组的专门机构

年份	机构	作用
2007	生态、能源、可持续发展和国土整治部	凸显了新政府对环保新能源及可持续发展战略的重视
2008	"示范研究"基金	旨在资助试验性研发，鼓励技术创新
2009	国家能源研究协调联盟	加强协调国家机构的能源研究，提高研发效率
2010	法国原子能与可替代能源委员会	在低碳能源等研究领域位居世界前列
2011	低碳能源研究所	加强能源与气候变化领域的研究
2012	巴黎大区光电研究所	希望成为法国发展可再生能源研发领域的"发动机"

注：根据相关资料整理。

3. 开发新能源

法国重视新能源与气候变化问题，针对新能源的开发和利用采取一系列积极措施，通过资金与技术的投入发展可再生能源及核能等新能源。表 2.5 整理了近年来法国实施的与能源和气候变化有关的科技计划。

表 2.5　法国实施的与能源和气候变化有关的科技计划

年份	主要计划	主要内容
2001	国家预防温室效应计划	使 2010 年时全国温室气体的排放量减少到 1990 年的排放水平
2002	陆上运输研究与创新计划	资助基础研究、技术开发等
2003	环境能源与可持续发展协作行动	包括能源行动计划、新分析方法论与传感器行动计划等
2004	第四代核反应堆国际合作开发计划	拟投资 40 亿美元,预计在 2035~2040 年达到商业化运行
2005	生物质能发展计划	计划法国成为欧洲生物燃料等生产大国
2006	适应气候变化国家战略	确定 9 项主要行动
2007	能源跨学科研究计划	研究制定 2007 年能源计划招标
2008	欧盟能源气候一揽子计划	2020 年将温室气体排放量在 1990 年的基础上减少 20%
2009	环保发展计划	涉及工业化生产等领域
2010	投资未来计划	重点研发氢能与燃料电池、风能、生物质能等技术
2011	法国应对气候变化计划	围绕水、对健康的影响、森林保护和基础设施的巩固四个方面

注:根据相关资料整理。

在能源研发的资金投入上,总体呈现增加趋势[40]。作为世界科技创新强国之一,法国的能源研发已经从化石能源逐步转向可再生能源的研究上,为积极应对气候变化奠定技术基础。

4. 健全气候外交机制

2017 年,为盘点有关《巴黎协定》的相关进展以及动员必要的资金,法国总统马克龙在巴黎召开"同一个地球峰会"。此次峰会召集全球 50 国元首和政府首脑出席,一大目标在于共同商讨如何为气候行动融资。法国在应对气候变化上一直强调国际合作共同抵御气候变化的重要性,建立健全完善的气候外交机制[41]。一方面,通过联合国、欧盟等多个平台参与国际气候谈判,另一方面通过技术输出、鼓励公司参与等方式对以非洲为主的发展中国家提供援助。此外,应对气候变化和环境保护已经成为中国和法国合作的结构性重点领域,两国已结成战略合作伙伴关系。

5. 引导全民应对气候变化

除国家层面的立法及政策实施,法国政府重视国内社会在应对气候变化中的作用。法国推行全民应对气候变化,鼓励市民积极参与气候变化治理,提出的具体措施包括推进公共自行车租赁体系、发展绿色产业、增加绿色能源比重等。另外,法国从税制改革入手,建立一套真正的生态税收制度。法国是欧盟第一个设立 CO_2 排放税的国家,引导家庭和企业逐步减少化石燃料的消费,发展绿色能源技术。碳税制度的改革,在全球应对气候方面是有意义的创举。

四、日本应对气候变化的措施

作为主要的温室气体排放国,日本在应对气候变化上也有着不可推卸的责任。2002 年日本批准通过《京都议定书》，首次以法规形式限制温室气体排放。根据《哥本哈根协议》(2009 年)，日本承诺到 2020 年温室气体排放量在 1990 年基础上减少 25%。在其核泄漏事故发生后，日本国内核电站全部停止运营，代替核发电用于火力发电的煤炭和天然气的使用量明显增加，由此给日本带来温室气体排放减排压力加大。为推动减排行动与低碳社会发展，日本推行多项举措，包括出台法律法规、实行科技规划等。

1. 推进建设低碳社会

2008 年，日本政府宣布在 2050 年实现"低碳社会"的计划，低碳社会是一种以低能耗、低污染、低排放、低碳含量和高效能、高效率、高效益及环境优化、人与自然和谐发展为基本特征的经济社会发展模式[42]。为建设低碳经济，日本形成了以《节约能源法》为基础，从政府到民间、从企业到个人的全民共同参与的减排机制。

推进低碳社会建设，日本制定了《构筑低碳社会的行动规划》(2008 年)、《低碳社会研究开发战略》(2009 年)与《能源基本计划》(2010 年)等一系列战略与计划①。另外，日本学界、经济界、新闻媒体以及各党派智囊团也纷纷提出发展低碳经济、建立低碳社会的咨询方案。

在建设低碳社会方面，日本极其注重能源资源使用和回收的精细化管理，采取分阶段、渐进式策略提升资源环境政策的社会接受度。同时，日本发挥政府和市场相结合的方式，以大规模的政府投入和市场融资作为支撑，有效调动各方面积极性[43]。

2. 坚持"科技强国"和"环境兴国"

日本重视科技在应对气候变化中的作用，坚持"科技强国""环境兴国""文化产业兴国""观光立国"等战略，先后实施了大量的科技计划，鼓励可再生能源、循环经济与低碳社会发展。20 世纪 90 年代，日本经历了前所未有的经济萧条。日本为实现科学创新立国的目标，制订了《科学技术基本法》，并根据这部法律制订了《第一期科学技术基本计划(1996~2000 年)》，旨在彻底改善日本科技活动环境，提高研发能力，促进科技成果顺利转化。经过努力取得了成效，日本的研究水平有所提高。进入 21 世纪，日本瞄准科学技术创新立国，积极实施《第二期科学技术基本计划(2001~2005 年)》。2004 年环境省提出了《面向 2050 年的日本低碳社会情景》研究计划，研究日本 2050 年低碳社会发展的情景和路线图，以及 2005 年的《新产业创造战略》、2006 年的《新国家能源战略》、2007 年的《21 世纪环境立国战略》②和《凉爽地球能源创新技术计划》、2008 年的《低碳社会建设行动计划》。这一系列行动和计划为日本在应对全球气候变化、积极发展低碳社会等问题上扮演领导者角色奠定基础。表 2.6 整理了近年来日本实施的重要战略与科技计划。

---

① 360 个人图书馆. 日本是如何着力建设低碳社会的[EB/OL]. (2011-04-14)[2018-04-19]. http://www.360doc.com/content/10/0414/17/864071_23046868.shtml.

② 中国经济周刊. 日本当前的环境问题与环境立国战略[EB/OL]. (2011-04-29)[2018-04-19]. http://www.prcfe.com/web/meyw/2011-04/29/content_753600.htm.

表 2.6　2005 年来日本实施与气候变化有关的重要战略与科技计划

年份	主要计划	主要内容
2005	2005 年技术路线图	确定了包括能源在内的 20 项战略重点技术
	新产业创造战略	对燃料电池、信息家电等重点领域分别提出具体目标
2006	新国家能源战略	建立世界最先进的能源供需结构；全面加强资源外交与能源环境合作
	2006 年技术路线图	新增超导技术、能源、癌症对策及人性化技术 4 项战略重点技术
2007	"美丽星球 50" 倡议	后京都议定书机制的三项原则：主要排放国都参加；具有灵活性和多样性；充分利用节能技术
	21 世纪环境立国战略	目标是确保完成《京都议定书》第一期 6% 的减排任务
2008	第三期科学技术基本计划	出台《研发力促进法》《低碳社会建设行动计划》等重要政策
	低碳社会建设行动计划	阐述了建设低碳社会的中长期目标和行动计划
2009	未来开拓战略	目的是建设世界第一的节能环保国家
	低碳社会研究开发战略	主要包括减缓和适应全球变暖的对策，以及对未来社会的构想等
	可再生能源刺激计划	力图开发可为全世界大幅度削减室气体排放做出贡献的技术
	海洋和矿物资源开发计划	针对开发海底天然气水合物、石油和天然气、热水矿床及富钴结壳和锰团块等提出
2010	第四期科学技术基本计划	大力推进面向环境和能源的绿色创新，以此作为国家战略的两大增长支柱
	能源基本计划	全面确保能源安全，制定强有力的能源政策，发挥能源对经济增长的牵引作用
	核电推进计划	2030 年至少增加 14 座核电站，设备使用率达到 90%
2011	第四期科学技术基本计划	该计划将研发投入目标定为国内生产总值的 1%，5 年总计达 25 万亿日元

注：根据相关资料整理。

《新国家能源战略》(2006 年)指出大力发展新能源和节能技术产业，力争到 2030 年前将日本国内能源使用率提高 30% 以上。日本的太阳能发电量已居世界各国之首。正是由于日本各级政府的大力推动，低碳社会的理念不仅在日本深入人心，而且在全球得到迅速传播，并获得了广泛认可。

3. 完善气候变化法律体系

日本是较早在应对气候变化方面实施立法实践的国家，已具备较完善的法律体系，包括综合性法律、专项法和相关法[44]。1998 年日本通过《全球气候变暖对策推进法》，该法是世界上第一部旨在防止全球气候变化的法律[45]。同时，日本十分重视能源与气候变化相关的立法，已经构建了以《全球气候变暖对策推进法》为中心，以《能源利用合理化法》《氟利昂回收破坏法》《电力事业者利用新能源等的特别措施法》《促进新能源利用特别措施法》等相关配套法规为内容的应对气候变化法律体系。

4. 成立应对气候变化专门机构

除了从科技计划和立法方面着手应对气候变化外，日本还专门成立了相关机构，从加强能源管理到低碳技术研发，全方位应对气候变化。专门应对气候变化的机构总结起来主要有四类：管理机构、专项研究基金、研究机构及各类协会。

(1)专门的管理机构。日本实行中央统一管理的能源管理制度。经济产业省负责能源的规划、生产、进口、消费和节能等方面的监管工作。经济产业省下设资源能源厅和原子力安全保安院等若干职能部门，其中资源能源厅负责制定国家能源政策和计划，统一掌管全国的能源需求和供给条件，实施全国的能源行政管理；原子力安全保安院主要负责国内各种能源设施和能源工业(包括核能)活动的安全管理。

(2)专门的研究基金。2004年日本环境省设立的全球环境研究基金成立了"面向2050年的日本低碳社会情景"研究计划，该计划由来自大学、研究机构、公司等部门60名研究人员组成，共同研究日本2050年低碳社会发展的情景和路线图，提出在技术创新、制度变革和生活方式转变方面的对策与建议。

(3)专门的研究机构。除了传统的能源经济研究所、能源综合工学研究所外，还有新能源产业技术综合开发机构、产业技术综合研究所等研究机构。

(4)建立促进低碳社会发展的各类协会。2008年，日本政府推动成立低碳城市促进协议会，向全国推广环境模范城市的经验，并积极推动与海外的交流合作。2010年，丰田、日产、三菱、富士重工四大车企宣布与东京电力联手，成立电动汽车充电协会，旨在制定电动车的快速充电标准。该标准不仅要求日本车企遵循，还要成为全球电动车的统一标准。

5. 发展气候变化国际合作机制

日本意识到气候变化全球治理的重要性，自20世纪80年代以来，积极推进环境外交，发展国际环境治理合作机制[46]。日本的国际合作机制主要是"自下而上"的合作模式。一方面，确立国际环境合作的基本理念。1992年，制定《关于国际环境合作的方式》，初步形成国际环境合作的理念。随后加入UNFCCC等国际公约，参与国际合作。在国内环境立法方面，制定《环境基本法》，标志日本通过国际合作应对气候变化的方式纳入环境法律体系。另一方面，日本在国际合作的方式上，采用多元化的合作方式。一是以东亚地区为重心，推行三层级合作，即由东亚地区到亚太地区再到全世界，实施方略包括两国间及区域间政策内对话、信息研究网络和环境管理方面的合作，以及制定区域及准区域层级共同规划。二是实施主体多元化的国际合作，包括与地方公共团体、企业、非政府组织和学术研究机构等的合作。

第三节　主要发达国家林业部门应对气候变化的政策机制

森林是陆地生态系统中最大的有机碳库，林业兼具减缓和适应气候变化的双重功能，充分发挥林业的固碳增汇作用是应对气候变化的有效途径。许多国家如美国、加拿大、英国、法国等推出一系列林业相关的政策机制以实现本国的温室气体减排目标。本节重点梳理五个发达国家(美国、加拿大、芬兰、澳大利亚和日本)为承担减排义务制定的林业相关行动计划和政策机制。

一、美国：林业碳抵偿纳入总量控制与交易体系

根据FAO统计，美国的森林资源面积为2.98亿 hm²，人均森林面积0.84万 hm²，

总蓄积量为 247.3m³，居世界第四位，人均占有 98.54m³，高出世界人均 77.07m³ 的水平，森林覆盖率为 35%。林业在美国温室气体减排中具有重要作用，国内裸地造林和保持森林健康的措施可以为美国的碳总量控制与交易计划抵偿 60% 的温室气体排放。美国林业部门制定了林业应对气候变化的战略框架，并将加强森林和草原管理、保护物种、调整种植方法等确定为优先发展领域。建立世界最大的森林保护研究机构，开展多项与气候变化相关的研究，显著提高了对于气候变化对森林、放牧地、城市区域的影响的理解。同时美国林业部门也检验森林以及森林管理活动如何能够实现减排或是增加碳汇，以此来帮助缓解气候变化问题[26]。

另外，美国推行林业碳计划即个人和组织可通过植树抵消温室气体排放。主要有两种模式，一是出售碳信用补偿特定活动造成的温室气体排放，二是出售造林项目的碳汇①。为激励个人和组织开展植树造林项目，美国制定一系列担保林业碳计划的实施的行动框架。

二、加拿大：构建可持续森林经营体系

根据 FAO 统计，加拿大拥有丰富的森林资源。森林总面积 4.4 亿 hm²，相当于世界森林面积的 10%、亚洲森林面积的总和。森林覆盖率为 45%，人均 18.8hm²，是工业发达国家中按人口平均最多的国家之一。加拿大的木材资源总量达 230 亿 m³，人均 960m³。作为重要的林业大国，加拿大在气候变化中受到更大的影响。面对气候变化对森林资源带来的机遇与挑战，加拿大构建合理的可持续森林经营体系，在全世界处于领先水平[47]。通过将气候变化的相关信息与森林可持续经营计划相结合，在森林经营方面，采取增加森林中树木的丰富度、增加林地面积、扩大以可持续方式经营的森林和在建筑行业使用更多木材等措施[48]，抵御环境变化对森林资源的损害，并促进森林对气候变化的适应。

针对社区与城市，也提出不同的森林可持续经营策略。对森林依赖较高的社区积极促进可持续林业经营，推进生物质能源的使用。针对城市，提高森林物种丰富度，实现木质建筑队传统建筑的替代，发挥林产品的替代减排贡献。

三、芬兰：鼓励林木生物质能源替代化石能源

根据 FAO 统计，芬兰是世界上森林覆盖率最高的国家之一，也是欧洲森林覆盖率最高的国家。森林面积 0.22 亿 hm²，占国土面积的 73.1%。森林立木蓄积量为 23.2 亿 m³，单位面积森林蓄积量为 104m³/hm²。主要树种包括松树(50%)、云杉(30%)，余下主要为阔叶树种(20%)。森林一直是芬兰最重要的自然资源，在国民经济中占据十分重要的位置。

在开发和利用可再生能源上，芬兰走在世界前列。借助丰富的森林资源禀赋，芬兰林木生物质能源发展规划实现较早，1999 年芬兰制定可再生能源执行计划，要求至 2010 年可再生能源在总能耗中占比达到 26.3%～27.3%，2003 年正式启动到 2010 年生物质能源发

---

① 中国碳汇林. 世界主要国家林业应对气候变化行动及政策机制[EB/OL]. (2010-06-05) [2018-04-19]. http://www.carbontree.com.cn/NewsShow.asp? Bid=3408.

电量占整个芬兰电力 31.5%的目标。芬兰的林木生物质能源的主体为林业生产中的小径材、人造能源林、林木碎片、林业废弃物等，其所提供的能源分别约为水能的 5.5 倍、风能的 186.3 倍和太阳能的 4726.6 倍。芬兰生物质能源的用途主要有发电、供热等。在发电和热电联产方面，芬兰积极促进林木生物质能源的利用，开展"木质能源技术计划"，大规模发展木片生产和利用技术。生物质电厂的平均装机容量为 3MW，居欧洲前列[49]。在供暖方面，林木生物质能源已成为主要能源来源之一，承担了全国供暖需求的50%以上。

为刺激林木生物质能源替代化石能源，减少温室气体的排放，芬兰对生物质项目提供 30%～40%的投资成本补贴[50]。在一系列政策及措施的激励下，截至 2014 年林木生物质能源消耗占芬兰能源消耗总量的 25.2%[51]，成为芬兰林业应对气候变化的主要途径之一。

四、澳大利亚：建立森林碳市场机制

根据 FAO 统计，澳大利亚拥有 1.49 亿 hm^2 森林，这些森林覆盖澳大利亚 19%的土地，其中 1.47 亿 hm^2 为天然林，另约有 197 万 hm^2 为人造林。全球的人均森林拥有量仅为 $0.6hm^2$，而澳大利亚人均森林拥有量达到 $7hm^2$，成为全球人均森林拥有量最高的国家之一。澳大利亚结合林业的经济效益和社会效益，建立森林碳市场机制，实施 REDD 项目，以及造林、再造林等活动减少温室气体排放。2011 年澳大利亚通过了《清洁能源法》，奠定了碳交易制度的基础。2015 年过渡为林业碳市场，同时接轨国际碳市场。在目前的碳税政策下，林业碳汇交易主要通过农业减排行动产生的碳税换算为澳大利亚碳信用单位，从而提供给有减排需要的企业[52]。

五、日本：制定全国森林计划

根据 FAO 统计，日本森林面积 0.25 万 hm^2，是国土面积（0.38 万 hm^2）的 2/3，属世界上少有的森林覆盖率高的国家。其中，天然林面积 0.13 万 hm^2，包括原始薪炭林，约占森林总面积的 60%；人工林 0.10 万 hm^2，约占森林总面积的 40%。2016 年森林蓄积量 49 亿 m^3，其中人工林蓄积量高达 30 亿 m^3，约占总蓄积量的 61.22%。日本政府重视森林吸收 CO_2 的作用，大力提倡植林造林；提倡在城市的楼顶上种草、种花。2006 年推行"新森林计划"，提出四个防止地球变暖的森林碳汇十年对策：一是森林可持续经营；二是保安林管理；三是木材和生物质能源利用；四是国民参与造林[26]。每隔五年制定下一个十五年的全国森林计划，以推进森林资源的循环利用和建立稳定的原木供给体制。日本林业已从资源的"培育"时代进入"利用"时代，继续推行加强绿化，将把森林面积的 70%划为碳汇林，用以支撑减排和应对气候变化。日本坚持造林、育林，其林业已成为减排 CO_2、应对气候变化的重要部门。在《京都议定书》第一承诺期，日本减排目标在 1990 年的基础上减少 6%，其中通过森林碳汇则实现了 3.8%，抵消了工业和能源减排目标的一半以上。

林业作为地球系统最重要的碳库，作为重要手段应对气候变化、减缓气候变暖地位突出。除上述提及国家，英国将林业减缓和适应气候变化作为林业战略的重要组成部分，制定了林业应对气候变化的目标；瑞士实施新林业行动计划，最大限度挖掘木材价值，逐步提高林主、企业主对木材碳储的环境效益的认识；法国政府在木材生产与加工、自然保护区建设和森林低碳功能开发等方面采取了一系列新举措。通过积极发展和保护森林，提高本国应对气候变化的能力，抵减工业能源排放，争取国家排放空间，维护国家发展权益，是世界各国的必然选择。

第四节　本 章 小 结

气候变化是当今世界面临的重大挑战，需要各国联合应对。发达国家的工业化进程是造成全球气候变暖的主要原因，发达国家在应对气候变化中应承担更多的责任和义务。鉴于发展阶段、科技水平和所处环境的不同，世界各国在"共同但有区别的责任"原则指导下，为缓解气候变化做出积极努力。第一章梳理了气候变化问题的国际进程及国际谈判进展，本章重点在于理清发达国家在应对气候变化中的响应机制，以期借鉴成熟的经验推进中国在适应和减缓气候变化工作上的相关进展。简要小结如下。

首先，综述发达国家应对气候变化的响应机制。国际社会已形成以《联合国气候变化框架公约》及《京都议定书》为主的应对气候变化的体系架构，各国以"共同但有区别的责任"原则为基础实现国际合作。《京都议定书》强调发达国家和发展中国家在应对气候变化中的不同责任，并对发达国家提出强制减排义务，要求制定到2020年温室气体减排目标。

其次，总结美国、英国、法国和日本四个国家为实现温室气体减排义务制定的减排措施，涉及立法实践、机构设置、能源政策及外交政策等多个方面。作为主要的温室气体排放国，美国、英国、法国、日本四国制定并实施了应对气候变化的响应机制及政策措施，由于国情不同，以及科技水平、所处环境不同，各国采取的具体措施也不同。

最后，讨论美国、加拿大、芬兰、澳大利亚和日本五个国家林业部门在应对气候变化中的地位和政策机制。作为陆地生态系统最大的有机碳库，林业兼具减缓和适应气候变化的双重功能。美国致力于将林业碳抵偿纳入总量排放体系，加拿大致力于构建可持续森林经营体系，芬兰鼓励并补贴林木生物质能源替代化石能源，澳大利亚建立森林碳市场机制，日本制定并推行全国森林计划。这一系列举措充分发挥林业碳库的经济效益和社会效益，有效促进各国温室气体减排目标的实现。

第三章　中国应对气候变化的主张与行动

气候变化是人类共同的挑战，无论是发达国家还是发展中国家都要携手应对气候变化。中国是世界最大的发展中国家，也是最大的温室气体排放国，全球气候变化已给中国经济社会的可持续发展带来诸多挑战。《京都议定书》(1997年)并未规定中国的强制减排义务，但作为负责任的大国，中国在巴黎气候变化大会(2015年)上承诺自主减排，提出到2030年单位国内生产总值 CO_2 排放比2005年下降60%～65%，体现中国高度参与全球环境治理、积极应对气候变化的态度和决心。为实现减排目标，中国成立专门管理机构并制定一系列减排措施，切实体现应对气候变化的中国担当。第二章关于发达国家应对气候变化的响应机制及先进做法，能够对中国低碳经济的建设和发展给予启示和借鉴。本章旨在讨论全球气候变化背景下，中国面临的机遇和挑战以及采取的具体应对措施。首先，分析气候变化给中国带来的机遇和挑战，明确中国应对气候变化面临的压力。然后，综述中国应对气候变化采取的对策及制度建设。最后，梳理中国林业在适应和缓解气候变化、实现温室气体减排目标中的行动，为中国林业国家碳库构建理清脉络。

第一节　中国适应和减缓气候变化的挑战与机遇

全球气候变化是一个不争的事实，对社会经济和自然生态系统均造成一定的影响。作为受气候变化影响较大但适应能力较弱的发展中国家，中国在应对气候变化中面临着严峻的挑战。气候变化也在一定程度上促进能源结构转型、推动低碳经济的发展，为解决大气污染问题带来发展机遇。中国在应对气候变化问题上的坚定态度也树立了负责任大国的形象，同时扩大了国际影响。本节旨在讨论全球气候变化给中国经济社会和自然生态系统带来的机遇和挑战。

一、气候变化对中国的影响

以气候变暖为主要特征的全球气候变化，威胁世界经济社会的可持续发展，对中国社会经济的可持续发展也产生了深刻影响。中国位于对气候变化敏感的东亚季风区，加上本身生态环境的脆弱性，气候变化也威胁中国自然生态系统安全。

1. 影响经济社会的可持续发展

当前的气候变化状态对中国的经济社会发展带来许多不利的影响。

(1)降低社会发展所需生产要素的数量和质量。气候变化加剧中国水、粮食、土地和能源等关键基础资源的短缺。

　　水资源方面，中国水资源短缺，时空分布不均，人均水资源拥有量不足世界平均水平的 1/4，每年由于缺水造成的直接经济损失达到 2000 亿元[①]。气候变化进一步加剧了中国水资源固有的脆弱性，并集中表现为加剧中国淡水资源短缺形势和供需矛盾[53]。气候变化导致冰川退缩，减少了主要河流的冰雪融水补给。近 40 年中国冰储量减少率为 7%，部分依赖于冰川融水补给的河流已经断流[54]；气候变化改变了河流的径流量，使河流和湖泊萎缩甚至枯竭；此外，海平面上升使海岸带地区的地下水和表层水盐化，加剧了沿海人口密集地区的水资源短缺状况[55]。

　　粮食资源方面，气候变化通过改变农业生产的环境、结构、布局以及生产模式，使农业生产的不稳定性、产量以及成本和投资均大幅度增加。据统计，中国每年由于农业气象灾害造成的农业直接经济损失达 1000 多亿元，如不采取适当措施，到 2030 年，中国种植业的整体生产能力可能会下降 5%～10%[56]。由此可以看出，气候变化同时也在影响中国的粮食安全。

　　土地资源方面，气候变化使得海平面上升，从而导致国土面积减少。海平面上升 30cm，中国沿海地区将有约 80 万 hm^2 的土地被淹没[57]。另外，荒漠化加剧导致国土质量下降。近 50 年来中国荒漠化速率在不断加快，20 世纪 80～90 年代中国荒漠化面积为 3250 万 m^2，沙漠化速率为 34.36 万～36 万 hm^2/a，预计到 2030 年中国荒漠化面积将达到 5100 万 hm^2，荒漠化扩展速率将达 46 万 hm^2/a[58]。国土面积的减少和质量的下降都将大大缩小中国民众的生存空间。

　　能源资源方面，气候变化对能源的开采、运输和加工提出新的挑战，同时改变目前的能源运输通道[59]。气候变化造成全球自然资源和环境容量的重新分配，触动旧秩序中处于优势地位国家的利益。

　　（2）危及人民的生活质量与生命安全。最近几十年，社会经济的发展使人口和财富急剧增加，极端天气事件造成的自然灾害对中国人民生命财产造成的损失也和社会发展同步增长。近 20～30 年来，尤其是进入 21 世纪，中国各类自然灾害频发，其中，2010 年极端高温和强降水事件发生之频繁、强度之强、范围之广为历史罕见，一年中全国各类自然灾害造成 4.3 亿人次受灾，因灾死亡和失踪达 7844 人，直接经济损失达到 5339.9 亿元[②]。各类极端气候事件对于公众的健康也造成了极大的影响。伴随着极端气候事件，受影响地区人群中会产生大规模群体伤害和死亡，虫媒传染病、消化道传染病、呼吸道疾病的发病率暴发的危险加大，慢性病的治疗和管理也带来巨大的问题。在气候变化的情况下，目前疾病的空间、时间、人群分布都随之改变，受疾病影响的人群及疾病的危害程度也将加大，因疾病导致的经济社会负担也由此大大增加[60]。

　　（3）威胁国家安全和稳定。在国家甚至是区域尺度上，对水、粮食、能源和土地等关键资源的争夺可能导致中国与周边国家出现争端和冲突。中国、印度、巴基斯坦和孟加拉国等国各主要河流都有源自喜马拉雅山系冰川融水补给，尤其是旱区河流很大程度上

① 中国水网. 关于北京市水资源的可持续利用[EB/OL]. (2000-04-01)[2018-05-10]. http://www.h2o-china.com/paper/1982.html.
② 中国新闻网.2010 年全国因灾直接经济损失 5339.9 亿元[EB/OL]. (2011-01-16)[2018-10-21]. http://www.chinanews.com/cj/2011/01-16/2790917.shtml.

都依赖于冰川融水。自 20 世纪以来，因冰川融化加剧，印、巴两国印度河、恒河和雅鲁藏布江夏季洪涝频发。到 21 世纪中后期，随着冰川和雨水资源消失殆尽，这些河流流量很可能骤减甚至断流，为此，中国、印度等相关国家可能因为水资源的争夺而造成地区关系紧张[61]。除了上述来自外部的威胁，安全威胁还可能源于国内。海平面上升不仅会对沿海地区的资源和生态环境产生巨大影响，海岸线的撤退还会使数以百万计的民众面临向内陆迁移的风险，使得内陆本就短缺的水、粮食和土地资源越发稀少，届时内陆地区将面临灾民安置、劳动就业、社会保障等一系列的社会问题[62]。

不利于国防和军队的建设。具体表现在：洪涝、干旱和台风等极端天气事件的频发使军队抢险救灾等非战争军事行动增加，抢险要求也不断提高；受气候变化影响，各种极端天气事件对部队的人员、装备和设施安全造成威胁，部队正常训练、武器装备效能的发挥以及重要军事基地的安全也都会受到影响[63]。

海平面上升通过改变中国的海洋边界和能源通道格局对国家的领土主权及海洋权益造成威胁。海平面上升导致的海岸侵蚀、航运格局改变，以及海岸洪水导致的国家海岸线撤退，不仅使中国国土减少，也使与海岸线密切相关的海洋专属经济区发生变化，进而引发海域国家对蕴藏石油资源归属权的争端。

2. 威胁自然生态系统安全

中国的自然生态环境比较恶劣，气候变暖使得本来脆弱的生态系统经受更大的挑战，威胁生态环境的安全的同时加剧自然灾害。

(1)威胁生态环境安全。气候变暖使得生物栖息地的温度升高，部分生物因栖息地环境改变迁移或灭绝。对于鸟类，气候变暖影响鸟类的迁飞时间以及分布范围，增加其灭绝的风险。气候变暖导致干旱化，加剧中国草原和荒漠分布范围向西部和高海拔区域扩散，草原面积退化速度加快，面积也不断减少。气候变暖加快黄土高原成壤。受不同的季风系统影响，粉尘源区的气候趋于暖湿，而粉尘堆积区降水未显著增加，导致二者的不一致性，从而影响黄土高原风成黄土的成壤强度，加快黄土承让。

(2)加剧自然灾害。一方面，气候变化会导致自然灾害频发。东亚季风气候系统各子系统的变异使得中国旱涝气候灾害变得更加严重。海温升高，台风增加对中国东南部地区的作用使得南方地区发生洪涝灾害的可能性增加。海平面上升加剧多种海洋灾害，将淹没大量的滩涂资源，同时加强滨海低地和河口区盐水入侵。气候变化也会使得风暴潮发生的频率增加。另一方面，气候变化会产生一系列的环境问题。气温升高会加剧城市热岛效应，进一步加剧城市的空气污染。海岸地带全球变暖引起海平面上升，海水入侵沿海底下淡水层，沿海土地盐渍化等，最终导致海岸、河口、海湾自然生态的失衡。

二、气候变化对中国林业的影响

气候变化与人类社会密切关联，人类活动如大量使用化石能源、毁林开荒等加剧了气候变化进程，而反之气候变暖则对自然生态系统和人类活动产生巨大影响。全球气候变化对林业的影响是多方面的，森林作为林业的主体，也受到气候变化的影响。

气候变化对中国森林生态系统影响显著，具体表现在：东部亚热带、温带北界转移，物候期提前；部分地区林带下限上升；山地冻土海拔下限升高，冻土面积减少；全国动植物病虫害发生频率上升，分布变化显著；西北冰川面积减少，呈全面退缩的趋势，冰川和积雪的加速融化威胁绿洲生态系统[64]。未来气候变化将进一步加剧林业生态系统的脆弱性。同时，气候变暖导致森林火灾频率增加。气候变暖使很多区域呈暖干化趋势，干旱天气的强度和频率增加，森林可燃物增多，导致森林火灾频率、林火强度和过火面积增加[65]。大气中 CO_2 浓度增加，与干旱、火灾和生物干扰相互作用，造成了森林生产力的下降[66]。

气候变化也将改变森林生态服务的供给水平[67]。森林生态系统为人类提供各种服务功能，包括支持、供给、调节和文化服务等功能，但是诸如毁林、森林碎化、栖息地丧失、人口增长、城市化等社会经济活动，通过对森林生态系统的利用、保护和破坏等方式反馈于森林生态系统。

此外，气候变化对中国林业工程的建设产生重要影响，体现在植被恢复中的植被种类选择和技术措施、森林灾害控制、重要野生动植物和典型生态系统的保护措施等方面[68]。

未来中国气温升高，特别是部分地区干暖化，将使现在退耕还林工程区内的宜林荒地和退耕地逐步转化为非宜林地和非宜林退耕地，部分荒山造林和退耕还林形成的森林植被有可能退化，形成功能低下的"小老树"林。气候变暖及干暖化趋势，会使得三北地区（即我国的东北、华北和西北地区）和长江中下游地区等重点防护林建设工程所属地区立地环境变得更恶劣，造林更困难，从而使得一些宜地林建设转变为灌草植被建设。

应对气候变化的大背景下，中国林业发展既面临着巨大挑战，也面临着战略机遇。中国应采取行动减少气候变化对林业的不利影响，把握机遇发展林业，充分发挥林业在应对气候变化中的特殊贡献。

三、气候变化给中国带来的发展机遇

作为发展中国家，中国为应对全球气候变化做出许多努力和贡献。气候变化威胁经济社会的可持续发展并且给自然生态系统带来一定的影响，同时，气候变化也给中国带来一定的发展机遇。应对气候变化带来的机遇正是转变发展方式、走可持续道路的机遇，也是提升中国国际地位、扩大国际影响的机遇。

1. 促进低碳社会发展

中国承诺到 2030 年单位国内生产总值 CO_2 比 2005 年下降 60%～65%，意味着中国碳排放强度下降幅度需连续 25 年保持年均 3.6%～4.1%，远高于美国和欧盟的碳强度平均降幅[69]。当前国际社会在应对气候变化中着重表现在对可再生能源的利用上，这一发展趋势符合中国经济增长方式从粗放型向集约型转变的需要，加快经济增长方式的转型。

2. 加快产业及能源结构转型升级

中国当前的能源结构以煤为主，单位热量燃煤排放的二氧化碳远高于石油和天然气，以煤炭为主的能源结构受到严峻挑战。为实现到 2030 年非化石能源占一次能源消费比重

达到20%左右的目标,中国以极大力度部署推动能源生产和消费革命[1]。另外,高效能源技术和节能产品的全球化传播及扩散,有效促进中国能源利用效率的提高,优化中国能源结构。针对气候变化给中国带来的影响,实施中国应对气候变化的相关战略和计划,可有效推动中国社会经济的可持续发展。

3. 推动环境治理和生态保护

中国当前的大气污染主要来源于燃料燃烧,属于典型的煤烟型污染[70]。为控制大气污染,中国在立法实践、经济措施、技术改革等方面实施一系列措施,以有效解决大气污染问题。对于实施的低碳燃料或无碳能源替代煤炭、提高能源利用效率,不仅可以缓解气候变暖、减少温室气体排放,在减少大气污染方面也可发挥巨大作用。

4. 提高中国负责任气候大国国际地位

作为发展中国家,中国在应对气候变化问题上,始终持积极的态度,担起负责任的大国形象。积极开展全球气候变化治理的国际合作,参与气候变化国际谈判。一方面,积极履行与中国经济发展水平相适应的义务,有利于树立中国保护全球气候的国际形象,扩大中国的国际影响,另一方面,通过开展国际合作,可争取中国所需的先进技术和资金,借鉴发达国家的先进经验,有力带动国家基础研究水平和创新型国家的建设。

第二节　中国应对气候变化的主张

中国一贯高度重视气候变化问题,把积极应对气候变化作为关系经济社会发展全局的重大议题,纳入经济社会发展的中长期规划。近年来,中国政府加大投入和机制创新,构建了一套立足于中国国情、符合市场经济原则,同时接轨国际的应对气候变化政策框架。在气候变化全球治理上,中国积极促进国际合作,加强国际交流。本节主要回顾中国在应对气候变化问题上所持态度,以及制定的应对措施和管理机构。

一、中国应对气候变化的态度

自签订《联合国气候变化框架公约》,中国一直谨遵该公约以及后续协议的要求,以负责任大国姿态积极参与气候变化全球治理。同时,致力于推动公约及各项协议的实施,认真履行相关义务。中国在应对全球气候变化问题上始终有积极的态度。

积极响应公约的原则立场。中国坚持公约的指导作用,坚持以公约为应对气候变化的基本政治和法律框架,不废约。在应对气候变化的过程中,坚持可持续发展,努力实现经济发展和环境治理的双赢。坚持"共同但有区别的责任"原则,指导发达国家和发展中国家在应对气候变化中履行不同责任和义务。中国作为最大的发展中国家,尚未完成工业化和城镇化的历史任务,但一贯高度重视气候变化问题,提出到2030年单位国内

---

① 中国环境产业网. 中国 2030 年非化石能源占一次能源比重提高到 20%[EB/OL]. (2014-11-13) [2018-10-21]. http://www.huanjingchanye.com/html/industry/2014/1113/2200.html.

生产总值 CO_2 排放比 2005 年下降 60%～65%[①]。

　　坚持减缓和适应并举。减缓和适应是应对气候变化的两个有机组成部分，减缓相对适应更艰巨且时期更长，而适应则更为现实和紧迫。中国坚持统筹兼顾适应和减缓，二者协调发展。减缓和适应气候变化的举措，包括大力发展科学技术，推进科技创新。坚持以技术开发支撑和推进气候变化治理，积极推进技术创新和技术进步。发达国家有义务向发展中国家提供资金和转让技术，中国借鉴国外先进经验和技术，以切实行动有效应对气候变化。坚持以可持续发展作为应对气候变化的有效目标和手段，提出在可持续发展的框架下统筹考虑经济发展、消除贫困、保护环境，实现发展和应对气候变化的双赢，确保中国经济社会的发展。

　　切实贯彻国际合作和全民参与。气候变化不仅是全球环境问题，也是世界共同关注的问题。中国积极参与并引领应对气候变化国际合作，开展南南气候合作行动，在实现互利共赢的同时，帮助其他发展中国家应对气候变化带来的挑战。应对气候变化需要转变传统的生产方式和消费方式，需要全民的广泛参与。中国在努力建设资源节约型、环境友好型社会的同时，引导企业、组织和个人自愿参与，增加企业的社会责任感和个人的全球环境意识。一方面，公众支持中国政府在应对气候变化上的一系列措施，以及支持政府开展应对气候变化国际合作。另一方面，公众自发开展应对气候变化的具体行动，社会群体、广大民众也积极参与，共同兑现国家自主贡献承诺。

二、中国应对气候变化的政策

　　自 2007 年超越美国而成为全球最大的温室气体排放国以来，中国承受了越来越大的国际压力。为此，中国在调整经济结构、转变经济发展方式、促进节能减排等方面采取了一系列行动和措施，见表 3.1。

表 3.1　中国应对气候变化的措施和行动

年份	政策及行动	具体内容
2005	国家能源领导小组成立	国家能源领导小组办公室是中国能源工作的高层次议事协调机构
2006	《可再生能源法》	促进可再生能源的开发利用，增加能源供应，改善能源结构，保障能源安全，保护环境，实现经济社会的可持续发展
2007	《中国应对气候变化国家方案》	是中国第一部应对气候变化的全面的政策性文件，也是发展中国家颁布的第一部应对气候变化的国家方案，分析了中国目前面临的影响和挑战，提出2010 年前中国应对气候变化的目标、原则，确定了重点领域和政策措施，并阐述了中国在若干问题上的基本立场和国际合作需求
	《气候变化国家评估报告》(第一次)	包括中国气候变化的科学基础、气候变化的影响与适应对策，以及气候变化的社会经济评价 3 部分，共 25 章
	国家应对气候变化及节能减排工作领导小组成立	作为国家应对气候变化和节能减排工作的议事协调机构
	《可再生能源中长期发展规划》	具体描述现阶段能源发展现状，以及根据这一现状而提出的可再生能源发展规划，包括其意义、指导思想、发展目标、发展领域、投资估算和效益分析等内容

---

　　① 中国政府网. 中国应对气候变化的政策与行动 (2011) [EB/OL]. (2011-11-22) [2018-01-21]. http://www.gov.cn/zhengce/2011-11/22/content_2618563.htm?from=timeline&isappinstalled=0.

续表

年份	政策及行动	具体内容
2008	《可再生能源发展"十一五"规划》	提出"十一五"时期可再生能源发展的形势任务、指导思想、发展目标、总体布局、重点领域以及保障措施和激励政策
2009	《循环经济促进法》	以立法形式促进循环经济的发展
	实施"节能产品惠民工程"	采取财政补贴的方式,加快高效节能产品的推广,一方面有效扩大内需,另一方面提高终端用能产品的能源效率
	响应《哥本哈根协议》	中国宣布 2020 年单位国内生产总值的 CO_2 排放比 2005 年下降 40%～45%,非化石能源占一次能源消费的比重达到 15%左右
2010	《国务院办公厅关于成立国家能源委员会的通知》	为加强能源战略决策和统筹协调,国务院决定成立国家能源委员会,这是中国最高规格的能源机构
	《国务院办公厅转发发展改革委等部门关于加快推行合同能源管理促进节能服务产业发展意见的通知》	通过加大资金支持力度,实行税收扶持政策,完善相关会计制度,进一步改善金融服务,加强行业监管,强化行业自律等途径,营造有利于节能服务产业发展的政策环境和市场环境,引导节能服务产业健康发展
	《关于开展低碳省区和低碳城市试点工作的通知》	确定首先在广东、辽宁、湖北、陕西、云南五省和天津、重庆、深圳、厦门、杭州、南昌、贵阳、保定八市开展低碳省区和低碳城市试点工作
	《合同能源管理项目财政奖励资金管理暂行办法》	内容涵盖总则、支持对象和范围、支持条件、支持方式和奖励标准、资金申请和拨付、监督管理及处罚、附则等七个部分
	《新兴能源产业发展规划》	规划期为 2011～2020 年,规划期内累计直接增加投资预计将达 5 万亿元,平均每年增加产值 1.5 万亿元
2011	《国民经济和社会发展第十二个五年规划纲要》	把低碳经济列入"十二五"规划,并对单位国内生产总值 CO_2 排放强度划定明确指示
	《清洁发展机制项目运行管理办法》	进一步推进清洁发展机制项目在中国的有序开展,促进清洁发展机制市场的健康发展
	《第二次气候变化国家评估报告》	内容包括中国的气候变化,气候变化的影响与适应,减缓气候变化的社会经济影响评价,全球气候变化有关评估方法的分析,中国应对气候变化的政策措施、采取的行动及成效 5 部分,共 40 章
2012	《温室气体自愿减排交易管理暂行办法》	分总则、自愿减排项目管理、项目减排量管理、减排量交易、审定与核证管理、附则 6 章 31 条
	《温室气体自愿减排项目审定与核证指南》	落实《温室气体自愿减排交易管理暂行办法》的相关规定,进一步明确温室气体自愿减排项目审定与核证机构的备案要求、工作程序和报告格式,促进审定与核证结果的客观、公正,保证温室气体自愿减排交易的顺利开展
2013	《国家适应气候变化战略》	在华沙气候大会上正式发布,标志着中国首次将适应气候变化提高到国家战略的高度
2014	《中美气候变化联合声明》	旨在加强中国和美国在清洁能源和环保领域的国际合作
	《国家应对气候变化规划(2014-2020年)》	提出了 2020 年的目标,但实际上主要是重复了 2009 年中国政府对国际社会的承诺
	《碳排放权交易管理暂行办法》	为落实党的十八届三中全会决定、《中华人民共和国国民经济和社会发展第十二个五年规划纲要》和国务院《"十二五"控制温室气体排放工作方案》的要求,推动建立全国碳排放权交易市场,国家发展和改革委员会组织起草了《碳排放权交易管理暂行办法》
	《第三次气候变化国家评估报告》	内容包括气候变化的事实、归因和未来趋势,气候变化的影响与适应问题,减缓气候变化措施,气候变化的经济社会影响评估,以及政策、行动及国际合作等五个部分
2015	《中欧气候变化联合声明》	联合声明强调从现时到 2020 年加速落实应对气候变化行动的重要性,双方重申发达国家所承诺的目标,即在有意义的减缓行动和实施透明度背景下,到 2020 年每年联合动员 1000 亿美元以满足发展中国家的需要
2016	《中国应对气候变化的政策与行动 2016 年度报告》	介绍中国"十二五"以来应对气候变化的进展和主要的成效,共分 8 个部分,涵盖减缓气候变化、适应气候变化、低碳发展试点示范、战略规划及制度建设、基础能力建设、全社会广泛参与、积极推动国际谈判、加强国际交流与合作等方面

续表

年份	政策及行动	具体内容
2017	全国统一碳交易市场建立	在发电行业(含热电联产)率先启动全国碳排放交易体系,参与主体是发电行业年度排放达到 2.6 万 t 二氧化碳当量及以上的企业或者其他经济组织包括其他行业自备电厂,首批纳入碳交易的企业 1700 余家,排放总量超过 30 亿 t 二氧化碳当量

注:根据相关资料整理。

中国在应对气候变化问题上始终坚持统筹国内国际两个大局,从现实国情和需要出发,大力促进低碳经济、绿色经济的发展,发挥负责任的大国作用,在有效维护中国正当发展权益的同时,也为气候变化全球治理做出突出贡献。

三、中国应对气候变化的管理机构

为有效监管减排措施的执行,切实加强对应对气候变化和节能减排工作的领导,中国成立专门机构领导和管理气候变化工作。

1. 国家能源领导小组

国家能源领导小组办公室是中国能源工作的高层次议事协调机构,于 2005 年成立,主要职责包括:①承担领导小组的日常工作,督办落实领导小组决定;②跟踪了解能源安全状况,预测预警能源宏观和重大问题,向领导小组提出对策建议;③组织有关单位研究能源战略和规划;④研究能源开发与节约、能源安全与应急、能源对外合作等重大政策;⑤承办国务院和领导小组交办的其他事项。内设机构包括综合组、战略规划组和政策组。

领导小组办公室是领导小组的办事机构。国家发展和改革委员会是国务院负责能源工业管理的职能部门,领导小组办公室负责组织研究国家能源发展中的重大问题。领导小组办公室的人事党务和机关财务后勤等事务,依托国家发展和改革委员会管理。另外,领导小组不取代其他部门在能源管理方面的工作,各有关部门有责任按分工主动配合领导小组办公室开展工作。

2. 国家应对气候变化及节能减排工作领导小组

国家应对气候变化及节能减排工作领导小组是中国应对气候变化和节能减排工作的议事协调机构,于 2007 年成立,对外视工作需要可称国家应对气候变化领导小组或国务院节能减排工作领导小组,即一个机构、两块牌子。领导小组的主要任务是:研究制订国家应对气候变化的重大战略、方针和对策,统一部署应对气候变化工作,研究审议国际合作和谈判方案,协调解决应对气候变化工作中的重大问题;组织贯彻落实国务院有关节能减排工作的方针政策,统一部署节能减排工作,研究审议重大政策建议,协调解决工作中的重大问题。

经过 2013 年和 2018 年两次对组成单位和人员进行调整,2013 年领导小组具体工作由国家发展和改革委员会承担,2018 年领导小组具体工作由生态环境部、国家发展和改革委员会按职责承担。

3. 中国清洁发展机制基金管理中心

中国清洁发展机制基金管理中心于 2006 年由国务院批准建立，于 2007 年正式启动运行。2010 年经国务院批准，财政部、国家发展和改革委员会等 7 部委联合颁布《中国清洁发展机制基金管理办法》，基金业务由此全面展开。

清洁基金是由国家批准设立的按照社会性基金模式管理的政策性基金，也是发展中国家首次建立的国家层面专门应对气候变化的基金，是中国开展应对气候变化国际合作的一项重要成果。资金来源主要包括：①通过 CDM 项目转让温室气体减排量所获得收入中属于国家所有的部分；②基金运营收入；③国内外机构、组织和个人捐赠；④其他来源。

清洁基金的组织机构由基金审核理事会和基金管理中心组成。基金审核理事会是关于清洁基金事务的部际议事机构，由国家发展和改革委员会、财政部、外交部、科学技术部、生态环境部、农业农村部和中国气象局的代表组成，负责审核基金基本管理制度，基金赠款项目和重大有偿使用项目申请、基金年度财务收支预算与决算等重大业务事项。基金管理中心是清洁基金的日常管理机构，具体负责基金的筹集、管理和使用工作，由财政部归口管理。为加强对基金业务发展的战略指导，清洁基金还成立了基金管理中心战略发展委员会。

4. 国家应对气候变化战略研究和国际合作中心

国家应对气候变化战略研究和国际合作中心是直属于国家发展和改革委员会的正司级事业单位，于 2012 年由国家发展和改革委员会成立，是中国应对气候变化的国家级战略研究机构和国际合作交流窗口。

该中心的主要职责包括组织开展有关中国应对气候变化的战略规划、政策法规、国际政策、统计考核、信息培训和碳市场等方面的研究工作，为我国应对气候变化领域的政策制定、国际气候变化谈判和合作提供决策支撑；同时受国家发展和改革委员会委托，开展清洁发展机制项目、碳排放交易、国家应对气候变化相关数据和信息管理以及应对气候变化的宣传、培训等工作。

第三节　中国应对气候变化的林业行动

加快林业发展，加强生态建设，努力增强碳汇功能，积极应对气候变化，已经成为国际共识，也是中国参与全球治理的重大机遇和实现经济社会持续健康发展的内在要求。本节首先分析气候变化对中国森林生态系统的影响，然后介绍中国林业应对气候变化中开展的卓有成效的工作，最后从国家林业局(现国家林业和草原局)出台的一系列行动论述未来林业在应对气候变化中的减排潜力。

一、中国林业在应对气候变化中的地位

应对气候变化的林业行动也是中国实现温室气体减排目标、参与全球气候变化治理的重

要途径。相比世界森林资源状况，中国森林面积小，资源数量少，地区分布不均。1990 年中国森林面积为 1.246 亿 hm²，人均面积约 0.107hm²，而全世界森林面积约 40.19 亿 hm²，人均面积约 0.8hm²。中国森林覆盖率 12.98%，而全世界森林覆盖率为 31%。中国森林蓄积量 91.4 亿 m³，人均约 8m³，而全世界森林蓄积量约 3100 亿 m³，人均约 72m³。另一方面，长期以来山区人民积累了丰富的造林、营林经验，培育了大面积的人工林，特别是南方山区的杉木林和竹林。中国森林总蓄积量为 97.8 亿 m³，占世界森林总蓄积量的 2.5%。

第九次全国森林资源清查（2014～2018 年）[①]结果表明，中国森林资源呈现出数量持续增加、质量稳步提升、效能不断增强的良好态势。据统计，全国森林面积 2.20 亿 hm²，森林覆盖率 22.96%。活立木总蓄积 190.07 亿 m³，森林蓄积 175.60 亿 m³。天然林面积 1.39 亿 m³，蓄积 136.71 亿 m³；人工林面积 0.80 亿 hm²，蓄积 33.88 亿 m³。森林面积和森林蓄积分别位居世界第 5 位和第 6 位，人工林面积仍居世界首位。总的来说，中国森林资源相比第八次全国森林资源清查结果（2009～2013 年），森林资源总量持续增长，森林面积、森林覆盖率和森林蓄积均不同程度持续增长。全国森林面积净增 1266.14 万 hm²，森林覆盖率提高 1.33%，继续保持增长态势。全国森林蓄积净增 22.79 亿 m³，呈现快速增长势头。此外，商品林供给能力提升，公益林生态功能增强。全国用材林可采资源蓄积净增 2.23 亿 m³，珍贵用材树种面积净增 15.97 万 hm²。全国公益林总生物量净增 8.03 亿 t，总碳储量净增 3.25 亿 t，年涵养水源量净增 351.93 亿 m³，年固土量净增 4.08 亿 t，年保肥量净增 0.23 亿 t，年滞尘量净增 2.30t。

中国确定的一系列林业发展和生态建设的战略决策以及实施的一系列重点林业工程，有效促进了森林资源进入数量增长、质量提升的稳步发展时期。林业措施是低成本减排的有效途径，据测定，中国乔木林总碳储量为 6135.68Tg C，碳密度为 37.28Mg/hm²[71]。森林具有成本低、可持续可再生、综合效益高等特点，能够为经济发展、生态保护和社会进步带来多重效益，中国的森林资源对中国适应和减缓气候变化有不可替代的作用。

二、中国林业在应对气候变化中的发展机遇

在应对气候变化的大背景下，林业发展既面临着挑战，也面临着战略机遇。气候变化促进中国政府加快林业管理制度和林业发展机遇的创新，给中国林业发展带来推动力。一方面，加强森林可持续经营，另一方面转变了林业经济发展方式。

1. 中国森林可持续经营策略

应对气候变化的社会模式以发展低碳经济为基本战略，强调经济发展与环境保护的相互协调。低碳经济的发展给传统林业管理、林业政策、森林经营等方面带来一定的发展机遇，促进中国森林可持续经营。

推动森林多功能经营。森林多功能经营就是在充分发挥森林主导功能的前提下，通过科学规划和合理经营，同时发挥森林其他多种功能，使森林的整体效益得到优化。它

---

① 中国林业网. 第九次全国森林资源清查主要结果[EB/OL]. [2021-01-22]. http://www.forestry.gov.cn/gjslzyqc.html.

既不同于现在的分类经营，也不同于以往的多种经营，而是追求森林整体效益持续最佳的多种功能管理。中国在森林经营利用方面做了很多研究，取得了重要成果，如天然林经营技术、困难立地造林技术、速生丰产林培育技术等。

通过森林认证帮助森林可持续经营。森林认证是由独立的第三方按照特定的绩效标准和规定的程序，对森林经营单位和林产品生产销售企业进行审核并颁发证书的过程。通过对认证的产品加载认证标识，将市场中的"绿色消费者"与可持续经营的森林有效地连接起来，实现原料来源的可追溯。中国是从 2001 年正式启动中国森林认证体系建设工作，为了提高森林经营水平，更好地保护森林资源，中国按照国际通行的森林可持续经营原则与要求，结合国情和林情建立了中国森林认证体系。森林认证加快中国林业国际化进程的战略选择，扩大了林产品的国际贸易量，伴随着中国林业改革前行。

实施全面停止天然林商业性采伐政策。天然林是中国森林资源的精华，是自然界中结构最复杂、群落最稳定、生物多样性最丰富、生态功能最强的生态系统，对维持生态平衡、保护生物多样性、保障水资源安全、应对气候变化等方面具有不可替代的作用。《中共中央关于制定国民经济和社会发展第十三个五年规划的建议》提出"完善天然林保护制度，全面停止天然林商业性采伐，增加森林面积和蓄积量"，首次提出全面停止天然林商业性采伐。根据禁伐时间表，中国将对全国天然林实施全面保护，分三步全面停止天然林商业性采伐：第一步，扩大东北、内蒙古重点国有林区停止天然林商业性采伐试点；第二步，在试点取得经验的基础上，停止国有林场和其他国有林区天然林商业性采伐；第三步，全面停止天然林商业性采伐。

加强人工林生态环境管理。第九次全国森林资源清查结果显示，中国人工林面积从原来的 0.69 亿 hm^2 增加到 0.80 亿 hm^2。加强人工林生态环境管理，需要促使工业人工林在提供木材、纤维、生物能源、非木质林产品的同时，充分发挥其减缓和适应气候变化、保护生物多样性、保持水土、恢复景观、提供游憩场所等方面的多重功能和价值。加强人工林的生态环境保护，还要确立人工林建设必须遵循的生态保护、环境规划、实施路径和森林采伐等一系列原则，实现木材生产和环境保护的双赢[72]。

2. 林业经济发展方式转变

全球气候变化给林业带来巨大的影响，在林业经济发展方式上促进了林业功能的重新定位、推动产业调整和经营水平的提升，给林业经济发展注入新动力。

提升林业经济发展的地位。建设建立低碳经济发展模式和低碳社会消费模式已成为全世界发展的共识，作为应对气候变化最具成本效益的典型低碳产业，林业是中国发展低碳经济的潜力所在。中国坚持贯彻林业在可持续发展中的重要地位以及在生态建设中的首要地位，林业经济发展已成为中国经济发展的重要战略组成[73]。

扩展林业经济的发展空间。考虑林业的碳汇、碳储以及碳替代等贡献，为林业经济发展拓展新空间，结合其环境效益和经济效益，充分发挥林业多元化、多功能的可持续发展之路。对于林农而言，林业经济发展给其带来收入增加、就业增多的机会。

加快转变林业经济发展方式。通过调整林业产业结构、优化产业发展布局、提高产品质量水平等措施，进一步促进林业经济发展方式的转变。同时转变经济发展方式，发展绿色经济、低碳经济，必然要求减少化石燃料的使用，给林木生物质能源的发展带来新的机遇。

三、应对气候变化的中国林业行动

发达国家和发展中国家都把林业作为重要手段，通过积极发展和保护森林，提高本国应对气候变化的能力，抵减工业能源排放，争取国家排放空间，维护国家发展权益，这既是国际社会的大势所趋，也是我国的必然选择。中国高度重视气候变化问题，并把林业纳入中国适应和减缓气候变化的重点领域[74]。

为加强对清洁发展机制下的造林、在造林项目的管理，国家林业局于 2003 年成立国家林业局碳汇管理办公室。为加强林业应对气候变化和节能减排工作的组织领导，国家林业局 2007 年成立应对气候变化及节能减排工作领导小组。领导小组的主要职责是，研究林业行业贯彻落实国务院相关部署的措施，统筹部署林业应对气候变化和节能减排工作，制定林业行业应对气候变化和节能减排工作方案和计划，研究解决林业应对气候变化和节能减排工作中的重大问题，审议有关重要国际合作和谈判议案，审定相关管理制度和办法等。在具体的行动方面，中国通过发布林业应对气候变化行动规划和指南，旨在指导中国林业为减缓世界气候变化做出新贡献。

1. 《应对气候变化林业行动计划》

《中国应对气候变化国家方案》(2007 年)把林业纳入中国减缓和适应的重点领域。中央林业工作会议(2009 年)强调，"应对气候变化，必须把发展林业作为战略选择"。基于此背景，2009 年 11 月《应对气候变化林业行动计划》发布，确定了五项基本原则、三个阶段性目标以及二十二项主要行动。除对森林覆盖率、蓄积量提出明确发展目标外，还对森林的碳汇能力做出要求，是中国应对气候变化迈出的又一大步。《应对气候变化林业行动计划》共分 6 个部分，具体内容包括森林在应对全球气候变化中具有独特作用、气候变化对中国林业发展的影响、应对气候变化给林业带来的发展机遇、林业减缓气候变化的重点领域和主要行动等。

2. 《全国林业生物质能源发展规划(2011—2020 年)》

为积极发展林业生物质能源，加强节能减排科技支撑，探索绿色低碳发展新道路，在《可再生能源法》和《可再生能源发展"十二五"规划》基础上，国家林业局制定了《全国林业生物质能源发展规划(2011—2020 年)》(2013 年)①，主要内容涉及规划基础和背景、指导方针和目标、建设布局、规划实施和效益分析五部分。

3. 《林业发展"十三五"规划》

2016 年，根据《中华人民共和国国民经济和社会发展第十三个五年规划纲要》，国

---

① 国家林业和草原局政府网. 《全国林业生物质能源发展规划(2011—2020 年)》[R/OL]. (2013-06-14)[2018-07-08]. http://www.forestry.gov.cn/portal/main/s/218/content-633246.html.

家林业局制定了《林业发展"十三五"规划》(简称《规划》)[①]。《规划》中指出,林业建设是事关经济社会可持续发展的根本性问题。"十三五"期间,林业发展要坚持贯彻落实五大发展理念,加快推进林业现代化建设。《规划》明确了"十三五"林业发展的指导思想、目标指标、发展格局、战略任务、重点工程项目和重要制度。此外,完善评估机制和考核制度,推动规划顺利实施。

气候变化对中国林业提出了新的要求,中国林业适应气候变化研究成绩斐然,通过一系列实际行动具体落实气候减排。在森林经营方面,在实施森林经营项目同时扩大封山育林面积,实现森林可持续经营。通过造林绿化的形式加强林业碳汇,以一种最经济有效的方式实现碳减排,造林绿化还可以开发林业利用潜力,为林业行业提供更多的就业机会。加强森林资源保护,包括加强森林资源采伐管理、林地征占用管理,提高林业执法能力,提高森林火灾防控能力和提高森林病虫鼠兔危害的防控能力。充分发挥林业产业的减排潜力,合理开发和利用林业生物质能源,实施能源林培育和加工利用一体化项目。强调恢复、保护和利用湿地,开展重要湿地的抢救性保护与恢复,开展农牧渔业可持续利用示范。

林业国际化进程加快使得中国林业能够分享发达国家长期的经验和技术积累,促进中国林业发展,有利于中国林业"走出去",实现国家资源安全和生态安全。但是,林业国家化也使得中国林业产业面临严峻的国际挑战,国内市场国际化和国际竞争国内化日益明显,对中国林业管理提出了新要求。

第四节　本章小结

中国是世界最大的发展中国家,也是最大的温室气体排放国。全球气候变化给中国社会经济和自然生态系统的发展带来严峻挑战的同时,也促进经济社会的转型,给林业带来发展机遇。本章旨在讨论全球气候变化背景下,中国面临的机遇和挑战以及采取的具体应对措施,以期为完善中国应对气候变化的机制做出背景梳理。简要小结如下:

首先,分析气候变化给中国带来的机遇和挑战,理清中国气候变化的发展现状。中国位于对气候变化敏感的东亚季风区,加上本身生态环境的脆弱性,气候变化也威胁中国自然生态系统安全。在社会经济方面,降低社会发展所需生产要素的数量和质量,危及人民的生活质量与生命安全。在自然生态系统方面,气候变暖使得本来脆弱的生态系统经受更大的挑战,威胁生态环境的安全的同时加剧自然灾害的爆发。作为最经济有效的减排方式,全球气候变化问题也给中国林业发展带来一定的挑战和机遇。

其次,综述中国应对气候变化采取的政策以及成立的管理机构,讨论中国在气候变化问题治理中的态度。中国一贯坚持以积极态度和全球合作的形式参与气候变化治理,坚持以"共同但有区别的责任"原则参与全球气候谈判。为减缓气候变化,中国成立一系列相关管理机构、采取一系列行之有效的措施,有效实现温室气体减排。

① 国家林业和草原局政府网.《林业发展"十三五"规划》正式印发实施(解读|全文)[R/OL]. (2016-05-23)[2018-07-08]. http://www.forestry.gov.cn/main/3957/content-875431.html.

最后，梳理中国林业在适应和缓解气候变化、实现温室气体减排目标中的行动，为中国林业国家碳库的构建和完善提出建议。中国森林资源处在数量增长、质量提升的稳步发展时期，在应对气候变化中发挥不可替代的作用。全球气候变化在威胁森林资源安全的同时，也促进了森林可持续经营模式的发展、转变林业经济发展方式，给林业发展注入新的动力。中国高度重视气候变化问题，并把林业纳入中国适应和减缓气候变化的重点领域，应对气候变化，中国林业在行动。

第二部分　中国林业国家碳库的理论基础

　　林业系统是维持全球碳平衡且能够控制一国碳量变化的重要碳库。随着中国森林总量增加和质量提高，中国林业国家碳库的固碳增汇功能必将发挥更大的作用。同时，中国是世界最大的林产品进出口国，科学核算林产品贸易的碳储存和碳流动，建立中长期林产品贸易的碳流动监测体系，能够为预期林产品贸易携带的碳价值计价和交易提供依据。

　　本专著第二部分的核心问题是中国林业国家碳库的理论基础。本部分共分为五章，即第四章到第八章，具体内容涉及气候变化的森林碳汇机理、气候变化的林产品碳储机理、中国森林碳汇核算模型系统甄选、中国林产品碳储核算模型甄选及优化、中国林业国家碳库虚拟系统。本部分是本专著的理论基础，主要阐述森林碳汇及林产品碳储的碳封存机理，甄选森林碳汇及林产品碳储的核算模型，通过对林业碳库进行数理逻辑演绎，为构建中国林业国家碳库计量模型提供理论支撑。

第四章　气候变化的森林碳汇机理

本专著前三章在分析 1990 年以来气候变化原因及发展趋势的基础上，整理回顾发达国家与发展中国家应对气候变化所采取的措施，为中国应对气候变化及未来承担减排提供参考。中国林业国家碳库包括森林碳汇和林产品碳储两部分，其在全球温室气体减排中具有重要作用。第四章介绍应对气候变化的森林碳汇机理，第五章是对林产品碳储应对气候变化的机理的研究。本章首先从森林内涵标准比较和综合效益出发，分析森林碳汇在气候变化中的特殊地位；然后，分析气候变化中森林碳汇的动态变化，对全球碳循环中森林碳汇的参与机制进行介绍；最后，通过分析不同森林碳汇活动及国际森林碳汇项目，说明气候变化中的森林碳汇机理。

第一节　气候变化中森林碳汇的特殊地位

森林是陆地生态系统中最重要的组成，在向人类提供物质和服务的同时还能起到防风固沙、涵养水源、改善气候的作用。森林碳汇是森林吸收并减少大气中 CO_2 的过程，对人类应对气候变化具有特殊地位。本节在介绍不同森林定义的基础上，详述森林的经济、生态和社会效益，对森林碳汇内涵和特征进行分析，为后续分析应对气候变化的森林碳汇提供基础。

一、森林内涵的标准比较

森林有狭义和广义两种界定，狭义的森林主要指的是树木，尤其是乔木；广义的森林指林木、林地及其所在空间内的一切森林植物、动物、微生物以及这些生命体赖以生存并对其有重要影响的自然环境条件的总称。目前，国际公约或组织在森林定义中均给出了具体的量化指标，如冠层郁闭度阈值、成熟时最低树高、最小面积、林带最小宽度等。不同国家和组织对森林有不同的定义，反映了生物地球物理条件、社会结构和经济的巨大差异。森林定义可以总结为三大类：行政类、土地使用类和土地覆盖类。

森林的涵义一直存在动态变化，国内外关于森林内涵的界定标准有所差异。当前国际对森林内涵的界定主要是联合国粮食及农业组织给出的标准[75]：郁闭度超过 0.10，面积在 $0.5hm^2$ 以上、树木成熟时的高度大于 5m 或树木在原生境能够达到这一阈值的土地，但不包括主要为农业和城市用地的土地。应对全球气候变化的背景下，《马拉喀什协定》有关 LULUCF 决议附录中对森林的定义如下：森林是指土地面积不小于 $0.05\sim1.0hm^2$、郁闭度在 $0.1\sim0.3$ 以上、成熟后树高不低于 $2\sim5m$ 的有林地覆盖的土地。森林既包括已经郁闭的各层乔木，也包括高盖度的林下植被和疏林地。达到上述各标准的天然林和所有人工林属于森林的范畴。2003 年，经国家林业局科学技术委员会论证，确定了中国林业应对气候变化使用的森林定义：土地面积大于等于 $0.067hm^2$，郁闭度大于等于 0.2，就地生长高度大于等于 2m 的以树木为主体的生物群落，包括天然与人工幼林，符合这一标准的竹林，以及特别规定的灌木林，行数大于等于 2m 且行距小于等于 4m 或冠幅投影跨度大于等于 10m 的林带[76]。

森林有多种特征，首先，森林生长周期长，正常情况下，树木寿命短的也有数年、几十年，许多树种的寿命可达上百年甚至数千年，这决定了林业生产的长周期性。其次，森林生物成分复杂，森林被认为是陆地上最丰富的物种资源库，除了包括乔木、灌木、草本、苔藓及地衣外，还有大量的动物和微生物，特别是原始森林，是各类气候带中最丰富、最珍贵的物种宝库。再次，森林具有巨大的生物量和生产力，据估计，世界森林面积占陆地的30%，生物量占整个陆地生物量的85%～90%[77]。最后，森林还具有天然更新的能力，在一定条件下森林具有自我更新、自我复制的机制和循环再生的特征，保障了森林资源的长期存在，是一种可再生的自然资源，若人们按照森林发展的自然规律科学经营，就能实现森林的可持续利用。

二、森林的综合效益

森林资源具有多种功能，能够提供物质和服务，森林功能影响着人类的生存环境和人类社会的发展，森林的综合效益表现为经济效益、生态效益、社会效益三个方面。

1. 森林的经济效益

经济效益也被称为直接效益，人类通过获取各种森林产品实现收益。森林能够提供大量木材和其他林产品，此外，森林还能生产果品、药材、皮毛、松香、栲胶、紫胶、樟脑、香蕉、桐油等具有很大经济价值的药材、油料及食物等。现代的森林仍然是地球上一个重要的能源生产者，由于森林面积大，同化层厚，又是多年生，它所固定的日光能量巨大。据估计，中国森林生物量约 180 亿 t，每年可获得的资源量约 9 亿 t，可用于能源开发的资源量近 3 亿 t；我国三北地区林木生物质能源中每年林木生物质能源可利用量约 1.1 亿 t[78]。地球上全部森林蓄积的生物量约占全部陆地生物量的90%[79]，地球上全部森林的净生产量约占整个陆地生态系统净生产量的70%[80]。我们现在所用的煤和石油等能源基本上都是过去的森林所固定积累的日光能。

2. 森林的生态效益

生态效益是由于森林环境(生物与非生物)的调节作用而产生的有利于人类和生物种群生息、繁衍的效益。森林能够防风固沙、保持水土、涵养水源，森林是一座巨型蓄水库，降雨落到树下的枯枝落叶和疏松多孔的林地土壤里，会被蓄积起来。防护林带和农田林网不仅能够降低风速，还能增加和保持田间湿度，减轻干热风的危害。森林能够调节和改善气候，是地球生物圈中大气成分平衡的主要调节者，浓密的林冠阻挡太阳辐射，使林内呈现巨大的温室效应。与无林地相比，冬暖夏凉、夜暖昼凉，温差较小，有利于林下植物生长和动物栖息。在生长季节，森林强大的蒸腾作用有助于消耗热能而使温度下降；空气湿度增加，则易形成雾凇、露、霜等水平降水；同时对垂直降水也有一定影响。森林能够起到碳汇作用，红树林是生长在热带和亚热带地区潮间带的特殊的湿地森林，全球约有红树林1520万hm^2，占陆地森林面积的0.4%，热带红树林湿地的碳储量平均高达1023Mg C/hm^2，全球红树林湿地的碳汇能力在0.18～0.228Pg C/a[81]。

3. 森林的社会效益

社会效益表现为对人类生存、生育、居住、活动以及在人的心理、情绪、感觉、教育等方面所产生的作用。随着社会发展和物质文化生活的提高，人们越来越要求更多地接触大自然，获得娱乐和休养，缓解紧张工作的心情、调节生活节奏、丰富生活内容、促进身心健康。当今世界各国旅游业正蓬勃发展，自然风光的森林旅游是其中一项重要内容。森林造就了山清水秀的自然景观，人们在森林中可以敞开胸怀，尽情地领略与享受原始美、自然美[82]。森林是良好的吸尘器，携带各种粉尘的气流遇到森林，风速就会降低，一部分尘粒降落到地面，另一部分就被树叶上的绒毛、黏液和油脂等粘住，每公顷森林平均每年能够吸收50～80t粉尘。除此以外，森林还可以对环境变化起到监测指示作用，植物的某些特征如花的颜色、生态类型、年轮、畸形变异、化学成分等具有指示某种生态条件的意义。

三、森林碳汇双重属性

《联合国气候变化框架公约》①对碳汇的定义为[83]：任何清除大气中产生的温室气体、气溶胶或其前体的过程、活动或机制。碳汇按储存的载体不同被区分为陆地生态系统碳汇和海洋生态系统碳汇。陆地生态系统中最主要的载体是森林。森林碳汇是指森林植物吸收大气中的CO_2并将其固定在植被或土壤中，从而减少该气体在大气中的浓度。随着《京都议定书》的出台和签署，森林碳汇进入《京都议定书》规定的清洁发展机制(clean development mechanism，CDM)后，它所蕴藏的巨大经济利益和巨大商机才被国际社会所重视，并由此而引起关于森林碳汇的经济评价、贸易的研究迅速发展起来[84]。森林作为一个整体的系统，其包含的碳汇呈现生态和经济两方面的特征属性。

1. 生态特征

生态特征包括地理性、时期性和可再生性。①地理性是森林在不同地区呈现不同的碳汇能力，森林碳汇有地域性特征(表4.1)。其表现为全球森林覆盖分布不均，加之受各种气候条件的影响，不同地区的森林在碳储量和碳含量密度方面呈现不均匀的特点，如世界热带地区的森林碳储量和碳含量密度较其他地区偏高。②时期性表现为在树木的一个生长周期内，植被所含的碳储量从快速增长到缓慢降下来直到保持不变。这是森林没有受到外

---

① 联合国网站. 联合国气候变化框架公约[EB/OL]. (2018-10-31) [2018-12-11]. https://www.un.org/zh/aboutun/structure/unfccc.

界干扰条件下的森林碳汇能力，碳汇变化呈现周期阶段性。③森林碳汇附属于森林这一载体内，森林能够实现自我更新，因此森林碳汇具有可再生性和可更新性。

表 4.1 2015 年全球森林资源与碳库存

区域	森林面积 (10^6hm²)	森林面积 年变化率*(%)	蓄积量 (亿 m³)	蓄积量 年变化率*(%)	地上地下碳储 (Pg C)	地上地下碳储 年变化率*(%)
欧洲	1015	0.08	1150	0.40	45	0.37
南美	842	−0.40	1500	−0.28	103	−0.31
北美、中美	751	−0.01	960	0.29	36	0.23
非洲	624	−0.49	790	−0.37	60	−0.43
亚洲	593	0.17	550	0.28	36	−0.23
大洋洲	174	−0.08	350	0.08	16	0.05
世界	3999	−0.13	5310	0.03	296	−0.15

注：*指 1990 年至 2015 年间的变化。

资料来源：FAO（Food and Agriculture Organization of the United Nations）. Global Forest Resources Assessment 2015[M]. Rome, Food and Agriculture Organization, 2015.

2. 经济特征

经济特征包括稀缺性、公共物品性和外部性。①稀缺性包含有用性和有限性两方面内容。森林碳汇具有稀缺性，一方面，森林碳汇能够吸收大气中温室气体并降低其含量，减缓气候变化，改善人们生存条件，因此其具有有用性；另一方面，森林一旦被破坏后，森林碳汇能力减弱，表现出有限性。②公共物品性包含非竞争性和非排他性。森林碳汇具有非竞争性，当消费森林碳汇的人数增加或减少时，都不会提高或降低森林碳汇的成本。森林碳汇具有非排他性，表现为相对私人物品而言，森林不能被某个人独占，森林具有的固碳、净化空气能力更是惠及所有人，能够满足多人同时消费的需要。③外部性又称溢出效应、外部影响。无论森林经营者出于何种经营目的，都会在管理森林过程中向非森林管理者提供森林碳汇作用，这种提供是不受人为控制的，且森林管理者无法向森林碳汇作用的受益者收取费用。

第二节 气候变化中的森林碳循环

全球碳循环涉及多个生态系统，不同生态系统扮演不同的角色。森林是陆地生态系统的主体，在调节大气中温室气体浓度和维持生命系统等方面具有不可替代的作用。森林植被通过光合作用和呼吸作用、森林土壤通过有机质分解与大气系统交换 CO_2，参与全球碳循环。

一、气候变化与森林碳汇

在 1951～2012 年间，地球表面的平均温度上升了约 0.72℃，有研究表明人类活动是造成全球气候变化的主要原因，如化石燃料的大量使用以及毁林活动导致 CO_2 浓度不断升高[85]。为应对全球气候变化，2015 年巴黎气候大会①上，196 个缔约方达成了一个新的温室气体减排协议，以实现在 21 世纪内将全球气温升高较工业化前控制在 2℃以内。森林是全球碳循环系统中一个重要的组成部分，从世界范围来看森林储存的碳占45%[86]，能够对大气中温室气体的浓度造成重大影响。

森林在调控大气 CO_2 浓度方面发挥着重要作用。全球森林在最近几十年平均每年从大气中吸收 2~3Pg C，而毁林和森林退化又造成每年 1Pg 以上的碳排放[87]。Pan 等[88]的研究表明全球森林在 1990~2007 年间是一个巨大而持续的碳汇，平均每年从大气中净吸收 2.4Pg C，而同时，世界范围内（尤其是热带森林区）的毁林造成每年 1.3Pg 的碳排放。Quéré 等[89]也发现在 2006~2015 年间，全球陆地生态系统（主要是森林）平均每年从大气中吸收 3.1Pg C，而毁林和森林退化在这 10 年间平均每年造成 1Pg C 排放。

此外，全球森林碳汇并不平衡，欧洲、东亚、北美地区在 1990~2015 年间的森林碳储呈现明显的持续增长，非洲、南美以及东亚和东南亚地区森林碳储明显减少。由于森林面积的增加，美国、加拿大、中国、欧盟等国家和地区的森林碳汇在近几十年里有了巨大的增长；而在南美洲、南亚和东南亚地区严重的毁林造成了森林碳汇大量减少。与其他能源减排项目相比，增加森林碳汇的项目不需要研发和制造设备的费用，因此森林碳汇项目更具有成本有效性。同时，森林在被砍伐后还能以各类林产品的形式继续实现储碳功能，以林产品替代高耗能和高排放的材料也是应对全球气候变化的措施。森林碳汇因其巨大的碳汇潜力，能够大量吸收大气中 CO_2，有效减少温室气体浓度，因此森林碳汇是应对全球气候变化的重要工具[64]。

二、森林参与全球碳循环

全球碳循环是指碳在地球各个圈层（大气圈、水圈、生物圈、土壤圈、岩石圈）之间的迁移转化和循环周转的过程。全球主要的碳库包括大气碳库、海洋碳库、陆地生态系统碳库、岩石碳库和化石燃料碳库。其中，大气碳库是联系海洋和陆地生态系统碳库的纽带，大气中的碳含量多少直接影响整个地球系统的物质循环和能量流动。由于大气直接影响人类的生活，因此大气碳库是最早引起人们关注的。陆地生态系统碳库包括植被碳库和土壤碳库，包含碳储量约 2000Pg C，是最大的生物碳库，同时也是受人类活动影响最大的碳库[90]。

森林是陆地生态系统的主体，在维系区域生态环境和全球碳平衡中发挥重要作用。森林生态系统参与全球碳循环过程涉及的碳库分为森林植被碳库、森林土壤碳库和大气碳库[91]。森林植被碳库与大气碳库之间通过森林的光合作用和呼吸作用进行 CO_2 交换。森林吸收大气中的 CO_2，发挥森林碳汇功能；同时森林需要通过呼吸作用向大气排放 CO_2。森林植被与森林土壤之间的碳交换通过根、茎、叶、果实等器官的凋落及腐殖化进行。森林土壤与大气之间通过土壤微生物的呼吸、土壤有机质分解等过程完成碳交换。

森林参与全球碳循环如图 4.1 所示，在无人类干扰的自然状态下，大气中的总碳量

---

① 联合国网站. 巴黎联合国气候变化大会(COP21)[EB/OL]. (2017-12-12) [2018-12-11]. https://www.un.org/zh/aboutun/structure/unfccc/.

为 597Pg C，约折合 2200Pg CO_2。植物通过光合作用可平均固定约 120Pg C，这些 CO_2 转化为有机物形式存储在植物中。植物通过自身呼吸作用，把一部分有机物转变成 CO_2 释放进入大气。每年由于动植物的呼吸作用造成约 119.6Pg 碳排放。因此，植被的净碳汇功能表现为其光合作用的固碳量减去其呼吸作用释放的碳，每年可净吸收约为 0.4Pg C。但由于人类活动的影响，尤其是人类活动导致的毁林与森林退化，林业碳库中的碳释放出来，森林碳库损失的碳量累计高达 140Pg C。尽管大气中 CO_2 浓度上升带来植物光合作用及土壤吸收碳的速率上升，即每年额外吸收约 2.6Pg C，历史累计达到约 101Pg C，但仍然无法弥补世界林业碳库损失的碳量。每年因人类活动带来的林业碳库净损失量约为 1.6Pg C，历史累计达到 39Pg C。

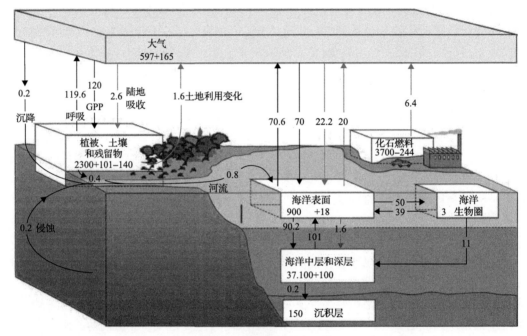

图 4.1　全球碳循环（Pg C）

深色线条和数字指自然碳循环，浅色线条和数字指人类活动影响造成的碳循环，白色立方体指当前各子碳库存量

资料来源：IPCC. Climate Change 2007: The Physical Science Basis[M]. Cambridge: Cambridge University Press, 2007.

陆地生态系统碳蓄积主要发生在森林地区，约 80%的地上碳蓄积和约 40%的地下碳蓄积发生在森林生态系统[92]，余下的部分主要储存在耕地、湿地、冻原、高山草原及沙漠半沙漠中。从不同气候带来看，碳蓄积主要发生在热带地区，全球 50%以上的植被碳和近 25%的土壤有机碳储存于热带森林和热带草原生态系统，另外约 15%的植被碳和近 20%的土壤有机碳储存在温带森林和草地，剩余部分的陆地碳蓄积则主要发生在北部森林、冻原、湿地、耕地及沙漠和半沙漠地区[93]。自然生态系统的碳蓄积和碳释放在较长时间尺度上是基本平衡的，除非陆地生态系统碳库的强度加大，否则任何一个碳汇迟早会被碳源所平衡，森林通过植被的光合作用和呼吸作用吸收和释放 CO_2，参与全球碳循环。

第三节 应对气候变化的森林碳汇机理

森林碳增汇是森林碳储增加的过程，通过森林碳增汇起到减少大气中温室气体、缓解气候变化的作用。森林碳汇应对气候变化包括造林与再造林、减少毁林和实施森林可持续管理，以及使用林产品替代其他不可持续材料。本节详述增加和保持森林面积、减少毁林和可持续森林管理措施以及相关项目。

一、碳增汇机理

森林碳增汇是森林对 CO_2 的吸收或碳储的增加。《京都议定书》[①]规定了各方在规定时间内减少温室气体排放量的指标，这就要求各方不仅要减少 CO_2 排放，同时也应该保护和增强温室气体的汇和库。林地固碳和林下植物固碳虽然有明显的作用，但在不断地轮伐过程中它们都处于一种降低、恢复的循环中，但总体上可以认为是一个定量。由于土地是有限的，因此在一定面积上的森林蓄积理论上存在"阈值"，也就决定森林固碳的上限。一定的森林资源固碳量是一个定值，由此对减少大气中 CO_2 浓度的贡献也存在"阈值"。因此森林资源对减少大气 CO_2 浓度的贡献更多地体现在森林资源的增量上，森林资源的增量就会产生森林碳增汇。

森林是全球碳循环系统的重要组成部分，对大气碳浓度产生两个方面的影响。一方面，森林吸收大气中 CO_2 进行自身的光合作用，发挥森林碳汇功能。森林碳汇是动态变化的，首先树木通过光合作用从大气中吸收 CO_2，将其转化成生物量储存在植物体的不同部位；同时，森林碳汇量也不断地在各碳库(生物量、枯木生物量、土壤)间转移。另一方面，自然干扰(森林火灾、病虫害等)、枯木生物量腐烂、毁林活动以及森林的呼吸作用则会向大气中排放 CO_2。全球毁林和森林退化严重，根据《2015 年全球森林资源评估报告》，1990~2015 年间全球森林面积净损失 1.29 亿 hm^2，相当于整个南非的面积[94]。据估计由毁林和森林退化产生的温室气体排放占全球温室气体排放总量的 17%，是仅次于能源部门的第二大温室气体排放源[95]。

通过实施造林再造林、森林管理和减少毁林等林业碳汇活动来增加森林碳汇供给，是重要的"碳清除"途径[96]。相对于工业减排，林业碳汇更具成本有效性且存在多种效益，是世界各国应对气候变化的重要策略。表 4.2 梳理了各项林业碳汇活动的实践内容、实施机构情况，以及受气候变化的影响和相应措施。若森林碳汇量可进行交易，不同碳价也会影响各项碳汇活动的减排潜力。中国政府在自主减排承诺中明确提出了通过增加森林碳汇应对气候变化的目标和计划，但当前中国森林资源仍具有总量相对不足、质量不高、分布不均的特点[97]。根据 FAO 发布的《2015 年全球森林资源评估报告》[②]，中国在 1990~2015 年间是世界上森林面积和植被生物量净增长最快的国家，年均增长分别超过 50 万 hm^2 和

① 碳交易网.《京都议定书》全文[EB/OL]. (2017-09-05) [2018-05-21]. http://www.tanpaifang.com/tanguwen/2017/0905/60479.html.

② 联合国粮食及农业组织. 2015 年全球森林资源评估[EB/OL]. (2020-05-12)[2018-08-21]. http://www.fao.org/forest-resources-assessment/past-assessments/fra-2015/zh/.

5亿t，中国在林业碳库方面极有可能表现为净碳库而非碳源。然而中国在历史上，如二十世纪八九十年代，存在较多的毁林与森林退化，其在天然林方面表现得尤为严重。由于林业碳库用于抵偿本国经济活动的碳排放时，必须保证林业碳库本身计量的结果为净碳储量，因此中国毁林和森林退化带来的林业碳库本身的碳排放应予以抵扣，目前已有研究计量的中国林业国家碳库总量可能有所高估。然而，由于历史数据的缺失，中国林业国家碳库本身的碳排放往往难以精确计量，由于中国林业国家碳库整体上更多地表现为净碳储，因此本专著对此不进行深入探讨，将其作为未来研究方向之一。

表 4.2　森林碳汇活动

森林碳汇活动	实践及影响	项目实施/机构	受气候变化的影响及应对措施	减排潜力*	不同碳价格下减排潜力占比		
					$1\sim20$ \$/t CO_2	$20\sim50$ \$/t CO_2	$50\sim100$ \$/t CO_2
减少毁林与森林退化	通过减少毁林、保护森林、控制诸如火灾和病虫害等人为干扰，减少林地转换农地活动，达到保存或增加森林碳储的目的	截至2018年，在亚洲、非洲、拉丁美洲有64个国家参与REDD+	易受降雨变化和温度升高（森林火灾、害虫增加、干旱造成的枯萎）的影响。应对措施：火灾和虫害管理；保护区管理；连接保护区的走廊	3950	54%	28%	18%
造林、再造林	在非林地植树活动增加森林碳储，这一措施包括单一或混合树种种植活动。通过植树、播种或人工促进天然下种方式，将过去非林地转化为有林地的直接人为活动	截至2018年，全球CDM造林、再造林项目已注册66个	易受降雨变化、温度升高（原生森林枯死、虫害、自由和干旱）的影响。应对措施：物种混合在不同的规模；火灾和虫害管理；通过多物种种植园增加种植园的生物多样性；灌溉和施肥、土壤保持	4045	40%	28%	32%
森林可持续经营	为实现可持续木材生产实行森林经营，包括延长轮伐期、减少对现有森林毁坏、减少伐木废弃物、实施土壤保持措施，施肥，并以更有效的方式使用木材，可持续地提取木材能源等行为	有23个机构参与，包括世界银行、世界林业研究中心（CIFOR）等	易受降雨和温度升高的影响（即由于有害生物或干旱导致的森林枯死）。应对措施：害虫和森林自由管理；调整旋转周期；物种混合在不同的规模	5780	34%	28%	38%
总计				13775	42%	28%	30%

* 指2030年在碳价格等于小于100 \$/t CO_2 条件下的减排潜力，单位为 Tg CO_2/a。

资料来源：IPCC. Climate Change 2007: The Physical Science Basis[M]. Cambridge: Cambridge University Press, 2007.

二、造林与再造林：重要的过渡性工具

1997年，《联合国气候变化框架公约》缔约方于日本京都签订《京都议定书》[①]，其中第十二条说明，为实现可持续发展和最终减排目标，发达国家和发展中国家应该共同实施清洁发展机制项目。CDM将造林和再造林（afforestation and reforestation，AR）的林业项目纳入其中，充分发挥森林部门的碳汇功能。

《京都议定书》第三条第3款规定，自1990年以来直接由人为因素引起的土地利用

① 碳交易网.《京都议定书》全文[EB/OL]. (2017-09-05) [2018-05-21]. http://www.tanpaifang.com/tanguwen/2017/0905/60479.html.

变化和林业活动——限于造林、重新造林和砍伐森林产生的温室气体源的排放和汇的清除方面的净变化，作为每个承诺期碳储存方面可核查的变化来衡量，应用于实现附件一缔约方依本条规定的承诺。《波恩政治协议》和《马拉喀什协定》又明确规定造林再造林森林碳汇的具体规则：一是根据 CDM 开展的土地使用、土地使用变化和林业项目活动的资格限于植树造林和再造林；二是在第一承诺期内，缔约方因根据 CDM 开展土地使用、土地使用变化和林业项目活动而增加的配量总数不应大于缔约方基准年排放量的百分之一，再乘以五；三是根据 CDM 开展的土地使用、土地使用变化和林业项目活动在未来承诺期的待遇，应通过有关第二承诺期的谈判加以决定。但造林碳汇项目只能延缓大气中温室气体的积累，只能作为一种过渡性政策选择。而通过开发能源项目减少的温室气体排放则是永久性的。

2006 年 11 月，国家林业局、广西壮族自治区林业厅和世界银行合作开展的"中国广西珠江流域再造林项目"，获得了联合国 CDM 执行理事会的批准，是全球第一个 CDM 林业碳汇项目[98]。目前，中国 CDM 下 AR 项目已注册四个，主要分布于广西、四川。CDM 项目在地区和部门间分布极不均匀，已注册 CDM 项目主要分布于亚太地区（67%）和拉丁美洲（29%）[99]；截至 2018 年，世界范围内 CDM 总共注册项目为 8561 个，而林业项目仅 66 个[83]。由少数部门和地区主导的 CDM 项目，使人们对它的实际减排能力和可持续发展目标完成产生怀疑。

三、减少毁林和森林退化：短期的有效手段

2005 年，UNFCCC 第 11 次缔约方会议（Conference of the Parties，COP）通过实施减少毁林（reducing emissions from deforestation，RED）的决议，目的在于帮助发展中国家减少毁林造成的碳排放。在 2007 年 COP13 中，"巴厘路线图"①正式将 REDD 机制在国际法律文件中提出。2009 年 COP15 中达成了不具有法律约束力的《哥本哈根协议》，确定了 REDD+的内涵。2010 年 COP16 达成了在一定程度上推动 REDD+机制的《坎昆协议》，其最大成就在于 REDD+机制实施资金的落实。2011 年 COP17 达成了"德班一揽子协议"，在《坎昆协议》②基础上对 REDD+机制资金问题进行了更为详细的安排。2012 年 COP18 形成的"多哈一揽子协议"则对 REDD+活动的激励办法作了进一步安排。2013 年 COP19 中形成了"华沙 REDD+框架"，提出发展中国家可以在制定 REDD+行动的国家战略以及开展行动试点、建立森林检测体系等基础上全面实施 REDD+行动。

减少来自毁林和森林退化的碳排放，同时增加森林碳储、实施森林可持续管理（reducing emissions from deforestation and forest degradation，REDD+）成为应对气候变化的有效措施。据估计，通过 REDD+有效的资金支持，可以减少全球 75%的毁林[100]。该项目主要在发展中国家实施，目前，已经有 64 个国家（分布于拉丁美洲、亚洲和非洲地

---

① 中国日报网站. 具有里程碑意义的"巴厘岛路线图"[EB/OL]. (2007-12-18) [2018-11-20]. http://www.chinadaily.com.cn/hqpl/2007-12/18/content_6330083.htm.

② 新能源网. 坎昆气候大会闭幕发布《坎昆协议》[EB/OL]. (2011-04-08) [2018-11-24]. http://www.china-nengyuan.com/news/10986.html.

区)实施了该项目[101]。CDM 下 AR 项目和 REDD+都是国际上针对林业部门的减排项目。森林因具有独特的固碳减排价值而备受关注,因此减少森林砍伐导致的排放问题成为气候变化领域讨论的焦点之一。例如,在南美洲、中美洲、非洲、南亚和东南亚,毁林造成的森林面积的减少是造成森林碳汇量持续大量减少的主要原因。从全球的尺度上看,减少毁林和降低森林退化是短期内增加林业减排贡献的最有效的手段。

四、可持续森林经营:最终目标

森林经营的内涵是以生态学原理为指导,以实现可持续为目标,重视社会科学在森林经营中的作用,并进行适应性经营。可持续森林经营(sustainable forest management,SFM[①])强调森林生态系统的健康和森林生产力的持久,包括和承认与森林有关的所有价值,而且试图平衡这些不同的且有着内在冲突的价值。SFM 可被视为森林的可持续利用和保护,旨在通过人为干预维持和增强多种森林价值。人们是可持续森林管理的中心,因为它旨在永久地满足社会的各种需求。

联合国将 SFM 描述为:"动态和不断发展的概念,旨在维护和提高所有类型森林的经济、社会和环境价值,造福于今世后代。"该描述清楚地表明,SFM 将随着时间的推移而发生变化,但其目的至少是永久保持所有森林价值。可持续森林管理是一个多维度的概念,因为它融合了可持续性的四大支柱——经济、社会、文化和环境。可持续森林管理解决森林退化和森林砍伐问题,同时增加对人类和环境的直接利益;在社会层面,可持续森林管理有助于生计、创收和就业;在环境方面,它有助于碳固存和水、土壤及生物多样性保护等重要服务。

可持续森林管理已成为全球森林治理的目标。可持续地管理森林意味着增加人们的利益,包括木材和粮食,以保护和维护森林生态系统的方式满足社会需求,造福当代和后代。世界上许多森林和林地,特别是热带和亚热带地区,仍然没有得到可持续管理。一些国家缺乏适当的森林政策、立法、体制框架和激励措施来促进可持续森林管理,而其他国家可能资金不足和缺乏技术能力。在森林管理计划存在的情况下,它们有时仅限于确保木材的持续生产,关注森林提供的许多其他产品和服务。

第四节　本 章 小 结

林业碳汇是应对全球气候变化的重要工具,林业碳汇包括森林碳汇和林产品碳储两种。本章重点介绍森林碳汇功能,在解释森林及森林的功能和特征、森林碳汇与全球碳循环的基础上,分析了应对气候变化的森林碳汇机理,为森林碳库核算奠定基础。本章小结如下:

首先,不同组织和公约对森林有不同的定义,这些不同的定义可以归结为行政、土地使用和土地覆盖三类。森林作为复杂的生态系统,包括经济、社会和生态效益,在为

---

① 智库. 森林可持续经验[EB/OL]. (2015-04-13) [2018-05-19]. https://wiki.mbalib.com/wiki/%E6%A3%AE%E6%9E%97%E5%8F%AF%E6%8C%81%E7%BB%AD%E7%BB%8F%E8%90%A5.

人类提供各类物质和服务、改善环境、调节气候的同时，还能发展森林旅游。森林碳汇是森林植物通过吸收大气中的 CO_2 并将其固定在植被或土壤中，从而减少该气体在大气中的浓度。森林碳汇是可再生资源，在不同地域及时期内呈现差异，体现森林碳汇的生态特征；同时，森林碳汇具有稀缺性、公共物品性和外部性等经济特征。

其次，森林是陆地生态系统的主体，森林在调控大气 CO_2 浓度和维持生命系统等方面具有不可替代的作用。森林生态系统参与全球碳循环过程涉及的碳库分为森林植被碳库、森林土壤碳库和大气碳库。森林植被通过光合作用和呼吸作用、森林土壤通过有机质分解与大气系统交换 CO_2，参与全球碳循环。但全球森林碳汇并不平衡，如欧洲、东亚、北美地区在1990～2015年间的森林碳储呈现明显的持续增长，非洲、南美以及东亚和东南亚地区森林碳储明显减少。

最后，森林碳增汇是森林碳储增加的过程，通过森林碳增汇起到减少大气中温室气体、缓解气候变化的作用。通过实施造林再造林、森林管理和减少毁林等林业碳汇活动来增加森林碳汇供给，是重要的森林碳汇途径。国际上已采取 CDM 项目开展造林与再造林活动，以及 REDD+旨在减少毁林与森林退化问题，实现森林可持续管理。在应对全球气候变化的过程中，森林碳汇比工业减排更具成本有效性，且存在保护生物多样性、改善环境等多方面效益，是世界各国应对气候变化的重要策略。中国是人工林培育大国，具有巨大的森林碳汇潜力，参与国际森林碳汇项目能够为中国在未来实现减排义务做出贡献。

第五章　气候变化的林产品碳储机理

森林生态系统通过光合作用吸收 CO_2，起到"吸收器"的作用；木质林产品作为森林资源的延伸利用，通过采伐和加工等工业过程，将森林生物量的碳转移到产品中，起到 CO_2 "存储器"的作用。森林全生命周期在应对气候变化中起到重要作用。第四章论述气候变化的森林碳汇机理，第五章论述林产品碳储的碳吸纳机理，两章奠定本专著林业碳库两个子库碳吸纳机理的理论基础。本章首先基于联合国粮食及农业组织（Food and Agriculture Organization of the United Nations，FAO）的分类详述应对气候变化的各类林产品定义及其分类，然后从林产品的碳储效应和替代效应两个方面定性分析其在减缓气候变化中的综合贡献，最后综述 IPCC 框架下林产品碳储核算方法，通过总结目前主要缔约方的立场及争议，分析当前应对气候变化的林产品碳储议题的最新进展。

第一节　林产品综述

定量核算林产品在应对气候变化中起到的减排贡献，不仅要明确各类林产品的广义及狭义分类，而且要明确定量核算的各类产品的定义及特征。林产品是指从森林采伐等用于人类社会的木质材料，本身是一个巨大的碳库①。本节基于 FAO 数据库对林产品的分类及定义，详述薪材、原木等初级产品以及锯材、人造板等半制成品的定义，为碳储量的定量核算划定界限。

一、林产品的定义及分类

木质林产品（harvested wood product，HWP），是指从森林中采伐的，用于生产诸如锯材、纸板等或作为薪材燃烧产能的木质材料。林产品定义分为广义和狭义两类。广义的林产品不仅包括木材纤维类产品，还包括竹藤类和其他一些植物纤维材料；狭义的林产品仅指木材纤维类产品（本专著仅核算狭义的林产品）。林产品本身并不具有碳汇能力，但是由于森林生态系统的碳流动，林产品本身已成为一个巨大的碳库[102]。

定量核算林产品的碳储功能，不仅要明确林产品的定义，更要明确林产品的具体分类。不同国家和地区对林产品的分类不同。目前，国际上普遍使用 FAO 的分类方法。基于 FAO 对林产品的定义和分类，《对 2006 IPCC 国家温室气体清单指南的 2013 增补》（2013 Supplement）中[103]，将林产品按照采伐到生产加工到最终使用的生产链过程，将林产品分为三类：初级产品、半制成品、最终产品，产品的具体分类见图 5.1。初级产品主

---

① 中国林业新闻网. 木质林产品替代减排潜力巨大[EB/OL]. (2009-07-07) [2018-05-18]. http://www.greentimes.com/green/econo/mcgy/mydt/content/2009-07/07/content_53607.htm.

要是资源型林产品，包括工业原木、薪材等；半制成品包括胶合板、刨花板、纤维板、纸浆等；最终产品，又分为长周期产品和短周期产品。长周期产品包括多户住房、独户住宅、活动房屋、重修和在建房以及非建筑结构、船舶、家具和铁路枕木；短周期产品主要指纸和纸板，包括印刷纸、办公纸、铜版纸、再生纸、纸箱、瓦楞纸箱和书本。

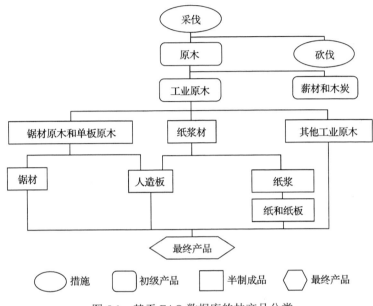

图 5.1 基于 FAO 数据库的林产品分类

二、FAO 各类林产品定义

FAO 林业统计库以产品为依据对各类林产品进行统计和分类，各类林产品的统计分类及相关定义见表 5.1。

表 5.1 FAO 各类林产品定义和统计分类标准

产品	定义和统计分类标准
薪材和木炭	包括薪材、针叶和非针叶用作木炭的原木
工业原木	包括锯木、枕木、针叶或分针叶材、刨光（未刨光）、开槽的锯木
人造板	包括单板、胶合板、刨花板和压缩及未压缩的纤维板（绝缘板）
木浆	包括机械、半化学、化学和溶解木浆
其他纤维浆	木材以外的其他纤维植物材料，包括秸秆、竹、蔗渣、针茅、芦苇草、棉绒、亚麻、大麻和其他纺织废料
回收纸	纸或纸板的废料和碎屑，包括垃圾和废料收集后重新作为原料生产的纸和相关产品
纸和纸板	包括新闻纸、印刷纸、书写纸及其他纸和纸板

资料来源：联合国粮食及农业组织. 林产品分类及定义[EB/OL]. (1982-01-01)[2018-01-10]. www.fao.org/3/a-ap410m.pdf.

《2006 IPCC 国家温室气体清单指南》（以下简称《2006 IPCC 指南》）建议在林产品碳储量核算过程中，将一国消费的林产品分为在用林产品和垃圾填埋场中的林产品两大类。按照产品的不同生命周期及分解率,将在用林产品分为硬木类(包括锯木、人造板和其他工业原木)和纸类(纸和纸板)两种。硬木类产品可将碳长期储存,保留几十年甚至更长时间,纸类通常在小于 5 年的时间内腐烂分解从而释放储存的碳[102]。

森林生态系统的全生命周期均有减缓气候变化的价值,其在应对气候变化中的碳循环过程可分为四个阶段。一是森林通过光合作用进行碳汇阶段;二是森林砍伐阶段,采伐原木运出森林用作林产品及薪材的生产材料,一部分采伐剩余物短时间内腐烂分解从而释放储存的碳量;三是木材生产使用阶段,该阶段加工成的林产品因其特有的碳释放滞后作用可将碳长期存储,而生产加工过程产生的废料被废弃或当作能源使用释放碳;四是废弃林产品处理阶段①。当前林产品的处理方式主要有回收、填埋和燃烧处理,置入固体废弃物处理站的林产品在无氧条件下可长期储存碳,而回收再使用的产品进入碳循环[104]。图 5.2 反映了整个林业碳库碳循环状态。林产品作为森林资源的延伸利用,通过采伐及加工将生物量中的碳转移到产品中,可以看作一个可观的碳库,从而在一定意义上抵消碳排放,对减缓气候变化做出贡献。

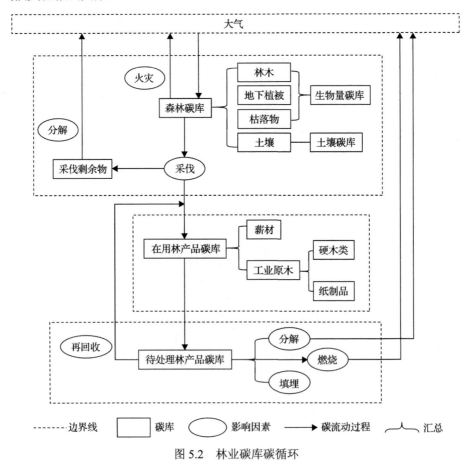

图 5.2　林业碳库碳循环

① 科学出版社. 中国森林生态系统碳储量:动态及机制[EB/OL]. (2018-09-25) [2018-10-10]. https://www.sohu.com/a/255980561_410558.

对于温室气体的吸收和储存，森林碳汇的吸收占全球每年大气和地表碳流动约90%[105]，林产品碳储存年约为森林碳汇吸收能力的25%～50%[21]。尽管与其他碳库相比，HWP碳储量相对较小，对全球碳预算影响有限，但其储碳潜力巨大。林产品在应对气候变化中的贡献主要表现在碳储贡献及替代减排贡献两方面。

本节首先概述FAO分类方式下的林产品，详述其分类及特征并论述了林产品子碳库在林业碳库碳循环中的循环形式及作用，木质林产品的定义及分类是林产品碳储核算的基础，也是划分应对气候变化的林产品与其他产品的界限区分。

第二节 应对气候变化的林产品碳储机理

尽管与其他碳库相比，HWP碳储量相对较小，对全球碳预算影响有限，但其储碳潜力巨大。林产品在应对气候变化中的贡献主要表现在碳储贡献及替代减排贡献两方面。碳储效应作为二氧化碳的"存储器"将二氧化碳长期存储；替代效应表现在替代能源密集型材料或化石能源。本节分别概述林产品的碳储效应及替代效应，并梳理国内外学者对林产品减排贡献的量化研究，从而阐述应对气候变化的林产品碳储机理。

一、碳储效应

林产品的碳储功能归根究底源于其碳排放滞后。林产品在减少温室气体排放上有巨大潜力[106]。通过采伐和加工过程，将森林生态系统中通过光合作用储存的碳转移到产品中，林产品特有的固碳机理，起到延迟碳排放的作用。碳储功能表现在两阶段：在用阶段的HWP和在固体废弃物处理站中待处理的HWP。在用阶段的HWP，可将碳长期存储在产品内；而废旧林产品的最终处理，又可通过掩埋方式，使其处在缺氧的状态下，更加强化了其延缓排放的作用，可以达到更长时间的碳存储。

目前，多数研究均肯定了林产品在应对气候变化上的积极作用。从全球层面上看，林产品是一个巨大的碳库，1910～1990年全球林产品的累计碳储量2700t C，且碳储量不断增加，每年增加26～40Tg C[107]，为森林碳汇量的20%～50%[21]，尤其是2000～2005年，每年的增量达到55Tg C。从国家层面看，诸多研究也肯定了本国的林产品碳库的碳储贡献。Skog[108]核算美国2005年林产品的碳清除贡献为44Tg C，为森林碳汇的17%～25%。Chen等[109]核算了加拿大安大略省林业碳库的碳流动，结果显示1901～2010年林产品碳储不断增加，且储量达到849Tg C。欧盟各国也对林产品碳储进行计量，预计在2030年达到22.9Tg C[110]。我国学者对本国林产品碳储量也进行了估算：伦飞等[111]估算我国2000～2009年新生伐木制品的碳储量，研究显示新生伐木制品的净碳储量约为同期森林碳汇量的15%；杨红强等[112]基于林产品的碳储功能研究结果显示其替代减排能力为1.6%，年均碳储量占中国能源消耗排放二氧化碳的0.47%～1.61%。各国研究的核算结果也表明林产品是一个重要的碳库，在减缓气候变化中具有重要的科学价值。

二、替代效应

　　林产品在减缓气候变化过程中，起到的另一个作用是替代减排[①]。一方面，替代减排功能表现在替代化石能源上。目前全球多用煤、石油等化石燃料燃烧产能，而用林业生物质能源及薪材等短寿命周期 HWP 替代化石燃料等不可再生能源，可有效减少二氧化碳排放，起到替代减排作用。木质生物质能源，包括伐后剩余、木质剩余物、使用后的废木。该法符合《京都议定书》关于"研究、促进、开发和增加使用新能源和可再生的能源、CO_2 固碳技术和有益于环境的先进的创新技术"的要求。其也包括两部分：在用阶段专用于产能的 HWP（如薪材）以及使用后的固体废弃物。

　　另一方面，在建筑用材上，采用胶合板、原木等长寿命林产品替代常规建筑结构。木质建筑用材相对钢筋、水泥等高耗能产品，其生产过程的碳排放与使用过程的碳排放均较少；同时，木质建筑用材特有的碳储功能可将源于森林生态系统的碳长期固定，具有不可忽视的替代减排潜力。据研究[113]，每单位建筑面积的木质建筑用材、钢筋混凝土和钢筋预制板的碳储量分别为 44.1kg/m^2、11.8kg/m^2 和 11kg/m^2。同时，使用钢筋、水泥等高耗能产品，在使用阶段其碳排放也远多于使用林产品的碳排放。国际能源机构的研究表明，在产品整个的使用寿命内，使用林产品替代其他高能耗材料，最多可以减少约为林产品自身碳储量 9 倍的碳排放。

　　本节采用定量与定性表述林产品碳库在应对气候变化中的特殊机理，其碳储效应及替代效应在减缓气候变化议程中起到高效益低成本的价值，故而对其贡献的定量核算更具科学意义。

第三节　IPCC 框架下林产品碳储核算

　　为核算和报告国家温室气体排放清单、缔约方切实承担温室气体减排责任，自 IPCC 开始关注林产品在应对气候变化中的责任以来，现存四种主流核算方法核算林产品碳库储量及其变化情况，分别是 IPCC 缺省法、储量变化法、大气流动法和生产法。在报告本国碳储量不为零的情况下，缔约方采取核算方法报告本国林产品碳库收支情况。本节首先综述核算过程所需材积转化单位等参数，选取 IPCC 指南建议的缺省因子，然后综述 IPCC 框架下林产品碳储核算的四种主流方法。

一、林产品碳储量的参数设定

　　将材积单位转化为碳的缺省因子，需要林产品的材积、各类林产品的碳转化因子、基本密度和植物有机质干质量中碳成分所占比例等。《2006 IPCC 指南》中，考虑到各国国情的不同，数据获取的难易程度以及具体方法的应用，提供各种缺省参数。

　　(1)基本密度。林产品的基本密度是将产品材积转化为生物量的转化比率，木材品种

---

① 中国林业新闻网. 木质林产品替代减排潜力巨大[EB/OL]. (2009-07-07)[2018-05-18]. http://www.greentimes.com/green/econo/mcgy/mydt/content/2009-07/07/content_53607.htm.

的多样性决定木材基本密度的个体差异性。一般采伐或统计的林产品数据以材积为单位，不区分树种，取林产品种类的平均值。硬木类产品以立方米为统计单位，纸和纸板以吨为单位。

(2)含碳率。含碳率是指植物有机生物量干重中碳成分所占比率。木材含碳率高，生物量比例大，同时受环境变化的影响小，碳保存时间长。

(3)碳转化因子。碳转化因子是将产量转换为碳量的缺省因子，即 HWP 碳含量。通过碳因子的换算，各种 HWP 含碳量有统一可比性。碳转化缺省因子见表 5.2。

表 5.2　将材积单位转化为碳的缺省因子

HWP 种类	缺省转化因子		
	密度 (Mg/m³)	碳比率	碳转化因子 (Mg/m³)
锯材	0.458	0.5	0.229
针叶锯材	0.45	0.5	0.225
非针叶锯材	0.56	0.5	0.28
人造板	0.595	0.454	0.269
硬纸板	0.788	0.425	0.335
绝缘板	0.159	0.474	0.075
压缩纤维板	0.739	0.426	0.315
中密度纤维板	0.691	0.427	0.295
木屑板	0.596	0.451	0.269
胶合板	0.542	0.493	0.267
薄板	0.505	0.5	0.253
纸和纸板	0.9		0.386

注：据 IPCC 2013 Supplement 整理。

(4)含碳率转化公式。

计算林产品碳储时，要通过碳转化因子将材积单位(立方米或风干量)转化成含碳单位(吨等)：

$$C=V\times F=V\times D\times R \tag{5.1}$$

其中，V 为林产品的材积；F 为各类林产品的碳转化因子；D 为林产品的基本密度；R 为植物有机质干质量中碳成分所占比例。

(5)寿命周期、半衰期和使用寿命。林产品的寿命周期是指木材从采伐到生产到使用到产品废弃燃烧或循环处理等一系列过程。寿命周期会受气候条件、产品种类、使用环境和频率、回收机制等最终处理方式等多个因素影响。半衰期是一半数量的林产品停用时的年数，硬木产品及纸制品缺省半衰期及相关的丢弃比率(K)见表 5.3。

表 5.3　基于 GPG-LULUCF 报告附录部分林产品的半衰期和丢弃率

	人造板	锯材	纸类
半衰期(年)	25	35	2
丢弃率(k=ln2/半衰期)	0.028	0.020	0.347

注：据 IPCC 2013 Supplement 整理。

产品的使用寿命通常用半衰期和平均使用寿命两种方式表示。一般假设林产品碳量的分解遵循一阶指数衰减变化；平均使用寿命是指各类林产品使用寿命的平均值，一般假设产品分解和时间是线性关系。当产品的使用寿命结束时，不意味产品中的碳立即全部释放到大气，其分解率取决于最终处理方式。

二、IPCC 框架下林产品碳储核算方法

为满足国家温室气体清单报告的需要，IPCC 通过附属科技咨询机构(Subsidiary Body for Scientific and Technological Advice，SBSTA)制定了一系列清单指南，其中涉及了林产品的碳储计量方法学。这些报告的提出体现了林产品碳储核算方法的演进①。

《1996 IPCC 指南》提出了 IPCC 缺省法，假设林产品碳储量为零[114]。《2006 IPCC 指南》确定了三种方法在国家层级上核算碳储以及报告林产品在 AFOLU 部门的碳清除贡献，即储量变化法(stock-change approach，SCA)、大气流动法(atmospheric flow approach，AFA)和生产法(production approach，PA)，这三种方法是核算林产品碳储量的基础方法。三种方法区别体现在如何在生产国和消费国之间分配林产品的碳清除贡献，最主要的区别体现在系统界限的划分上。表 5.4 整理了四种碳储量核算方法的公式、计量边界以及对碳权分配的不同处理方式。

表 5.4　IPCC 框架下 HWP 碳储核算方法

核算方法	数理表达	计量边界	碳权分配	
			碳储量归属	碳排放分配
IPCC 缺省法	$\Delta C_{HWP}=0$	假设林产品碳库储量不变，即 $\Delta C_{HWP}=0$		
储量变化法	$SCA=\Delta C_{HWP_{DC}}=H+P_{IM}-P_{EX}-(E_D+E_{IM})$	国家核算系统边界；核算碳储量变化	进口国报告碳储量增加	出口国报告碳排放增加
生产法	$PA=\Delta C_{HWP_{DH}}=H-(E_D+E_{EX})$	取决于林产品的最终使用；核算碳储量变化	生产国报告碳储量增加	生产国报告碳排放增加
大气流动法	$AFA=\Delta C_{HWP_{DC}}+P_{EX}-P_{IM}=H-(E_D+E_{IM})$	林产品碳库与大气间的碳交换；核算碳排放	消费国仅报告碳排放变化	

注：(1)《IPCC 1996 指南》假设："林产品碳储量在采伐当年瞬时氧化"，主要基于"各缔约方林产品碳库储量不变或没有明显增长"的假设；(2) $\Delta C_{HWP_{DC}}$ 为国内消费的林产品碳储量变化；$\Delta C_{HWP_{DH}}$ 为国内采伐的林产品碳储量变化；H 为每年国内采伐木材中碳储量；P_{IM}，P_{EX} 分别为每年进出口林产品含碳量；E_D 为国内生产林产品碳排放；E_{IM}，E_{EX} 分别为进出口林产品在使用过程中的碳排放。

(1)IPCC 缺省法：把森林生态系统看作一个计量系统，假设森林采伐和林产品使用过程中的碳排放在采伐当年释放到大气，林产品库的碳储量保持不变，即 HWP 对 AFOLU 的清除贡献为 0。图 5.3 为 IPCC 缺省法系统图[115]。

---

① 国际可持续发展研究院 IISD. 地球谈判报告(ENB)：斐济/波恩气候变化大会(COP23/CMP13)总结[R/OL]. (2017-11-27) [2018-11-19]. https://enb.iisd.org/vol12/enb12714c.html.

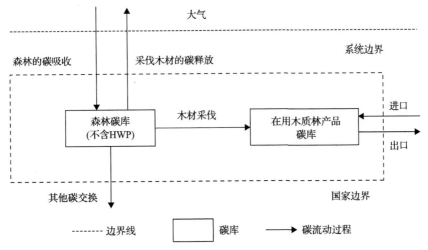

图 5.3　IPCC 缺省法系统图

资料来源：季春艺. 中国林产品碳流动核算及影响研究[D]. 南京: 南京林业大学, 2013.

(2)储量变化法：估算报告国森林碳库和林产品碳库中碳储变化。森林和其他林业类碳库中碳储变化由木材生产国报告，产品库中碳储变化由产品使用国报告，因为储量变化实际发生在报告国，报告体现了储量变化的时间和地点。储量变化法中所有国家年度碳储变化综合相加。储量变化法的核心在于"国内消费"，基于消费者原则，以国家系统边界为计量范围边界、鼓励少林国家进口和使用 HWP，并延长其使用周期，不鼓励出口。森林资源丰富的国家可以通过贸易获得生态补偿[113]。图 5.4 描绘了储量变化法系统图。

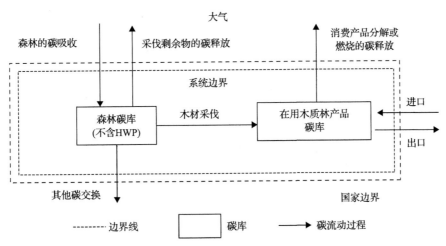

图 5.4　储量变化法系统图

资料来源：季春艺. 中国林产品碳流动核算及影响研究[D]. 南京: 南京林业大学, 2013.

其公式表示为

$$\text{SCA} = \Delta C_{\text{HWP}_{\text{DC}}} = H + P_{\text{IM}} - P_{\text{EX}} - (E_{\text{D}} + E_{\text{IM}}) \tag{5.2}$$

(3)生产法：估算报告国森林碳库和报告国国内采伐的林产品碳库碳储变化，林产品包括国内采伐用于自用和出口到别国的林产品。生产法只报告国内伐木制品，并不提供一个完整的国家储量。因为报告国报告的储量变化发生在其他国家，所以使用生产法报告的储量变化只显示何时变化并不显示何地变化。生产法的核心在于"国内采伐"，基于生产者原则，计量范围与国家系统边界不一致而随林产品的流动改变、对林产品进口无激励作用，因为对进口 HWP 不计入计算，但出口的 HWP 仍看作出口国的碳储贡献，可能会导致毁林。图 5.5 描绘了生产法系统图。

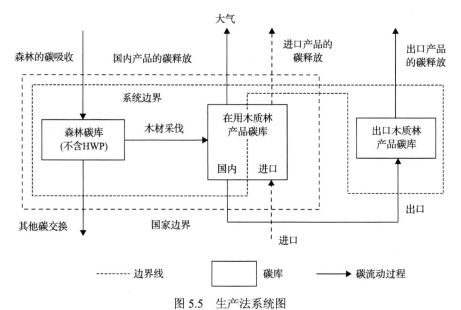

图 5.5　生产法系统图

资料来源：季春艺. 中国林产品碳流动核算及影响研究[D]. 南京：南京林业大学, 2013.

其公式表示为

$$PA=\Delta C_{HWP_{DH}}=H-(E_D+E_{EX}) \tag{5.3}$$

(4)大气流动法：估算了国家边界内森林碳库和林产品碳库中流入/流出的碳流量，并报告发生的这些清除和排放的时间和地点。一国在其排放和清除估算中纳入由于森林采伐和其他木材生产国土地类别中的树木生物量增长而从大气的总碳清除，以及采伐木材产品氧化产生的释放到大气中的碳量。林产品的碳释放包括报告国进口产品的碳释放。不同于储量变化法，在核算进口林产品时，不将其视为碳储的增加，而将其视为碳排放的增加。图 5.6 描绘了大气流动法系统图。

其公式表示为

$$AFA=\Delta C_{HWP_{DC}}+P_{EX}-P_{IM}=H-(E_D+E_{IM}) \tag{5.4}$$

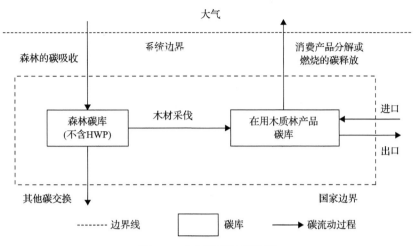

图 5.6　大气流动法系统图

资料来源：季春艺. 中国林产品碳流动核算及影响研究[D]. 南京：南京林业大学，2013.

三、《2013 IPCC 指南》碳储核算的层级方法[①]

步骤 1：检查森林管理参考水平（forest management reference level，FMRL）的构成，检查 HWP 透明且可核查的活动数据的有效性。根据决定 2/CMP.7，报告国需要报告在第二及后续承诺期中 HWP 汇的变化，提供锯材、人造板和纸张等三种 HWP 透明的可核查活动数据。

步骤 2：检查 HWP 几种类型是否源自核算国，且归类于特定森林的相关活动中。决定 2/CMP.7 对必须核算源自符合第三条第 3 款和第 4 款的国内森林生产的 HWP 做出限定。进口 HWP，不管源自何处均不参与核算。

步骤 3：检查国家特定信息的有效性并估算 HWP 碳储量及年变化量。根据步骤 1 和 2 的结果，国家特定半衰期数据或者国家特定方法有效的情况下，HWP 碳贡献值的估算可适用不同层级。

层级一：瞬时氧化法。是国家估算 HWP 碳贡献的缺省方法，假设每年流入 HWP 库的碳与流出的碳量相同，其结果显示 HWP 碳库储量不变。该假设等同于假设森林生物量中的碳在采伐当年立即氧化，HWP 碳库变化为 0。第一承诺期，缔约方无须报告 HWP 碳库储量变化。第二承诺期，HWP 对温室气体排放清单的碳贡献值应纳入第二承诺期及后续协议期的核算。在可验证和透明数据不可获得的情况下采用层级一方法报告碳储变化，而 2/CMP.7 特指，符合 FMRL 的林产品不应采取瞬时氧化法报告碳储变化。

（1）应用条件：源于毁林活动的 HWP；固体废弃物处理场所（solid waste disposal sites，SWDS）中的 HWP；作为能源使用的 HWP。

（2）仅核算在用 HWP 的碳贡献，SWDS 中的 HWP 和作为能源使用的 HWP 另算。

[①] 联合国气候变化专门委员会. Reports — IPCC[R/OL]. (2020-05-12) [2018-01-19]. https://www.ipcc.ch/reports/.

层级二：一阶衰减法。假设透明的和可验证的数据可获取，并且无适当的国家专门信息：

$$C(i+1) = e^{-k} \cdot C(i) + C(i) + \frac{(1-e^{-k})}{k} \cdot \text{inflow}(i) \tag{5.5}$$

$$\text{with } C(1900)=0.0 \qquad \Delta C(i)=C(i+1)-C(i) \tag{5.6}$$

其中，i 为年份；$k=\ln 2/\text{HL}$，k 为一阶分解率，HL 为在用 HWP 的半衰期；$C(i)$ 为第 i 年 HWP 碳储量；$\text{inflow}(i)$ 为每第 i 年流入 HWP 碳库的碳量；$\Delta C(i)$ 为第 i 年 HWP 碳库的储量变化。

层级三：国家专门方法。该法采用国家专门半衰期和方法学，层级三方法分为两条方法路径：通量数据法与储量清单和通量数据法结合。

该指南在《2006 IPCC 指南》[①]的基础上修改补充，将核算的林产品重新调整为锯材、人造板、纸和纸板。HWP 核算仅限于源于国内采伐的林产品，等同于《2006 IPCC 指南》第 4 卷第 12 章规定的变量 2A，在此基础上决定 2/CMP.7 额外添加限制条件。并对具体的缺省参数及半衰期修改完善。该指南并不致力于替代其他的 IPCC 指南，而是对之前指南的修改补充，体现目前主流研究的动态及方法，以备各缔约方进行更科学完备的指南报告。

缔约方需核算和报告本国温室气体的排放与清除情况，以承担各国的减排责任。林产品碳库具有的碳储贡献对于缔约方的碳清除义务有一定的科学价值，定量核算林产品碳库储量及其变化情况可抵消一国的温室气体排放。IPCC 建议各国采用上述主流方法核算和报告本国林产品碳储量变化。本节归纳整理了核算林产品碳储核算方法及所需参数，以把握和区分碳储核算的方法，科学合理地甄选林产品碳储核算模型。

第四节　IPCC 框架下林产品碳储核算方法的提出及争议

《京都议定书》第二承诺期之前，林产品碳储未被列入缔约方报告清单，2011 年德班气候大会决议在第二承诺期及后续协议期将林产品碳储列入清单报告。不同核算方法的主要区别在于对参与国际贸易的林产品碳储量归属及碳排放分配的，基于各方立场，缔约方关于林产品碳储议题争议一直存在。本节首先梳理在《联合国气候变化框架公约》提出的"共同但有区别的原则"框架下历次气候变化谈判及林产品碳储议题进程，然后总结自 1997 年以来林产品碳储核算方法选择进程，最后概述缔约方各方立场，厘清 IPCC 框架下林产品碳储核算方法的提出及争议。

一、IPCC 框架下核算方法的提出

1. CBDR 原则

为减缓气候变化、维持人类社会的可持续发展，联合国政府间气候变化专门委员会

---

① 联合国气候变化专门委员会. 2006 IPCC guidelines for national greenhouse gas inventories[R/OL]. (2020-05-12) [2018-01-19]. https://www.ipcc.ch/report/2006-ipcc-guidelines-for-national-greenhouse-gas-inventories/.

(IPCC)于 1992 年通过《联合国气候变化框架公约》(UNFCCC)，并于 1994 年正式生效。该公约第一次以框架性公约的形式明确规定了"共同但有区别的责任"(common but differentiated responsibility，CBDR)原则，即强调发达国家和发展中国家在应对气候变化中承担不同的义务。

CBDR 原则主要由两大基本要素构成：一是"共同责任"，该概念强调各国在应对全球环境问题中所应承担的共同义务；二是"有区别的责任"，该概念致力于促进实质平等，强调考虑不同情形，区别各国在保护环境和改善全球环境中承担责任的大小及方式。CBDR 对所有缔约方以及附件 I 和附件 II 的缔约方提出三种层面的要求：①附件 I 缔约方应承担强制减排义务；②附件 II 缔约方应承担为发展中国家提供资金、技术援助的义务；③所有缔约方应承担的一般性义务[29]。

CBDR 原则源于国际环境法，追踪问题的缘由和实质，该原则体现国际合作、构建和提升发展中国家履行国际环境法的能力，已成为公平分担全球环境保护成本的一种基本框架[116]。

2. 中国应对 CBDR 原则态度

CBDR 原则是更公平、更实际、更易于为广大发展中国家所接受的原则。中国的国内环境法吸收 CBDR 原则并将其应用于机制创新以解决中国日益严峻的环境问题。在气候变化问题上，中国支持坚持"共同但有区别的责任"原则，并积极承担自己的责任和承诺，做出最大的努力。2015 年巴黎气候大会上，中国承诺大力推进国内能源和环境部门的全面转型，同时承诺到 2030 年将碳强度在 2005 年的基准上降低 60%～65%。中国重申在 2030 年之前达到碳峰值的承诺，到 2030 年将碳强度在 2005 年的基准上降低 60%～65%，将非化石燃料在其能源结构中的比例增加到 20%。中国政府始终奉行着"共同但有区别的责任"原则，一贯以来在应对气候变化方面进行富有成效的行动，体现出一个高度负责的大国风范。

3. 基于 CBDR 原则的 HWP 碳库责任分担

CBDR 原则广泛应用于温室气体减排责任分担，在全球 HWP 碳库替代减排方面同样存在责任分担问题[117]。《联合国气候变化框架公约》自 1997 年起开始关注林产品在应对气候变化中的减排贡献，SBSTA 在第 4 次会议首次提出林产品碳储问题[118]，并围绕林产品碳储核算方法学问题展开多次讨论。IPCC 建议将林产品碳储量纳入国家温室气体清单报告中，前提是国家可以证明本国林产品碳库的储量实际增长。表 5.5 梳理了该公约历次缔约方会议气候变化谈判进程以及应对气候变化的林产品碳储核算的进程。目前，《2006 IPCC 指南》和 IPCC 2013 Supplement 应用于林产品的碳储核算，两份指南的理论效力相等，IPCC 2013 Supplement 特别强调该指南与《2006 IPCC 指南》一致，并不致力于修改和取代，但是在《2006 IPCC 指南》的基础上，IPCC 2013 Supplement 附加了限制，即仅报告本国伐木生产的林产品碳储量，进口林产品碳储不计入本国的碳储核算。

表 5.5　历次 IPCC 气候变化谈判及 HWP 碳储议题

年份	关联林业重要会议报告	重要缔约会议	气候变化谈判议题及 HWP 碳储核算谈判议题
1992	《联合国气候变化框架公约》	UNCED（巴西里约热内卢）	第一个控制温室气体排放的国际公约
1996	《1996 IPCC 指南》	SBSTA4（瑞士日内瓦）	第一次提出 HWP 碳储核算方法
1997	《京都议定书》	COP3（日本京都）	对第一承诺期缔约方具体减排额度作出规定
1998	《估算森林采伐和林产品碳排放的方法评估》	达喀尔会议（塞内加尔达喀尔）	提出替代 IPCC 缺省法的另外三种方法，即储量变化法（SCA）、生产法（PA）和大气流动法（AFA）
2003	《土地利用、土地利用变化和林业优良做法指南》	SBSTA19（瑞士日内瓦）	明确定义参与国际贸易的林产品并详述碳储核算方法对缔约方林产品市场的影响
2005	《蒙特利尔路线图》	COP11（加拿大蒙特利尔）	规定第一承诺期工业国家温室气体减限排目标
2007	《2006 IPCC 指南》	SBSTA26（德国波恩）	第 4 卷就 HWP 对 AFOLU 的碳流动贡献提供了详细的估算和报告指南
2007	"巴厘路线图"	COP13（印尼巴厘岛）	致力于 2009 年底前完成《京都议定书》第一期承诺期到期后全球应对气候变化的新安排
2009	《哥本哈根协议》	COP15（丹麦哥本哈根）	《京都议定书》第一承诺期到期后的后续方案
2011	《坎昆协议》	COP17（南非德班）	启动"绿色气候基金"；开展关于续签《京都议定书》第二承诺期的谈判
2012	《多哈修正案》	COP18（卡塔尔多哈）	通过了《京都议定书》第二承诺期减排规定
2014	《2013〈京都议定书〉方法和良好实践的重要补充》	IPCC-37（阿扎尔巴统）	建议缔约方采用生产法核算本国林产品碳储量
2015	《巴黎协定》	COP21（法国巴黎）	森林及相关内容将作为单独条款

注：由相关资料整理得出。

二、林产品碳储核算方法进程

IPCC 缺省法假设林产品碳库储量保持不变，为解决林产品碳储量的估算问题，1998 年达喀尔会议上提出替代 IPCC 缺省法的另外三种方法，即储量变化法、生产法和大气流动法。1997～2016 年，IPCC 框架下林产品碳储的四种基本核算方法经历了三个阶段的演进。

第一阶段，1997～2006 年。Brown 等提出长生命周期的林产品可以封存大量的碳；IPCC 开始关注林产品的碳储作用。《1996 IPCC 指南》提出缺省法，假设林产品的碳储在采伐年一次性氧化，即林产品碳库储量不变。同时，在此阶段，一些替代方法被提出。该阶段林产品碳储被视为即时氧化，缺省法占据主流地位[119]，林产品碳储核算并未纳入国家温室气体清单。

第二阶段，2006～2011 年。《2006 IPCC 指南》以附件形式列出四种核算方法，分别是储量变化法、生产法、大气流动法和简单分解法。前三种由 Brown 提出，最后一种由 Ford-Robertson 提出。《京都议定书》第一承诺期（2008～2012 年），附录一缔约方被鼓励去监测和报告森林生物量中的碳，并未包含 HWP。这一阶段，IPCC 对核算方法的选择依然保持中立态度，并没有单独推崇任何一种方法[120]。

　　第三阶段，2011年至今。德班气候大会规定附件Ⅰ缔约方在第二承诺期(2013～2020年)内基于森林管理参考水平报告本国木质林产品的碳储量及其变化，并建议将生产法提为国际上核算碳储量的通用方法，在该阶段生产法成为主流，木质林产品的碳储核算纳入国家温室气体清单报告。

　　从纵向时间看，2011年德班气候大会之前，IPCC缺省法一直占据主流地位，林产品的碳储核算并未被纳入国家温室气体排放清单；《2006 IPCC指南》对核算方法保持中立态度，最新的《2013 IPCC指南》建议在第二承诺期内采用生产法为主流核算方法。值得注意的是，IPCC及各缔约方并未否定其他的核算方法。对于林产品贸易大国，储量变化法考虑进出口的碳计量更值得重视。进口国报告碳储增加，出口国报告碳排放增加，故储量变化法对进口国有利。

三、大会缔约方立场

　　SBSTA第4次会议于1996年首次提出HWP碳排放核算问题并于随后的多次会议中对HWP核算的方法学等相关问题进行讨论，同时要求缔约方科学核算并报告本国林产品碳库储量并对不同方法的潜在影响进行报告[①]。大多数缔约方同意在UNFCCC和《京都议定书》相关条款和框架下开发HWP碳流动核算新方法。

1. 发达国家与发展中国家角度

　　HWP碳储议题的焦点在于对参与国际贸易的林产品进行碳储量归属和碳排放分配。《京都议定书》第一承诺期缔约方主要分歧在于是否该将HWP碳储量纳入温室气体核算体系中。对林产品方法学的争议实则是缔约方政治经济实力的博弈。发达国家认为利用林产品的碳储功能以抵消部分温室气体排放，主张和推动HWP碳储议题的谈判；大部分发展中国家也承认林产品碳库在森林生态系统碳循环中的作用，但认为应该先处理HWP核算的方法学问题。考虑到发达国家会利用HWP碳储量完成碳清除指标而降低实际减排效果，发展中国家并不主张将HWP碳储核算过早纳入《京都议定书》谈判中。

　　基于国家利益，如若通过核算显示本国林产品碳库呈碳源，则报告林产品碳储对其不利；若显示林产品碳库呈碳储，则报告林产品碳储对其有利。目前测定林产品碳库为碳源的国家主要有：瑞士、英国、捷克、秘鲁和保加利亚，故而将林产品碳储核算纳入国家温室气体报告不利；而对于美国、加拿大、芬兰、日本、荷兰等国，核算结果显示国家林产品碳库具有碳储功能，对承担减排责任、抵消国家温室气体排放有正向作用，故而将林产品碳储核算纳入国家温室气体排放对其有利。

　　在第一承诺期，多数国家已将林产品列入森林管理参考水平，少数国家并未将林产品碳储核算纳入，但是部分国家支持并计划将林产品纳入碳储核算中。

2. IPCC角度

　　由于各缔约方的政治经济博弈，HWP碳储议题的谈判进程比较缓慢。2007年12月

---

　　① 中国木业网. 气候谈判下的林业问题备受关注[EB/OL]. (2001-01-01) [2019-10-21]. https://www.ewood.cn/news/2001-01-01/75U7HYCZYIu84Ko.html.

的 SBSTA 第 27 次会议至 2012 年 12 月的 SBSTA 第 37 次会议，HWP 碳储议题的谈判一度暂停。各方的共识体现在承认 HWP 是森林生态系统碳循环不可忽视的重要组成部分，但在第一承诺期内，未强制性要求缔约方核算并报告本国林产品碳库储量变化。鉴于参与国际贸易的林产品，追踪其由于贸易产生的碳转移及碳流动、产品使用等实践存在较大难度，故而《联合国气候变化框架公约》框架下 SBSTA 建议有条件有能力的缔约方自愿在其国家温室气体排放清单中报告林产品碳储变化情况。

自 2011 年德班气候大会规定缔约方在第二承诺期核算和报告本国林产品碳储，HWP 碳储议题已成为 UNFCCC 林业议题谈判的重要内容。缔约方就第二承诺期核算 HWP 碳贡献的规则做了进一步的谈判，就 HWP 源排放/汇清除核算规则达成一系列共识，确定在《京都议定书》第三条第 4 款新增加了 HWP 核算：缔约方核算和报告源于本国采伐的林产品碳储量变化，进口的林产品均不纳入进口国清单报告。同时，对应用于不同用途的林产品、源于毁林的产品以及在固体废弃物处理站待处理的产品等部分规则做出了明确的规定。缔约方依据所预测的森林管理参考水平确定林产品碳储核算方法。值得注意的是，源于毁林行为的林产品依照瞬时氧化假设进行核算。

2/CMP.7 号决定明确提出对第一承诺期已经核算的林产品的处理，即对按照瞬时氧化假设核算的林产品碳储变化在第二承诺期内扣除；在纸和纸板、人造板及锯材三类林产品的活动数据透明可核查的情况下，假设其按照一阶分解处理，并假设纸和纸板、人造板及锯材的半衰期分别为 2 年、25 年和 35 年。中国应科学评估林产品碳库的碳储存与碳释放，评估林产品的减排贡献，以正确评估中国在全球气候变化中的责任分担，从而更好地发挥林产品在减缓气候变化中的积极作用。

3. 中国角度

中国是林产品贸易大国，也是该公约缔约方之一，目前在第二承诺期不承担减排责任。美国和加拿大等国陆续退出《京都议定书》，发达国家逐渐在淡化其历史责任和"共同但有区别的责任"原则[①]。第二承诺期结束后，包括中国在内的所有缔约方将可能都承认减排责任。作为发展中大国，我国在未来承担减排义务是必然趋势[121]。

本节首先梳理了 CBDR 原则与气候变化议题的关系，并梳理历次 IPCC 气候变化大会涉林议题与林产品碳储议题谈判进程，其次梳理 IPCC 缺省法、储量变化法、大气流动法及生产法在各缔约方的适用及发展进程，最后总结缔约方立场，以厘清各缔约方应对气候变化的谈判立场及 HWP 议题的谈判现状。

第五节　本章小结

本章与第四章构成本书的理论基础部分。从林产品的定义及分类、应对气候变化的碳储机理、IPCC 框架下碳储核算的一般方法及方法的提出与争议几个方面界定了林产品

---

① 凤凰网.《京都议定书》第二承诺期明年实施，加日新俄不再加入[EB/OL]. (2012-12-10) [2018-02-10]. http://finance.ifeng. com/news/hqcj/20121210/7407931.shtml.

碳库的理论基础。简要小结如下：

首先，通过采伐和加工，森林碳库中的碳转移到林产品中，作为森林资源的延续，林产品起到二氧化碳"缓冲器"的作用。在应对气候变化中，林产品的减排贡献主要表现在两方面。一是碳储功能。林产品的碳储功能归根究底源于其碳排放滞后，林产品本身不具有碳汇功能，但可将光合作用吸收的碳保存。林产品碳库是大气碳循环系统的重要部分，具有减缓气候变暖的作用。二是替代功能。林产品替代能源密集型产品如钢筋、水泥等或替代化石能源如石油、煤炭等，可直接减少工业或能源部门的碳排放，达到碳替代的减排作用。同时，生产加工过程中，林产品的碳足迹相对能源密集型产品较小，可间接达到碳替代减排作用。

其次，自1997年各缔约方开始关注林产品的减排贡献以来，现存四种方法用于核算林产品碳储，分别是：IPCC缺省法、储量变化法（SCA）、大气流动法（AFA）和生产法（PA）。IPCC缺省法假设林产品碳库储量在采伐当年一次性氧化，故而并不能量化林产品碳库储量变化情况，其他三种方法可应用于定量化核算林产品碳库碳清除贡献。各方法的主要区别体现在碳储量分配和碳排放归属的划分上。储量变化法的核心在于"国内消费"，基于消费者原则，以国家系统边界为计量范围边界、鼓励少林国家进口和使用HWP，并延长其使用周期，不鼓励出口；生产法的核心在于"国内采伐"，基于生产者原则，计量范围与国家系统边界不一致而随林产品的流动改变、对林产品进口无激励作用，因为对进口HWP不计入进算，但出口的HWP仍看作出口国的碳储贡献，可能会导致毁林；大气流动法不同于储量变化法和生产法，以森林及林产品碳库和大气之间的碳交换为系统边界，估算一国边界内碳排放量，林产品的进出口不会增加和减少消费国的碳储量，在核算进口林产品时，不将其视为碳储的增加，而将其视为碳排放的增加。

最后，由于各缔约方的政治经济博弈，HWP碳储议题的谈判进程比较缓慢。各方的共识体现在承认HWP是森林生态系统碳循环不可忽视的重要组成部分，但在第一承诺期内，未强制性要求缔约方核算并报告本国林产品碳库储量变化。自2011年德班气候大会规定缔约方在第二承诺期核算和报告本国林产品碳储，HWP碳储议题已成为UNFCCC林业议题谈判的重要内容。《京都议定书》第三条第4款新增加了HWP核算：缔约方核算和报告源于本国采伐的林产品碳储量变化，进口的林产品均不纳入进口国清单报告。

第六章 中国森林碳汇核算模型系统甄选

森林作为二氧化碳的"存储器",通过光合作用吸收大气中的二氧化碳可有效减少温室气体的浓度。《京都议定书》特别强调了森林生态系统在减少温室气体浓度、减缓气候变化中的潜在作用,并建议通过进行可持续森林经营管理、造林和再造林的森林更新和发展促进植被增加等方式,强化森林碳汇效应。作为陆地生态系统中最大的碳库,森林碳汇具备两个方面的特征:固碳功能是森林生态系统的一项重要生态功能;此外,森林是森林碳汇的载体。不同类型的碳汇其载体不同,作为森林碳汇的重要载体,森林碳汇功能需以森林实体的存在为前提。准确估算和报告森林碳汇量,不仅有助强化林业碳汇在减缓气候变化中的作用,更有助于核算全球碳收支情况,从全球层面把握气候变化问题。本章综述了国内外主流的碳汇计量软件模型,以及概念方法,并聚焦 CBM-CFS3 模型,探讨该模型对中国森林碳汇核算的适用性,以甄选中国森林碳汇核算模型。

第一节 森林碳库各子库特征

生物量碳库又包括林木、林下植被和枯落物。森林碳库的碳储存主要指林木、林下植物、枯落物和林地的碳储量,碳排放指森林火灾、病虫害造成的碳排放以及森林采伐剩余物造成的碳排放[122]。在计算森林生态系统碳储量时,往往把子碳库分开计算,基于不同的子碳库建立不同的计量方法及模型[123]。在成熟森林中,活有机体和粗木质残体中储存的碳约占森林碳总量的 60%,土壤和凋落物中的碳约占 40%[124]。本节简单回顾第四章森林碳库的构成,重点分析各子碳库特征,以引出第二节森林碳汇主流核算主流方法。

一、生物量碳库

森林碳库的碳主要存储在植被和土壤中,森林活生物量主要包括植物各器官(枝、干、叶和根),林木在生物量碳库中占比较大,故而可作为测定森林碳动态的指标,最具动态;林下植被相对估算较困难,在估算其碳汇量时,通过林木的活动数据加以转换换算而得。在碳排放方面,林木对人类活动和自然干扰较敏感,自然干扰包括火灾、病虫害等。图 6.1 描绘了森林碳库的系统结构。

相对于林木和林下植被,凋落物中存储的碳量较小。据测定,在成熟林中,粗木质残体以及凋落物碳库占总碳库的 10%~20%。作为连接生物量碳库和土壤碳库的纽带,森林凋落物通过微生物分解以有机形式回归土壤,促进森林植被-凋落物-土壤的碳循环。另外,森林凋落物分解速度的快慢影响森林碳库碳循环的速率。在碳排放方面,易受火灾等自然干扰与人类活动的影响而表现出不同速率的分解氧化。

二、土壤碳库

土壤碳库是森林碳库的重要构成,是最大的有机碳库。其特征表现在容量最大、周转周期最慢。土壤碳库主要由腐殖质、微生物、代谢产物以及完全分解的动植物残体构成，随着深度的增加土壤碳库的有机碳碳量递减。鉴于土壤中的碳不易被氧化，其相对生物量碳库较稳定[125]。土壤碳库的大小和方向依赖于地上植被、土壤性质和气候的变化。据研究，土壤中固定的碳 70%来自树根和周围生长的真菌，值得注意的是，根和真菌固定的碳要比凋落物对土壤的贡献度更大。

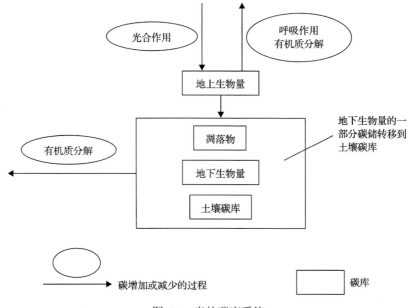

图 6.1　森林碳库系统

陆地生态系统是一个"植物-土壤-气候"相互作用的复杂系统，森林生态系统作为陆地生态系统的一部分，参与陆地生态系统中的碳循环，并与草地、农田等不同植被生态系统相互作用。森林生态系统通过光合作用获得的产物在物质循环和能量流动过程中被重新分配到森林碳库的各子碳库，生物量碳库蕴含了大量有机碳，其中地下生物量一部分碳储转移到土壤碳库中。作为最大的有机碳库，土壤碳库主要包括由凋落物、动植物遗体和排泄物腐殖化作用转变的土壤有机质。研究森林生态系统的碳蓄积和碳循环，就是研究各子库直接的碳量分布和交换，以及生态系统与大气间的碳交换[126]。

三、森林碳库

政府间气候变化专门委员会(Intergovernmental Panel on Climate Change，IPCC)第五次评估报告指出，1880～2012 年全球平均温度上升 0.85℃，2011 年全球二氧化碳浓度比1950 年高 40%①。气候变化问题直接关系着人类自身生存以及各国在气候谈判中政治经济利益的再分配。二氧化碳是造成气候变化的主要温室气体之一，人类行为如使用化石能源以及毁林均排放大量二氧化碳从而加剧气候变化。减少温室气体的排放缓解气候变

---

① 联合国气候变化专门委员会. AR5 climate change 2014: mitigation of climate change[R/OL]. (2020-05-12) [2019-03-10]. https://www.ipcc.ch/report/ar5/wg3/.

化，可从"源排放"和"汇清除"两方面着手。

对于"碳汇"概念的界定，有学者认为碳汇是一种能力，表现在对二氧化碳的汇集、吸收和固定功能上。《联合国气候变化框架公约》(UNFCCC)将"碳汇"定义为从大气中清除二氧化碳的过程、活动或机制。按照生态系统划分，碳汇可分为海洋生态系统和陆地生态系统两大类，其中陆地生态系统又包括土壤碳汇、岩石碳汇、微生物碳汇和森林碳汇等。森林碳汇是指森林吸收并储存二氧化碳的多少或者说是森林吸收并储存二氧化碳的能力。森林碳汇效应通过植物的光合作用实现，在一个完整碳循环中，森林碳汇效应表现为绿色植物利用太阳光能将大气中的二氧化碳以生物量的形式储存在林木中，从而减少大气平流层中二氧化碳的浓度。《联合国气候变化框架公约》[83]中关于森林碳汇的定义为："森林碳汇是指森林生态系统吸收大气中二氧化碳并将其固定在植被和土壤中从而减少大气中二氧化碳浓度的过程、活动或机制。"

森林生态系统的固碳功能取决于两个对立的过程，即碳素的输入过程与输出过程。碳素的输入过程主要通过植物的光合作用实现，碳素的输出过程指碳的流出，通过森林、土壤和动物的呼吸过程以及凋落物的矿质化过程实现，各种干扰因素也在不同程度上影响碳素输出[127]。

IPCC 建议在计量土地利用及土地利用变化的碳清除贡献时，分别核算森林用地及林地转化用地中生物量、死有机质和土壤有机质的碳储量及其变化情况[128]。在物质循环和能量流动过程中，光合作用固定的二氧化碳被重新分配为森林生态系统的两个子碳库：生物量碳库和土壤碳库。生物量碳库蕴含了大量的有机碳，森林生态系统中还有一些小并且难以测定的碳库，如动物和挥发有机质碳库，全球不足 0.1%，故而在研究中通常忽略[129]。

森林作为陆地生态系统最大的碳库，起到碳"存储器"的作用，其在陆地生态系统碳循环的过程中，与草地、农田等不同生态系统相互作用，对减缓气候变化、减少温室气体排放起到不可替代的作用。本节分别对森林碳库的两个子碳库进行定性叙述，概述森林碳库各子库特征及其各自在森林生态系统所起作用。

第二节　森林碳汇核算主流方法

评价森林碳汇生态效益需要通过碳汇的定量核算，森林碳汇计量方法将森林碳汇量定量化，从而以此为基础对森林碳汇管理和经济价值进行评价。因此，科学估算和报告森林生态系统的固碳能力，是全球碳收支计算中不可或缺的一部分。在森林碳汇计量方法上，国内外专家已经提出了许多新方法。本节综述目前国内外应用最广泛的三种森林碳汇核算方法，即样地清查法、微气象学方法和应用遥感等新技术的模型模拟法，从研究方法及特征着手分析，从适用性和核算范围角度比较各方法优劣，概述目前国际上森林碳汇核算一般方法。

一、样地清查法

样地清查法是指通过对典型样地进行准确测定，对该样地森林生态系统中的植被、枯落物或土壤等碳库进行准确测定并通过连续观测来获知一定时期内的储量变化情况的推算方法[130]。在连续测定的基础上可以分析森林生态系统各部门碳库之间的流通量，同时估算输入的植物净初级生产力(net primary productivity，NPP)[①]。输出的凋落物和土壤的碳排放速率。样地清查法总体可分为三种，即生物量法、蓄积量法及生物量清单法。

1. 生物量法

生物量法是以森林生物量数据为基础的碳估算方法[131]。生物量是一个有机质总量的概念，包括单位面积上现存的所有植物、动物和微生物中所包含的有机质。应用生物量法时，根据单位面积生物量、森林面积、生物量在树木各器官中的分配比例以及树木各器官的平均碳含量等参数计算[132]。

传统的森林资源清查方法是最早测定森林碳汇量所采用的生物量法，旨在通过实地调查得到实测数据以建立标准的测量参数和生物量数据库，以求得平均碳密度。最后通过植物的碳密度与面积的乘积整体估算森林生态系统的碳量。要进行定期和不定期的森林资源清查。

生物量法的特征是较直接、明确且技术难度低，是目前应用最广泛的方法。考虑到生物量法一般采取生长较好的林分作为样地，故其推算结果往往高于实际森林碳汇量，另外一个不足之处表现在忽略地下部分的生物量，仅核算地上部分。生物量法一般忽略土壤微生物对有机碳的分解，导致计量结果的精度下降。

2. 蓄积量法

蓄积量法是以森林蓄积量数据为基础的碳估算方法。应用蓄积量法时，对森林主要树种抽样实测以得出主要树种的平均容量，随后根据森林的总蓄积量求出生物量，最后通过碳量转换系数求森林的碳汇量。

该法的主要特征是较直接明确，同生物量法一样，其优势在于技术难度低。但是在森林生态系统的整体测度方面，对于土壤呼吸、非同化器官呼吸等因素存在不核算的缺陷，因此其统计结果的误差加大。同时，以树种区分转换系数，并未考虑其他因素，在一定程度上加大误差。

3. 生物量清单法

生物量清单法指将生态学调查资料和森林资源清查资料结合，首先计算出各森林生态系统森林乔木层的碳储存密度，再根据乔木从生物量与总生物量的比值估算各森林类型的单位面积总生物质碳储量。其具体核算公式如下：

$$P_C = V \times D \times R \times C_C \tag{6.1}$$

其中，V 为某一森林类型的单位面积森林蓄积量；D 为树干密度(mg/m^3)；R 为树干生物

---

① 地理国情监测云平台. 多种卫星遥感数据反演净初级生产力(NPP)产品[EB/OL]. (2014-05-21) [2019-03-10]. http://www.dsac.cn/DataProduct/Detail/200916.

量占乔木层生物量的比例；C_C 为植物中的碳含量。

生物量清单法存在的优势与生物量法及蓄积法相同，直接、明确且技术简单，故而可应用于监测长期、大面积的森林碳汇能力。有确定的计量公式，使得计量的精度提高。其主要不足在于对劳动力消耗较大，不能连续性记录森林碳储量，从而无法反映时间动态效应。同时，研究结果的可靠性和可行性较差，表现在选取不同地区作为样地，各地区的层次、时间尺度、空间范围均不同。生物量清单法的另一个缺点表现在其不完整性，仅注重地上部分，往往忽略地下部分的生物量，另外，森林生态系统内土壤微生物对有机碳分解而形成的碳源影响也被忽略不计[133]。

4. 样地清查法各方法比较

表 6.1 归纳了生物量法、蓄积量法和生物量清单法的优劣势及适用范围。从适用范围、实用性等角度来看，目前应用最广泛的是生物量法和蓄积量法。蓄积量法是生物量法的延伸，两种方法均对不同树种、不同树龄的树木进行生物量测定或蓄积量推算以核算森林碳汇量。

表 6.1　样地清查法优劣势比较

方法	优势	劣势	适用范围
生物量法	直接明确、技术难度低	只考虑地上部分，忽略地下部分和土壤微生物对碳的分解	应用性强，多应用于森林资源清查
蓄积量法	直接明确、技术难度低	不考虑土壤呼吸等因素，转换系数仅考虑树种，计算结果存在误差	适用于大尺度森林、树种多且主要树种突出的森林
生物量清单法	精度高、应用广泛	忽略地下部分的碳动态，劳动力消耗大，不能观测动态变化	适用于长期、大面积森林，无须连续反映碳汇量动态变化，并适用于评估森林生态系统碳平衡

注：由相关资料整理得出。

二、微气象学方法

微气象学方法是指以微气象学为基础直接测定地-气间二氧化碳通量的动态变化，并依据建立的计量公式使得结果的精确性更高。微气象学方法可分为涡旋相关法、涡度协方差法、弛豫涡旋积累法与箱式法等四种方法。鉴于涡旋相关法及涡度协方差法在碳通量测量方面具有直接且连续测量的优势[134]，这两种方法的应用较为普遍，故本部分重点介绍涡旋相关法和涡度协方差法。

1. 涡旋相关法

涡旋相关法是目前测定地-气交换最好的方法之一，也是世界上二氧化碳和水热通量测定的标准方法，已经越来越被广泛应用于估算陆地生态系统中物质和能量的交换[135]。该法以微气象学为基础，在林冠上方直接测定二氧化碳的涡流传递速率，以计算出森林生态系统的固碳量。其计算公式如下：

$$F_C = \overline{W'P_C'} \tag{6.2}$$

其中，F_C 为二氧化碳通量；P_C 为二氧化碳浓度；W 为垂直方向上的风速；上角标($'$)为各自平均值在垂直方向上的波动，即涡旋波动；上横线为一段时间的平均值。涡旋相关法在一个参考高度上监测二氧化碳浓度及风速风向，大气中物质的垂直交换一般通过空气的涡旋状流动来进行。

涡旋相关法特点在于直接计算森林与大气之间的碳通量，能够长期直接对森林生态系统的碳通量进行监测测定，为其他模型建立和校准提供基础数据，但是其需要较为精密的仪器，应用代价较高[133]。

2. 涡度协方差法

涡度协方差法对能量、水分、二氧化碳分别进行测定，从而核算碳通量，该法已作为碳通量研究的标准被广泛应用。其计算公式如下：

$$F_S = \overline{\rho'\omega'S'} \tag{6.3}$$

其中，ρ 为空气密度；S 为研究的对象物质(CO_2)；上角标($'$)为与平均值间的偏差；上横线为平均值。

涡度协方差法的特点在于以微气象学为基础，可对大范围的生态系统进行完整性的碳汇监测，通过专业的机器及设备可获取较精确的数据。缺点在于需借助精密仪器，应用代价高，并且操作难度较大，实验周期较长[132]。

3. 微气象学各方法比较

微气象学方法以微气象学为基础，对二氧化碳的碳通量情况进行直接且可连续的测量以动态观测，并借助科学公式使测量结果更具科学性。表 6.2 比较了涡旋相关法和涡度协方差法。

表 6.2　微气象学法优劣势比较

方法	优势	劣势	适用范围
涡旋相关法	长期直接对森林生态系统的碳通量进行监测测定，为其他模型建立和校准提供基础数据	应用成本高	森林和大气间的监测
涡度协方差法	对大范围的生态系统进行完整性的碳汇监测，通过专业的机器及设备可获取较精确的数据	实验周期长，应用成本高	大范围，完整森林生态系统

注：由相关资料整理得出。

微气象学方法核算结果较精确，但其应用代价较高，同时对专业人才要求较高，目前国外应用该方法核算森林碳汇情况较多，国内尚未得到普遍应用。

三、模型模拟法

模型模拟法是指通过数学模型估算森林生态系统的生产力及碳储量，其以模型的形式描述不同尺度下植被生长过程(包括光合作用、呼吸作用、植物分解与养分循环等),对植物体及土壤水分散失的过程进行模拟,从而实现对陆地植被生产力的估算[136]。

各国及地区依据相似但各有不同的建模思路构建了几类模型,如 CENTURY 模型、BIOME-BGC 模型等。具体的模型建模思路及特点将在下一节具体分析。模型模拟法适用于推算在一个理想条件下的区域生物量及碳储量的变化情况,但基于数据缺乏或参数设定的缺陷,各模型也存在各种程度的不足[137]。

模型模拟法一般以地区为界限,估算一个地区在理想条件下的碳储量及碳通量情况[134]。鉴于其在估算土地利用及土地覆盖变化对碳汇影响上存在的困难,先行解决方法是遥感及相关技术的发展。利用遥感手段获得各种植被状态参数,综合地面调查,完成植被空间分类及时间序列分析,随后可分析森林生态系统碳的时空分布及动态,并且能够估算大面积森林生态系统的碳储量以及土地利用变化对碳储量的影响。与传统的生物量估算法比较,遥感方法可快速、无损、相对准确地对生物量进行估算,从而对生态系统进行宏观监测。

当前主流研究多采用生物量法和蓄积量法核算森林碳汇,当涉及林木、林下和土壤三个部分的碳通量情况及碳流动情况核算时,蓄积量法应用更广泛[138]。

《京都议定书》确立的清洁发展机制①(clean development mechanism,CDM)规定有减排义务的工业化国家可以在发展中国家实施土地利用变化和林业碳汇项目,该机制驱动更为科学和精确的计量方法的不断开发和采用。图 6.2 梳理了森林碳汇计量方法。目前在国内外研究中,科学合理地计量森林碳汇是评价森林碳汇能力最关键的步骤之一,采用合理的计量方法有助于评价森林碳汇的生态效益与减排价值,有助于优化各国温室气体清单报告,评价各缔约方的温室气体减排义务履约程度。

本节综述了森林碳汇生物量核算的主流方法,并指出当前国际上应用最广泛的方法,为评价森林碳汇奠定基础。

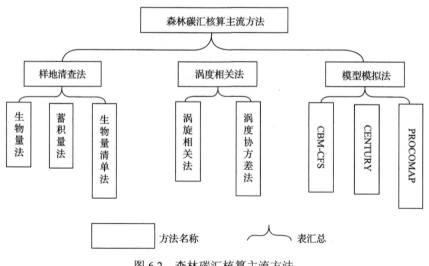

图 6.2　森林碳汇核算主流方法

① 中国清洁发展机制网. 清洁发展机制[EB/OL]. (2003-08-08)[2018-08-08]. http://cdm.ccchina.org.cn/.

第三节　森林碳汇核算模型

第六章第二节详细介绍了森林碳汇核算的主流方法，其中第三种方法是基于遥感技术的模型模拟法，以数学模型模拟森林生态系统不同尺度下植被生长过程，从而估算森林生态系统的生产力和碳储量。与传统的样本清单法相比，模型模拟法可快速、无损、相对准确地对生物量进行估算，本节重点介绍国际上主流的森林碳汇模型，综述各模型特征、通用模块及适用范围，并基于 CBM-CFS 模型在我国目前的适用情况，综述该模型的发展、数理结构、模块运行等机理，从而借鉴模型结构以甄选和优化中国森林碳汇核算模型系统。

一、森林碳汇主流模型

IPCC 按照国家特定数据及专门方法是否易于获取，将温室气体碳源汇的核算方法分为三个层级。按照简单计量到复杂计量分别针对三个层级方法，本国活动数据及参数较详尽科学的国家可选择较高层级的方法，以降低核算结果的不确定性。最高层级的方法是层级三方法。层级三方法中，缔约方应用专门的国家计量模型或计量软件，如上节提及的基于遥感技术等的模型模拟法，其数据基于专门的国家或地区情况获取。森林碳汇计量模型一般分为两类：建立在光合作用过程上的核算模型和建立在实证增长数据上的核算模型[139]。

主流研究中，管理林业部门的碳库类型主要有两种分类结构。狭义的林业碳库仅指森林碳库，广义的林业碳库包括森林碳库和木质林产品碳库[137]。本研究基于广义分类研究森林碳库和木质林产品碳库的碳动态情况。一些发达国家将林业碳库碳储量核算方法软件化，采用计量模型核算温室气体碳源汇情况。目前关联林业碳库碳源汇核算的模型主要分三类：一是森林碳汇计量模型，应用于核算国家和地区森林碳库的碳收支情况，如 CBM-CFS、CENTURY、BIOME-BGC、JULES 等模型；二是木质林产品碳储计量模型，应用于核算国家和地区木质林产品碳库的碳收支情况，如 WOODCARB Ⅱ、C-HWP 等模型；三是林业碳库计量模型，即将森林碳库和木质林产品碳库整合统一，动态监测森林生态系统的碳到木质林产品的加工运输、生产使用及最终处理阶段以及再回收处理到最终流入大气等各阶段碳循环情况，如 FORCARB、CO2FIX 等模型。本节通过表 6.3 梳理主流森林碳汇计量模型，从其功能、适用性等几个方面综合比较分析各森林碳汇计量模型，而对于木质林产品碳储计量模型、林业碳库计量模型将在后续章节进行探讨。

通过对比分析发现，目前主流森林生态系统碳储计量模型多从生物量碳库及死有机质碳库核算碳储量变化，其中 CENTURY、YASSO 等模型为土壤动态碳模型，用于估算土壤中的有机碳量、土壤有机碳和非自养土壤呼吸的碳变化；BIOME-BGC 模型用于评估陆地生态系统植被和土壤组成中的能量、水、碳和氮的流动和储存。

表 6.3 　主流森林碳汇计量模型

模型名称	创始人	功能	适用性
PROCOMAP	劳伦斯伯克利国家实验室	估算在一定时间内或超出一定时间得到的碳汇量，以及解释说明林业碳减缓项目的财务意义与成本和效率关系	评估预测林业减缓项目潜力，如造林/再造林、避免毁林、改善森林管理及生物质能源项目等
CENTURY	美国农业部农业研究组织(USDA-ARS)	土壤碳的动态模型，用于长期模拟不同植物土壤系统内 C、N、P、S 的动态变化	估算模拟森林、草原和农业或其他项目的碳总量
YASSO	Jari Liski 等	土壤动态碳模型，用于估算土壤中的有机碳量、土壤有机碳和非自养土壤呼吸的碳变化	地球系统建模、温室气体清单以及对生态系统和生物质能源的调查研究
ROTH	Rothmstead 农业研究站	土壤动态碳模型，估算地表土壤有机碳转换的模型，计算总的有机碳量和一年或100年时间段内的微生物总碳量	估算草原、森林土地和农田生态系统的有机碳含量
CBM-CFS	加拿大林业部，加拿大自然资源部	从生物量碳库、死亡有机质碳库及干扰影响 3 个方面进行模拟，估算经营森林每年碳储量变化及二氧化碳等温室气体排放，评估结果作为国家报告提交给 UNFCCC	模拟不同尺度森林生态系统在干扰下碳储量的年变化；估算同龄林经营活动和土地利用变化所引起的碳储量变化；比较不同经营措施下森林碳动态、模拟造林后生物量碳动态
BIOME-BGC	Steve 等	生态系统过程模型，研究全球和地区之间在气候、干扰和生物地球化学间的交互作用	用于评估陆地生态系统植被和土壤组成中的能量、水、碳和氮的流动和储存

资料来源：张旭芳，杨红强，袁恬. 复合链式结构下中国林业碳库系统测度模型构建[J]. 中国人口·资源与环境, 2016, 26(4)：80-89.

二、特定模型分析——以 CBM-CFS3 模型为例

中国是《联合国气候变化框架公约》缔约国之一，须定期提交温室气体排放的专项报告，目前仍采用层级二方法核算及评价森林碳汇量①。在核算时，采用 GPG-LUUCF 提供的缺省参数及活动数据核算和报告温室气体排放清单，尚缺乏专门的国家碳计量系统和模型工具[140]。由中国林业科学研究院森林生态环境与保护研究所主持的国家林业局 948 项目成功引进了加拿大林业碳收支模型(CBM-CFS3)，并将其应用在三峡库区和云南普洱地区[141]。本部分重点分析 CBM-CFS 的第三代模型——CBM-CFS3 模型，介绍其原理、运行和数理结构。

1. 模型发展及核算模块

CBM-CFS 是由加拿大林业部门创建的用来估算指定年份立木、景观森林生态系统碳储及其变化的建模框架，可应用于估算大范围的林业部门碳收支情况[142]。CBM-CFS 模型自 1993 年投入使用至今已更新过三次，目前最新的版本 CBM-CFS3，是加拿大国家森林碳监测、计量和报告系统的核心模块，可用来模拟各森林子碳库的碳动态，包括林上植被、凋落物碳库、死有机物、土壤有机质和林下生物量碳库。同时考虑进各种干扰因素及森林管理方案影响。

---

① 中国气象局. 联合国气候变化框架公约[EB/OL]. (2011-11-18) [2018-08-08]. http://www.cma.gov.cn/2011xzt/2011zhuant/20111121/2011112111/201111/t20111122_154466.html.

CBM-CFS3 属于生长数据驱动的经验模型，复杂程度中等，以 1 年为时间步长，按照区域层次划分了行政区、生态区、空间单元及林分，以实现从林分到景观到国家尺度的模拟。CBM-CFS3 模型使用 2003 IPCC GPG-LULUCF 推荐的方法，即"清单变化法"，使用清单数据估算生长并量化每年的干扰影响，借助 GIS 等软件识别林分的空间关系[139]。

在核算模块方面，CBM-CFS3 模型主要核算生物量碳库和死有机质碳库碳收支情况，其中生物量碳库包括地上生物量估算和地下生物量估算，而死有机质碳库又包括地表枯落物、粗木质残体和土壤有机质。在干扰因素影响森林生态系统碳排放方面，模型设置 212 种默认干扰类型，分为自然干扰及人为干扰两大类。模型主要从四方面对干扰进行模拟，分别是干扰控制、干扰影响、干扰后动态和土地利用，用户可根据具体情境进行选择并对干扰类型进行一系列强度设置。

2. 模型机理及数理结构

CBM-CFS3 模型的运行过程包括前处理、设定假设和模拟、运行处理和后处理四个过程。大气中的碳转化为生物量碳库的净增长，随着碳循环过程进入死有机质碳库。按照过程机理，模型数据结构可分为输入数据和输出数据两大类。

模型中，设定含碳率为 0.5g C/g，各子碳库储量采用年增长量与年损失量的差额核算。生物量碳库中，碳储量用净生长量与生物量周转及干扰损失表示；同样，死有机质碳库中，碳储量用生物量周转碳量与干扰及分解损失的差额表示，最后将生物量碳库碳储量与死有机质碳库碳储量加总求得森林生态系统总碳储量，具体公式表示如下：

$$\Delta ECO = \sum_{j=1}^{q} \Delta DOM_j + \sum_{j=1}^{r} \Delta BIO_J \qquad (6.4)$$

其中，q 为死有机质碳库碳储量；r 为生物量碳库碳储量[143]。

3. 模型应用及评价

CBM-CFS3 模型属于生长数据驱动的经验模型，在核算森林碳库碳汇时，采用的参数较少，这是其优势之一。基于对过程的四个分类，该模型可模拟森林生态系统碳循环以动态预测森林生态系统的年碳储量变化及不同尺度森林生态系统干扰的碳排放。

该模型可应用于估算同龄林经营活动和土地利用变化引起的碳储量变化，比较不同经营措施下森林碳动态，模拟造林后生物量碳动态及木材的分解动态，其劣势表现在所需数据基于历史观察记录，且无法模拟气候因子的变化[140]。

森林生态系统的固碳能力取决于两个对立的过程，即碳素的输入过程与输出过程。采用森林碳汇核算方法，是评价森林生态系统的基础，而将森林碳汇核算方法软件化，可更精确计量并且尽可能减少不确定性。目前一些发达国家采用模型计量本国碳汇量以提交温室气体清单报告，主流模型包括狭义林业碳库模型和广义林业碳库模型，广义林业碳库模型核算森林碳汇及木质林产品碳储量，并将二者有机统一整合核算。本节通过比较分析国际主流森林碳汇核算模型，分析发现主流模型多核算生物量碳库和死有机质碳库碳汇量；并选取 CBM-CFS3 模型为特定模型，详细分析森林碳汇核算模型的发展趋势及运行机理，以期为本研究构建中国林业国家碳库提供理论基础。

第四节　中国森林碳汇核算系统模型建立

中国森林资源总量位居世界前列，地域辽阔，地貌类型复杂多样，孕育了复杂的自然地理环境，同时孕育了植被类型多样的森林资源。据第九次全国森林资源清查结果，中国森林覆盖率 22.96%，森林面积 2.20 亿 hm²，占世界森林面积的 5%，森林蓄积量达 175.60 亿 m³，占世界森林蓄积量的 3%，居世界第六位，人工林面积保持世界首位[①]。中国森林资源丰富，兼具生态效益和经济价值，在应对气候变化中具有不可替代的作用，故而本节通过综述中国森林碳汇的特征，并结合前两节叙述的森林碳汇核算主流方法及森林碳汇核算模型，系统遴选中国森林碳汇核算模型，以科学计量和评估中国森林资源在应对气候变化中的作用及意义。

一、中国森林碳汇特征

据第九次全国森林资源清查结果，森林覆盖率达 22.96%，总碳储量 91.86 亿 t，其中，森林年涵养水源量 6289.50 亿 m³，年固土量 87.48 亿 t，年保肥量 4.26 亿 t，年吸收污染物量 0.40 亿 t，年滞尘量 61.58 亿 t。清查结果表明全国森林面积、蓄积量均增长，森林覆盖率提高，森林资源总体增加，同时森林健康状况好转，质量稳步提升。中国是全球森林资源增长最快的国家之一，对于维护全球生态平衡、应对气候变化发挥着重要作用，评估中国森林碳汇量，可在一定程度上为森林的管理者和经营者提供科学的理论指导，同时对全球的碳平衡维护起到重要的研究价值。近年来，我国专家学者对森林生态系统碳循环进行了大量研究，核算和计量森林生态系统的碳汇能力，主流研究集中于森林碳汇方面。

方精云等通过建立换算因子连续函数法对各树种的参数进行测定以评估中国森林碳汇的发展情况；李顺龙、郜婷婷等引入森林蓄积量扩展法计算黑龙江省森林碳储量为 17.38 亿 t；续珊珊利用中国第一次至第六次森林资源清查资料，根据生物量转换因子法对中国 31 个省份近 30 年的森林碳储量进行推算，得出中国森林碳储量在波动中呈现上升趋势的结论。在模型应用方面，Zhang 等创建碳平衡模型 F-CARBON 模型，将中国分为五个区域并分别对这五个区域森林碳汇进行预测和核算；张旭芳、杨红强等通过构建复合链式结构下中国林业碳库系统测度模型，基于 FPCM 模型预测 1992～2033 年中国林业碳库水平及发展情况。赵俊芳等利用 FORCCHN 模型对我国东北的整个森林生态系统碳收支情况进行模拟，动态预测东北地区森林碳汇量。表 6.4 对目前各学者研究中涉及的森林碳汇量计量进行梳理，比较分析得出目前森林生态系统的碳汇能力。

① 中国林业网. 第九次全国森林资源清查主要结果[EB/OL]. [2021-01-22]. http://www.forestry.gov.cn/gjslzyqc.html.

表 6.4 中国森林碳汇量综述

作者	植被层碳储(Pg C)	土壤层碳储量(Pg C)	年份	计量方法
李克让等[144]	13.3	82.65	2001	
方精云等[138]	6.1	185.7	2001	生物量换算因子法
Peng 等[145]	57.9	100	1995	
Ni 等[146]	57.7	118.5	2000	
张旭芳[137]	85.92	89.44	2013	

注：由相关文献整理得出。

不同的研究均肯定我国森林生态系统在减缓气候变化中的作用，我国植被碳库和土壤碳库均处于增加趋势。中国的森林植被碳储量随着时间呈现动态变化趋势，但是同时，不同的研究其估算结果各不相同，存在不同程度的差异性。主要的差异来自核算方法的选择及参数的设定方面，各研究所建立的森林生物量模型、所基于的土壤厚度的估计不同，其研究方法存在不同程度的局限。

我国土壤碳库碳储量为全球土壤碳库碳储量的 4%，东北地区的东部和北部由于有大量的原始森林，其凋落物层厚，加上温度低，土壤有机质分解缓慢，其碳密度高于有大片草原和荒漠分布的西北地区。平均土壤碳密度与全球碳密度相当，对全球碳循环的平衡具有重要意义。以上研究均表明我国土壤碳库呈现增长趋势，在应对气候变化中起到碳源的作用，可有效降低大气中二氧化碳浓度。

中国森林生物量碳库在应对全球气候变化中的作用显著，方精云等利用生物量法估算中国森林植被碳库，计算结果表明：我国陆地植被的总碳量为 61 亿 t，其中森林 45 亿 t，疏林及灌木丛 5 亿 t，森林生物量碳汇增量明显，一系列数据表明森林碳汇能力进一步增强，造林以充分开发森林生态系统碳汇功能是目前应对气候变化的重要举措之一。

马晓哲和王铮[147]核算 2050 年全国各省份森林生态系统中森林碳库碳储量，结果见表 6.5，表明中国大部分省份森林生态系统碳汇能力较强，可有效抵消二氧化碳排放；但是相比之下 2005～2050 年西部地区累计碳汇量低于中部地区累计碳汇量，但高于东部地区累计吸收的二氧化碳量。三大地区的碳汇量与其森林面积大小有关，中部地区森林面积最大，故而中部地区森林碳汇能力最强。

表 6.5 中国各省份森林碳汇情况

区域	森林碳汇量(Tg C)	区域	森林碳汇量(Tg C)
安徽	149.61	北京	30.23
福建	337.81	甘肃	319.24
广东	389.23	广西	357.66
贵州	284.68	海南	56.33
河北	220.03	河南	129.09

续表

区域	森林碳汇量(Tg C)	区域	森林碳汇量(Tg C)
重庆	111.09	黑龙江	666.73
湖北	170.39	湖南	252.17
吉林	159.12	江苏	18.15
江西	383.72	辽宁	212.06
内蒙古	1992.06	宁夏	38.25
山西	304.14	陕西	321.12
青海	103.16	山东	75.76
上海	0.12	四川	398.70
天津	3.31	西藏	108.58
新疆	72.11	云南	575.83
浙江	197.34		

资料来源：马晓哲，王铮. 中分省区森林碳汇量的一个估计[J]. 科学通报，2011，56(6)：433-439.

注：港澳台数据暂缺。

据张旭芳等[137]的测定，1993～2013 年中国森林碳汇处于稳定上升趋势且增速较大，1993 年中国森林碳汇为 117.43 亿 t，2013 年达到 175.37 亿 t，森林碳汇增长了 57.94 亿 t，增幅为 49.34%。其中，林木、林下及土壤的碳储量都呈现增长趋势，1993 年林木、林下和土壤的碳储量分别为 48.15 亿 t、9.39 亿 t 和 59.9 亿 t，2013 年其碳储量分别为 71.90 亿 t、14.02 亿 t 和 89.44 亿 t，分别增加了 23.75 亿 t、4.63 亿 t 和 29.54 亿 t，中国碳汇呈现良性的发展态势。

二、中国森林碳汇计量方法选择

基于中国森林碳汇的特征，专家学者选取各种碳汇核算方法计量和评估中国森林碳汇情况。通过文献分析研究发现，大多数研究在核算森林生态系统碳汇能力时，多采用实测生物量换算因子法和蓄积量法核算中国森林碳汇量。相较发达国家成型的碳汇核算模型，中国鲜有文献从完整的生态系统碳储量动态监测角度核算碳库收支情况。对于生物量碳库和土壤碳库的核算，目前多数研究集中核算生物量碳库碳汇量，对土壤碳库的计量仅体现在一般核算方法的应用上，尚未有完全成熟的模型核算中国森林碳库的碳汇量。本部分基于先前研究，系统甄选中国森林碳汇核算模型。

1. 数据来源及参数设定

森林生物量核算方面，数据来源于森林资源清查资料和全国各地的生物生产力研究资料[148]。森林资源清查资料主要源于我国森林资源清查工作，在一定时期内对全国及区域的各类森林资源分布情况和森林质量等因子进行调查和核查。我国的森林资源清查对象主要包括森林、林木、林地，以及林区的野生动植物、其他自然环境因素等。从新中国成立到现在，我国已先后连续多次进行了全国森林资源清查工作，其结果均客观地反映了当时全国的森林资源情况。

森林面积、蓄积量、林业产值等数据主要来源于《全国森林资源统计》；森林年增加和减少的面积、蓄积、GDP、营林投资、碳排放量、碳汇等数据来源于《中国统计年鉴》和《中国林业统计年鉴》[①]等。另外，森林碳汇贸易量等部分数据源于有关研究报告[149]。

2. 中国森林碳汇主要计量方法选择

目前核算国家及各地区森林碳汇量的方法，主流研究一般基于森林资源清查资料提供的全国各省份森林面积和蓄积量资料，利用生物量与蓄积量之间的换算关系推算森林碳汇量。

表 6.6 梳理了专家学者对森林碳汇计量方法的应用与发展，方法选择不同，其核算结果也各有不同，核算结果与方法选择情况见表 6.7，虽然核算结果略有不同，但是主流研究均肯定中国森林碳汇功能在应对气候变化中的作用。

表 6.6　中国森林碳汇计量方法综述

代表作者	计量公式	参数意义	方法描述
王效科[150]	$P_C = V \times D \times R \times C_C$	V：某一森林类型的单位面积蓄积量；D：树干密度；R：树干生物量占乔木层生物量比例；C_C：植物中碳含量	以生物量与蓄积量关系为基础
王效科等[151]	$TC = V \times D \times SB \times BT \times (1+TD) \times C_C$	V：某一森林类型的单位面积蓄积量；D：树干密度；R：树干生物量占乔木层生物量比例；C_C：植物中碳含量	基于先前方法的改进，该法缺省默认 C_C 为 0.45～0.5
方精云等[148]	$BEF = a + b/x$ $Y = \sum BEF \times X_1 \times S_1 = a \sum S_1 X_1 + bS$	a，b：常数；BEF：生物量换算因子；Y：某森林类型的某地区总生物量；S：某森林类型的某地区总面积，S_1：某森林类型的面积；X_1：平均林分蓄积量	基于森林资源清查资料及文献所述生物量实测资料，依据生物量与蓄积量的关系建立生物量换算因子法
赵海珍等[152]	$C_1 = M \cdot (w/v)/a \cdot b \cdot C_b$ $C_2 = 0.61M \cdot (w/v)/a \cdot b \cdot C_b$ $C_3 = d \cdot C_b$	C_1：林上、林下单位面积固碳量；M：林木干材单位面积蓄积量；w/v：生物量/蓄积量；a：木材生物量/林木总生物量；b：林上或林下占总生物量百分数；C_b：1g 生物量中碳量平均值；C_2：单位面积林下植物的固碳量；C_3：单位面积森林枯落物固碳量；d：各类森林单位面积的枯落物干物质储量平均值	基于生物量和蓄积量的关系提出单位面积林木、林下和枯落物固碳量，0.61 是林下植物与林木总生物的比值
郗婷婷等[153]	$C_f = \sum (S_{ij} \times C_{ij}) + \propto \sum (S_{ij} \times C_{ij}) + \beta \sum (S_{ij} \times C_{ij})$ $C_{ij} = V_{ij} \times \rho \times \delta \times r$	S_{ij}：第 i 类地区第 j 类森林面积；C_{ij}：第 i 类地区第 j 类森林类型的森林碳密度；$\propto$：林下植物碳转换系数（0.195）；β：林地碳转换系数（1.244）；ρ：容积系数（0.5）；δ：生物量扩大系数（1.92）；r：含碳率（0.5）	森林蓄积量扩展法，根据树木生物量固碳量与林下植物固碳量间的比例关系、树木生物量固碳量与林地固碳量间的比例关系计算森林全部固碳量；换算系数取 IPCC 缺省值

注：由相关资料整理得出。

表 6.7　中国森林碳汇计量方法选择

作者	森林碳库碳储(Pg C)	基于时间(年)	计量方法选择
康惠宁等	$10.81×10^8$	1993	蓄积量法
李克让等[144]	95.95	2001	
方精云等[138]	2.12	2000	换算因子连续函数法
王效科等	$174.17×10^8$		
Peng 等[145]	157.9	1995	
Ni 等[146]	176.2	2000	BIOM3 模型
杨红强等	175.36	2013	

注：由相关文献整理得出。

　　森林生态系统碳储量的估算，早期是利用森林生物量的野外样地调查资料和森林统计面积。样地清查法作为森林资源调查时使用的传统方法，已经得到了普遍应用。由于实际森林样地调查多选取生长较好的地段进行测定，其结果往往高估森林碳汇能力，近年来，主流研究方法集中在以生物量和蓄积量的关系建立函数关系式从而估算森林生态系统的碳储量。表 6.7 体现了这一趋势变化。目前，国家或区域尺度森林生物量的推算大多使用森林资源清查资料，并基于森林资源清查资料采用生物量法和蓄积量法核算林木、林下和土壤子碳库的碳收支情况，动态预测和反映中国森林碳汇能力。

　　3. 中国森林碳汇核算模型系统甄选

　　IPCC 指南提供的层级三方法建议在国家专门活动数据和参数可获取的情况下，采用国家专门方法或模型核算和报告本国森林生态系统碳收支情况，以提高碳储量核算的精确性，减少误差。国外一些发达国家运用林业碳库计量模型核算本国碳库。过程模型描述不同尺度下植被生长过程，如光合作用、呼吸作用、植物的分解和养分循环等，它是根据植物生理、生态学原理，通过对太阳能转化为化学能的过程和植物冠层蒸散与光合作用相伴随的植物体及土壤水分散失的过程进行模拟，从而实现对陆地植被生产力的估算[136]。

　　国内外关联林业碳库碳收支核算的计量模型可以分为三类：一是森林碳汇计量模型，应用于核算国家和地区森林碳库碳收支情况，如 CBM-CFS、CENTURY、BIOME-BGC、JULES 等模型；二是木质林产品碳储计量模型，应用于核算国家和地区木质林产品碳库的碳收支情况，如 WOODCARB II、C-HWP 等模型；三是林业碳库计量模型，即将森林碳库和木质林产品碳库整合，动态监测森林生态系统的碳到木质林产品的加工运输、生产使用及最终处理阶段以及再回收处理到最终流入大气等各阶段碳循环情况，如 FORCARB、CO2FIX 等模型。

　　机理模型通过一系列参数的输入，不仅对生物量作估算，同时将结果纳入全球变化和养分循环中综合评估。与传统的样本清单法相比，机理模型可快速、相对准确地输出核算结果，更加精确地动态监测碳库碳收支情况。基于遥感技术和模拟模型估测国家或区域尺度森林生态系统碳收支情况在我国得到初步发展，朴世龙和方精云等较早结合卫星遥感技术和植被系统参数，应用 CAS 模型估算我国植被生态系统生产力及动态变化趋势[154]；李克让等[144]利用 CEVSA 模型模拟中国森林碳库植被碳储量。基于各专家学者的研究，杨红强等构建了包括森林子碳库和林产品子碳库的复合一体化林业碳库模型——FPCM 模型，并预测 1992～2033 中国森林碳库碳储量及其变化。

目前中国尚未有统一的碳汇计量模型①。本研究基于杨红强等先前的理论研究，在此基础上补充修正，结合目前国际上林业碳库最新研究进展，构建系统测度中国林业碳库系统测度模型，具体模型机理将在第八章介绍。

第五节　本章小结

森林生态系统是陆地生态系统的主体，在全球碳循环中扮演着重要的角色。森林生态系统通过光合作用吸收大气中的二氧化碳并固定在生物体内，从"汇清除"的角度抑制二氧化碳浓度的上升，对于应对气候变化问题、维持全球碳平衡具有积极的现实意义。准确地估算和报告森林生态系统的碳汇量、评估其碳汇能力，不仅有利于解释全球碳收支问题，也有利于从经济价值角度促进全球林业碳汇交易的快速发展。本章叙述了森林碳库各子碳库特征，评述了森林碳汇核算的主流方法并归纳整理了国际上碳汇计量软件化模型，其次分析中国森林碳汇特征，分析现有国内核算方法选择及研究进展，找出适合中国森林碳汇计量的主流核算方法。本章简要小结如下：

首先，主流研究表明在物质循环和能量流动过程中光合作用产物被重新分配到生物量碳库和土壤碳库两个子碳库中，生物量碳库主要包括林木、林下植被和枯落物，土壤碳库包括腐殖质、微生物、代谢产物以及完全分解的动植物残体等。其中，土壤碳库是森林碳库中最大的有机碳库。

其次，森林碳汇主流计量方法包括样地清查法、微气象学方法和应用遥感等新技术的模型模拟法。样地清查法是国内外通用的估算森林长期碳储量的普遍方法，主要包括生物量法、蓄积量法及生物量清单法三类；微气象学方法以微气象学为基础直接测定地-气间二氧化碳通量的动态变化，并依据建立的计量公式使得结果的精确性更高；模型模拟法是通过数学模型及软件化的过程模型估算森林生态系统的生产力和蓄积量，利用遥感技术等手段动态监测和预测森林生态系统碳的时空分布情况。

最后，中国森林资源丰富，人工林面积居世界首位，资源总量居世界前列，森林碳汇潜力巨大，对维持全球碳平衡具有重要价值。中国专家学者使用不同方法核算森林碳库碳储量，结果均肯定中国森林碳库在应对气候变化中的积极作用。中国森林碳汇计量的主流方法主要是样地清查法，多采用生物量法和蓄积量法核算林木、林下和土壤三个子库的碳储量及碳流动情况，数据源于每五年一次的森林资源清查资料，由此核算和全面反映森林碳库子系统的客观动态。在模型适用方面，目前中国尚未有统一的核算模型，本研究提出构架 FPCM 模型核算和监测森林生态系统的碳收支情况。

① 国家林业和草原局政府网. 用数据展示森林碳汇的成果[EB/OL]. (2011-07-29) [2018-08-09]. http://www.forestry.gov.cn/portal/main/s/72/content-494128.html.

第七章 中国林产品碳储核算模型甄选及优化

第六章综述了森林生态系统在应对气候变化中的碳汇机理及其各子碳库特征，归纳了国际上关联森林碳汇计量的主流方法，并且在分析国内专家研究的基础上，基于中国森林碳汇特征甄选适用于中国森林碳汇核算的系统模型。在构建复合链式结构下中国林业碳库系统测度模型前，本章综合分析作为森林资源利用延伸的木质林产品在维持全球碳平衡中的碳储贡献，首先从国际层面分析木质林产品特征及碳储贡献研究进展，然后基于 CBDR 原则归纳 IPCC 框架下木质林产品碳储核算的一般方法及软件化模型，最后结合中国木质林产品碳库特征分析和优化中国木质林产品碳储核算模型。

第一节 木质林产品特征

IPCC 在 2013 Supplement 中指出，缔约方核算和报告木质林产品碳储需基于木质林产品碳库"透明的和可验证的活动数据"并以此为先决条件。2011 年德班气候大会出台决议，将木质林产品碳储核算纳入《京都议定书》第二承诺期(2012～2020 年)缔约方温室气体清单指南中。为了协助缔约方核算和报告木质林产品碳储变化，IPCC 提供了一系列详细的报告指南(1996 年、2003 年、2006 年、2013 年和 2019 年)。指南的每一次更新都反映了木质林产品碳库的国际主流研究方向及进展。指南中按照木质林产品的生产链过程将木质林产品碳库分类已在第五章描述(图 5.1)，此外，指南建议缔约方核算中间产品的储量变化情况。值得注意的是，《2013 IPCC 指南》对中间产品的分类为：锯材、人造板以及纸和纸板，与《2006 IPCC 指南》分类(锯材、人造板、工业原木、纸和纸板)不同。本研究将基于 2013 Supplement 对木质林产品的分类及核算方法进行综述。

木质林产品包含两个概念："森林砍伐"和"产品"。森林采伐到木质林产品的最终产品形式，根据木材采伐、加工、分解排放的全过程，可将木质林产品分为三类：初级产品为原木、薪材和木炭；半制成品为锯材、人造板、纸和纸板等；最终产品为家居用品、建筑用材以及相关纸制品等[155]。根据 2/CMP.7 决议，各国核算和报告半制成木质林产品，即锯材、人造板、纸和纸板①，其具体定义如下：

锯材，是指源于国内或进口原木生产的产品，通过纵向锯制或剖面切削的方法加工的厚度超过 6mm 的成材。包括锯木、枕木、针叶或非针叶林刨光(未刨光)、开槽的锯木。以实积立方米为单位进行报告。

人造板，是单板、胶合板、碎料板和纤维板的总称。以立方米为单位进行报告。

纸和纸板，是总称概念。包括新闻纸、印刷纸、书写纸、其他纸张和纸板，产量和

---

① 国际可持续发展研究院 IISD. 地球谈判报告[EB/OL]. (2017-11-21) [2019-11-12]. https://enb.iisd.org/vol12/enb12714c.html.

贸易数据计量以上各项的合计数，不包括加工成纸箱、纸板、书籍和杂志等的纸制品。以吨为单位进行报告。

根据 2013 Supplement 建议，按照使用周期和分解率为划分依据，将在用木质林产品分为两类：一类是硬木类产品，包括锯材、人造板；另一类是纸产品，包括纸和纸板[156]。

从森林采伐到产品最终处理阶段的碳流动过程见图 7.1，表述整个生命周期目标碳的流动情况。

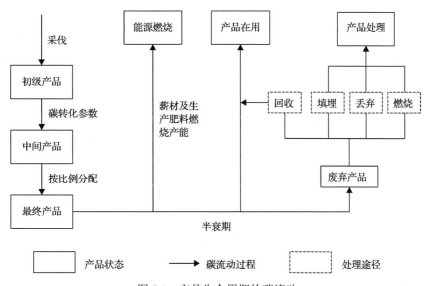

图 7.1　产品生命周期的碳流动

产品在废弃处理阶段主要有三种处理途径，分别是填埋、丢弃和燃烧。废弃产品的回收，是使其重新回到原材料加工阶段，生产加工成新产品从而再次回到生产链中。

第二节　木质林产品碳储功能概述

为了合理科学核算和报告木质林产品的碳储量，科学评价各缔约方的减排责任，国际气候变化大会就木质林产品的碳储核算议题展开多次讨论，国内外学者也对该议题进行了研究。本节从木质林产品的数量核算、不同核算方法的应用以及木质林产品谈判进展几个方面综述木质林产品碳储议题研究进展。

一、木质林产品碳储的科学价值

目前，多数研究均肯定了木质林产品在应对气候变化上的积极作用。从全球层面上看，木质林产品是一个巨大的碳库[157]，1910～1990 年全球木质林产品的累计碳储量为 2700Tg C，且碳储量不断增加，每年增加 26～40Tg C[158]，为森林碳汇量的 20%～50%[21]，尤其是 2000～2005 年，每年的增量达到 55Tg C[106]。各学者对国家及区域间木质林产品碳库储量计量情况见表 7.1。

表 7.1　主要国家及地区木质林产品碳储量

国家及地区	林产品碳储(Tg C)	基于时间(年)	相关学者
全球	2700	1910~1990	T. Karjalainen
美国	44	2005	K. E. Skog
加拿大安大略省	849	2010	J. X. Chen 等
中国	676	2011	杨红强等
爱尔兰	575	2003	C. Green
葡萄牙	1240	2004	A. C. Dias
芬兰	1.72	2012	X. H. Sheng

从国家层面看，诸多研究也肯定了本国的木质林产品碳库的碳储贡献。Skog[108]核算美国 2005 年木质林产品的碳清除贡献为 44Tg C，为森林碳汇的 17%~25%。Chen 等[109]核算了加拿大安大略省林业碳库的碳流动，结果显示 1901~2010 年木质林产品碳储不断增加，且储量达到 849Tg C。欧盟各国也对木质林产品碳储进行计量，预计在 2030 年达到 22.9Tg C[110]。我国学者对本国木质林产品碳储量也进行了估算：伦飞等[111]估算我国 2000~2009 年新生伐木制品的碳储量，研究显示新生伐木制品的净碳储量约为同期森林碳汇量的 15%；杨红强等[112]基于木质林产品的碳储功能进行研究，结果显示其替代减排能力为 1.6%，年均碳储量占中国能源消耗排放二氧化碳的 0.47%~1.61%。各国研究核算结果也表明木质林产品是一个重要碳库，在减缓气候变化中具有重要的科学价值。

二、不同核算方法的应用

《2006 IPCC 指南》提出四种核算木质林产品的方法，即储量变化法、生产法、大气流动法和简单分解法。简单分解法本质上属于生产法，其余三种方法易于核算和关联比较，是目前核算木质林产品碳储的主流方法。目前，有许多学者采用不同的计量方法核算全球木质林产品碳库的碳储量。Winjum 等[159]利用储量变化法和大气流动法核算 1990 年全球森林采伐和木质林产品碳库的碳流动量为 980Mt。为报告国家温室气体清单，一些研究从国家层面上核算本国林业碳库碳储量，林业碳库分为广义和狭义两类，狭义林业碳库主要指森林碳库，广义林业碳库包括森林碳库和 HWP 碳库。表 7.2 概述了 HWP 碳库碳储量不同核算方法在美国、加拿大、爱尔兰、芬兰、葡萄牙及中国的应用情况。

表 7.2　国家和地区碳储核算的方法选择

国家及地区	分类	代表作者	核算方法学
美国	木质林产品碳库核算	Miner (2006)	国家清单法
		Skog (2008)	储量变化法
	广义林业碳库核算	Heath (2010)	生产法
		Stockmann 等 (2012)	

续表

国家及地区	分类	代表作者	核算方法学
加拿大	广义林业碳库核算	Apps 等（1999） Chen 等（2014）	生产法
欧盟 爱尔兰	木质林产品碳库核算	Green 等（2006）	储量变化法
		Dolan 等（2013）	生产法
欧盟 芬兰	木质林产品碳库核算	Karjalainen（1996）	生产法
		Cowie 等（2006）	储量变化法和生产法
	广义林业碳库核算	Soimakallio 等（2016）	生产法
葡萄牙	木质林产品碳库核算	Dias 等（2012）	大气流动法首选
中国	木质林产品碳库核算	伦飞等（2012）	大气流动法
		白彦锋等（2009）	储量变化法
		杨红强等（2013）	储量变化法
		杨红强等（2016）	生产法
	广义林业碳库核算	伦飞等（2012）	储量变化法

注：1996～2015 年各国及地区核算本国及地区林业碳库及木质林产品碳库碳储量的文献和报告约 26 篇。

主流的研究均肯定了木质林产品在应对气候变化中的减排贡献。表 7.2 反映了自 1996 年《联合国气候变化框架公约》通过以来各国及地区核算碳库收支情况时方法选择情况。大多数国家和地区偏向于生产法和储量变化法。对于木质林产品净进口国及地区来说，储量变化法更有利，如中国；净出口国及地区偏向于选用大气流动法和生产法，如葡萄牙。

三、不同核算方法的对比研究

一部分专家学者在国家层级上比较了不同核算方法的差异性。Lim 等[160]从技术、科技和政策准则三方面比较大气流动法、储量变化法和生产法，结果显示三种方法的核算结果在全球层面上一致，而在国家层面上不同方法结果不同，另外，系统界限划分不同导致碳储量和碳排放在生产国和消费国之间分配不同；Nabuurs 和 Sikkema[161]从简便性、精确性、数据获取难易程度以及对贸易的刺激性等四个角度比较大气流动法、生产法和储量变化法，并以瑞典、荷兰和加蓬为例分析木质林产品在国际贸易中的经济效益和生态效益，结果显示生产法对生物质能源的国际贸易起到负向抑制作用，而储量变化法核算结果精确、限制较小，对长生命周期木质林产品及生物质能源的国际贸易起到正向刺激作用；Dias 等[162]将 Winjum 方法与 GPG 层级二、层级三方法分别比较，并基于葡萄牙木质林产品碳库比较储量变化法、生产法和大气流动法，层级三方法的不确定性最小，对于核算葡萄牙碳储最有利，Winjum 方法下的生产法和大气流动法高估碳储量；Yang 等[119]研究导致生产法的不客观性的内生因素，并与储量变化法做对比，指出木质林产品的贸易和产量数据对核算方法结果的影响。

第三节　木质林产品碳储核算方法

自 1997 年 UNFCCC 开始关注木质林产品在应对气候变化中的减排潜力并提出林产品碳流动议题以来，SBSTA 就林产品碳储核算的方法学议题举行多次会议并提交了谈判观点[①]。目前，各方争论的焦点是如何处理参与国际贸易的林产品在核算碳储过程中的系统边界及进出口贸易产品的差异。IPCC 指南在正文部分建议了三种层级方法，从计算框架的角度给出林产品碳储计量方法；在附录部分给出四种方法的概念框架。本节概述 IPCC 指南的层级方法及比较，并采用最新的 2013 Supplement 指南叙述林产品碳储核算的层级方法及概念方法，详述指南中涉及的具体核算步骤，并整理核算所需参数。

一、碳储核算层级方法

为满足国家温室气体清单报告的需要，IPCC 通过 SBSTA 制定了一系列清单指南，其中涉及了木质林产品的碳储计量方法学。主要的清单指南分别是：《LULUCF 优良做法指南》、《2006 IPCC 指南》和《2013〈京都议定书〉方法和良好实践的重要补充》（以下简称 2013 Supplement）。这些报告的提出体现了木质林产品碳储核算方法的演进，在计算框架上均建议三种层级方法，下面将分别梳理各指南层级方法并对《2006 IPCC 指南》和 2013 Supplement 的层级分类进行对比。

1. GPG-LULUCF 层级方法

SBSTA 第 21 次会议要求附件一缔约方采用 IPCC 指南和 GPG-LULUCF 中提到的方法进行计量，并向大会秘书处提交有关报告[②]。GPG-LULUCF 为 HWP 碳储量及其变化计量提供了方法学指南，其依据各方法不同的应用复杂度和数据要求，提出了层级方法的选择结构：层级一方法假设木质林产品碳库变化不显著，故可以忽略木质林产品的碳储增加量。层级二方法即"一阶衰减法"，依据生命周期分析，假设木质林产品的碳储量遵循指数级规律衰减。该法基于缺省数据和简化的模型方法，适用于国家专门数据不易获得的缔约方。层级三方法为"国家专门方法"，需要国家专门数据。层级三方法包含储量数据法、流入-流出法和碳排放直接估算法。储量数据法可应用于特定 HWP 如建筑材料和木质家具产品的碳储核算；流入-流出法可应用于其他木质林产品的碳储核算。

2. 《2006 IPCC 指南》层级方法

《2006 IPCC 指南》为报告方提供三种层级方法来估算 1900 年以后本国木质林产品的碳储贡献，缔约方可根据本国实际国情选择具体的计量层级，以核算 HWP 的五种

---

① 中央政府门户网站. 减少发展中国家毁林排放议题重要谈判取得新进展[EB/OL]. (2007-12-19) [2018-07-07]. http://www. gov.cn/jrzg/2007-12/19/ content_838071.htm.
② 联合国气候变化专门委员会. 2006 IPCC guidelines for national greenhouse gas inventories[R/OL]. (2020-05-12) [2018-01-19]. https://www.ipcc. ch/report/2006-ipcc-guidelines-for-national-greenhouse-gas-inventories/.

变量。

层级一：一阶衰减法。在该层级，变量 1A、2A、1B 和 2B 是每年 HWP 碳储的变化估值，采用基于生命周期分析的通量数据法进行核算。同时，假设 HWP 分解呈一阶衰减，这意味着每年从产品库中流失的碳量不变。对于变量 1A、2A 的估计，通过追踪在用 HWP 碳库的输入和输出来实现，其中输出部分的估算基于一阶分解假设的半衰期和相关 HWP 的分解率。核算 1A 和 2A 的一般方法如下：

$$C(i+1) = e^{-k} \cdot C(i) + C(i) + \frac{(1-e^{-k})}{k} \cdot \mathrm{inflow}(i) \tag{7.1}$$

$$\text{with } C(1900) = 0.0 \tag{7.2}$$

$$\Delta C(i) = C(i+1) - C(i) \tag{7.3}$$

其中，i 为年份；$k=\mathrm{ln}2/\mathrm{HL}$，$k$ 为一阶分解率，HL 为在用 HWP 的半衰期；$C(i)$ 为第 i 年 HWP 碳储量；$\mathrm{inflow}(i)$ 为第 i 年流入 HWP 碳库的碳量；$\Delta C(i)$ 为第 i 年 HWP 碳库的储量变化。

估算变量 1A：通过式(7.1)估算 1A。由于半衰期的不同，HWP 被划分为两类：硬木类木质林产品和纸制品，硬木类包括锯材、人造板和其他硬木类产品；纸制品包括纸和纸板。估算 1A 时，分别核算这两个碳库的碳储量变化，随后加总。估算 1A 的碳流入，即

$$\mathrm{inflow}_{DC} = P + \mathrm{SFP}_{IM} - \mathrm{SFP}_{EX} \tag{7.4}$$

其中，inflow_{DC} 为源于报告国每年消耗的硬木类或纸制品的碳；P 为报告国每年生产的硬木类或纸制品中的碳；SFP_{IM} 和 SFP_{EX} 分别为木材和纸制品的半成品进口量和出口量。

估算变量 2A：仍通过式(7.1)进行估算，所涉及的产品源于本国采伐的原木，包括本国自用和出口的硬木类和纸制品。产品碳库的输入变量来自报告国采伐原木的 HWP。

$$\mathrm{inflow}_{DH} = P \cdot \left(\frac{\mathrm{IRW}_H}{\mathrm{IRW}_H + \mathrm{IRW}_{IM} - \mathrm{IRW}_{EX} + \mathrm{WCH}_{IM} - \mathrm{WCH}_{EX} + \mathrm{WR}_{IM} - \mathrm{WR}_{EX}} \right) \tag{7.5}$$

其中，inflow_{DH} 为源于报告国采伐原木生产的硬木类和纸制品的碳；P 为报告国每年生产的硬木类和纸制品中的碳；IRW_H、IRW_{IM}、IRW_{EX} 为报告国采伐、进口和出口的工业原木碳储量；WR_{IM}、WR_{EX} 分别为木材残留物的进出口碳储量；WCH_{IM}、WCH_{EX} 分别为木屑的进出口碳储量。

层级二：使用国家数据。利用国家具体的数据可有效减少核算结果的不确定性，所需要的数据包括产品的生产、进出口贸易量；特定的碳转化因子；产品的半衰期及分解率。

　　层级三：国家专门方法。缔约方可通过建立更复杂、详细的国家具体方法去更精确地估算变量 1A、2A、1B、2B、3、4 和 5，建议国家可采用线性分解函数。在层级三的框架下，IPCC 建议三种具体的计算方法：

　　方法 A：估算每年清单中碳储变化(储量法)。利用在用 HWP 或固体废弃物处理厂中 HWP 的清单中不同时间点的数值来计算碳储量的变化。相比层级一和层级二的通量法，该方法无须获取历史数据。

　　方法 B：使用国家专门数据和分解模式追踪碳流动。使用详细的国家数据，基于之前年份的碳储量进行估算。同层级一和层级二，该方法也基于通量数据和生命周期分析法，但是采用的分解率不同于层级一和层级三的一阶分解假设。

　　方法 C：基于直接输出估算的通量数据法。代替基于生命周期分析的通量数据法，该方法是基于 HWP 碳库的直接输出估计，无须长期的历史输入数据。但是，HWP 的氧化以及碳流出统计具有更大的不确定性并且更有可能被低估，造成 HWP 碳库的净增加量可能被高估。

　　采用层级三的概念性框架时，国家可单独采用方法 A、B、C 中的任一种，也可将三种方法结合。选择层级方法报告 HWP 碳贡献的决策树见图 7.2。

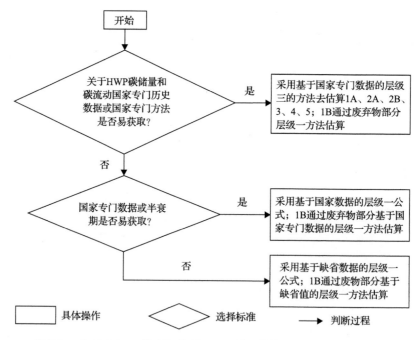

图 7.2　《2006 IPCC 指南》核算 HWP 碳贡献的层级方法选择决策图

　　该指南指出，木质林产品是否属于重要的类别不能用来指导层级方法的选择。为了便于目前的碳量清单报告以及未来的碳减排决策，可依据层级一方法的指导，选择使用一个具体的核算途径来决定 HWP 是否属于对 AFOLU 具有贡献的重要部分。如果结果显示为重要，则后续可以使用层级二或层级三方法，旨在使用更精确的数据和方法来提高估算结果的准确性。

3. 《2013 IPCC 指南》层级方法

步骤 1：检查森林管理参考水平（FMRL）的构成，检查 HWP 透明且可核查的活动数据的有效性。根据决定 2/CMP.7，报告国需要报告在第二及后续承诺期中 HWP 汇的变化，提供锯材、人造板和纸张等 3 种 HWP 透明的可核查活动数据。

步骤 2：检查 HWP 几种类型是否源自核算国，且归类于特定森林的相关活动中。决定 2/CMP.7 对必须核算源自符合第三条第 3 款和第 4 款的国内森林生产的 HWP 做出限定。进口 HWP，不管源自何处均不参与核算。

步骤 3：检查国家特定信息的有效性并估算 HWP 碳储量及年变化量。根据步骤 1 和 2 的结果，国家特定半衰期数据或者国家特定方法有效的情况下，HWP 碳贡献值的估算可适用不同层级。

层级一：瞬时氧化法。是国家估算 HWP 碳贡献的缺省方法，假设每年流入 HWP 库的碳与流出的碳量相同，其结果显示 HWP 碳库储量不变。该假设等同于假设森林生物量中的碳在采伐当年立即氧化，HWP 碳库变化为 0。第一承诺期，缔约方无须报告 HWP 碳库储量变化，第二承诺期规定缔约方有义务核算并报告 HWP 碳储变化，其先决条件是透明的和可验证的活动数据可获得。在可验证和透明数据不可获得的情况下采用层级一方法报告碳储变化，而 2/CMP.7 特指，符合 FMRL 的木质林产品不应采取瞬时氧化法报告碳储变化。

（1）应用条件：源于毁林活动的 HWP；SWDS 中的 HWP；作为能源使用的 HWP。

（2）仅核算在用 HWP 的碳贡献，SWDS 中的 HWP 和作为能源使用的 HWP 另算。

层级二：一阶衰减法。假设透明的和可验证的数据可获取，并且无适当的国家专门信息。

$$C(i+1) = e^{-k} \cdot C(i) + C(i) + \frac{(1-e^{-k})}{k} \cdot \text{inflow}(i) \tag{7.6}$$

$$\text{with } C(1900) = 0.0 \tag{7.7}$$

$$\Delta C(i) = C(i+1) - C(i) \tag{7.8}$$

其中，i 为年份；$k=\ln2/\text{HL}$，k 为一阶分解率，HL 为在用 HWP 的半衰期；$C(i)$ 为第 i 年 HWP 碳储量；$\text{inflow}(i)$ 为第 i 年流入 HWP 碳库的碳量；$\Delta C(i)$ 为第 i 年 HWP 碳库的储量变化。层级二本质上与《2006 IPCC 指南》层级一的一阶衰减法相同。

生产锯材或人造板时使用的源自国内采伐的原料比例为

$$f_{\text{IRW}(i)} = \frac{\text{IRW}_{P(i)} - \text{IRW}_{\text{EX}(i)}}{\text{IRW}_{P(i)} + \text{IRW}_{\text{IM}(i)} - \text{IRW}_{\text{EX}(i)}} \tag{7.9}$$

如果国家特定方法不能估算源自国内生产的原料时，采用式（7.9）估算每年生产锯材或人造板两种半制成品时使用的源自国内采伐的原料比例。

生产纸和纸板时使用的源自国内采伐的原料比例为

$$f_{\text{pulp}(i)} = \frac{\text{PULP}_{P(i)} - \text{PULP}_{\text{EX}(i)}}{\text{PULP}_{P(i)} + \text{PULP}_{\text{IM}(i)} - \text{PULP}_{\text{EX}(i)}} \tag{7.10}$$

式(7.10)估算每年生产的纸和纸板时采用源自国内采伐的原料比例。

层级三：国家专门方法。该法采用国家专门半衰期和方法学，层级三方法分为两条方法路径：通量数据法与储量清单和通量数据法结合。

通量数据法基于林产品碳库流入和流出的差额进行核算。对于林产品的生产和贸易数据可通过 FAO 数据库[①]或国家数据库[②]获取，而木质林产品的分解情况参数不易获取。采用不完全的处理信息数据核算的木质林产品碳储量会造成结果的高估，故而应用于实践的通量数据法一般基于产品的使用寿命进行估算，基于分解公式及动态监测模型，以保证核算结果的不确定性。

储量清单和通量数据法结合的方法：木质林产品储量清单法描述几个不同时间点的碳储量以反映碳库的动态变化情况，该法一般用于报告国的碳储变化以及特定最终产品中碳储变化情况，如木质建筑。结合通量数据法，该路径可以反映林立品碳库全生命周期的"储"与"统"情况，可科学核算林产品碳库对大气中温室气体浓度的实质减排量。

依据层级方法选择决策图(图 7.3)，木质林产品碳库核算层级方法具体步骤如下：

步骤 1：检查森林管理参考水平的建构，检查林产品透明且可核查的活动数据的有效性。根据 2/CMP.7 决议，报告国需报告在第二承诺期及后续承诺期中林产品碳储量的变化，提供锯材、人造板和纸制品等 3 种半制成品的可核查的活动数据。

步骤 2：检查木质林产品是否源自报告国，且归类于特定森林的相关活动中。2/CMP.7 决议对必须核算源自 3.3 条款和 3.4 条款的国内森林生产的林产品做出限定。进口木质林产品，不论源自何处都不列入核算。

步骤 3：检查国家特定信息的有效性并估算木质林产品碳库的储量及其变化情况。基于前两步骤的结果，国家特定半衰期数据或国家特定方法有效的情况下，木质林产品碳储贡献的估算可适用不同的层级法。

4. 《2006 IPCC 指南》和《2013 IPCC 指南》层级方法对比

《2013 IPCC 指南》在《2006 IPCC 指南》的基础上修改补充，将核算的木质林产品重新调整为锯材、人造板、纸和纸板。HWP 核算仅限于源于国内采伐的木质林产品，等同于《2006 IPCC 指南》第 4 卷第 12 章规定的变量 2A，在此基础上决定 2/CMP.7 额外添加限制条件。并对具体的缺省参数及半衰期修改完善。该指南并不致力于替代其他的 IPCC 指南，而是对之前指南的修改补充，体现目前主流研究的动态及方法，以备各缔约方进行更科学完备的指南报告。表 7.3 对两份指南的层级划分及适用范围进行比较。

---

① 联合国粮食及农业组织. 统计资料[DB/OL]. (2020-05-12) [2018-01-19]. http://www.fao.org/statistics/zh/.
② UN Comtrade. International trade statistics database[DB/OL]. (2020-05-12) [2018-01-19]. https://comtrade.un.org/.

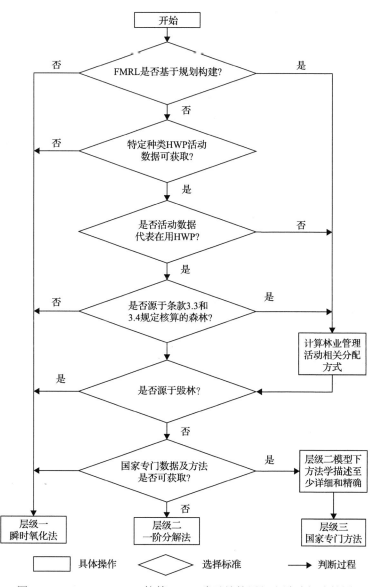

图 7.3 2013 Supplement 核算 HWP 碳贡献的层级方法选择决策图

表 7.3 不同指南层级方法比较

方法	划分依据		名称		适用范围	
	2006《IPCC指南》	2013《IPCC指南》	2006《IPCC指南》	2013《IPCC指南》	2006《IPCC指南》	2013《IPCC指南》
层级一	是否国家专门数据及半衰期易获取	产品是否源于毁林行为	一阶衰减法	瞬时氧化法	采用一阶分解及IPCC 缺省数据	源自毁林产品；待处理产品及能源用产品
层级二	关于 HWP 碳储量和碳流动的国家专门历史数据或国家专门方法是否易获取	是否国家专门数据及方法学易获取	适用国家数据	一阶衰减法	使用层级一公式及国家数据	基于缺省半衰期的一阶分解公式
层级三			国家专门方法		采用国家专门数据及层级三方法	使用国家特定数据及方法

两份指南均指出，在国家专门数据及方法易于获取时，建议缔约方选用层级三方法报告本国碳储，以提高精确性，减少不确定性；在国家专门数据及参数获取较难时，可采用指南建议的缺省方法及因子，以报告本国碳储量及变化。

二、碳储核算概念方法

《1996 IPCC 指南》提出了 IPCC 缺省法，假设木质林产品碳储量为零。1998 年，UNFCCC 在塞内加尔首都达喀尔会议提出了替代 IPCC 缺省法的另外三种核算方法，即大气流动法、储量变化法和生产法。四种方法的区别在于系统边界的不同和参与进出口贸易的木材产品碳量分配的差异，考虑进木质林产品的国际贸易情况，四种计量方法在计量过程和计量结果上有差异[163]。四种方法的系统图已在第五章第三节中叙述，此处仅列举储量变化法和生产法的系统图。

（1）IPCC 缺省法：《1996 IPCC 指南》并未提供林产品碳储核算方法，但提供缺省假设为"采伐的所有生物量中的碳在采伐当年一次性氧化"。把森林生态系统看作一个计量系统，假设森林采伐和木质林产品使用过程中的碳排放在采伐当年释放到大气，木质林产品库的碳储量保持不变，即 HWP 对 AFOLU 的清除贡献为零。

基于 IPCC 缺省法，木质林产品碳库保持恒定不变，其假设缺乏合理性。

（2）储量变化法：估算报告国森林碳库和木质林产品碳库中碳储变化。森林和其他林业类碳库中碳储变化由木材生产国报告，产品库中碳储变化由产品使用国报告，因为储量变化实际发生在报告国，报告体现了储量变化的时间和地点。储量变化法中所有国家年度碳储变化综合相加。储量变化法图示见图 7.4。

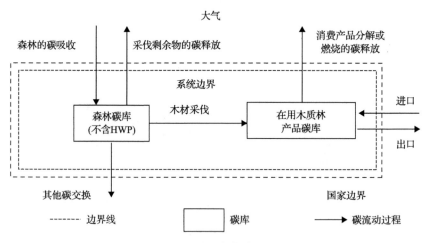

图 7.4　储量变化法图示

资料来源：Ji C Y, Yang H Q, Nie Y, et al. Carbon sequestration and carbon flow in harvested wood products in China[J]. International Forestry Review, 2013, 15（2）: 160-168.

其公式表示为

$$SCA = \Delta C_{HWP_{DC}} = H + P_{IM} - P_{EX} - (E_D + E_{IM}) \tag{7.11}$$

储量变化法的核心在于"国内消费"，基于消费者原则，以国家系统边界为计量范围边界、鼓励少林国家进口和使用 HWP，并延长其使用周期，不鼓励出口。森林资源丰富的国家可以通过贸易获得生态补偿。

(3)生产法：估算报告国森林碳库和报告国国内采伐的林产品碳库碳储变化，林产品包括国内采伐用于自用和出口到别国的林产品。生产法只报告国内伐木制品，并不提供一个完整的国家储量。因为报告国报告的储量变化发生在其他国家，所以使用生产法报告的储量变化只显示何时变化并不显示何地变化。生产法图示见图 7.5。

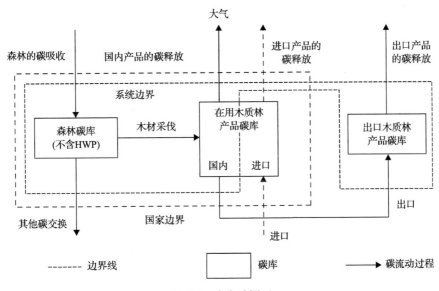

图 7.5　生产法图示

资料来源：Ji C Y, Yang H Q, Nie Y, et al. Carbon sequestration and carbon flow in harvested wood products in China[J]. International Forestry Review, 2013, 15(2): 160-168.

其公式表示为

$$PA = \Delta C_{HWP_{DH}} = H - (E_D + E_{EX}) \tag{7.12}$$

生产法的核心在于"国内采伐"，基于生产者原则，计量范围与国家系统边界不一致而随木质林产品的流动改变、对木质林产品进口无激励作用，因为对进口 HWP 不计入进账，但出口的 HWP 仍看作出口国的碳储贡献，可能会导致毁林。

(4)大气流动法：估算了国家边界内森林碳库和木质林产品碳库中流入/流出的碳流量，并报告发生的这些清除和排放的时间和地点。一国在其排放和清除估算中纳入由于森林采伐和其他木材生产国土地类别中的树木生物量增长而从大气的总碳清除，以及采伐木材产品氧化产生的释放到大气中的碳量。木质林产品的碳释放包括报告国进口产品的碳释放。

其公式表示为

$$AFA = \Delta C_{HWP_{DC}} + P_{EX} - P_{IM} = H - (E_D + E_{IM}) \tag{7.13}$$

不同于储量变化法，在核算进口木质林产品时，不将其视为碳储的增加，而将其视为碳排放的增加，该法对出口量较大的国家有利，鼓励木质林产品出口，对木材进口国不利。

三、碳储核算参数

1. 材积单位转化参数

森林生物量经过采伐加工过程被转化为木质林产品，一部分吸收的碳量由于碳滞后效应保存在生物质中，直到产品衰退或被燃烧。木质林产品虽然本身不具有吸收碳量的功能，但可将光合作用吸收的碳保存，可视为临时碳储存器[155]。

将材积单位转化为碳的缺省因子，需要木质林产品的材积、各类木质林产品的碳转化因子、基本密度和植物有机质干质量中碳成分所占比例等。《2006 IPCC 指南》及 2013 Supplement 两份指南中，考虑到各国国情的不同、数据获取的难易程度以及具体方法的应用，提供各种缺省参数。

(1)基本密度。木质林产品的基本密度是将产品材积转化为生物量的转化比率，木材品种的多样性决定木材基本密度的个体差异性。一般采伐或统计的林产品数据以材积为单位，不区分树种，取木质林产品种类的平均值。硬木类产品以立方米为统计单位，纸和纸板以吨为单位。

(2)含碳率。含碳率是指植物有机生物量干重中碳成分所占比率。木材含碳率高，生物量比例大，同时受环境变化的影响小，碳保存时间长。

(3)碳转化因子。碳转化因子是将产量转换为碳量的缺省因子，即 HWP 碳含量。通过碳因子的换算，各种 HWP 含碳量有统一可比性。碳转化缺省因子见表 7.4。

表 7.4　将材积单位转化为碳的缺省因子

HWP 种类	缺省转化因子		
	密度 (Mg/m³)	含碳率	碳转化因子 (Mg/m³)
锯材	0.458	0.5	0.229
针叶锯材	0.45	0.5	0.225
非针叶锯材	0.56	0.5	0.28
人造板	0.595	0.454	0.269
硬纸板	0.788	0.425	0.335
绝缘板	0.159	0.474	0.075
压缩纤维板	0.739	0.426	0.315
中密度纤维板	0.691	0.427	0.295
木屑板	0.596	0.451	0.269
胶合板	0.542	0.493	0.267
薄板	0.505	0.5	0.253
纸和纸板	0.9		0.386

注：据 IPCC 2013 Supplement 整理。

（4）含碳率转化公式。计算林产品碳储时，要通过碳转化因子将材积单位（立方米或风干量）转化成含碳单位（吨等）：

$$C = V \times F = V \times D \times R \tag{7.14}$$

其中，V 为木质林产品的材积；F 为各类木质林产品的碳转化因子；D 为木质林产品的基本密度；R 为植物有机质干质量中碳成分所占比例。

（5）寿命周期、半衰期和使用寿命。木质林产品的寿命周期是指木材从采伐到生产到使用到产品废弃燃烧或循环处理等一系列过程。寿命周期会受到气候条件、产品种类、使用环境和频率、回收机制等最终处理方式等多个因素影响。半衰期是一半数量的木质林产品停用时的年数，硬木产品及纸制品缺省半衰期及相关的丢弃比率（K）见表 7.5。

表 7.5　基于 GPG-LULUCF 报告附录部分木质林产品的半衰期和丢弃率

	人造板	锯材	纸类
半衰期（年数）	25	35	2
丢弃率（k=ln2/半衰期）	0.028	0.020	0.347

注：据 IPCC 2013 Supplement 整理。

产品的使用寿命通常用半衰期和平均使用寿命两种方式表示。一般假设木质林产品碳量的分解遵循一阶指数衰减变化；平均使用寿命是指各类木质林产品使用寿命的平均值，一般假设产品分解和时间是线性关系。当产品的使用寿命结束时，不意味产品的含碳量立即全部释放到大气，而依据最终处理方式从而释放或延缓碳量释放[102]。

图 7.6 是式（7.13）的图形表达形式，反映了将林产品材积单位转化为碳储单位的系统流程。借助碳转化因子及相关参数，不同的半制成品有了统一的表达形式。

含碳量 (Mg)　材积单位 (m³)　含碳率　材积单位 (m³)　密度 (Mg/m³)　碳转化因子 (Mg/m³)

图 7.6　林产品材积转化碳量流程图

2. 数据源

1）1961 年至今

对于各类在用木质林产品和原木的生产、消费和贸易数据均来自 FAO 官方林产品数据库统计。木质林产品的分类采用 FAO 分类①。

2）1900～1960 年

对于 1961 年之前各类在用林产品的产量和进出口量，需要以 1961 年贸易及产量数据为基准，采用工业原木产量的变化率进行倒推。假设 1900 年以前的碳储量为零。具体核算公式如下：

$$V_t = V_{1961} \cdot e^{[U \cdot (t-1961)]} \tag{7.15}$$

---

① 联合联合国粮食及农业组织. 统计资料[DB/OL]. (2020-05-12) [2018-01-19]. http://www.fao.org/statistics/zh/.

其中，t 为年份；V_t 为每年硬木和纸制品产量、进出口量；V_{1961} 为 1961 年硬木和纸制品的产量及进出口量；U 为报告国 1900～1961 年工业原木消费的变化率。2013 Supplement 建议 U 的缺省值为 0.0217。

四、木质林产品碳储核算模型

木质林产品在应对气候变化中的减排功能表现在其碳储效应及替代减排效应方面。与能源密集型材料相比，木质林产品在整个生命周期中产生更少的碳排放以及其他废弃物，对缓解气候变化起到减排贡献。为了去核算和评价木质林产品的减排潜力，需要对木质林产品碳库的碳排放及碳移除做动态监测和核算。本部分概述主流林产品碳库核算模型并对其进行比较分析，分析构建木质林产品碳库核算模型构架机理及建模原则。

森林生态系统的第一个碳计量模型源于 1983 年，由 Cooper[164]创建。不同于森林子碳库，林产品子碳库的特征表现在：第一，在完整的碳循环中，林产品作为"储存器"存储碳，而又将碳缓慢释放，兼具"碳源"和"碳汇"；第二，参与国际贸易的林产品，其最终产品形式不同决定其具有不同的寿命周期；第三，林产品参与国际贸易的比重加大[165]。鉴于林产品碳库的几个特点，2011 德班气候大会已经提出在第二承诺期及后续承诺期将木质林产品碳储核算纳入缔约方温室气体报告清单。

1. 模型概述

本研究定义林产品碳储核算模型为协助用户估计产品碳储以及预测碳库发展动态的工具化软件，汇总见表 7.6。据统计，现存 89 个森林碳库计量模型，其中有 9 个为林产品碳库计量模型。这些模型最初仅用于核算单一碳库的碳收支，如 C-HWP（Wood Carbon Monitor）[166]模型。其他模型适用范围广，估计非单一碳库碳收支，如 CASMOFOR（Carbon Sequestration Model for Forestations）模型，核算大气、生物量、死有机质、土壤、木质林产品、薪材和产品处理分解[167]。

表 7.6　林产品碳储主流模型

模型名称	建模原则	第一作者	第一版本年份
CARBINE	归档	P. Edwards	1981
CASMOFOR	归档	Z. Somogyi	2002
C-HWP	其他	S. Rüter	2011
CO2FIX	归档	G. Mohren	1990
CORCAM	归档	B. Schlamadinger	1996
Gustavsson's	全生命周期	L. Gustavsson	2006
Pukkala's	其他	T. Pukkala	2011
Werner's	材料流动	F. Werner	2010
WOODCARB-Irland	归档	J. Donlan	2012

注：由相关资料整理。

2. 模型模块

计量模型核算范围取决于计量模块范围。包含模块越多，其适用范围越广，如 CO2FIX 模型；单一碳库核算模型构造模块较少，如 Gustavsson's 模型应用于测算林产品的替代减排效应，故而回收处理等模块构建并未涵盖在该模型中。C-HWP 模型适用于木质林产品碳库碳收支核算，基于 UNFCCC 指定的全生命周期过程，故而对于回收和替代减排贡献并未包含进该模型核算，鉴于 IPCC 指南并未要求包含林产品的替代减排贡献。

首先，应用最广泛的模块是"是否适用于国家层面"。该模块的设定取决于 IPCC 指南要求缔约方核算国家碳库碳收支情况，故而应用于区域核算的碳储量变化情况意义较小。图 7.7 比较了主流林产品碳库计量模型模块涵盖情况。

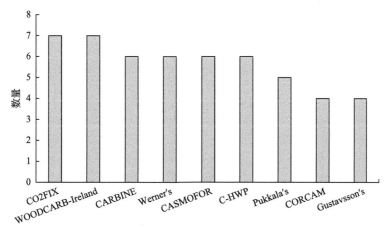

图 7.7　主流模型涵盖模块数量

资料来源：Jasinevičius G, Lindner M, Pingoud K, et al. Review of models for carbon accounting in harvested wood products[J]. International Wood Products Journal, 2015, 6（4）: 198-212.

通过比较发现，CO2FIX 模型涵盖模块最多，其适用范围最广。主流模型对"土地填埋""回收利用""价值链追踪"等模块涵盖情况不一。总的来说，国际尚未有采用统一计量模型核算木质林产品碳库情况。

第四节　中国林产品碳储核算模型系统甄选及优化

林产品的碳储贡献已经成为国际上密切关注并正着力解决的重大现实和科学问题。2011 年德班气候大会[①]已就木质林产品的碳储议题达成共识，要求缔约方在第二承诺期及后续协议期核算并报告本国林产品碳库碳储量及其变化情况。中国是世界林产品生产和贸易大国，其木质林产品碳储量及应对气候变化所采取的相关措施值得探讨。本节首先分析中国林产品碳库特征，在总结和归纳前人研究的基础上，甄选中国林产品碳储计量模型，并对中国林产品碳储计量问题提出优化举措。

---

① 中国证券网. 聚焦德班世界气候大会[EB/OL]. (2020-05-12) [2018-01-05]. http://www.cnstock.com/index/zhuangti/2011dbdh/.

一、中国林产品碳储概述

中国是原木、锯材和纸浆等初级林产品进口大国，是家具、地板等制成品的出口大国，根据中国海关统计[①]，2013 年中国进出口贸易总额达 1260 亿美元，比 2012 年增长 6%[168]。我国是木质林产品贸易大国，科学核算木质林产品碳库储量对我国参与气候变化谈判有重要意义。

林产品作为森林生态系统碳循环的一个重要组成，对森林生态系统和大气之间的碳平衡起着至关重要的作用。木质林产品对缓解温室效应的作用体现在两个方面：首先，林产品是温室效应的"缓冲器"，能够长时间储存碳量，以缓冲二氧化碳排放；其次，林产品对化石燃料有显著的替代作用，相比美欧技术发达国家，我国木材耗能与钢材、塑料等材料的耗能比值更大，其中水泥、钢材、铝材和塑料的耗能分别是木材的 7、40、400 和 45 倍[84]，用木材替代钢材、水泥等能耗密集型产品，能够在很大程度上减少这些产品在生产过程中释放的二氧化碳。

本研究采用张旭芳于 2016 年的研究结果概述中国林产品碳储情况（图 7.8）。

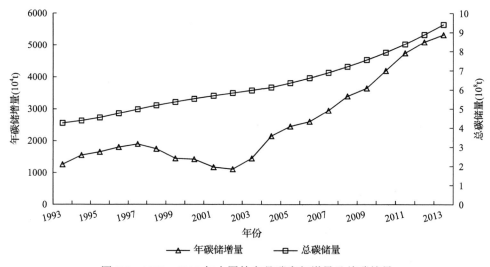

图 7.8　1993～2013 年中国林产品碳库年增量及总碳储量

从木质林产品碳储量的总变化量来看，中国林产品碳储量一直呈向上增长趋势；从林产品碳储量的年变化量来看，其碳储量年变化量的变动趋势与产量变动趋势一致，虽有小幅波动，但整体呈现稳定上升态势。由于社会主义的基本国情，中国在发展中受到金融危机影响较小，木质林产品碳储量变化主要受中国自身政策影响，分为四个阶段：

第一阶段为 1961～1992 年，中国木质林产品碳储量缓慢增长。这个阶段经历了新中国缓慢发展时期。新中国成立初期，经济落后、百业待兴，林业依靠多生产木材来建设国家。党的十一届三中全会以后，我国进入了改革开放的新时期，1981 年通过《关于保护森林发展林业若干问题的决定》以及《关于开展全民义务植树运动的决议》，植树造林、绿

---

① UN Comtrade. International trade statistics database[DB/OL]. (2020-05-12) [2018-01-19]. https://comtrade.un.org/.

化祖国的观念开始深入人心。因此，这个阶段中国木质林产品的碳储量缓慢、稳定地增长。

第二阶段为 1993～1997 年，中国木质林产品碳储量显著增长。随着改革开放进程的加快，社会对木质林产品的需求不断增加，这一时期林业建设和发展的总体思路是"建设比较完备的生态体系和比较发达的产业体系"[169]。1994 年，为了响应世界林业可持续发展的号召，中国政府制定了《中国 21 世纪议程》，1995 年《中国 21 世纪议程林业行动计划》通过，对中国林业持续发展做了全面、系统的分析，规定了目标和具体行动的项目，为 21 世纪中国林业的发展描绘了宏伟蓝图，这也是中国首次提出适应气候变化的概念，为减缓全球气候变化做出了积极的贡献。因此，这一阶段中国木质林产品的碳储量显著上升。

第三阶段为 1998～2002 年，中国木质林产品碳储量下降。储量变化法下，出口木质林产品相当于出口国的碳排放，1997 年亚洲金融风暴的爆发，对亚洲经济产生了一定的影响，金融危机后，中国对所有木质林产品实行了出口退税，大幅鼓励出口，导致这一阶段木质林产品出口量增加；另外，1999 年国家实施"天然林保护工程"，封山育林，退耕还林，造成国内木材资源供给减少[170]，从而导致木质林产品的产量下降，因此，这一阶段中国木质林产品的碳储量减少。

第四阶段为 2003 年至今，中国木质林产品碳储量加速增长。进入 21 世纪以来，林业在国民经济可持续发展中的地位日益重要，林业迎来了快速发展的良好机遇。随着 1999 年降低林产品进口关税及减少林产品进口管制的政策的实施，林产品进口连年增加，原木的进口关税已降为零关税①。

二、中国林产品碳储核算模型系统甄选

当前国际气候变化谈判已将木质林产品纳入到碳核算体系中，目前面临的主要问题是如何合理计量木质林产品的碳储量。计量方法模型的区别主要体现在对参与国际贸易的林产品碳储分配和碳排放归属的不同划分上。各国依据具体的国情确定适用的碳计量方法学。IPCC 建议使用生产法核算，但对于中国等林产品大国，储量变化法考虑进产品贸易情况值得重视。本部分从可行性、准确性等几个方面比较四种计量方法，从而甄选适用于中国的碳储核算方法模型。

1. 主要核算方法

四种计量方法有《1996 IPCC 指南修订本》提出的 IPCC 缺省法及 1998 年达喀尔会议举行的 IPCC 专家组会议上增加的储量变化法、生产法和大气流动法。四种计量方法的主要区别在于估算过程中对系统边界和林产品进出口贸易的处理。

IPCC 缺省法将整个森林估算系统作为估算对象，假定"森林采伐和林产品使用过程中的碳排放于采伐当年一次性释放到大气"，将碳排放计入森林生长国，林产品的碳储量保持恒定不变；储量变化法在国家系统范围内考虑碳流动情况，核算森林子库和林产

---

① 地友建筑木方. 以时间轴为主线，谈谈我国锯材进口的发展历程[EB/OL]. (2019-11-29) [2019-12-29]. https://xw.qq.com/cmsid/20191129A0DEU600.

品子库碳储变化情况，采伐及加工生产的产品由生产国报告，进口的林产品由进口国报告，出口被视为出口国碳排放，记为瞬间排放，使用、处理、回收及最终腐烂阶段，林产品碳储变化计入消费国；生产法核算森林和林产品子库碳储量变化情况；大气流动法核算的是森林和林产品碳库的碳排放情况，计量一个国家系统范围内碳的净清除情况。

2. 核算方法的评价标准

(1)可行性标准。可行性标准的判定主要受四个方面影响：一是方法本身的复杂性，该因素影响方法使用的成本、适用范围和精确度。四种方法中，IPCC缺省法最简单，其他三种方法皆以其为基础；二是数据的可得性、易得性和可靠性，该因素影响计量方法的精确性以及数据收集成本、工作量大小；三是人才因素，涉及高层级方法时，需要人才、技术等因素的支撑；四是计量方法的适用范围，该因素描述开展研究所采用的空间大小的量度。

(2)准确性标准。准确性标准旨在降低估算结果的不确定性，尽可能使估算结果接近真实值。准确性标准表现在以下几个方面：一是减少不合理假设前提的数量，控制结果运行前参数导致的不确定性。二是不同层级做法对计量的完整性、准确性和一致性有影响。不同层级，其输入数据不同，对结果的影响也不同。三是表现在其所实施的空间尺度影响上。

(3)满足报告要求标准。《京都议定书》要求要以透明、可核查的方式对1990年以来直接由人为因素引起的温室气体的源排放及汇清除方面的净变化进行报告，并依据第七条和第八条予以评审。故而计量方法的选择应满足清单报告要求标准，其表现在以下几个方面：一是清单透明性要求清单所用假定和方法应清楚地解释，以科学合理地填写清单及评估；二是符合《2006 IPCC指南》第4卷"农业、林业和其他土地利用"部分中其他碳库的报告原则，将碳储量的减少看作等量二氧化碳排放。

(4)国家政策相关标准。计量方法的选择应考虑进相关政策目标实现的潜在影响，在合理监测本国林产品的贸易走向、监测本国林产品的贸易走向的基础上，结合报告国的相关政策目标甄选核算方法。该标准表现在以下几个方面：一是计量方法应具备一定的实用性、一贯性和灵活性；二是方法的选择应考虑到其对森林实施可持续化经营管理，不得限制可持续经营管理下的自由贸易情况；三是计量方法应该鼓励一国使用林产品直接或间接替代化石燃料，减少碳排放；四是统一计量方法无法调和国家政策目标间的冲突。

3. 核算方法评价指标

将可行性、准确性、满足报告要求及国家政策相关标准等四项作为评价标准，现有林产品碳储计量方法各有利弊。图7.9从综合评价标准的角度整理计量方法评判标准。

依据该评价指标对林产品碳储计量方法进行评价，现有计量方法评价结果如下：IPCC缺省法相比其他三种方法简便性更强，但其假设不符现实；储量变化法产生的不确定性最小，与LULUCF部分的报告原则一致，在准确性方面其结果更高，无法为制定国家政策提供足够的信息；生产法符合LULUCF部分的报告原则，但是成本高，可行性差；大气流动法可为制定国家计划、追踪政策成效、进行预测提供充足的信息，但与LULUCF

部分的报告原则不一致[171]。按照准确性标准评价，高层级方法相对低层级在其做法的完整性、准确性、一致性、信息内容的实用性方面更具优势，其准确性更高。

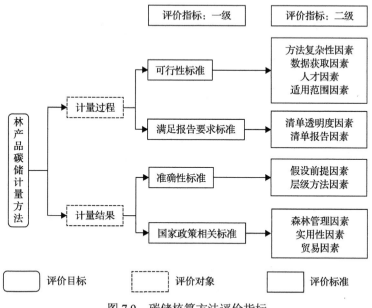

图 7.9　碳储核算方法评价指标

4. 不同核算方法的关联利益

大多数研究都涉及核算方法对贸易和政策的影响，对系统界限划分不同导致碳储量和碳排放在生产国和消费国之间分配不同。表 7.7 总结了核算方法对贸易、森林管理的影响，并从可行性方面分析了四种方法的差异。

表 7.7　不同核算方法的影响

方法	对贸易的影响	对森林管理的影响	核算方法可行性
IPCC 缺省法	对贸易及产品价格均无刺激	减少毁林	缺省假设，高估 HWP 碳排放
储量变化法	刺激进口；产品价格上升幅度大	不区别源于森林管理活动的木质林产品	需要 HWP 历史消费资料
生产法	不考虑贸易情况；产品价格上升幅度较储量变化法小	导致毁林	需要追踪出口 HWP 的使用和处理数据
大气流动法	刺激出口，抑制进口；产品价格上升幅度小	鼓励木材出口，不抑制非可持续森林管理，导致毁林	需要一系列庞杂的 HWP 碳排放数据

注：由相关资料整理得出。

IPCC 缺省法假设木质林产品碳储量保持不变，该法高估了木质林产品的碳排放，因此缔约方一般采用另外三种方法核算本国碳储。

从清单报告角度看，IPCC 鼓励国家在提交温室气体清单报告时采用生产法，鉴于其核算界限与木质林产品的出口流动一致，可在全球层面上起到实际减排的作用。2006～2009 年，欧盟成员国更偏向于采用储量变化法，而 2009 年后欧盟成员国统一采用生产法核算木质林产品碳库的碳通量[172]。Pilli 等[110]运用《2013 IPCC 指南》中层级二方法，采用生产法核算欧盟 28 国木质林产品碳库总的减排贡献，结果显示 2000～2012 年欧盟木质林产品碳库每年的碳清除贡献为 44Tg C。

从国际贸易角度看，对于中国等林产品贸易大国，储量变化法和大气流动法考虑进出口的碳计量更应值得重视。表 7.8 列举代表性贸易国木质林产品碳库储量情况。

表 7.8　不同核算方法的结果

贸易情况	代表国家	核算方法及结果			文献来源
		生产法 (Tg C)	储量变化法 (Tg C)	大气流动法 (Tg C)	
净进口	中国	7.61	10.63	2.62	杨红强等
	美国	30	44	31	K. E. Skog
净出口	葡萄牙		611	1.24	Dias 等

对于葡萄牙等木质林产品净出口国[①]，采用大气流动法更有利，其利益主要体现在鼓励出口，出口不被视为碳排放，规定由产品消费国报告木质林产品碳排放；进口不意味碳储增加，消费国需要进口报告木质林产品碳排放，从而在一定程度上抑制进口。

对于中国、美国、爱尔兰等木质林产品净进口国[①]，采用储量变化法更有利，其利益主要体现在将进口木质林产品视为碳储增加，鼓励进口。爱尔兰学者 Green 等[173]也将三种方法应用于核算本国碳储，结果显示储量变化法更有利。

5. 中国林产品碳储核算模型甄选

关于气候变化与林产品的碳减排贡献，国内外学者对此已展开不同范围及深度的科学研究。在我国，郭明辉等[174]研究了中国林产品碳储量和加工过程中的碳排放，提出通过增加木质林产品产量、开发洁净能源项目、调整林产品的产业结构、延长产品的使用寿命等途径能提高林产品的碳减排效应。白彦锋等[175]的研究显示我国林产品是个不断增长的碳库，我国林产品在替代建筑材料方面有巨大的减排潜力。原磊磊等[171]详细分析了林产品相关议题国际谈判进展缓慢的原因及各国的应对策略。表 7.9 概述了国内专家学者对木质林产品碳储计量结果情况。

表 7.9　中国林产品碳储量

储量变化法 (Tg C)	生产法 (Tg C)	大气流动法 (Tg C)	作者	核算年份
900			张旭芳	2013
10.63	7.61	2.62	杨红强	1961～2011
235	47	179	阮宇	2003
12.32	5.69	−7.48	季春艺	2003
		306.52	伦飞	2009
532.38	443.79	393.56	白彦锋	2004
−3.195	0.412	10.632	Lee 等[176]	2008

① UN Comtrade. International Trade Statistics Database[DB/OL]. (2020-05-12)[2018-01-19]. https://comtrade.un.org/.

表7.9梳理的研究结果采用的中国木质林产品的产量、进口及出口的数据均源于FAO数据库，采用《2006 IPCC指南》建议的储量变化法、大气流动法和生产法。该表显示，采用储量变化法核算的中国林产品碳储量最大，因为储量变化法是在国家系统范围内考虑碳流动，出口木质林产品相当于出口国的碳排放，进口林产品可以增加产品库的碳储量，适用于木质林产品的净进口国。故而基于中国林产品大国的基本国情，采用储量变化法核算中国林产品子库的碳储量及其变化更有利。

6. 中国林产品碳储核算模型优化

FAO数据库的统计表明我国在1961年至今具备特定且透明、可核查的HWP活动数据。我国是木质林产品的生产、贸易大国，作为负责任的大国，我国在第二承诺期后将承担一定的减排义务[1]，产品的碳储问题在一定程度上影响了温室气体清单的编制结果。由于IPCC建议的方法基于缺省参数，因此存在低估我国林产品碳减排贡献的潜在风险，因此建议采用修正的方法及我国专门数据及国家特定方法进行核算。

储量变化法适于中国的贸易国情，且其估算结果的不确定性较低；2011年德班气候大会建议各缔约方在界定本国林产品碳库储量不为零的情况下采用生产法核算林产品碳库收支情况。故本研究对储量变化法核算模型进行优化，以使其有效科学地适用于中国林产品碳储核算。

本研究试图将储量变化法和生产法结合，即借鉴二者的构架机理。在核算林产品子库碳储量时，仅估算源于国家采伐和国家消费的林产品碳储变化[177]。其系统界限呈现如图7.10所示。

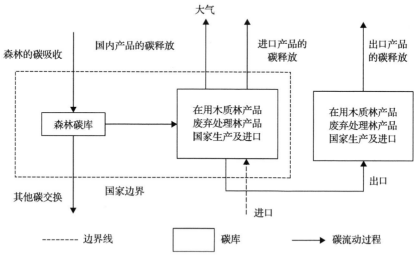

图7.10　储量变化法改进法系统界限

该法并未改变储量变化法的核算机理，但是可对储量变化法中不区分产品来源从而

---

① 新华网. 中国称将有条件承担2020年后强制减排义务[EB/OL]. (2011-12-04) [2018-05-06]. https://news.qq.com/a/20111204/000561.htm.

有可能导致非法采伐及毁林等潜在影响的缺陷进行限制和改进，同时可推广更多的林产品进口及使用。

第五节　本　章　小　结

《京都议定书》第二承诺期之前，各方均假定森林采伐后其储存的生物量碳在采伐年瞬时氧化。事实上，林产品碳库由于碳滞后效应将碳长期储存，以填埋形式处理的废弃木质林产品可起到更长时间的碳存储效应。2011 年德班气候大会决议在第二承诺期及后续协议期将木质林产品碳库碳储量变化纳入到国家温室气体清单计量。IPCC 建议四种碳储核算方法：IPCC 缺省法、储量变化法、大气流动法和生产法，不同的计量方法采用不同的系统界限，适用于不同的情况，其核算结果也不同。本章基于 FAO 数据库对林产品的分类，首先从林产品特征及其特有的碳储机理入手，概述其应对气候变化的科学价值，然后梳理和总结国内外专家学者对不同计量方法的研究与应用，综述 IPCC 框架下林产品碳储的四种计量方法，并对主流的软件化计量模型进行分析比较，分析其建模原则及模块构成，最后梳理中国学者对国内林产品碳储功能的研究现状，归纳中国林产品碳储特征，考虑进中国林产品贸易情况甄选和优化中国木质林产品碳储核算模型。

首先，按照生产过程，从初始产品到半制成品到最终产品，将林产品分为三类。IPCC 建议核算和报告半制成品的碳储量及变化，半制成品按照分解率及生命周期又分为锯材、人造板、纸和纸板等三种两大类木质林产品。

然后，林产品因其特有的固碳机理，在应对气候变化中起到重要的作用。国内外研究从不同角度分析和验证林产品碳储的科学价值，并证明木质林产品是个不断增长的碳库；不同国家采用不同的计量方法核算本国林产品碳库储量情况其结果不同，但在全球层面上不同方法核算结果均一致。

再次，为指导缔约方在第二承诺期及后续协议期核算和报告国家温室气体清单并实际承担减排责任及义务，IPCC 更新温室气体清单报告指南，每份指南都反映最新的技术发展水平。同时，IPCC 建议四种碳储计量方法，即 IPCC 缺省法、生产法、储量变化法和大气流动法。按照数据获取难易程度与国家专门方法接受程度划分三个层级方法，并提供缺省参数及碳转化因子，缔约方依据本国国情选择不同的层级方法及计量模型。

最后，中国作为木质林产品进口大国，储量变化法视产品进口为本国碳储增加，数据处理不确定性低，适用于中国；生产法现为 IPCC 建议的主流核算方法，基于此，本研究结合两种方法对中国林产品碳储计量方法进行优化。

第八章 中国林业国家碳库虚拟系统

第六章和第七章比较森林碳汇和林产品碳储国际认可的计量模型，从而甄选目前中国适用的森林碳库和林产品碳库的主要计量方法。中国在应对气候变化和林业发展"十三五"规划中，将林业视为战略选择并高度重视其气候价值。本章首先结合全生命周期中林业碳库的减排功能，分析林业碳库应对气候变化的减排贡献；然后综述国际碳库模型，以 CO2FIX 模型为例归纳林业碳库模型构建机理，总结构建林业碳库模型的实践经验及借鉴价值。其次，从中国林业碳库构建迫切性着手，总结现有模型系统缺陷并评估全球林业碳库模型趋势及中国应用。最后，亟须统筹森林碳汇和林产品碳储至统一的林业国家碳库，构建复合链式结构下国家林业碳库测度模型以科学评价和厘清我国在应对气候变化中的碳责任分担。

第一节 全生命周期中林业碳库的减排功能

气候变化是近些年来全球环境问题的首要难题，其直接关系着人类自身生存以及各国在气候谈判中政治经济利益的再分配。林业碳库在应对气候变化及增加温室气体的碳吸收中具有特殊的生态功能，本节首先概述林业碳库的科学价值，梳理总结国内外林业碳库研究进展，最后基于全生命周期分析法分析应对气候变化的林业碳库全生命周期的减排功能。

一、林业碳库的科学价值

减缓气候变化，一是减少温室气体源排放，二是增加温室气体汇吸收。林业在应对气候变化及增加温室气体的碳吸收中具有特殊的生态价值，林业的全生命周期均具有碳汇和碳储并减缓气候变化的价值。对 1990 年以来直接人为活动引起的林业活动产生的温室气体源排放和汇清除的净变化做出报告，这是 IPCC 气候谈判的重要议题。在编制和报告国家温室气体清单时，需报告林业碳库碳收支情况，其影响一国在未来气候谈判中经济发展的减排责任和碳贸易的谈判议价能力。对于温室气体的吸收和储存，森林通过光合作用，以一种低成本高效益的方式有效降低大气中二氧化碳浓度，Woodwell 等[178]测定每年全球森林碳汇量约占植被碳库碳流动量的 86%。作为森林资源的延伸，木质林产品可将碳长期存储，起到二氧化碳"缓冲器"的作用，Nabuurs[21]测定木质林产品碳储量为森林碳汇量的 25%～50%。

木质林产品是一个巨大的碳库，在缓解气候变化中的作用值得重视。一方面，耐用木质林产品具有碳排放滞后效应，可将碳长期存储在产品内。木质林产品的碳储量不断增长，据估算，全球木质林产品碳储量每年增长约 139Tg C，抵消森林采伐碳排放的 14%[159]。另一方面，木质林产品在建筑部门及能源部门均具有替代作用，利用木质林产品替代钢筋、混凝土等能源密集型产品或替代煤、石油等化石能源，可直接减少工业及能源部门的碳排放，实现替代减排功能①。

鉴于林业全生命周期的科学价值，在生态建设中林业处于首要地位，在应对气候变化中要将林业作为战略选择。构建本国森林碳汇及木质林产品碳储的收支账户和监管体系，统筹森林碳汇和林产品碳储至统一的林业国家碳库，已成为重要温室气体排放国深入开展的国家碳库研究课题。动态监测林业国家碳库并提供预警，为积极应对气候谈判并争取碳责任分担的最优评议具有重要的现实意义及科学价值。

二、国内外林业碳库研究进展

本部分综述国内外林业碳库研究进展，并进行简要评述，考量此领域的国际研究成果及科研趋势，对把握中国林业碳库研究主流方向具有指导意义。

1. 国际林业碳库研究进展

(1)林业碳库与森林碳汇。森林碳汇的研究涉及生物量核算和价值量核算，其中森林碳汇生物量核算依托生物量法、蓄积量法、涡旋相关法、涡度协方差法等，对价值量计量则通过成本效益分析法、造林成本法、碳税率法和造林成本均值法等。

(2)林业碳库与林产品碳储。林产品贸易携带碳流动是国家间林业应对气候变化的重要研究内容，IPCC对林产品的碳储核算提供了缺省法、储量变化法、大气流动法以及生产法等四种方法，Nabuurs 等[161]认为一国贸易对于增加国家碳库的效应远大于其培育森林进行碳汇；Monika 等[179]研究了芬兰林业物质能源和碳循环模型及其对芬兰林业造成的影响和带来的利润；Winjum 等[159]估算全球木质林产品碳储量每年增长约 139Tg C，抵消森林采伐碳排放的 14%。主流观点多认同，发达国家通过林产品进口加快了其国内的森林恢复，进口木材确实有利于本国森林的恢复和固碳，但对于进口木材继而加工后复出口木质林产品的国家，实际上为国际社会提供了极大的碳储贡献。木质林产品是个非常重要的碳库。

国际上对于林业碳库的研究归纳起来，有三个主流方向：第一，主要研究森林碳库相关问题，包括对森林碳库进行具体划分，将其划分为各个可量化的子碳库；也有的研究注重于森林子库的干扰因子分析，如森林火灾、病虫害等。第二，主要探究林产品子库的碳储相关问题。第三，对综合了森林和林产品两个模块的林业碳库相关问题进行探讨。

2. 国内林业碳库研究进展

从中国林业碳库已有的科研成果来看，更多研究人员关注林业碳库中森林子库的研究或着重探讨林产品子库相关问题，鲜有从国家层面上，或者说从综合森林和林产品的国家林业碳库层面来评估国家碳库的整体水平及其变动趋势。少量针对中国林业碳库的研究中，也未涉及林业碳库系统的构建及林业碳库的链式结构分析，这一领域尚处于起

---

① 中国木业网. 木质林产品替代减排潜力巨大[EB/OL]. (2001-01-01)[2018-01-01]. https://www.ewood.cn/news/2001-01-01/psU0aCqal5cCjAM.html.

步阶段。当前国内的关联研究方法主要包括评估森林子库的生物量换算因子法和计量林产品子库的储量变化法[180,181]。

主流的中国林业碳库关联问题研究集中于森林碳汇方面，其中方精云等建立的换算因子连续函数法通过对各树种的参数进行测定，继而评估中国森林碳汇的发展状况；李顺龙、郜婷婷等运用涵盖了林上、林下和土壤三个部分的蓄积量法对黑龙江省的森林碳汇进行核算；Wang 等[182]研究发现 2010～2016 年我国陆地生态系统的固碳贡献主要来源于西南林区；Pan 等对包括中国在内的 1990～2007 年的世界森林碳汇进行了系统评估。中国林产品碳库关联研究的数量较为有限，白彦锋等采用 IPCC 指南推荐的 3 种核算方法，分别对中国的林产品碳储量进行核算并指出储量变化法适合于中国的林产品碳库评估；伦飞等将林产品的生产流程作为出发点，对竹产品在内的林产品碳储量进行系统核算；Yang 等采用储量变化法对 1961～2012 年中国林产品碳库发展态势进行了评估。除了上述所列模型外，关于中国林业碳库方面的研究成果更为欠缺，Lun 等[183]对 1999～2008 年中国林业碳库中的森林子库、林产品子库碳库分别进行了核算；马晓哲等[147]运用 CO2FIX 模型按各省区分类对中国林业碳库进行了探讨。

3. 林业碳库研究简评

通过对国内外林业碳库现有科研成果进行分析得知，目前对林业碳库的研究已经日臻成熟，但是仍然存在诸多问题亟待解决。

林业碳库研究集中于森林子库、林产品子库，尤其是对森林碳库的研究，可以说已经接近于成熟化、体系化。这与学科特点以及碳库的自然属性有很大关联，对于林产品碳库的研究多数集中于核算方法选取上，具体来讲，就是集中于论证 IPCC 提供的 4 种方法——缺省法、生产法、储量变化法以及大气流动法。这 4 种方法在估算过程中确定系统边界和处理进出口贸易的问题是不同的。各国国情不同，不同的计量方法得到的结果相差较大，并且在木材贸易中，对进口国、出口国产生的影响也不同，承担的减排贡献也将随之变化，因此关于木质林产品的计量方法成为争论的焦点[184]。

虽然关于森林碳库以及林产品碳库的研究较为丰硕，但是将两部分进行有机整合，使之成为综合的林业碳库的研究非常匮乏，现有的林业碳库模型又因其区域局限性或者外生变量搜集较为困难而无大范围推广应用，由此可见，在温室效应加剧、减排压力增加以及碳汇发展的大趋势下，构建符合国情的中国林业国家虚拟碳库是十分必要的。

三、全生命周期中的林业碳库减排功能

本部分从全生命周期角度分析森林子库与产品子库在应对气候变化中的减排功能。全生命周期中的林业生态系统涉及从森林生态系统到林产采伐加工生产链以及最终处理过程。概述全生命周期中的林业碳库生态价值，体现林业碳库的科学意义。

1. 全生命周期分析法概述

生命周期分析(life cycle analysis，LCA)，对材料或产品从制造、使用、回收、废弃

与处置等全过程中的环境影响进行综合评价，其目的在于评估能量和物质的利用及废弃物排放对环境的影响，同时寻求环境改善的机会及利用这种机会。生命周期包括产品、活动的整个生命周期，即包括产品的原材料开采和加工、生产、运输、分配、使用与再生、维护、再循环及最终处理[185]。

其特征表现在：①系统、充分地考察产品或服务从原材料的获取至最终废弃处理整个生命周期过程的全部环境因素；②其时间跨度和研究深度很大程度上取决于所确定的目的和范围界定；③研究范围、假设参数以及方法和结果具有透明性；④具有灵活性和包容性。

LCA 方法在林业部门的应用，研究范围侧重于森林碳库的整个生命周期评估，包括原料获取、加工、产品的生产、销售、使用以及最终处理等阶段。

2. 林业碳库全生命周期

林业在应对气候变化及增加温室气体的碳吸收中具有特殊的生态价值，林业的全生命周期均具有碳汇和碳储并减缓气候变化的价值。对于温室气体的吸收和存储，森林碳汇的吸收储量占全球每年大气和地表碳流动量的约 90%，林产品碳储量为森林碳汇吸收能力的 25%～50%，林业系统是气候变化中维持全球碳平衡的难以替代且能够控制一国碳量变化的重要碳库。图 8.1 描述森林碳库到林产品碳库与大气之间的碳流动与碳交换。据研究，林业碳库碳循环由生物部分和工业部门两部分组成，前者指代森林碳库而后者指代林产品碳库。中间通过采伐和加工等工业过程联结[186]。对于工业过程研究，研究者分析其碳循环过程并计算林产品在加工、使用和处理阶段的碳储和碳排放量。

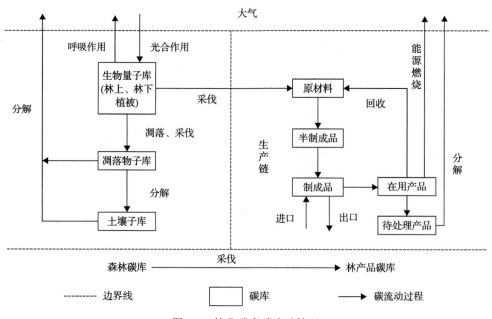

图 8.1　林业碳库碳流动情况

森林生态系统的碳收支表现在碳获得(光合作用、树木生长、林龄增长、碳在土壤中积累)与碳释放(生物呼吸、树木死亡、凋落物有机质分解、土壤碳氧化、降解及干扰)间的差额。森林通过植被和土壤的碳释放形成了大气—森林植被—森林土壤—大气整个森林生态系统的碳循环[187]。森林生态系统具有较高的生产力,每年固定的碳约占整个陆地生态系统的1/3。作为森林资源的延伸利用,经过采伐加工及运输过程,森林碳库的碳转移到林产品碳库。木质林产品碳库碳储能力同样值得重视,其对缓解温室气体效应的作用主要体现在两个方面:首先,林产品的碳储贡献使其能长时间储存碳量,起到二氧化碳"缓冲器"的作用;其次,林产品对化石燃料具有显著的替代作用,可有效替代钢材、水泥等能源密集型产品,降低二氧化碳排放。

第二节　国际林业碳库实践经验及借鉴意义

　　整理和归纳国内外林业碳库关联研究,林业碳库的分类包括广义和狭义两类。狭义的林业碳库主要指森林碳库,广义的林业碳库包括森林碳库和林产品碳库。纵观国内外各类林业碳库的研究方法,目前主流核算方法已发展到软件化阶段,一些发达国家运用林业碳库计量模型来核算其国家或地区的碳库,本节综述国际林业碳库计量模型的架构机理并归纳比较主流核算模型,同时总结现有中国林业碳库模型系统缺陷,分析中国国家林业碳库测度模型构架迫切性及必要性。

一、国际林业碳库模型综述

　　目前,国内外各类林业碳库的研究方法已经向软件化阶段发展。经济发达的国家或地区往往通过创造相关林业碳库计量模型来核算森林碳汇以及林产品碳储,以此衡量其林业碳库潜力。但是在林业碳库核算模型化的过程中也存在诸多问题,尤其是模型的通用性较差的问题,导致大部分的林业碳库模型只能在本地区、本国应用,而不是在其他国家或者区域使用,下文从模型架构机理分析主流模型建模原则及各构成描述,归纳整理国际林业碳库主流核算模型,并对各个模型的优劣性进行比较分析。

1. 林业碳库模型综述

　　国际上对于林业碳库的研究归纳起来,有三个主流方向:首先主要研究森林碳库相关问题,包括对森林碳库进行具体划分,将其划分为各个可量化的子碳库;也有的研究注重于森林子库的干扰因子分析,如森林火灾、病虫害等。其次,主要探究林产品子库的碳储相关问题。最后,对综合了森林和林产品两个模块的林业碳库相关问题进行探讨。

　　在三个主流方向之下,对国际林业碳库的研究向模型化发展,尤其是进入21世纪后,借助于国际林业碳库模型的科研产出日益丰硕。目前,关联的林业碳库模型主要分为三类:首先是森林碳汇计量模型,这类模型用于核算森林生态系统的碳储量,但不包含后续的林产品部分,如 CBM-CFS、CENTURY、PROCOMAP、ROTH 等;其次是林产品碳库计量模型,这种模型用于计量国家或地区各类林产品的碳储量,如 WOODCARB Ⅱ

模型；最后是结合森林碳库和林产品碳库于一体，描述森林中树木被采伐到加工成林产品，以及最终废弃处理等过程的动态产业链模型，如 FORCARB 模型和 CO2FIX 模型[188,189]。其中，FORCARB 模型的使用具有一定的局限性，目前只适用于美国(FORCARB2)和加拿大安大略省(FORCARB-ON)，而 CO2FIX 模型虽然全球通用，但由于各类树种的相关参数获取困难，需要每一个树种各林龄的死亡率、连年生长量以及叶、枝、根相对树干的生长比例等数据，从而给模型的运用增加了一定的难度。

通过梳理国内外关于林业碳库的研究进展，归纳分析国际林业碳库模型的局限性、研究逻辑继而分析现有中国林业碳库评估存在的问题，通过运用政府间气候变化专门委员会指定的生产法的核算思维，创新中国林业国家虚拟碳库评估路径，研究和通过追踪目标碳在林产品产业链生产及加工等过程中的流入和流出，定量分析中国林业国家虚拟碳库特殊的系统内涵，解析森林子库以及林产品子库的数理结构，从而构建复合链式结构下的中国林业国家虚拟碳库。

2. 建模原则

不同的模型变量不同，其核算结果也不同。总的来说，目前现存林业碳库关联模型有 89 个，其中有 9 个关联林产品碳库核算。基于其核算目的，模型设定不同的核算范围和系统界限。通过归纳整理，主流林业碳库模型架构主要机理及原则总结见表 8.1。

表 8.1　模型架构原则及描述

架构原则	描述
应用于国家或地区层面	模型适用于国家或地区的林业碳库核算
集成的输入数据源	从森林生长模型、统计数据库或其他集成源产生的输入数据，数据是兼容的
子碳库计量阶段	模型计量不同子碳库运行过程
碳流动价值链追踪	模型追踪整个生命周期的碳流动
林产品分解阶段	假设产品按一阶分解假设或半衰期分解
回收、替代减排	考虑林产品处理阶段回收利用

注：林业碳库模型追踪和监测从森林碳库到林产品碳库与大气之间的碳交换。

主流模型中最主要的组成部分之一是建模原则。目前建模原则主要有三种：归档、材料流动分析和全生命周期分析。表 8.2 对主流的三个建模原则进行优劣势比较。

表 8.2　主流建模原则优劣势比较

建模原则	描述	优势	劣势
归档	依赖于预先设定的碳反应曲线及衰减公式	应用广泛	受制于模型应用区域条件
材料流动分析	应用于国家专门数据可获取	生产链的可追踪性及可依赖的结果	数据难以获取
全生命周期分析	应用于追踪特定林型及其产品使用情况	可追踪性及结果精确性	难以用于国家层面

归档原则依赖于预先设定的碳反应曲线以及衰减公式，其可以广泛应用，但缺点在于受区域条件的制约；材料流动分析原则应用于国家专门数据可获取的情况，其优点在于可对生产加工过程进行追踪，其结果可靠性高；生命周期分析原则应用于追踪特定林

型及其产品使用情况，优点在于其结果精确，但其缺点在于很难在国家层面上适用。通过对主流林业碳库模型分析研究发现，目前大多数模型选择依赖归档原则建模。

3. 主流模型归纳及比较

国际林业碳库模型的研究在提高碳汇碳储核算精度以及发展碳汇经济、完善碳汇市场等方面具有重要意义。目前常见的林业碳库模型主要可以归纳为三类，分别是森林碳库模型、林产品碳库模型以及综合森林和林产品两部分的林业碳库模型。

1) 森林碳库模型

研究森林碳库的模型估算法指通过数学模型估算大尺度上森林生态系统碳库的碳储量。根据其发展历程，陆地碳循环模型可以分为 3 个阶段，分别是碳平衡模型阶段、植被气候模型阶段和生物地球化学循环模型阶段[190]。

(1) 早期的碳平衡模型。

这类模型模拟陆地各类生态系统的净初级生产力，通过碳密度和分布面积相乘计算全球陆地生态系统的碳平衡，其不足之处在于没有考虑对全球变化的反馈效应，本质上属于一种静态模型[191]，如 OBM 模型。OBM 模型计算量大，使之不确定性增加，反而降低了模型计算的精度。此外，这类模型未考虑人类的影响[192]，关于陆地碳循环对气候变化的反馈作用机制也未作定量化的分析。

(2) 二阶段的植被气候模型。

此类模型是基于地理空间数据库，应用遥感驱动建立的碳循环模型。此类模型利用植被和气候之间的关系模拟潜在的植被分布，预测气候变化对碳平衡的影响。不足是未考虑土地利用、覆盖变化以及人为活动等的影响，也受到遥感资料时间的限制。这类模型主要有 DOLY、CASA、TURC、BIOME、BIOME2、BIOME3、GLO-PEM、SIB、SIB2、MAPSS 和 SDBM 等，多为静态模型[193,194]。VEMAP 项目中对比了 BIOME、DOLY、MAPSS 这三种模型，发现在目前气候条件下，三者输出的结果彼此很接近[195]。

(3) 现阶段的生物地球化学循环模型。

现阶段较重视生物地球化学循环的动态机理过程，考虑植被组成与结构变化、土地利用及覆盖变化等因素，预测全球变化下陆地碳循环的动态，弥补了二阶段模型的不足。此类模型有 HRBM、CENTURY、TEM、CARAIB、FBM、PLAI、SILVAN、BIOME-BGC、KGBM、CEVSA、AVIM 森林窗模型和 EPPML 模型等[196,197]。该类模型的不足：一是只能模拟特定植被的内部功能变化，忽略了植被再分布的可能影响，也不能模拟植被分布变化对气候的反馈作用；二是过分关注碳、氮动力过程，导致在全球尺度上进行参数化研究比较困难；三是参数化处理简单，导致模拟中可能出现能量、水分等不守恒的现象[198]。

森林子库模型法在推算大尺度森林碳储量方面优势突出，加上与 3S 技术 [遥感 (remote sensing, RS) 技术，地理信息系统 (geographic information system, GIS) 和全球定位系统 (global positioning system, GPS)] 结合，形成优势互补，大大提高了估算精度。但是该法的设定是基于理想状态基础，故模型在参数设置上存在较大缺陷。此外，目前研究碳循环的静态模型居多，动态模型较少，故在碳循环未来预测方面存在不足。

2）林产品碳库模型

对于林产品碳库模型的研究数量较少，主流的模型是美国农业部创建的 WOODCARB Ⅱ 模型，该模型是基于 IPCC 指南提供的林产品碳储量可算方法创建的，适用于美国、澳大利亚、比利时、卢森堡、保加利亚、塞浦路斯等多个国家，该模型不适合中国。

3）林业碳库模型

该类模型结合森林碳库和林产品碳库为一体，阐述了森林中树木砍伐到加工成各类林产品以及最终废弃处理等动态过程。常见的有 FORCARB 模型和 CO2FIX 模型。FORCARB 模型包括两个子模型，分别是 FORCARB2 和 FORCARB-ON，但是两个子模型均是区域性模型，不适合在全球范围内推广使用，目前只适用于美国（FORCARB2）和加拿大安大略省（FORCARB-ON）。CO2FIX 模型是一个全球通模型，但是由于模型所需要的各类树种相关参数获取较为困难，运用该模型时需要输入各个树种在各林龄的死亡率、连年生长量以及叶、枝、根对树干的生长比例等外生变量，给模型的应用增加了很大难度。

通过上面叙述以及相关文献整理得出表 8.3。该表归纳了主流的国际林业碳库模型，对模型的创始人、功能以及适用性等方面做出了系统描述。

表 8.3　世界林业碳库模型比较

碳库类别	模型名称	创始人	功能	适用性
森林碳库	PROCOMAP	劳伦斯伯克利国家实验室	估算在一定时间内或超出一定时间得到的碳汇量，以及解释说明林业碳减缓项目的财务意义和成本与效率关系	评估预测林业减缓项目潜力，如造林/再造林、避免毁林、改善森林管理及生物质能源项目等
	CENTURY	美国农业部农业研究组织（USDA-ARS）	土壤碳的动态模型，用于长期模拟不同植物土壤系统内 C、N、P、S 的动态变化	估算模拟森林、草原和农业或其他项目的碳总量
	YASSO	Jari Liski 等	土壤动态碳模型，用于估算土壤中的有机碳量、土壤有机碳和非自养土壤呼吸的碳变化	地球系统建模、温室气体清单以及对生态系统和生物质能源的调查研究
	ROTH	Rothmstead 农业研究站	土壤动态碳模型，估算地表土壤有机碳转换的模型，计算总的有机碳量和一年或 100 年时间段内的微生物总碳量	估算草原、森林土地和农田生态系统的有机碳含量
	CBM-CFS	加拿大林业部、加拿大自然资源部	从生物量碳库、死亡有机质碳库及干扰影响 3 个方面进行模拟，估算经营森林每年碳储量变化及二氧化碳等温室气体排放，评估结果作为国家报告提交给 UNFCCC	模拟不同尺度森林生态系统在干扰下碳储量的年变化；估算同龄林经营活动和土地利用变化所引起的碳储量变化；比较不同经营措施下森林碳动态、模拟造林后生物量碳动态
	BIOME-BGC	Steve 等	生态系统过程模型，研究全球和地区之间在气候、干扰和生物地球化学间的交互作用	用于评估陆地生态系统植被和土壤组成中的能量、水、碳和氮的流动和储存
	ORCHIDEE	Krinner 等	解决水-能量-碳的预算；按照一系列的植物功能类型展示生态系统，估算物候学	广泛应用于法国、中国、比利时、德国和美国
	JULES	Best 等	允许不同地表过程之间进行交互影响，架构了一个框架，用于评估将生态系统单独的过程修正为一个整体时的影响	如气候变化对水文的影响，并探讨潜在的反馈作用
	F-CARBON	Zhang 等	包括森林面积、累计生物量、碳排放、土壤碳和碳预算 5 个子模型	只适用于中国

续表

碳库类别	模型名称	创始人	功能	适用性
林产品碳库	WOODCARB II	美国农业部 (USDA)	基于 IPCC 指南提供的林产品碳储量核算方法	适用于美国、澳大利亚、比利时、卢森堡、保加利亚、塞浦路斯等多个国家，模型不适合中国
林业碳库	FORCARB	美国农业部 (USDA)	森林碳平衡模型，模型以五年为一个时间段来评估和预测森林和林产品的碳储量和碳变化，包括森林碳库和林产品碳库两个体系	目前只适用于美国(FORCARB2)和加拿大(FORCARB-ON)
	CO2FIX	瓦格宁根大学	模拟生态系统中森林、土壤和林产品库碳储量和碳流动的碳平衡动态模型	应用广泛，部分结果还被 IPCC 1995 气候变化评估引用

注：由关联文献资料整理得出。

通过上表可知，目前国际上常见的碳库模型以森林碳库模型数量最多，林产品碳库模型以及综合森林、林产品的林业碳库模型非常匮乏，而且上述模型在中国的碳库研究应用中存在较多的局限性，包括模型中参数的设置、相关数据的获取等，因此，构建一种符合中国国情的林业碳库十分必要，对于发展和完善中国碳汇经济、碳汇市场等领域具有重要的战略意义①。

4. 林业碳库模型系统构建——以 CO2FIX 模型为例

CO2FIX 模型由荷兰瓦格宁根大学研究和开发，用于计量生态系统中森林、土壤和林产品碳库碳储量和碳流动情况。本部分对 CO2FIX 模型进行描述，概述各模块构架原理，以该模型为例综述林业碳库模型构架原理。

（1）模型描述。

CO2FIX 是模拟生态系统中森林、土壤、林产品碳库碳储量及碳流动的碳平衡动态模型，其应用广泛，可适用于各种林型，并且适用于多国核算。其数量化森林-土壤-林产品链式下的碳收支情况，并预测造林的轮伐周期，模型将增长率、森林植被生物量以及土壤碳库数据参数化，枝叶、枝干以及根被包含在立木物质中。森林土壤依据凋落物和腐殖质的分解率区分，枯死物、凋落物、腐殖质的最初设定值来源于文献调查，并假设枯落物和死有机质位于矿物质土壤上层，而腐殖质包含在矿物质土壤中，属于土壤有机质构成。

林产品部分，核算源于特定森林管理的产品，按照一阶分解计算其分解率。产品划分为五大类：能源产品、包装产品、颗粒板、纸制品以及建筑用材，半衰期分别设定为 1 年、3 年、20 年、2 年和 35 年。CO2FIX 模型包含回收模块，产品的回收设定为在废弃处理阶段回收处理为低阶产品。例如，建筑用材回收利用为颗粒板，颗粒板回收利用作为能源燃烧。当最低阶产品进行废弃处理时，所有的碳在 1 年内一次性氧化。值得注意的是，CO2FIX 模型包含土地填埋模块。图 8.2 表达了模型系统中林业生态系统碳流动和碳储过程。

---

① 中国碳排放交易网. 建全国林业碳汇计量体系培育林业碳汇交易市场[EB/OL]. (2013-04-23) [2017-09-12]. http://www. tanpaifang.com/tanhui/ 2013/0423/19716.html.

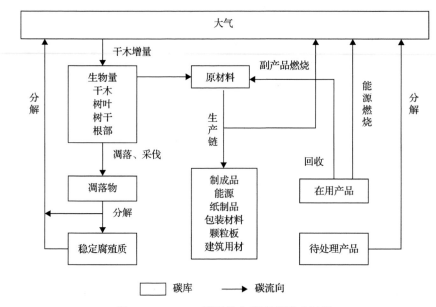

图 8.2　CO2FIX 模型林业碳库碳流动过程

　　模型核算三大模块：生物量模块、土壤模块和林产品模块，并将三个模块有机结合。生物量碳库中的碳通过凋落物、森林采伐剩余物的形式进入土壤碳库，为土壤碳库的循环提供物质基础；另外，生物量碳通过采伐的方式移除生态系统，进入林产品碳库继续进行碳储量和碳流通过程[199]。

　　基于模型建模原则和系统分解，模型核算每年不同森林生物量、林产品碳库以及土壤有机质中碳储量及碳通量。模型中参数选择源于林业年鉴以及相关文献研究。

　　(2) 模型各模块原理。

　　CO2FIX 模型涵盖三个碳库，分别是生物量模块、土壤模块和林产品模块。

　　生物量模块涉及森林碳储量影响因子计量，考虑到树木生长率、周转周期、死亡率以及管理政策等因素。最主要的因素是树木生长率，基于两种方式计量树木生长率：一种是 Chapman-Richards 模式，另一种适用于林龄不易确定的热带森林。通过两种方式计算出树木生长率，借助转化系数计算枝叶和根部等年生长量。

　　Chapman-Richards 模式，适用于林龄确定的林分，公式表示如下：

$$a = A / (1 + e^{-(\beta + kt)/v})　　　　　　(8.1)$$

其中，a 为 t 时各林分的生物量；A 为林分能够达到的最大生物量；β、k 和 v 为估计的参数。在计算时，采用该公式的倒数计算林分生物量。

　　对于林龄不确定的热带森林，其计量树木生长率的公式表示如下：

$$\beta_i = A(B_{max} - B)B^K　　　　　　(8.2)$$

其中，β_i 为林分生物量增量；B 为实际生物量；B_{max} 为可达到的最大生物量；A，K 为估计的参数。

土壤模块模拟计算土壤的碳储量主要由三部分决定：土壤的初始碳密度、每年的碳输入量(即凋落物量)、每年的碳输出量(即土壤碳的分解释放量)。土壤模块中每年的碳输入量与生物量模块相耦合，该数据由生物量模块中树木每年的凋落物量、细根周转量、死亡树木量、采伐剩余物的量提供。土壤的分解速率由土壤凋落物的质量和数量及当地的环境条件决定。凋落物的质量和数量可从前面的计算得到，需要的环境数据主要是年平均气温、生长季降水量和土壤水分蒸发蒸腾损失总量[200]。

林产品模块的原理是追踪生物量碳从森林采伐到分解的全过程。该模块考虑了森林砍伐后形成的各种产品及各产品的比例，将各种产品按照使用的寿命分为长期产品、中期产品和短期产品，并假定各产品按照其使用寿命以指数形式废弃。该模块提供了默认参数和实际调查参数两种方式来计算林产品的碳储量和通量。

(3) 模型简评。

CO2FIX 的部分结果还被 IPCC 1995 气候变化评估引用，也是国际林业碳库核算的主流模型。虽然全国通用，但各类树种的相关参数获取困难，需要每一个树种各林龄的死亡率、连年生长量以及枝、叶、根相对树干的生长比例等数据，从而给模型的运用增加了一定的难度。本研究在核算中国国家林业碳库时，借鉴 CO2FIX 的系统架构及模块原理，构建复合链式结构下中国林业测度模型。

二、中国林业国家碳库构建必要性

中国森林资源丰富，林业生态系统在应对气候变化中的作用不可忽视。本部分总结中国林业碳库特征及现有模型系统缺陷，探讨研究中国林业国家碳库构建必要性。

1. 中国林业碳库特征

森林碳汇的研究从资源科学领域提供了具体评价森林碳汇生物量和价值量的核算方法，林产品碳储存及碳流动的研究则提供了国际贸易碳流动的系统边界及核算手段。目前国内林业碳库研究主要集中于碳量计量方面，包括评估森林碳库的生物量法和蓄积量法，以及计量林产品碳库的储量变化法。

中国森林碳汇的核算方法主要是样地清查法，包括生物量法、蓄积量法、生物量清单法等三种方法，当前主流研究多采用生物量法和蓄积量法核算森林碳汇，当涉及林木、林下和土壤三个部分的碳通量情况及碳流动情况核算时，蓄积量法应用更广泛。林产品储量的核算方法多采用 IPCC 建议的储量变化法、生产法和大气流动法。基于中国是林产品贸易大国的立场，储量变化法考虑进产品贸易情况，视产品进口为本国木质林产品增加，故而采用储量变化法核算中国林产品碳储量及其变化更有利。

2. 现有模型系统缺陷

根据上述对林业碳库分类、核算模型以及中国林业碳库发展状况的分析可知，目前尚不存在专门针对中国林业碳库的核算模型，而且构建中国林业国家虚拟碳库的研究也十分匮乏，这不利于综合全面地核算中国整体的碳汇以及碳储固碳总量，对中国碳汇经济发展、碳交易市场建设以及碳减排国际声誉都产生负面影响。

此外，现存的中国森林碳库以及林产品碳库也存在较多的缺陷，例如，对于森林碳库来说，换算因子连续函数法只能核算森林子库中的生物量碳库，而不能对土壤有机碳储量进行核算，使得森林子库中碳汇总量核算不准确。对于森林干扰因子的研究集中于采伐剩余物分解产生的碳排放、森林火灾以及病虫害[201,202]造成的碳损失等方面，考虑的因素不够全面，而且对于采伐剩余物产生的碳排问题仍然存在较大争议。

对于林产品碳库而言，IPCC 推荐的核算方法不能保证数据的精确性且对数据的要求太高，除此以外，当前林业碳库仅有的两个核算模型中，FORCARB 模型只能用于美国和加拿大两个国家，而 CO2FIX 模型又对参数要求极高且针对性不强。

总而言之，构建符合中国林业国家虚拟碳库计量森林-林产品产业链的复合一体化碳库模型尤为必要。

三、全球林业碳库模型趋势及中国应用

林业碳库全生命周期的减排功能被视为应对气候变化的主要机制之一。林业碳库碳核算不仅影响森林管理，也在一定程度上影响林产品的使用及贸易情况。故而计量和核算林业碳库减排贡献具有科学价值及现实意义。模型化林业碳库计量方法有助于分析潜在的政策影响及作出科学合理的决策。

林业碳库体现动态的碳流动状态。林业碳库计量模型是量化计量碳通量及监测碳动态的常用工具。不同计量模型的区别体现在计量界限及模型核算目的的不同上。表 8.4 归纳了主流模型的建模原则及核算模块，体现不同模型的计量边界和核算目的。

表 8.4　主流模型建模原则及核算模块

模型	创始人	建模原则	产品生产过程	分解方式	回收	土地填埋	替代效应	碳库类型
CO2FIX	Schelhaas (2004)	归档	全过程核算	指数分解	核算	未考虑	未考虑	林业碳库
CARBINE	Edwards (1981)	归档	中间产品	滞留曲线	未考虑	未考虑	核算	林业碳库
C-HWP	Rüter (2011)	归档	全过程核算	储量变化	未考虑	未考虑	未考虑	林产品碳库
CASMOFOR	Somogyi (2010)	归档	原木和薪材		未考虑	单独模块核算	未考虑	林业碳库
Werner's	Werner (2010)	材料流动	全过程核算	仅核算在用 HWP	纸制品回收	核算	未考虑	林业碳库
CORCAM	Schlamadinger 和 Marland (1996)	归档	最终产品，包括生物质能源	未考虑	未考虑	未考虑	薪材替代化石能源	林业碳库
WOODCARB-Ireland	Kenneth (2008)；Dolan (2012)	归档	全过程核算	一阶分解	核算	核算	不考虑	林产品碳库
WOODCARB II	Skog (2012)	归档	全过程核算	一阶分解	核算	核算	不考虑	林产品碳库

注：由相关资料整理。

通过归纳和比较，鉴于模型建模原则及核算模块的不同，模型构架不同。另外，主流模型在核算林产品碳储时模块涵盖不完全，对于林产品产业链、替代减排贡献量化核算、产品废弃处理阶段的回收分解及利用均有不同程度的缺失。模块涵盖不完善降低林业碳库碳核算计量精确性。

　　总的来说，国际上没有一个通用的林业碳库模型，各国基于本国碳库情况采用不同计量方法核算本国碳库收支情况。中国应借鉴美欧国家在应对气候变化中的响应机制，科学分析和评价中国在气候变化中面临的重大战略，结合中国预期要承担的国际减排责任，梳理气候框架重要议题和关联问题，为构建中国林业国家碳库厘清系统脉络，并做好前期准备工作。

第三节　中国林业碳库系统测度模型构建

　　前两节对国际林业碳库研究以及碳库模型进行了综述，为构建中国林业国家虚拟碳库提供了经验借鉴。本节主要论述中国现有林业碳库研究现状，分析现有碳库存在的不足，为构建本研究提出的中国林业国家虚拟碳库奠定现实和理论基础。此外，下文还将论述所构建的国家碳库的框架和运行机理，从多个方面论证该碳库的科学性和可行性。

一、中国林业国家碳库机理分析

　　对中国林业碳库的运行机理进行分析(图8.3)，纵向上，林业碳库可分为社会环境、

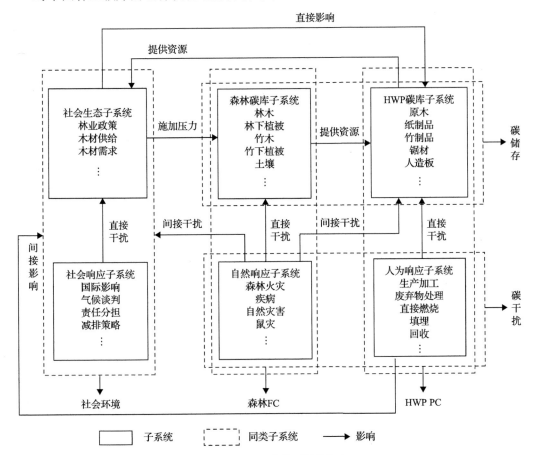

图 8.3　FPCM 测度模型的框架机理

森林及林产品三个体系，其中社会环境体系包括社会生态子系统和社会响应子系统，社会生态子系统指社会已有的林业政策以及社会对林产品的供给与需求等，而社会响应子系统主要指社会由于林业碳库的影响所作出的回应，包括在气候谈判中的观点与决策、责任分担以及所采取的减排策略等。森林体系包括森林碳库子系统和自然响应子系统，森林碳库子系统主要指森林中林木、林下植被、土壤以及枯落物和枯死木等部分，自然响应子系统是指影响森林碳汇的自然因素，包括森林火灾、自然灾害、疾病及鼠灾等①。林产品体系包括林产品碳库子系统和人为响应子系统两部分，林产品碳库子系统是指原木、纸制品、竹制品、锯材、人造板等林产品所包含的碳储量，人为响应子系统是描述人的行为对林产品碳储量产生影响的因素，具体包括生产加工林产品、废弃处理林产品（即回收、填埋或者直接燃烧）。横向上，森林碳库子系统和林产品碳库子系统组成了林业碳库体系的碳储存，自然响应子系统和人为响应子系统构成了林业碳库体系的碳干扰。

在这些子系统的相互关系中，碳储存和碳干扰对林业碳库体系产生直接的影响。社会生态子系统会对森林碳库子系统施加压力，并对林产品碳库子系统产生影响。森林碳库子系统为林产品碳库子系统提供资源，林产品碳库子系统对社会环境体系中社会生态子系统提供资源。碳干扰体系对林业碳库系统有重要的影响，其中自然响应子系统对森林碳库子系统产生直接干扰，对林产品碳库子系统产生间接干扰，同时也会对社会环境体系产生间接的影响。人为响应子系统对林产品碳库子系统的碳储存产生直接干扰作用，对社会环境体系同样会产生间接的影响。

二、中国林业国家碳库数理系统

研究赋予中国林业国家碳库数学表达，分析其数理结构并进行逻辑演绎，对该模型的框架机理、数理结构、发展结构及系统内涵进行具体分析。

1. 数理结构分析

为了更加科学地构建中国林业碳库体系的各项指标，降低主观随意性，通过分析该复合系统的结构与机理（图 8.3），结合林业碳库的各项指标体系构建中国林业国家虚拟碳库系统的数理结构（图 8.4）。

中国林业国家虚拟碳库系统的核心思想是：中国林业碳库为森林子库与林产品子库的汇总。该模型的逻辑架构是基于森林-林产品复合碳库体系、从林业碳库收和支两个角度来评估林业碳库水平，即两碳库的值为各自的碳储量增加值（和）与减少值（和）的差。其中，森林碳库的收指的是森林中林木、林下、土壤以及竹林中竹木、竹下以及竹林地的碳储量之和，而森林碳库的支则为采伐剩余物、森林火灾以及病虫鼠害造成的碳排放。而林产品子库的收则为非纸类林产品、纸类林产品、竹类产品以及用于回收的林产品碳储量之和，其碳库支出则为木质燃料使用、生产加工以及最终废弃处理时用于燃烧和分

解产生的碳排放之和。

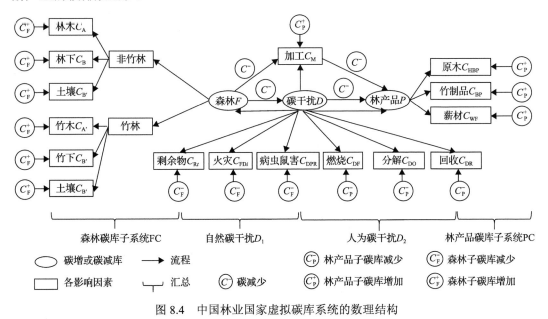

图 8.4　中国林业国家虚拟碳库系统的数理结构

通过图 8.4，对中国林业国家虚拟碳库中各个碳输入和碳输出环节有一个整体把控，为确立碳库数据核算体系奠定基础。该图中涉及的每一个子碳库的符号将在下面进行详述。

2. 系统内涵分析

对现有的蓄积量法、单指数衰减模型等科学方法进行再推导、综合与改进[203-206]，在遵循林业碳库自然发展规律的基础上，推导中国林业国家虚拟碳库系统的核算公式。

(1) 森林子库系统。

森林(包括竹林)碳汇可用林木、林下植物以及土壤碳储量之和来表示，即

森林碳汇=林木生物量固碳量+林下植物固碳量+土壤固碳量

则非竹林的林木固碳量可表示为

$$C_{\mathrm{A}} = \sum (S_{ij} \times V_{ij} \times \delta \times \rho \times \gamma) \tag{8.3}$$

其中，C_{A} 为非竹林中林木的固碳量；S_{ij} 为第 i 类地区第 j 类森林类型的面积；V_{ij} 为第 i 类地区第 j 类森林类型单位面积蓄积量；δ 为生物量扩大系数；ρ 为容积系数；γ 为含碳率。林下植被和土壤的固碳量可用式(8.4)和(8.5)表示为

$$C_{\mathrm{B}} = \alpha \times C_{\mathrm{A}} \tag{8.4}$$

$$C_{\mathrm{S}} = \beta \times C_{\mathrm{A}} \tag{8.5}$$

其中，C_B 和 C_S 分别为林下植被和土壤的固碳量；α 为林下植被碳转换系数；β 为土壤碳转换系数。

上述探讨的是非竹林的固碳量核算[①]，竹林的固碳量核算原理与非竹林相同，即为竹木、林下植物以及竹林土壤的固碳量之和。竹木碳储量可根据竹林生物量计算，竹林土壤有机碳储量为竹林面积和单位面积土壤碳储量的乘积，林下及枯落物碳储量由其占整个竹林碳储量的比例求出。根据竹子密度、生物量、产量等差异以及中国林业统计部门对竹子统计时的分类，将竹子分为毛竹和其他竹两类分别进行核算。其中，竹木部分的固碳量可用式(8.6)表示：

$$C_{A'} = BS_1 \times A_1 \times F_1 + BS_2 \times A_2 \times F_2 \tag{8.6}$$

其中，BS_1 和 BS_2 分别为单位面积毛竹和其他竹的生物量；A_1 和 A_2 分别为毛竹和其他竹的面积；F_1 和 F_2 分别为毛竹和其他竹的碳转换系数。竹下植被的固碳量可表示为

$$C_{B'} = (C_{A'} + C_{B'} + C_{S'}) \times (\alpha_1 \times \beta_1 + \alpha_2 \times \beta_2) \tag{8.7}$$

其中，$C_{B'}$ 和 $C_{S'}$ 分别为竹下植被的碳储量和土壤碳储量；α_1 和 α_2 分别为毛竹和其他竹的林下及枯落物碳储量占其竹林总碳储量的比值；β_1 和 β_2 分别为毛竹和其他竹的面积占竹子总面积的比例。竹林土壤的固碳量可为

$$C_S = CS_i \times A_i \tag{8.8}$$

其中，CS_i 为第 i 类竹林单位面积土壤碳储量；A_i 为第 i 类竹林的面积。

森林中树木被砍伐后，一部分被运出森林成为原木或者薪材，原木则进行再加工成为中间林产品或终极林产品，而薪材则被燃烧释放二氧化碳，而另一部分砍伐剩余物则会被留在森林，这部分剩余物将会和其他枯死木或者枯落物一起进行碳排放，在核算林业碳库时，这部分剩余物的碳排放应该被考虑，如式(8.9)所示：

$$C_{Rt} = C_{R0}(1 - e^{-kt}) \tag{8.9}$$

其中，C_{Rt} 为砍伐剩余物在 t 年后的累计碳排放量；C_{R0} 为最初树木和树枝中的含碳量之和；k 为分解常数。

在林业碳库框架体系中，既包括自然状态下储存的碳储量，即林木、林下植物、土壤储存的碳量以及枯死木的分解产生的碳排放，又包括由于自然或人为因素造成的森林燃烧和病虫鼠害等导致的碳排放。2003 年和 2006 年中国森林火灾受害面积分别为451019.9hm^2 和 408255hm^2，分别占当年全国森林总面积的 0.26%和 0.21%，因此，在核算中国林业碳库碳储量时，森林火灾造成的碳排放不能忽视，具体核算模型见式(8.10)：

① 钱江晚报. 遏制气候变暖：浙江森林立功了[EB/OL]. (2008-05-09) [2017-09-12]. http://qjwb.thehour.cn/html/2008-05/09/content_2262201.htm.

$$C_{\mathrm{FD}i} = A_i \times C_{\mathrm{F}i} \times E \tag{8.10}$$

其中，$C_{\mathrm{FD}i}$、A_i、$C_{\mathrm{F}i}$ 及 E 分别为第 i 年由于森林火灾造成的碳排放量、火灾面积、森林碳汇量以及燃烧效率。森林中由于病虫鼠害造成的碳排放核算公式如式(8.11)所示：

$$C_{\mathrm{DPR}} = \sum\sum(S_{ij} \times V_{ij} \times D_{\mathrm{w}} \times F) \tag{8.11}$$

其中，C_{DPR} 为由病虫鼠害造成的碳排放量；S_{ij} 为损失的第 i 类地区第 j 类森林类型的面积；V_{ij} 为损失的第 i 类地区第 j 类森林类型单位面积蓄积量；D_{w} 为干材密度；F 为碳转换系数。

(2)林产品子库系统。

林产品子库包括林产品的碳储存和后续的碳排放，具体包括薪材燃烧产生的碳排放、生产加工成中间或终极产品过程中发生的碳排放以及林产品废弃后燃烧或自然分解产生的碳排放。林木被砍伐处理后，首先变成初级产品，包括原木和薪材，再进行生产加工成为中间产品，如胶合板、纤维板、锯材等，或者进一步生产加工成为最终产品，如家具、纸和纸制品等。在核算林产品碳储量时，有两种方法：直接法和间接法。直接法指直接核算终极产品的碳储量，但现实中由于终极林产品种类繁多、数据获取困难，很难做到精确。间接法是指从林产品的初级状态入手，核算初级产品的碳储量，然后减去后续生产加工及废弃燃烧或者分解产生的碳排放，由于初级产品种类少(包括原木和薪材)，为了便于实际操作，选用林产品碳储量的间接核算方法，并运用 IPCC 指定的生产法的思想对林产品子库进行推导。

不同种类林产品的使用寿命和分解周期不同，从而导致其废弃率、腐蚀分解率等均不相同，其中差别最大的就是纸类林产品和非纸类林产品，因此将原木分为纸类原木和非纸类原木进行核算分析，其碳储量核算方法如式(8.12)所示：

$$C_{\mathrm{H/SP}} = V_i \times \rho \times \gamma \tag{8.12}$$

其中，C_{H}、C_{SP} 和 C_{WF} 分别为非纸类原木、纸类原木的碳储量以及薪材的碳排放量；V_i 为第 i 种林产品的体积；ρ 为容积系数；γ 为含碳率。薪材燃烧产生的碳排放一次性释放，其碳排放核算公式为式(8.13)：

$$C_{\mathrm{WF}} = V_{\mathrm{WF}} \times \rho \times \gamma \tag{8.13}$$

其中，V_{WF} 为薪材的体积。林产品碳库值本质上为林产品的碳储存与其碳排放的差，由于中国林产品性质以及统计方式的不同，竹产品的计量方式是株，而其他林产品则是体积，因此中国林业国家虚拟碳库系统对这两种碳储量的核算采用不同的方式，其中原竹的碳含量可表示为式(8.14)：

$$C_{\mathrm{BP}} = N_1 \times B_1 \times F_1 + N_2 \times B_2 \times F_2 \tag{8.14}$$

其中，C_{BP} 为原竹的碳储量；N_1、N_2 分别为毛竹和其他竹的株数；B_1、B_2 分别为毛竹和其他竹的生物量；F_1、F_2 分别为毛竹和其他竹的碳转换系数。

林产品生产加工过程中会释放二氧化碳，生产加工过程造成的碳排放用生产过程中消耗的煤炭、石油、天然气等能源产生的碳排放核算，即这部分的碳排放相当于生产这部分林产品时消耗的能源的碳含量，具体核算方法如式(8.15)所示：

$$C_M = \sum \lambda_i \times M_H + C \sum \lambda_i \times M_{SP} \tag{8.15}$$

其中，C_M 为生产加工过程中产生的碳排放；λ_i 为第 i 类能源的碳排放系数；C 为用林产品生产纸产品的比率；M_H 和 M_{SP} 分别为生产非纸类林产品和纸类林产品使用的第 i 类能源消耗量。

林产品废弃处理有三种方式：直接燃烧、自然分解和回收。其中用于回收的废弃林产品将增加其碳库的碳含量，直接燃烧的废弃林产品的碳将一次性释放，自然分解的废弃林产品则会慢慢向大气中排放碳，其产生碳排放与林产品的使用寿命和分解年数有关，中国林业国家虚拟碳库采用速率恒定法来核算产品的废弃速率和分解速率，即废弃率和分解速率分别为使用寿命和自然分解所需年限的倒数，具体核算方法用式(8.16)～式(8.18)表示：

$$C_{DF} = \alpha \times f_1 \times C_n \tag{8.16}$$

$$C_{DD} = \sum_{i-1}^{n} b \times f_1 \times f_2 \times C_i \tag{8.17}$$

$$C_{DR} = (1 - a - b) \times f_1 \times C_n \tag{8.18}$$

其中，C_{DF}、C_{DD} 和 C_{DR} 分别为林产品废弃时用于直接燃烧产生的碳排放量、自然分解产生的碳排放量以及回收产生的碳储存量；α、b 分别为林产品废弃后的燃烧比率和自然分解比率；f_1 和 f_2 分别为林产品的废弃率和废弃后的自然分解率；C_n 和 C_i 分别为第 n 年和第 i 年林产品碳储量。

三、复合链式结构下国家林业碳库测度模型系统运行

下面从森林碳库和林产品碳库两个子系统构建中国国家林业碳库测度模型。通过上述对林业碳库的组成框架及运行机理进行分析(图 8.3)，从碳库的收和支两个角度，构建森林-林产品链式关系的中国林业国家复合碳库测度模型，收主要指森林碳汇和林产品碳储两个部分，具体包括森林中林木、地下植被、土壤的储碳和林产品的储碳；支主要指森林枯死物和枯落物的氧化分解、森林火灾造成的碳流失、薪材焚烧的碳排放、林产品从初级产品生产加工成中间产品以及终极产品产生的碳排放和林产品废弃后的焚烧、腐蚀分解。分析森林-林产品复合碳库产业链的发展，即森林生态环境中的碳收支以及木材采伐后从原木状态开始产生的一系列碳流动(原木的碳储存和后续的碳排放)，具体包括

薪材燃烧产生的碳排放、生产加工成中间或终极产品过程中发生的碳排放及林产品废弃
后燃烧、自然分解产生的碳排放以及回收增加的碳储存(图 8.5)。

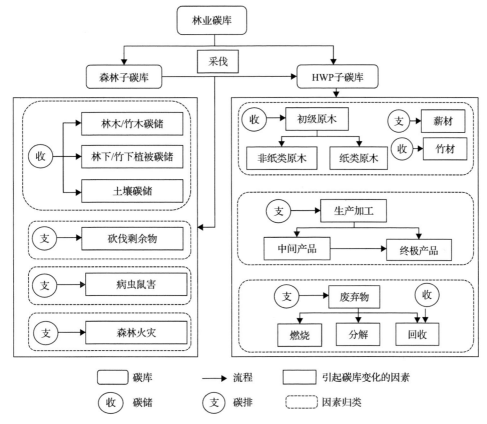

图 8.5 中国林业国家虚拟碳库系统测度模型的发展路径

图 8.5 清晰展现了中国林业国家虚拟碳库中的碳流动方向,在一定程度上反映出本
研究所构建的国家碳库具有动态性特征。然而,上图所列举的因素并不十分全面,还有
一些碳输入和碳输出因子未考虑进来,如森林子库中还包含部分凋落物固定的有机碳,
林产品子库中运输也是碳排放的一种形式。但是基于现有研究的理论基础以及数据搜集
的可能性,本研究只涵盖了上述所列因素。

根据前面的中国林业国家碳库测度模型数理系统分析以及对森林子库和林产品子库
的公式推导分析,整理得出中国林业国家虚拟碳库的逻辑运行结构(图 8.6)。

本研究探讨了全球气候变化背景下中国国家林业碳库的发展状况,为中国林业碳库
系统框架的构建提供理论背景支持。根据森林碳汇功能和林产品碳储功能的关联理论和
模型,推导和改进现有的林业碳库核算模型和方法,以实现目标碳从森林子碳库向林产
品子碳库的过渡与转移,从而对中国林业碳库模型的构建给予逻辑方法支撑。在此基础
上,基于森林-林产品产业链的发展现状,构建包括森林子碳库和林产品子碳库复合一体
化碳库模型,使之为创新中国林业碳库的计量与评价提供判据。

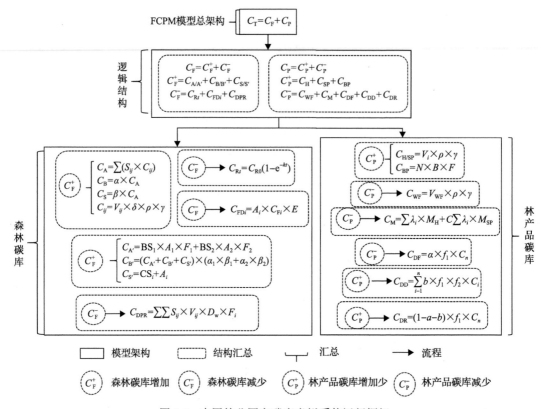

图 8.6　中国林业国家碳库虚拟系统运行框架

第四节　本　章　小　结

　　本章在前述章节对于林业碳库各子碳库的碳吸纳机理及碳储核算国际认可模型甄选的基础上，初步构建中国林业国家碳库虚拟系统。中国森林碳汇和林产品碳储的功能在国际具有领先优势，可作为重要战略资源满足国际清偿。在气候变化成为严重关注的重大命题及国际背景下，构建中国林业国家碳库的任务现实而迫切，林业国家碳库的构建有利于科学评价并厘清我国在气候变化中的责任分担，其系统功能能够为我国的碳收支提供重要的科学预警。本章叙述了全生命周期中林业碳库的减排功能，评述国际林业碳库实践经验并借鉴其价值用于中国林业碳库构建。另外在分析中国林业碳库构建迫切性的基础上，初步构建复合链式结构下国家林业碳库测度模型，并分析其构架机理及数理系统内涵，以期为创新中国林业碳库的评估提供理论依据和科学核算方法。本章简要小结如下：

　　首先，国内外主流研究均肯定林业在应对气候变化及增加温室气体的碳吸收中具有的特殊生态价值，林业系统的全生命周期均具有碳汇和碳储并减缓气候变化的价值，构建林业碳库具有科学价值及现实意义。国际上对于林业碳库的研究归纳起来，有三个主流方向：第一，主要研究森林碳库相关问题，包括对森林碳库进行具体划分，将其划分为各个可量化的子碳库；也有的研究注重于森林子库的干扰因子分析，如森林火灾、病虫害等。第二，主要探究林产品子库的碳储相关问题。第三，对综合了森林和林产品两个模块的林业碳库相关问题进行探讨。

其次，关联的林业碳库模型主要分为三类：首先是森林碳汇计量模型，用于核算森林生态系统的碳储量，如 CBM-CFS、CENTURY、PROCOMAP、ROTH 等；其次是林产品碳库计量模型，用于计量国家或地区各类林产品的碳储量，如 WOODCARB Ⅱ模型；最后是结合森林碳库和林产品碳库于一体，描述森林中树木被采伐到加工成林产品，以及最终废弃处理等过程的动态产业链模型，如 FORCARB 模型和 CO2FIX 模型。目前，尚不存在专门针对中国林业碳库的核算模型，现存的森林子库及产品子库也存在较多缺陷，因而构建符合中国林业国家虚拟碳库计量森林-林产品产业链的复合一体化碳库模型尤为必要。

最后，在提出创新中国国家林业碳库模型构想的基础上，赋予中国林业国家碳库模型数学表达，分析其数理结构并进行逻辑演绎，在森林子库和林产品子库两个复合链式体系下构建了中国林业碳库系统测度模型，并对模型的框架机理、数理结构、系统内涵及运行架构等进行具体分析，以期为创新中国林业国家碳库的评估提供理论依据和科学的核算方法，为中国国家林业碳库的计量与评价提供判据。

第三部分 中国林业国家碳库的内生机理

评估中国林业国家碳库的水平，需要将森林子库和木质林产品子库作为系统的整体。对森林生物量的采伐和加工，导致森林子库和林产品子库之间发生碳转移，也使得两个子库之间产生碳收支关联。考察中国林业国家碳库的内部结构，需要全面地剖析林业碳库的动态碳循环过程和碳库分配机理。

本专著第三部分的核心问题是中国林业国家碳库的内生机理。此部分共分为四章，即第九章到第十二章，具体内容涉及中国森林碳汇对林业碳库的输入机理、中国林产品碳储对林业碳库的输入机理、中国森林碳汇与林产品碳储的关联消长机理、中国林业国家碳库的系统框架。此部分是本专著的核心内容，论证复合链式体系下森林子库和林产品子库的关联消长机理，通过演绎和归纳中国林业国家碳库的发展路径和系统内涵，结合森林子库和林产品子库的动态特征，为中国林业国家碳库的系统框架和模型计量提供技术支持。

第九章 中国森林碳汇对林业碳库的输入机理

本章系统论述了森林子库对林业碳库的输入机理，从森林碳库的概念入手，阐述森林碳库、碳汇以及碳储的内在关联，继而以碳汇、碳储作为基础论点，探讨森林碳库对林业碳库的正向输入机理和负向输入机理。厘清森林碳库中正向和负向输入双向碳流的流向及其作用机理，是构建中国国家林业碳库的基础和前提。

第一节 森林碳汇与森林子库的关联

在探讨森林碳汇对林业碳库的输入机理之前，首先要明确林业碳库的组分构成，以及林业碳库与森林碳汇的关联性。为减轻概念之间的模糊性，将林业碳库内在构成梳理如图 9.1 所示。

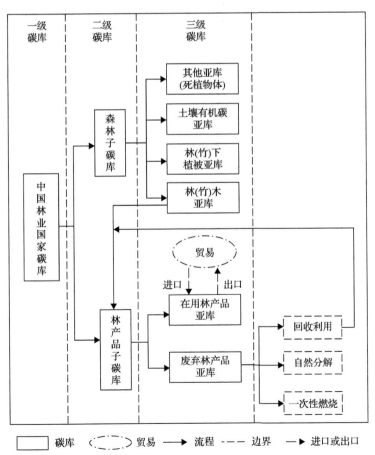

图 9.1 中国林业国家碳库层级结构

在图 9.1 的基础上，以下将对国家碳库层级结构进行系统性阐述，遵循碳流的客观流向，从三级亚库追踪直至一级碳库，科学论证中国林业国家碳库各组分间的输入输出机理。

一、森林子库与森林碳汇的研究背景

目前，随着工业化的迅猛发展、化石燃料的过度使用，大气中的温室气体激增，全球变暖现象日益显著，引起社会的普遍关注[①]。除此以外，由于土地利用方式的改变，土壤和植被的固碳能力下降，碳汇和碳源的平衡关系受到破坏，大气 CO_2 增加，影响了全球碳循环和气候变化。在全球变暖的大背景下，各国对减缓由于人类活动（如大量使用化石燃料、毁林开荒等）引起的温室气体排放已经达成共识。当前，减少温室气体排放有两种途径，一是直接减排（又称为工业减排）；二是间接减排（又称为生物减排，即固碳增汇）。在工业化进程加快的国际背景下，通过植物光合作用固碳具有重要的意义。森林作为陆地生态系统的重要组成部分，具有相当可观的生物量和碳汇量，是地球碳循环重要的库和汇，与气候变化有着紧密的联系。国际社会对森林碳储量变化和森林碳汇越来越关注，实施造林和再造林、增加森林碳汇量，是经济有效的破解 CO_2 浓度升高的手段。森林生态系统的固碳潜能（包括造林、再造林以及森林经营管理）已经被纳入到旨在减少全球 CO_2 排放的《京都议定书》，以鼓励各国造林绿化来抵消部分工业 CO_2 的排放量。《京都议定书》规定，自 1990 年以来，直接由人为活动引起的土地利用变化和林业活动——造林、再造林和砍伐森林所产出的温室气体源的排放和碳吸收方面的净变化需要进行衡量，2007 年政府间气候变化专门委员会（Intergovernmental Panel on Climate Change，IPCC）第三工作组发布了第四次评估报告，分析了近期和中期林业可提供的减轻温室气体排放主要技术和方法，其中近期措施包括造林、再造林、林区管理、减少砍伐林木、林产品管理、利用林产品创造生物碳源以代替化石燃料；中期技术包括改良材木品种增加所产生的生物质和碳汇量，发展用于分析和评估植被和土壤碳速率、潜力及土地利用变化制图的遥感技术。

鉴于森林子库的重要作用，在各类涉及减缓气候变化的国际谈判和 IPCC 评估报告中，森林碳汇作为一项重要内容，是气候公约谈判的必谈议题和实现温室气体减排的重要途径，中国政府也在《中国应对气候变化国家方案》[②]和《中国应对气候变化的政策与行动》[③]两个政策文件中，将林业纳入减缓与适应气候变化的重点领域，强调植树造林、保护森林、最大限度地发挥森林的碳汇分解是应对气候变化的重要措施。2009 年，国家主席胡锦涛在联合国气候变化峰会上承诺，中国将大力增加森林碳汇，争取到 2020 年森林面积比 2005 年增加 4000 万 hm^2，森林蓄积量比 2005 年增加 13 亿 m^2，同年国家林业局发布了《应对气候变化林业行动计划》，可以预期，随着国家一系列政策和措施的出

① 中国日报网站. 全球变暖[EB/OL]. (2020-05-13) [2020-05-13]. http://www.chinadaily.com.cn/hqgj/qqbn_hqzk.html.
② 中央政府门户网站. 我国发布《中国应对气候变化国家方案》(全文)[EB/OL]. (2007-06-04) [2018-05-13].http://www.gov.cn/gzdt/2007-06/04/ content_635590.htm.
③ 中华人民共和国国务院新闻办公室. 中国应对气候变化的政策与行动[EB/OL]. (2008-10-01) [2017-05-17]. http://china.com.cn/policy/qhbh/ node_7055577.htm.

台，我国人工营造林投入力度将继续加大，森林资源保护会进一步加强，森林固碳增汇功能必然发挥更大的作用，林业地位在应对气候变化领域将更为突出。

二、森林子库构成及特征分析

陆地生态系统受到人类干扰剧烈，碳库变化大、情况复杂，在全球碳循环中要考虑的因子很多。陆地生态系统主要包括森林、草原、湖泊、农田和冻原生态系统等，碳库分布受维度、气候、植被和土壤类型等多种因素共同影响，不同生态系统其碳库分布和碳密度有明显区别。表 9.1 整理了全球植被和土壤的碳储量。

表 9.1　全球植被和土壤碳储量

生态系统	面积(亿 hm²)	碳储量(亿 t)		
		植被	土壤	总计
热带森林	17.6	2120	2160	4280
温带森林	10.4	590	1000	1590
北方森林	13.7	880	4710	5590
热带草原	22.5	660	2640	3300
温带草地	12.5	90	2950	3040
沙漠、半沙漠	45.5	80	1910	1990
苔原	9.5	60	1210	1270
湿地	3.5	150	2250	2400
农田	16.0	30	1280	1310
合计	151.2	4660	20110	24770

注：(1)数据来源于 IPCC[207]；(2)土壤剖面深度为 1m。

从表 9.1 中可以看出，就植被碳库而言，面积仅占 28% 的森林生态系统碳储量占陆地植被碳储量的 77%，其中面积占 12% 的热带森林碳储量占森林系统碳储量的 59%，占整个植被系统碳储量的 45%，与植被碳库相比，土壤储藏了更多的有机碳，约为植被碳库的 4.3 倍，在植被碳库和土壤碳库中，森林生态系统都占了很高的比例。整个陆地系统的碳库合计约为 2477Pg C，其中森林部分碳库为 1146Pg C，约占 46%，森林生态系统占陆地生态系统碳库的比例很大，森林植被碳库的大小及其变化在很大程度上影响了碳库总量和流量大小，因此对森林碳库的研究是碳循环研究最重要的部分。

森林碳库包括森林植被(乔木林、红树林、竹林、灌木林、疏林、散生木、四旁树)碳储量、林下土壤碳储量和枯枝落叶碳储量，森林生态系统碳库各部分及其定义见表 9.2。

在表 9.2 的分类结果以及其他文献理论支撑下，在初期研究中将森林子库(包括竹林)概括为三个亚库，即林(竹)木亚库、林(竹)下植被亚库以及土壤有机碳亚库。第二节将详细介绍各个碳子库、碳亚库的作用机理以及碳汇核算公式。

表 9.2　森林生态系统碳库各部分以及定义

碳库	描述
地上部分	土壤以上的所有草木活体植物和木本活体植物生物量碳含量，包括茎、树桩、枝、树皮、籽实和叶
地下部分	活根的全部生物量含碳量。直径不足 2mm 的细根有时不计在内（建议），因为往往不能凭经验将它们与土壤有机质或枯枝落叶相区分
枯死木	包括不含在枯枝落叶中的所有非活性的木材生物量含碳量，无论是直立的、横躺在地面上的或者在土壤中的。死木包括横躺在地表的木材、死根和直径大于或等于 10cm（或者国家特定的直径）的树桩
枯枝落叶	包括所有非活生物量含碳量，其直径大于对土壤有机质的限定（建议 2mm）而小于国家选定的最小直径（如 10cm）、在矿质土或有机质土上已经死亡的、腐朽状况各不相同。包括通常定义在土壤类型中的枯枝落叶层。在凭经验不能加以区分时，矿质土或有机土上的活细根（小于建议的地下部生物量最小直径限度）均列为枯枝落叶
土壤碳	达到国家选择的规定深度的矿质和有机土（包括泥炭）中的有机碳，并在时间序列中一致适用。在凭经验不能加以区分时，小于2mm（或者国家选定的用于地下部生物量的直径限度的其他值）的活细根列入土壤有机质

注：根据相关资料整理。

三、森林碳汇机理及科研动态

"碳汇"来源于《联合国气候变化框架公约》缔约方签订的《京都议定书》，该议定书于 2005 年 2 月 16 日正式生效，由此形成了国际"碳排放权交易制度"（简称"碳汇"）。通过陆地生态系统的有效管理来提高固碳能力，所取得的成效抵消相关国家的碳排放份额。

碳汇，指从大气中消除 CO_2 的过程、活动或机制。森林碳汇指当森林生态系统向大气排放的碳量大于吸收大气 CO_2 所固定的碳量时，该森林系统就成为大气 CO_2 的源头，即森林碳源。自然界中碳源主要有海洋、土壤、岩石与生物体。另外，工业生产以及人类生活等活动也会产生 CO_2 等温室气体，从而形成主要的碳排放源。森林碳汇指当森林生态系统吸收大气 CO_2 所固定的碳量大于向大气中排放的 CO_2 时，该森林系统就成为大气 CO_2 的汇，即森林碳汇。

经过文献整理，表 9.3 列举出了现有研究中核算中国碳汇的结论。

表 9.3　森林碳汇研究文献统计

序号	森林碳(Tg/a)	计算内容	计算方法	资料来源
1	45×10^6	森林总碳量	生物量法	方精云(2000)
	5×10^6	疏林及灌木丛总碳量		
2	0.863×10^6	年平均森林净碳汇量	蓄积量法	康惠宁(1996)
	773×10^6	未来 20 年内约增加的森林净碳汇能力		
3	3255~3724	森林生态系统现存的植物碳储量	生物量清单法	王效科(2000)
4	862	1982~1999 年森林生态系统累积碳汇量	NPP 增长驱动下的碳周转模型	李秀娟(2009)
	51	年均碳汇量		
	34	固定在植被中的碳汇量		
	13	固定在凋落物中的碳汇量		
	4	固定在土壤中的碳汇量		

续表

序号	森林碳(Tg/a)	计算内容	计算方法	资料来源
5	19	1982~1999 年森林植被碳汇量	基于森林资源清查资料(生物量法)	S. L. Piao(2005)
6	75	1981~2000 年森林植被碳汇估算	基于森林资源清查资料的碳汇估算量(生物量法)	方精云(2007)
7	5500	按树种计算的森林碳储量	根据第 6 次森林资源清查中不同树种调查统计的森林蓄积量计算(植物分子式方法)	顾凯平(2008)
8	4190	森林总碳量	生物量法	方精云(1996)
9	4450	森林总碳量	生物量法	赵士洞(2000)
10	89	森林年均碳汇量	生物量清单法	魏殿生(2003)
11	5410	森林总碳量	生物量法	J. K. Winjum(1993)

注：根据相关资料整理。

按照蓄积量转换法，森林碳汇的核算公式为

森林碳汇量=林木碳汇量+林下植被碳汇量+林地碳汇量

=森林面积量×扩大系数×容积系数×含碳率

+林下植被固碳量换算系数×森林蓄积量

+林地固碳量换算系数×森林蓄积量　　　　　(9.1)

用字母可以表示为

$$C_F = V_F\delta\rho\gamma + \alpha V_F\delta\rho\gamma + \beta V_F\delta\rho\gamma$$
$$= V_F\times1.9\times0.5\times0.5 + 0.195(V_F\times1.9\times0.5\times0.5) + 1.244(V_F\times1.9\times0.5\times0.5) \quad (9.2)$$
$$= 2.439(V_F\times1.9\times0.5\times0.5)$$

其中，C_F 为森林碳汇量；V_F 为森林蓄积量；δ 为森林蓄积量换算成生物量蓄积的系数，也称生物量扩大系数，一般取 1.90；ρ 为将森林生物量蓄积转换成生物干重的系数，即容积密度，一般取 0.45~0.50；γ 为将生物干重转换成固碳量的系数，即含碳率，一般取 0.5；α 为林下植物固碳量换算系数，即根据林木生物量计算林下植物(含凋落物)固碳量，一般取 0.195；β 为林地固碳量换算系数，即根据森林生物量计算林地固碳量，一般取 1.244。

森林碳汇核算的主要数据来源于《全国森林资源统计》《中国森林资源清查》《中国林业统计年鉴》《中国统计摘要》和有关研究报告。具体来说，森林蓄积量、森林年生长量的数据主要来源于《全国森林资源统计》；森林年消耗，如森林采伐量、森林枯损量的数据来源于《中国林业统计年鉴》。另外，在数据收集中，由于中国每 5 年进行一次森林资源清查，因此森林蓄积量、森林年生长量和森林采伐量、森林枯损量基本上 5 年内保持相同。

通过对森林子库以及森林碳汇的涵义界定和作用介绍，可以得出如下结论：首先，森林子库和森林碳汇是两个不同的概念，森林子库是虚拟的"碳储存器"，其既有正向碳储功能(即碳汇功能)，又有负向输入功能(即碳源功能)，因而能够用以衡量森林生态系统中碳的动态变化；而森林碳汇是一种储碳过程，通过植物光合作用以及土壤微生物的分解作用将大气中 CO_2 等温室气体转化为有机质，储存到森林子库中。其次，森林子库对林业碳库的正向输入机理是通过森林碳汇来实现的，森林碳汇总量与干扰因子(森林火灾、病虫害等)造成的碳排放总量之间的差额即为森林子库中的净碳储量。

第二节　森林碳汇对林业碳库的正向输入机理

森林生态系统通过光合作用将固定的 CO_2 主要储存到 3 个有机碳库中：林木碳库、林下植被碳库和土壤有机碳库。森林生态系统中还存在一些非常狭小并且难以测定其储量的碳库，如动物和挥发有机质碳库。在现有研究中通常忽略这些部分。碳库容量在不同森林类型以及不同林龄中所占的比例也不尽相同。例如在成熟林中活有机体和粗木质残体中储存的碳约占森林碳总量的 60%，土壤和凋落物中的碳约占 40%。

目前，中国全国层面的森林碳汇计量方法主要包括以下几个方面：一是利用全国森林资源连续清查地面样地数据和通过林区-监测区区划体系下监测区布设的样地获取的林木生物量补充调查数据建立的生物量模型，来完成林木生物量碳库的计量；二是利用全国森林资源连续清查统计数据和相关的统计年鉴数据完成木制品碳库的计量；三是在林区-监测区区划体系下监测区布设样地获取调查数据的基础上进行土壤、粗木质残体、森林枯落物、下木植被共四个碳库的计量，即采用分别求算以上四个碳库中样地、监测区层次"单位面积的生物量"来推求每个林区的"单位面积平均生物量"的方法，进而计算得到各林区的生物量，从而达到由样地—监测区—林区—全国范围的四个碳库生物量的计量目的。根据森林碳汇计量的实际需要，按照以上方法计算全国各个碳库的总生物量，将各碳库生物量值与碳含量值相乘即得全国碳储量值。碳含量值参见《2006 IPCC指南》。

为提高碳汇核算精度，在研究森林子库对林业碳库的正向输入机理时对全国森林类型进行了分类，分为非竹林和竹林两类。每种森林类型又都包含前文所说的 3 个有机碳亚库——林木亚库、林下植被亚库和土壤有机碳亚库。下文将对每一种森林的各个碳亚库进行深入探讨，以便核算出中国森林子库中的碳汇总量。

一、林(竹)木亚库计量范畴与模型选择

林木生物量包括地上生物量和地下生物量两部分，对其一般采用先计算地上生物量再推算出地下生物量的方法。

1. 地上生物量计量模型和计算方法

首先要通过碳汇监测区布设的调查样地获取的林木蓄积数据和其他调查因子数据去建立地上生物量的计量模型和方程，同时考虑对方精云等的生物量与蓄积的回归方程和IPCC《土地利用、土地利用变化和林业良好做法指南》中胸径和生物量的回归方程进行模型系数修正。然后通过全国森林资源连续清查地面样地数据和所建立的地上生物量模型来完成林木生物量碳库的计量。具体计算方法是：以森林资源连续清查地面样地数据

(如活立木总蓄积、平均胸径、平均树高等数据)为数据源,以数理统计抽样调查为理论基础,以中国山地森林区划的25个林区为抽样总体,采用数理统计方法进行区域统计,完成森林资源的汇总分析和专题分析,并求算得到25个林区相应的林分蓄积。然后再根据上述所建立的生物量模型推求地上生物量。

2. 地下生物量计算方法

林木地下部分生物量一般是通过地上部分和地下部分生物量的回归关系,用已经知道的地上生物量来确定林木地下生物量。

1)地上生物量与地下生物量异速方程

表9.4列举了几个普遍应用的回归模型。

表9.4　地上生物量与地下生物量异速方程

森林类型	异速方程表达式
北方森林	$BBD=\exp(-1.0587+0.8836\times\ln ABD+0.1874)$
温带森林	$BBD=\exp(-1.0587+0.8836\times\ln ABD+0.2840)$
热带森林	$BBD=\exp(-1.0587+0.8836\times\ln ABD)$

注:(1)BBD 表示地下生物量密度(underground biomass density,t/hm²);(2)ABD 表示地上生物量密度(aboveground biomass density,t/hm²)。

2)根冠比推算地下生物量

地下生物量值为地上生物量与根冠比的乘积。根冠比参考值参见《2006 IPCC 指南》。

森林生态系统的碳主要储存在植被和土壤中,而森林活生物量,主要包括植物各器官(枝、干、叶和根),其中地上生物量(aboveground biomass,AGB)占有很大的比重。AGB 可以通过构建异速生长方程进行比较准确的估算,其时空变化也可以通过建立永久森林样地进行重复观测来获得,而估算其他碳库的大小和变化比较困难,因此 AGB 的变化常作为测定森林碳动态的指标。AGB 对人类活动和自然干扰比较敏感,如火灾、砍伐、虫害等。AGB 虽然不是唯一的碳库,但是 AGB 是森林生态系统中最具有动态的碳库,因此森林 AGB 的动态是森林碳库研究的热点区域[208]。森林地下生物量由于估算比较困难,常通过与 AGB 的比值进行换算[209],也有树干、皮、枝生物量估算方法的相关研究[210]。

二、林(竹)下植被亚库碳汇机理及计量甄选

林下植被是森林生态系统中一个重要组成部分,其在森林生态系统营养元素的积累循环、维持森林生物多样性以及促进森林演替与发展等方面发挥独特的生理生态作用[211]。对于林下植被发育较好的森林,其森林凋落物、土壤以及整个森林植被中 N、P 等营养元素积累量较没有林下植被的森林高,并且林下植被的凋落物能周期性调节 N、P 等营养元素在土壤和森林生态系统中的循环,对于处在演替中期的森林具有十分重要的作用[212]。另外,林下植被的分布特征和生长状况能改变林内微环境条件(土壤湿度、质地和有机质含量等),特别会影响林分幼苗(树)的存活率和生长发育,从而对森林林分未来

的结构和组成以及受干扰后森林的演替有不容忽视的重要作用[213]。

目前，国内对林下植被的相关研究较少，研究内容相对较窄，主要集中在杉木人工林中[214,215]。而进一步深入研究林下植被在森林生态系统中的作用和功能，面对的最基本和最实际的问题之一就是如何确定较好的群落生物量取样方法和技术。研究植物群落生物量的方法主要有 3 种：直接收获法、采用标准样地或样地全收获法和采用数学模拟法建立生物量与植物形态参数的相关方程推算[216]。但是，运用收获法研究群落生物量的初始阶段，如何根据所要达到的精度要求和所投入的时间、人力和物力来确定最佳的样方面积、形状和数量是成功完成整个研究计划的前提，也一直是植被生态学野外研究十分关注的问题。由于大部分研究的植被类型种类多样，结构复杂导致产生较高的变异性，因此要获得理想的估算精度并不容易。一般来说，研究所采用的样方大小、形状和数量在一定程度上影响估算结果的变化幅度。估算结果的变化幅度越小，就说明研究所采用的取样方案越好。国外一些学者对草地和灌木群落进行了许多这方面的研究，但中国对这类植物群落取样技术的研究不多，特别对森林下木层植被生物量取样技术的研究就更少。

下木层包括灌木和草本。传统的测定主要采用收获法，地下部分采用全挖法，对生态系统破坏较大。也有通过地径、株高和冠幅等因子建立灌木的生物量模型来估算灌木的生物量，弥补了传统方法的不足。当前对灌木生物量模型的研究较少，以后应加强这方面的研究。路秋玲等[217]曾在估算瓦屋山林场森林碳储量中探索灌草层和乔木层之间的关系，发现二者显著相关，并得出二者之间的函数关系式。森林枯落物碳储量的估算主要采用收获法，其他的有网袋法和平衡法。网袋法是目前枯落物实测中较好的方法，在青海云杉、山地雨林、常绿阔叶林、红松林级峨眉冷杉等森林类型中最为常用，但其准确性易受主观和客观因素的影响，且费时费力，有一定的局限性；平衡法是利用林分类型的生物量模型进行推算，它反映了林分的历史平均水平，比用网袋法得到的结果更具代表性和实际意义，但估算精度难以保证。研究表明粗木质残体是森林生态系统中的重要组分，在成熟森林中其往往占地上部分生物量的 10%～20%，但这一组分往往被忽略。关于枯倒木碳储量测定方法的研究不多，一般利用样方法。孙秀云[218]利用红外气体分析法测定了东北部山区典型温带天然次生林中 11 个主要树种的 CO_2 通量及其相关环境因子，但是由于该碳库的碳储量很小，一般情况下忽略不计。

三、土壤有机碳亚库组分构成及碳储核算原理

土壤有机碳亚库是森林生态系统最为重要的碳库之一，也是陆地生态系统容量最大但是周转周期最慢的一个碳库。土壤有机碳库的组分主要有：腐殖质、微生物、代谢产物以及未完全分解的动植物残体，土壤表层的有机碳含量最高，随土壤深度增加而递减，一般认为 100cm 以下，有机质的含量已经很少。土壤有机质影响着土壤肥力以及生态系统的生产力和稳定性，土壤碳循环也是土壤氮、磷、硫循环的驱动因子。储藏在土壤中的碳由于其物理化学性质不容易被氧化，因而相对于植被碳库较稳定，但是土壤碳库呈现出很高的空间变异性，很难预测土壤碳库大小的变化规律，尤其在土地利用方式发生改变时，如森林砍伐和造林，Guo 和 Gifford[219]认为土壤碳库变化的大小和方向依赖于地上植被、土壤性质和气候。然而最近的一项研究发现土壤中固定的碳 70%来自树根和

周围生长的真菌，并认为根和真菌固定的碳要比凋落物对土壤的贡献度更大。共生真菌通过与树根的共生作用，增强了宿主植物对大气 CO_2 的吸存能力，促进植物生长并且直接将植物的光合作用产物转运并且储藏到土壤中，用于自身繁殖，死亡后个体可被土壤微生物迅速分解或者长时间储藏在土壤中。这个结果强调了北方森林中菌根真菌在土壤碳封存中的核心作用。而在热带森林中也有发现固氮植物根瘤可以提高森林固碳能力的研究成果[220]，因而有必要更深层次研究其在森林固碳中的作用。

学术界常见的土壤碳储量估算方法有六种，分别是土壤类型法、相关关系估算法、植被类型/生态系统类型和生命地带法、统计估算法、模型估算法以及地理信息系统（geographic information system，GIS）估算法，表 9.5 概括了这些核算方法的优缺点以及适用性，以便甄别出本研究核算林地土壤碳储量的最优方法。

表 9.5　土壤碳储量核算方法

核算方法	优点	缺点	适用性
土壤类型法	原理简单、数据易收集	缺乏分布均匀的土壤剖面数据，加上不同土壤类型的空间变异性，限制了土壤有机碳储量的估算；土壤信息较少而影响估算的精度	目前该法是估算土壤碳储量的最常用方法
相关关系估算法	简单、方便，通过与外界环境因子之间的关系来估算碳储量，减少了对土壤结构的破坏	没有说明土壤有机碳储量积累、释放的机制以及影响土壤有机碳储量的因素，限制了该法的应用范围	通过建立土壤有机碳含量与海拔、降水、温度、土壤厚度、土壤质地、体积质量等环境因子和土壤属性之间的统计关系间接估算土壤有机碳储量
植被类型/生态系统类型和生命地带法	易了解不同植被、生态系统及生命地带类型的土壤有机碳库总量，也能反映气候、植被分布对其的影响	不能解释局域尺度上的土壤母质变化，也不能提供土壤厚度的信息，故很多细节上的研究无法开展；土壤有机碳空间格局的变异和相关数据的不可靠，导致不确定因素增多，使其应多使用辅助信息来分析土壤有机碳储量，使得该法在具有空间地理数据研究中的应用也受到限制	基于上述各方法中土壤有机碳密度与其面积估算土壤有机碳储量
统计估算法	应用较早、较成熟，适用范围比较广	—	适用于大尺度上的土壤碳储量估算
模型估算法	能够模拟和预测土壤碳储量动态变化趋势，也解决了尺度转换的问题	过于均一化，忽略了很多细节；研究过程较复杂，需进行大量的运算，对计算机及系统要求比较高；缺乏大量相关和连续的数据，使得模型的参数化和初始化很难	研究森林土壤固碳潜力的一个主要途径，也是评价与估测区域或国家尺度上土壤固碳潜力的重要方法
GIS 估算法	能够对土壤图进行精确的类型划分，结合 ARC/INFO 空间分析功能及相应的模型或方法、公式估算出的结果更为准确，并可绘出有机碳储量空间分布特征图	对研究人员的相关技术要求较高	该法简单、易操作、可视性较好，空间分析功能强大，和其他技术容易耦合，在某种程度上解决了土壤碳储量由点尺度推演到区域尺度所带来的尺度扩展问题

注：根据相关资料整理。

综上所述，得出以下结论。首先，样地清查法是传统方法，操作简单、应用广泛，在小尺度森林碳储量的估算中宜采取该法，误差相对较小。例如中国绿色碳基金碳汇造林课题[221]就采用平均换算因子连续函数法对地上部分进行碳汇计量和监测。基于计量的透明性、可操作性、可计量性，其优势比较突出。近年来，随着人们对全球变化等重大环境问题的关注，需在国家、全球层面上计量森林碳储量的动态变化，和传统方法相比，模型法和遥感法的优势凸显。随着模型的日臻完善，以及其与 3S 技术[遥感（remote sensing，RS）技术、地理信息系统（geographic information system，GIS）和全球定位系统（global positioning system，GPS）]的结合，估算精度将会更高。

其次，在森林生态系统中，土壤碳储量所占比重最大，为森林碳储量的 2～3 倍。目前在土壤碳储量的估算中，在小范围内估算土壤碳储量较多应用生命地带法。随着土壤研究的深入，土壤相关数据和信息的日益完善，各种估算方法自身存在问题的逐步解决，土壤碳的估算精度将会越来越高。在保证结果精度前提下，可选择或舍弃某些碳库，以节约时间和降低成本。例如在碳汇造林课题中，考虑监测成本有效性、不确定性和保守性，土壤中的有机质碳库、枯落物和枯死木碳库中的碳储量可以保守地忽略不计。

第三节 干扰因子对林业碳库的负向输入机理

森林子库中既包括自然状态下储存的碳量，即林木、林下植被以及森林土壤储存碳，也包括各种形式的碳排放，如枯死木分解产生的碳排放、由于自然及人为因素造成的森林燃烧产生的碳排放以及病虫鼠害导致的碳排放。下文将从采伐剩余物碳排放、森林火灾和病虫鼠害 3 个碳排放形式来阐述森林子库对林业碳库的负向输入机理。

一、采伐剩余物分解形式及碳排原理

在森林子库的碳排放方面，对森林子库中采伐剩余物和火灾的碳排放进行核算。树木采伐制成各类林产品，森林中的采伐剩余物通过其枝和叶进行碳排放。木材需求量的上升导致采伐剩余物不断增加，中国每年新增木材的产量总体呈上升的趋势，2013 年中国木材产量达到 7836.89 万 m^3，森林采伐剩余物的碳排放量不断上升[①]。根据张旭芳等[137]的研究，1993 年以来，由森林中采伐剩余物导致的碳排放呈现稳定上升的趋势。截至2013 年，森林采伐剩余物累计碳排放为 10.82Tg C，1993～2013 年中国森林采伐剩余物平均每年碳排放量为 0.52Tg C，森林采伐剩余物的碳排放是导致中国林业碳库减少的原因之一[②]。

森林中树木被砍伐后，一部分被运出森林成为原木或者薪材，原木则进行再加工成为中间林产品或最终林产品，而薪材则被燃烧释放 CO_2，而另一部分砍伐剩余物则会被留在森林，这部分剩余物将会和其他枯死木或者枯落物一起进行碳排放，在核算林业碳库时，这部分剩余物的碳排放应该被考虑，如式（9.3）所示：

$$C_{Rt} = C_{R0}(1 - e^{-kt}) \tag{9.3}$$

其中，C_{Rt} 为砍伐剩余物在 t 年后的累计碳排放量；C_{R0} 为最初树木和树枝中的含碳量之和；k 为分解常数。

① 中研网. 国内木材消耗总量分析及中国木材需求行业结构[EB/OL]. (2020-05-11) [2020-05-11]. http://www.chinairn.com/news/20200511/155706309. shtml.
② 中国碳排放交易网. 中国林业减缓气候变化的途径[EB/OL]. (2012-06-17) [2017-09-12]. http://www.tanpaifang.com/tanguihua/2012/0617/3084.html.

二、森林火灾的影响路径和耦合作用分析

森林干扰是普遍的自然现象，对于森林生态系统发展起着主要动力作用。Pickett[222]认为干扰是引起群落或生态系统特性发生基质有效性变化的不连续因素，是时空异质性的不可预知事件。林火干扰作为森林生态系统中最常见的干扰因素，对森林植被的演化具有重要作用。按照林火干扰的起源可分为自然林火干扰和人为林火干扰。自然林火干扰是排除人为目的性的在自然环境中发生的干扰现象；人为林火干扰是人为活动改造或建设森林生态所发生的干扰。按照林火干扰的来源，林火干扰属于外部干扰，对森林环境造成生态影响，如林火对森林更新的影响、林火对森林种群稳定性的影响和林火对生物多样性的影响等。

林火干扰是影响森林植被碳库的主要环境因子之一，林火可以降低碳固定，减弱生态系统对碳的吸收功能，导致区域碳储量和空间格局发生明显变化。全球平均每年大约有 1%的森林遭受火干扰，全球森林火灾排放的 CO_2、CO 和 CH_4 的总量占全球所有排放量的 45%、21%和 44%[223]，林火干扰能瞬间造成陆地碳库的释放，可改变整个生态系统的碳循环过程和分布格局。仅在加拿大每年就有 $3 \times 10^6 hm^2$ 的森林发生火灾，通过大量的碳释放改变森林碳库量。中国云南省林区单位森林火灾成灾面积释放的 CO_2 为 13.02Mg C/hm^2，位居全国各省份 CO_2 排放值前四位，比全国平均值多 5.9Mg C/hm^2。在高海拔地区，林火发生的频率、面积和对碳储量的影响总体上随着气候变化持续增加。而且预计未来多年，加拿大林火发生的频率将增加 140%；预计到 2050 年，美国的森林火烧面积将增加 175%[224]。林火发生频率、持续时间和受灾面积等的改变将会更加长远地改变森林景观格局和植被碳循环动态，从而影响森林碳储量。

林火干扰是全球气候变化的主要结果，也是全球变化的主要表现之一。林火干扰严重影响森林碳储量和碳分配格局，林火发生后，林分结构和功能均发生改变，从而影响了森林碳循环，改变森林碳动态，促进林分碳源和碳汇互相转化。20 世纪 80 年代以来，加拿大、美国和俄罗斯等国开展了大量的林火干扰研究[225]。目前，国外林火干扰对森林碳库的影响研究主要有以下几方面内容：第一，森林干扰下的碳释放；第二，林火干扰对植被和土壤碳储量的影响；第三，生态系统碳循环中的碳源和碳汇的相互转化；第四，林火干扰后森林的碳平衡；第五，生态系统恢复过程中森林净初级生产力的变化。

国内科学家就林火干扰对森林生态系统碳循环过程主要在火干扰对生态系统碳储量[226]、碳素分布和碳循环[227]的影响等方面进行了研究，并探讨了火干扰对森林碳汇、森林土壤碳储量[228]、土壤有机碳含量及其空间分布、森林碳排放以及碳动态[229]的影响。同时，在我国东北地区开展了林火特征分析、林火干扰的空间格局分析、火烧迹地植被恢复和林火干扰程度调查等方面的前期研究。例如王晓莉等[230]基于专题制图仪(thematic mapper，TM)影像和归一化燃烧指数(normalized burn ratio，NBR)，对 1986~2010 年大兴安岭呼中林区火烧迹地的林火烈度进行了定量分析。方东明等[229]基于 CENTURY 模型模拟了火烧对大兴安岭兴安落叶松林碳动态的影响，其研究结果表明，在林分尺度上生物碳库随着不同火烧强度先降后升。在现有研究文献中，对林火干扰对森林碳储量的影响的研究，普遍是从时间和空间范围上分析林火干扰的特征以及火干扰对森林碳储量

的影响，即在不同时间、空间及光谱分辨率的遥感数据的基础上，利用卫星遥感技术进行大范围时空尺度上的林火影响估算，分析林火干扰后及不同火烧烈度对森林碳储量影响变化特征。如 Kukavskaya 等[231]研究了不同火烧烈度下西伯利亚中部赤松林的生物量动态。通过这些研究，能比较深入地了解林火干扰对森林碳储量的长期影响。但是林火干扰对碳储量的影响是一个时间和空间相结合影响的长期过程，森林从空间上存在植物的分层现象，大致分为乔木层、灌木层、草本层和凋落物层，森林碳储量的存储分层上还包括枯死的立木和倒木，利用这种方法来探讨整个空间上森林碳储量的动态变化轨迹是比较困难的。而且森林的林分尺度的碳收支变化并不代表整个森林景观格局上的碳收支变化。如整片森林林龄为成熟林，整个森林碳储量表现为碳汇，其中某个森林类型受林火干扰后树木烧毁，重新生长后的初期林分密度低，生物量少，碳储量可能表现为碳源。

林火干扰对森林碳储量的影响是一个非常复杂的过程，不同火烧烈度对碳储量的影响因森林类型、林分密度和景观格局等因子的不同而存在差异，它们耦合作用于森林地上植被碳库变化。低烈度火烧毁大树林下部分的灌木和草本，使乔木对 CO_2 的净吸收量增加，高烈度火烧毁整片森林，影响森林的空间格局和森林景观结构，从而改变森林碳动态。植被类型、林龄和林地的地形等立地条件又抑制着林火干扰对碳循环的影响。例如，刘志华等[232]应用空间点格局分析方法进行研究，结果表明，人类活动因子、地形因子和植被因子对林火发生有重要作用。Turner 等[233]对美国黄石国家森林公园的林火干扰与植被再固碳过程的关系进行研究时发现，林火火烧烈度与各林型的林龄显著相关。经典理论认为，林火干扰初期，林分年龄小、密度低，森林对 CO_2 的净吸收量大，但碳储量低；随着林分年龄(演替阶段或距离上次火干扰时间)的增加，净初级生产力 (net primary productivity, NPP) 逐渐增加，到中龄林达到最高，成熟林阶段则显著减少。因此火烧与植被类型、林龄、林分密度和景观结构等因子的交互作用是林火干扰对森林碳储量估算的影响研究的关键点。研究表明，在景观尺度上，量化火烧烈度(低火、中火和重火)与植被、地形的耦合作用对森林碳储量的影响具有重要意义。我国森林景观大部分呈现不同火烧烈度的嵌入式斑块格局，影响了火后植被更新时的碳库分布和重新固定碳的空间特征。同时，林火与植被(林分类型、林龄组、疏密度)、地形(海拔、立地条件)、土壤(土壤结构、土壤干燥度)和气候(温度升高)交叉作用，对火烧烈度的空间格局存在正反馈或负反馈作用。研究表明，林火发生后，复杂地形林火干扰程度变化不大，而缓坡林地，火烧烈度与不同森林景观类型显著相关。目前，通过遥感数据反演得到的火烧烈度需要野外实测数据进行验证，基于地面调查的综合火烧指数(composite burn index, CBI)是最系统、全面方法。CBI 能够反映森林不同碳库对林火干扰的响应，已成为美国林务局(US Forest Service)进行火烧烈度评价的野外调查和评价标准，在北美和欧洲得到了广泛应用。实际应用中通常将 CBI 与遥感影像指数结合，能够很好地反映林火干扰对森林结构组成的影响程度，能量化分析不同火烧烈度对森林生物量和碳储量的影响程度。

2003 年和 2006 年中国森林火灾受害面积分别为 $0.45 \times 10^6 hm^2$ 和 $0.41 \times 10^6 hm^2$，分别占当年全国森林总面积的 0.26%和 0.21%，因此在核算中国林业碳库碳储量时，森林火灾造成的碳排放不能忽视。

总之，为了准确量化林火干扰对森林碳储量的影响，需要揭示林火干扰特征对森林碳库的影响机制及碳分布格局的变化特征。林火干扰对森林植被的碳储量及其空间分布格局的影响研究，不同林火干扰程度（低火、中火和重火）对植被碳储量的影响机制如何运作，不同林火干扰程度如何与植被、地形等因子耦合作用于森林碳储量等问题的解决，将是未来更精确量化林火干扰对森林植被碳库影响的核心。

三、病虫鼠害的"汇/源"辩证及项目选择

据 FAO 官方统计，全球受虫害影响的森林约有 $34 \times 10^6 hm^2$。北半球加拿大、美国、欧洲和东亚等地区森林虫害爆发严重，尤其是北美地区，近几十年来约 $23 \times 10^6 hm^2$ 森林爆发虫害，每年北美森林虫害爆发面积约占全球森林虫害面积的 68%，极大地影响该地区森林碳循环[1]。在遭受虫害后的几年到数十年内，森林固碳能力降低。这是由于遭受虫害后植被再生变慢，森林初级生产力（gross primary productivity，GPP）大幅度降低。遭病虫害严重的树木甚至死亡，死亡树木分解又释放大量 CO_2，尤其在树木死亡后的几年内，枯死有机物质数量大，分解速率快，CO_2 释放量大，GPP 降低和呼吸增加造成森林净生产力（net ecosystem production，NEP）和碳储量减少。Brown 等[234]利用涡度相关法研究了加拿大不列颠哥伦比亚森林在受山松甲虫影响的最初 $1 \sim 2$ 年，NEP 每年降低 $0.33 \sim 0.82 t/hm^2$；Stinson 等[235]基于清单数据，利用 CBM-CFS3 经验模型估算了 $1990 \sim 2008$ 年山松甲虫造成每年加拿大可持续管理的森林的碳损失为 26.8Tg C，2005 年更高达 107Tg C；Dymond 等利用 CBM-CFS3 模型研究发现每年加拿大魁北克东部 $10.6 \times 10^6 hm^2$ 森林受云杉蚜虫侵害碳释放为 2Tg C，预计 $2011 \sim 2024$ 年云杉蚜虫的爆发将使该区域由碳汇变成碳源；Metsaranta 等[236]利用 CBM-CFS3 模型预测虫害使 $2010 \sim 2100$ 年加拿大可持续管理的森林均呈现碳源。由于虫害面积、情景假设差异和估算的不确定性，虫害造成森林生态系统碳释放还存在很大的变化范围，总结以上结果看出每年虫害引起森林碳释放在 $2 \sim 107$Tg C 之间，占全球碳排放的 0.04%～2.1%。

但从长期看，随着时间推移，虫害造成的枯死有机物质数量降低，呼吸释放的碳也减少；树木死亡促进了林下植被生长以及树木再生增加了 GPP。GPP 增加和呼吸减少提高了森林 NEP 和碳储量。Edburg 等[237]利用 CLM4 过程模型研究发现山松甲虫爆发后 100 年内美国西部森林都为碳源，100 年后才为碳汇。Albani 等[238]利用 ED 模型和随机模型研究了铁杉毛蚜（hemlock woolly adelgid）对美国东部森林的影响，结果表明 $2000 \sim 2040$ 年该区域森林固碳能力每年减少 11Tg C；$2040 \sim 2100$ 年碳吸收为 0.89Pg C，比未受虫害影响时增加 12%。可以看出，受虫害影响后几十年至百年内森林为碳源，以后才为碳汇。另外，受虫害后森林表现为碳源或碳汇还受虫害爆发强度的影响。虫害爆发较轻时森林为碳汇；爆发严重时，森林受虫害后的几十年都为碳源。Medvigy 等[239]利用 ED2 模型研究了百年时间尺度上舞毒蛾虫害强度对美国新泽西州森林固碳能力的影响，结果表明随着虫害强度增加 NEP 呈线性降低。虫害爆发的周期也影响森林碳源/汇，周期为 $5 \sim 15$

① 国家气候中心. 今年北半球严重"发烧"，未来极端高温更频繁[EB/OL]. (2018-08-04) [2017-09-12]. http://news.ifeng.com/a/20180804/59616632_0. shtml.

年时森林生产力和生物量明显降低。

第四节　本　章　小　结

　　本章主要论述森林碳汇对林业碳库的输入机理，从正向输入和负向输入两个角度阐明森林子库与林业碳库之间的碳流路径。首先，本章从森林碳汇和森林子库之间的关联性入手，提出森林子库是天然的"碳储存器"，而森林碳汇则是活植物体吸收 CO_2 并将其转化为有机质的过程或机制；其次，分别对森林子库的碳汇和碳排做内在运行机理分析，对林木/竹木碳汇、林下/竹下植被碳汇、林地/竹林地土壤碳汇的作用机制进行详细介绍；最后，解析森林子库存在的 3 种主要形式的碳排（即采伐剩余物的分解、森林火灾以及病虫鼠害 3 种形式），对碳排模式一一进行详解，并在碳汇和碳排双重作用下构建森林子库对林业碳库的正、负向碳流输入框架，为架构中国林业国家碳库系统奠定了理论基础。

第十章 中国林产品碳储对林业碳库的输入机理

林业系统碳储手段主要有森林碳汇和林产品碳储两种，后者通过林产品的使用使森林通过光合作用固定的碳能够以产品的形式长期保存，年碳储量约为森林碳汇吸收能力的30%，作为一个可观的碳库，木质林产品(harvested wood products，HWP)在缓解气候变化和替代减排方面具有重要意义。基于中国林产品的年度碳输入量和不同产品的碳释放因子，可得出中国HWP碳库的累计总储碳量，继而组成林业碳库的一部分。

第一节 林产品碳储对林业碳库的正向输入机理

从林产品自身的自然与经济两个属性的角度出发，林产品碳储有两个输入来源：一个是碳储量的自然增长，另一个是木质林产品的进口贸易带来的碳储变动。

一、林产品碳储输入来源——天然碳库

碳储能力即单位HWP中碳的绝对存储量，反映HWP对于森林碳汇的继承水平，HWP经历了从木材到林产品的加工处理过程，其物理和化学特性发生了不同的改变，不同用途其碳储能力也各不相同。为了更好地对HWP的碳储量进行输入核算，首先应该明确HWP的分类，确定具有储碳功能的木质林产品。根据《联合国气候变化框架公约》(UNFCCC)，HWP碳储核算范畴包含木材纤维类产品和部分非木材纤维的竹藤类产品，而不同国家和地区对木质林产品的分类不同，目前，国际上普遍使用FAO[①]对林产品的分类方法，这也是目前许多研究者使用的产品分类方法，目的是避免重复计算。同时《2006 IPCC 指南》建议根据生命周期和分解率的差异将HWP分为硬木产品和纸制品两种，《2013 IPCC 指南》在《2006 IPCC 指南》的基础上将其扩展为锯木、人造板、纸和纸板三大类(图10.1)，第二部分已对此进行了详细描述。

锯木是使用纵向或横向的轮廓锯削工艺，厚度超过6mm的源自本国生产以及进口的原木，包括支架、梁、栅、板、椽、构件、板条、硬纸板等，存在未刨、刨、端接等形式，但不包括枕木、木地板与旧锯片再生产的锯材；人造板是一类集合产品，包括胶合板、刨花板、纤维板等；纸和纸板在生产和贸易中，代表了纸类产品总和，如卫生与家用纸，包装材料及其他纸和纸板，不包括制成的纸制品，如纸箱、书籍和杂志等。这三类产品总信息代表HWP半成品的使用情况。图10.2为木制品不同产品类别加工阶段使用情况实例。

---

① 联合国粮食及农业组织. 世界森林状况[R/OL]. (2018-11-14) [2019-01-03]. http://www.fao.org/3/I9535ZH/i9535zh.pdf.

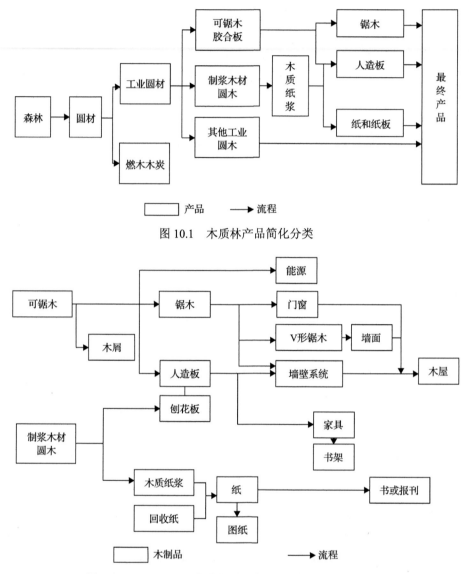

图 10.1　木质林产品简化分类

图 10.2　《2013 IPCC 指南》不同加工阶段木制品加工实例

　　由于最终 HWP 种类繁多，且数据获取困难，很难做到精确，因此在核算 HWP 碳储量时，选择从 HWP 的初级状态入手，核算初级产品的碳储量。木质林产品碳储量的计算中涉及很多变量，如 HWP 的基本密度、碳比例、碳转换因子、FAO 变量、报告国工业圆木消费变化率以及半衰期等，这些变量的取值将对 HWP 的碳储量产生很大影响，这也是导致同一国家 HWP 碳储量产生误差的原因之一。采伐或统计的林产品数据是以材积来计算的，产品单位不同，为了统一口径计算，需要通过转化因子将其转化为干重，材积和干重的转化关系因地区和树种的不同而不同。在植物有机质干重中，碳成分所占的比率称为碳比例。碳因子即 HWP 碳含量，是由林产品产量转换为碳量的缺省因子，用基本密度乘以含碳率值，通过碳因子的换算，各种 HWP 含碳量就有了统一可比性，也便于所有林产品碳储量和排放的整体计算。研究 HWP 的使用寿命是比较复杂的，经济条件、生活环境和产品最终处理方式不同造成 HWP 使用寿命有所差异，目前，通常是假设 HWP 的使用寿命是固定的。FAO 数据库中，原木材积数据没有包含树皮，但由于采伐的木材从森林运出时带皮，在转化为生物量时，也需要将树皮计算在内。表 10.1 给出了《2013 IPCC 指南》缺省的各类产品密度和碳比例。

表 10.1　HWP 碳转换因子

HWP 范畴	密度(烘干吨/m³ 硬木产品或烘干/风干吨纸浆或纸制品)	碳比例(吨碳/烘干吨木质材料)	碳因子(吨碳/m³ 产品或吨碳/风干吨产品)(第 1 列×第 2 列)	缺省半衰期(a)
锯木	0.458	0.5	0.229	35
针叶木	0.45	0.5	0.225	
非针叶木	0.56	0.5	0.28	
人造板	0.595	0.454	0.269	25(人造板)
硬纸板	0.788	0.425	0.335	
绝缘板	0.159	0.474	0.075	
加压纤维板	0.739	0.426	0.315	
中密度纤维板	0.691	0.427	0.295	
刨花板	0.596	0.451	0.269	
层压板	0.542	0.493	0.267	
贴面板	0.505	0.5	0.253	
纸和纸板	0.9		0.386	2(纸)

注：根据相关资料整理。

事实上，商品缺省转换因子在很大程度上依赖于国家特定产品类别生产量的组成(如刨花板)。同样是工业原木，温带工业原木和热带工业原木的密度就不相同。不同木质林产品的半衰期也不一样，纸类产品的半衰期比硬木类产品的半衰期小；同为硬木产品，锯木、原木以及他工业原木等不同种类的硬木产品，其半衰期均会不同。世界各国的制度不同、经济发展水平不同、科学技术水平以及对木质林产品的管理经营政策都不同，在进行核算时，这些变量就会有差异。因此，如何统一这些变量的数值，使得核算出的木质林产品碳储量具有可信度，值得进一步探讨。就中国而言，根据中国林业科学研究院木材工业研究所对我国主要树种木材基本密度的测定，针叶树的木材基本密度平均是 $0.43t/m^3$，阔叶树的木材基本密度平均是 $0.54t/m^3$，人造板的基本密度为 $0.570t/m^3$[240]；根据产品的特性和加工工艺，工业原木、薪材、锯材和其他工业原木的基本密度和原木的基本密度相同；中国对于锯木等第一类林产品的碳比例取值 0.5，人造板、纸和纸板等产品的碳比例取 IPCC 缺省值；在不同国家和地区，生长环境和树种的差异造成了树皮生物量在总生物量中的比例不同，我国学者研究的针叶树和阔叶树的树皮生物量平均约占总生物量的 0.1，树皮的平均含碳率接近 0.50。

二、林产品碳储输入来源——进口增碳

2008 年颁布的《林业及相关产业分类(试行)》[①]将中国的林业产业分为 3 类：第一产业、第二产业及第三产业。我国林业第二产业发展最为迅速，包括木材加工制造业、家具制造业、纸和纸品制造、林化产品制造、木制工艺品及文教体育用品、非木质林产品加工制造业及其他林产品 7 种，其中，木材加工制造业又可分为锯材加工、木片加工、人造板加工、胶合板加工、木质地板、卫生筷子、饰面板、层压板、单板和软木品 10 种。图 10.3 为中国木质林产品产业分类简介图。中国木材消费主要集中在建筑及装修行业、人造板及家具制造业、造纸业三大领域，这三大行业消耗木材量及份额，2000 年分别为 4000 万 m³(占 23%)、5000 万 m³(占 29%)和 6000 万 m³(占 34%)；农业、水利用材等约 2500 万 m³(占 14%)。中国人均木材消费量 0.12m³，随着中国经济社会的发展，人均消费量也在增加。

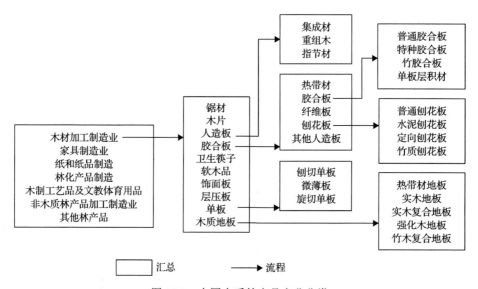

图 10.3　中国木质林产品产业分类

然而中国属于森林资源匮乏、生态脆弱的国家，森林覆盖率仅 22.96%，低于全球平均森林覆盖率(30.7%)，特别是人均森林面积不足世界人均的 1/3。森林资源总量相对不足、质量不高、分布不均的状况依然存在[②]。为了弥补木材供应不足，进口木材是一条非常有效的途径，中国已成为世界第一大木材进口国。根据 FAO 的最新统计数据，中国是世界第一大原木进口国，世界第一大木浆进口国。1998 年天然林保护工程实施后，中国原木进口量由 1999 年的 12.27×10⁶m³ 增至 2019 年的 61.11×10⁶m³，增幅 398.04%。

2008～2018 年，中国商品木材贸易量由 1.2 亿 m³ 增加到 2 亿 m³，其中国产商品木材量由 8108 万 m³ 增加到 8811 万 m³，年均增长 0.76%；进口商品木材供应量由 3959 万 m³

---

① 国家林业局. 国家统计局关于印发《林业及相关产业分类(试行)》的通知[EB/OL]. (2008-02-21) [2017-09-12]. http://www.gov.cn/zwgk/2008-02/21/ content_896037.htm.
② 国家林业和草原局政府网. 中国森林覆盖率 22.96%[EB/OL]. (2019-06-17) [2020-11-20]. http://www.forestry.gov.cn/main/65/20190620110341904383 4596.html.

增加到 11196 万 m³，年均增长 9.91%，2014 年，中国进口木材首次超过国产木材。2019年 1～10 月，中国进口木材总量同比增长 0.15%，进口量为 9429.27 万 m³，商品木材贸易对外依存度近 60%。

根据第二部分对 IPCC 提供的 4 种碳储核算方法的比较和筛选，储量变化法在计算碳储量时考虑了进口和出口林产品，进口木质林产品表示进口国碳储量的增加，且这部分产品在废弃时产生的碳排放，也当作进口国的碳排放，出口木质林产品则相当于碳储量减少或碳排放，计入出口国，木质林产品贸易的碳流动会影响森林和林产品碳库储碳量的核算和报告，这种方法对木质林产品的进口大国是很有利的。因此中国在进行 HWP碳储量核算时储量变化法为最佳方法，通过贸易来进口木质林产品，增加其碳库的效应甚至大于其国内培育森林进行碳汇。

估算中国进出口木质林产品碳储量时，需要获得 FAO 数据库提供的从 1961 年到当前年份的 HWP 进出口变量，分别估算硬木类、纸类等不同产品类别的数量。为了将来自数十年前使用中的 HWP 纳入当前年份的碳核算，需要估计 1961 年之前的 HWP 数据。而 1961 年以后形成的国家可能在 FAO 数据库中没有追溯到 1961 年的数据，有一个方法可扩展最近的进出口数据，此方法为：查看"旧"国家（"新"国家是其一部分）追溯到1961 年的数据（如捷克斯洛伐克分为捷克和斯洛伐克），并采用"旧"国家追溯到 1961年的每一变量的变化率以扩展"新"国家追溯到 1961 年的变量，由此 IPCC 采取了倒推核算方法，即采用变化率变量 U 估算 1961 年之前的各值，用来粗略估计 1961 年之前进出口量变化的变化率是工业原木产量的变化率，具体核算方式见本章第三节。表 10.2 为主要世界区域的年度增长率 U 缺省值。

表 10.2 1900～1961 年世界各区域的工业原木产量(采伐)的估算年度增长率

区域	年度增长率 U
全世界	0.0148
欧洲	0.0151
苏联①	0.0160
北美洲	0.0143
拉丁美洲	0.0220
非洲	0.0287
亚洲	0.0217
大洋洲	0.0231

注：①1900～1922 年为俄国，1922～1961 年为苏联，此处地域范围以 1922～1961 年的苏联国界为研究边界。

IPCC 假设 1900 年以前的碳储量为零，在进行核算时，缺省值 U 代表报告国估算的1900～1961 年工业原木消费的变化率，其中亚洲 U=0.0217，因此，中国在进行核算时 U取值 0.0217。根据 FAO 数据库 1961～2011 年数据倒推出的 1900～1960 年的产量和进出口数据后，分别计算得出 1961～2011 年不同产品类别的消费量储碳量，再结合 HWP 的消费量、碳因子等多项参数，进而得出每年锯木产品、人造板产品、纸和纸板等以及 HWP

使用总和的碳储量。

三、林产品进口输入与产量比较

林产品碳储的自然增长以及进口贸易的两个输入来源，均会导致一国碳储变动。碳储能力即单位木质林产品中碳的绝对存储量，反映 HWP 对于森林碳汇的继承水平，木质林产品碳储量的计算中涉及很多变量，如木质林产品的基本密度、碳比例、碳转换因子、FAO 变量、报告国工业原木消费变化率以及半衰期等，这些变量的取值将对木质林产品的碳储量产生很大影响，储量变化法下木质林产品贸易的碳流动会影响森林和林产品碳库储碳量的核算和报告，相关进出口的核算可根据 FAO 数据库 1961 年之后数据倒推出的 1900~1960 年的产量和进出口数据，再结合 HWP 的消费量、碳因子等多项参数，进而得出每年锯木产品、人造板产品、纸和纸板等以及 HWP 使用总和的碳储量。

通过对比研究中国林产品产量与进口量，可以直观得到国家林产品碳储进口输入与产量的贡献比较。相关研究使用 GFPM 对未来中国 HWP 资源变动进行动态模拟，初始数据按照 GFPM 的数理原理，满足其一致性检验所约束的各项条件(1992~2011 年间的模拟值与观测值在消费量、各国市场价格、制造成本和废纸产量等方面的约束)。中国 2011~2030 年 HWP 的产量和贸易进口量对比情况如表 10.3 所示。

表 10.3　基于 GFPM 的 2011~2030 年中国 HWP 模拟结果

类型	进口量/产量					
	2011 年	2013 年	2016 年	2020 年	2025 年	2030 年
工业原木(总)(万 m³)	0.312	0.315	0.316	0.309	0.282	0.233
工业原木(万 m³)	0.423	0.426	0.428	0.418	0.381	0.316
其他工业原木(万 m³)	0.000	0.000	0.000	0.000	0.000	0.000
锯材(万 m³)	0.456	0.504	0.588	0.741	1.020	1.498
人造板(万 m³)	0.026	0.024	0.023	0.021	0.021	0.022
胶合板(万 m³)	0.028	0.025	0.021	0.016	0.012	0.009
刨花板(万 m³)	0.061	0.064	0.068	0.076	0.088	0.106
纤维板(万 m³)	0.013	0.011	0.009	0.007	0.000	0.004
纸和纸板(万 t)	0.052	0.046	0.039	0.034	0.023	0.000

注：根据相关资料整理。

产量方面，中国 HWP 在 2011~2030 年除锯材和刨花板之外均呈现下降的趋势，但总体增速相对 2000~2010 年有所放缓，贸易量方面，中国 HWP 进口量波动较大，在进口量与产量的对比中，工业原木与锯材的比值最大，其次是刨花板、纸和纸板，最后为人造板、胶合板等。硬木类产品贸易量和净进口量缓慢增长，纸类产品的进口量迅速萎缩，出口量小幅上升，纸类产品将出现贸易顺差并不断扩大，总体上中国 HWP 贸易仍然表现为净进口。这对中国 HWP 碳储意味着，产量的上升和贸易逆差为 HWP 碳库增加提供了可能，但产品结构的变化将影响到中国 HWP 碳库结构和整体碳储效能。

第二节　林产品碳储对林业碳库的负向输入机理

与正向输入机理相似,林产品碳储对林业碳库的负向输入机理也要从自然与经济两个属性的角度出发,即碳储量的衰减与 HWP 出口贸易带来的碳储变动。

一、林产品碳储输出去向——废弃消损

木质林产品碳库负向输入包括产品生产加工、木质燃料使用,以及最终废弃处理时用于燃烧和分解的碳排放之和(机理表达见图 10.4)。根据生命周期以及碳排放率,HWP可以分为三种类型:薪材、纸制品、非纸制品。HWP 加工过程中会释放 CO_2,加工过程造成的碳排放用生产过程中消耗的煤炭、石油、天然气等能源产生的碳排放核算,即这部分的碳排放相当于生产这部分 HWP 时消耗的能源的碳含量;薪材燃烧提供能量,在采伐当年将碳全部释放;其他类型的 HWP 能够将碳保留相当长的一段时间,但当其生命周期结束进行废弃处理时,如燃烧、分解等,都会产生碳排,碳排量取决于不同 HWP的废弃率与分解率。因此木质林产品的年度碳排放(包括累计已在用的木质林产品再加上当年增加使用的木质林产品一起释放的碳量)来源于薪材的燃烧、HWP 加工处理及纸制品与非纸制品废弃物的分解和燃烧处理。

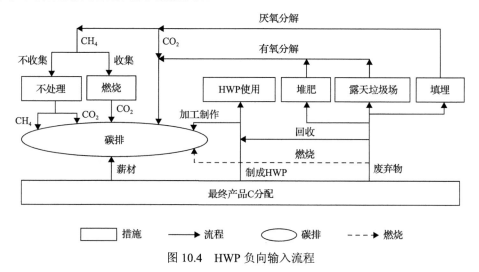

图 10.4　HWP 负向输入流程

木质林产品生产加工过程中的碳释放量,是指化石燃料燃烧所释放的 CO_2 的量,化石燃料燃烧为生产加工提供所需的能量。有两种方式来计算碳释放量,一种方式是通过估计单位木质林产品的木料消耗、材料消耗和伴随产生的副产品,再由不同消耗类别各自的含碳量来估计总碳排。另一种方式同样分为两步,先运用能量系数将木材材积转换为耗能,再由碳系数将耗能转换为 CO_2 释放量。

采取第一种方式来估计加工过程中的碳排情况,研究得出单位建筑物($1m^3$)消耗 $1.72m^3$ 木材、180.11kg 煤炭、2.88kg 汽油,产生 11.93kg 废弃木料(其中含碳量为 5.93kg C);单位家具($1m^3$)消耗 $1.80m^3$ 木材、281.16kg 煤炭、1.21kg 汽油,产生 16.91kg 废弃木料

(其中含碳量为 8.40kg C)；单位面板(1m³)消耗 3.10m³ 木材、497.30kg 煤炭、7.48kg 汽油，产生 287.56kg 废弃木料(其中含碳量 14.7%)[241]。选择第二种方式需要获得能量系数和碳系数，前者取决于不同的加工方式、流程，众多学者的研究确定了锯材、胶合板、刨花板、纤维板、纸和纸板的能量系数分别为 0.6GJ/m³、5GJ/m³、6GJ/m³、10GJ/m³ 与 11GJ/m³；碳系数则是指化石燃料产生 1GJ 能量所释放的 CO_2 的量，如原油燃烧的碳系数为 20kg/GJ，为天然气(15kg/GJ)和煤炭(25kg/GJ)的平均值，若能够使用木废料替代化石燃料，作为能源材料投入到制作过程中，则碳系数会有所降低，排碳量也随之减少[174]。

薪材燃烧产生的碳排放属于一次性释放，在进行碳排核算时通常假设薪材在采伐当年被利用并将碳释放到大气当中，即薪材的使用寿命是 1 年。与其他类型的在用 HWP 不同，薪材缺乏相应的官方数据，由于各国对薪材部分的报告数据匮乏，无法保证统计资料的准确性，一般对这部分数据处理时选用估计值。联合国政府间气候变化专门委员会建议将国内采伐的薪材以及进出口薪材的碳因子均参考相应原木，即源自温带树种的薪材碳因子为 0.225Mg C/m³，源自热带树种的薪材碳因子为 0.295Mg C/m³。从中国的情况看，据统计，20 世纪 90 年代初，全国薪材消耗量占森林资源消耗量的 30%，相当于年均消耗森林资源 1 亿 m³，为保护现有的森林资源，大力发展速生、丰产、高热值的薪炭林树种，增加薪炭林面积是一个重要举措，第九次森林资源清查结果显示，全国森林面积为 2.20 亿 hm²，薪炭林面积为 123.14 万 hm²，占 0.56%。且中国消费的薪材主要是由国内产生，薪材的进出口量对于生产量来说非常小，因此在估计总碳排时可以选择忽略。

HWP 碳储输入量不仅取决于产品使用情况，而且受其最终处理方式的影响。HWP 废弃处理有三种方式：直接燃烧、自然分解和回收。自然分解既可以选择填埋，也可以在露天垃圾场堆放、堆肥，回收也存在循环使用与燃烧替代燃料两种方式。在这些过程中，直接燃烧处理时所含碳全部释放到大气中；自然分解的废弃 HWP 则会慢慢向大气中排放 CO_2；回收的废弃 HWP 循环使用则会继续其碳储能力。因此，HWP 后续使用对碳储与碳排的核算有重要的影响，中国缺少 HWP 后续使用的数据，可以参考各国研究进展以及国际配置方式。

HWP 被自然分解时，其含碳量逐步释放回大气。垃圾填埋场中 HWP 的碳存在三种分解形式：有氧分解、厌氧分解以及永久碳储。有氧分解假设完全分解，且立即释放；对厌氧分解的研究则有两种假设途径：一是由联合国政府间气候变化专门委员会在 2000 指南中建议的第二层级法，研究的方法是速率恒定和符合指数变化的方法，即假设厌氧状态下 HWP 的分解率恒定为每年 0.05(假设前提 HWP 平均寿命为 20 年)，加拿大采用的就是这一默认值，一些学者研究得厌氧条件下分解的 CO_2 与 CH_4 各占 50%，即缓慢释放的碳一半以 CH_4 的形式释放；但 FAO 数据库表明，该默认值高估了木材在垃圾填埋厂的分解程度，填埋的 HWP 中 80%的固体废弃物与 50%的纸制品在厌氧条件下不会分解。另一种估算方法则按照联合国政府间气候变化专门委员会在 2006 指南中第一层级的建议，假设 HWP 所含碳量完全分解且立即释放；永久储存的途径则表明这一部分 HWP 中的碳在无氧环境下不分解或分解很慢，能够永久储存。露天垃圾场堆放处理与填埋场相比，能够接触到充分的水分与氧气，HWP 有机会进行充分的有氧分解，产生更少的

CH_4。IPCC 2006 建议在露天堆放场(<5m)60%的有机木料在有氧环境下完全分解,剩下的 40%在无氧条件下不完全分解产生 CH_4,且释放的 CH_4 部分会发生氧化反应(氧化率10%),再以 CO_2 的形式释放到大气中;学者 Chanton 与 Powelson[242]的研究表明 IPCC 低估了 CH_4 的氧化程度,将氧化率精确到36%±5%。

为了便于估算以及提高准确性,中国采取的估算方式为废弃率和分解率恒定的方法,即终端 HWP 每年的废弃率和分解率不发生变化,由于 HWP 分解时产生的碳排放量与 HWP 的使用寿命以及分解年数有关,因此取产品废弃率为其使用寿命的倒数,分解率就是分解所需年限的倒数(中国数据参考本章第一节),且研究得出我国垃圾场填埋绝大多数采用甲烷产生率较高的厌氧填埋工艺,稳定态填埋气中 CH_4 含量占45%~60%[243]。

二、林产品碳储输出去向——出口减碳

中国 HWP 贸易属于典型的补缺型贸易,人均森林资源匮乏[1],原木、原材、锯材资源类密集型 HWP 长期依赖进口,而木制品、木家具劳动密集型木质林产品出口量很大,既是世界第一大木材净进口国,同时又是世界家具的最大出口国,"大进大出"现象很突出,因此中国 HWP 的出口对碳库估算也有重要影响。1997~2003 年,我国基本上对所有的木质林产品都实行 5%和 13%的出口退税率;2004 年,我国对资源型 HWP 或取消或降低了出口退税率;2006 年起取消了纸、纸板以及纸浆 13%的出口退税率;2007年起部分木制品和木家具出口退税率有所下调。出口退税的调整促进了 HWP 出口总量的增加,同时也可以改善木质林产品出口贸易结构。

在进口方面,中国木质林产品以资源密集型、资本技术密集型木质林产品为主,如原木、木浆、纸和纸制品等;出口方面则以劳动密集型产品为主,初级产品所占比例很低,其中木制家具、木制品、胶合板在出口产品中占据绝对多的份额[2]。出口贡献率用木制产品的出口额占该国(地区)的总出口额的比重来表示,总体来说,劳动密集型木质林产品的出口贡献率是最大的,2006 年木家具的出口贡献率达 0.91%,木浆的出口贡献率一直很小,2007 年为 0.01%,纸和纸制品的出口贡献率一直在 0.25%左右,总体来说,资本技术密集型木质林产品出口贡献率变动幅度不大。表 10.4 为 1992~2007 年各类木质林产品在出口总额中所占份额。

结合 1992~2007 年的出口贡献率,中国木制家具是出口产品中的最大贡献者,是所有 HWP 出口贡献率最高的,十几年中出口额占出口总额的比重基本维持在 40%以上的水平;排在第二位的主要出口产品是木制品,但出口贡献率呈现逐年递减趋势,由 1992年的 38.40%降至 2007 年的 14.93%。人造板出口稳步上升,取代木制品成为第二大出口产品,2007 年所占份额为 23.51%。历年出口最少的是木浆,1992 年仅占 0.11%,纸和纸制品所占份额也在不断下降。其中,中国木质产品的主要出口市场有美国、加拿大、英国、德国、荷兰、法国、日本、澳大利亚等,2007 年十大出口市场占中国木质林产品

① 国家林业和草原局政府网. 中国森林资源(2009-2013 年) [EB/OL]. (2014-02-25) [2017-09-12]. http://www.forestry.gov.cn/main/58/content-660036. html.
② 木材圈. 国际形势: 宏观角度谈如何改善中美木质林产品贸易劣势地位? [EB/OL]. (2016-07-26) [2017-09-12]. http://anywood.com/news/detail/ 64270.html.

出口总额的 74%。

表 10.4　1992～2007 年各类木质林产品在出口总额中所占份额（%）

年份	1992	1997	2002	2006	2007
原木	4.79	0.96	0.05	0.01	0.01
其他原材	4.19	6.08	2.52	0.49	0.22
锯材	8.24	6.29	3.00	1.78	1.62
人造板	4.00	8.84	10.81	22.44	23.51
木制品	38.40	30.33	27.71	18.14	14.93
木家具	23.37	31.11	42.16	43.91	45.15
木浆	0.11	0.37	0.24	0.29	0.38
纸和纸制品	16.92	16.02	13.52	12.95	14.18

　　估算中国出口 HWP 含碳量时，首先需要基于 FAO 数据库进行分类，各类木质林产品包括原木、木炭、人造板、其他工业原木、木浆、纸和纸板等，再根据数据库提供的中国各类木质林产品进出口数据，采用各自碳转换因子值（参考本章第一节）将材积和吨量转化为碳量进行估算。

三、林产品出口输出与产量比较

　　与正向输入机理相似，林产品碳储对林业碳库的负向输入机理也要从自然与经济两个属性的角度出发，即考虑林产品碳储的衰减以及出口贸易的两个输出去向。使用 GFPM 对未来中国 HWP 资源变动进行动态模拟，重在中国进口量与产量的比较，表 10.5 模拟了 2011～2030 年中国 HWP 出口量／产量的结果。

表 10.5　基于 GFPM 的 2011～2030 年中国 HWP 模拟结果

类型	出口量/产量					
	2011 年	2013 年	2016 年	2020 年	2025 年	2030 年
工业原木（总）（万 m³）	0.001	0.001	0.001	0.001	0.001	0.001
工业原木（万 m³）	0.002	0.002	0.001	0.001	0.001	0.001
其他工业原木（万 m³）	0.000	0.000	0.000	0.000	0.000	0.000
锯材（万 m³）	0.021	0.019	0.016	0.014	0.012	0.011
人造板（万 m³）	0.099	0.087	0.072	0.056	0.041	0.031
胶合板（万 m³）	0.164	0.146	0.122	0.096	0.072	0.054
刨花板（万 m³）	0.011	0.010	0.008	0.006	0.004	0.003
纤维板（万 m³）	0.053	0.046	0.038	0.030	0.000	0.017
纸和纸板（万 t）	0.049	0.044	0.037	0.032	0.031	0.032

注：根据相关资料整理。

　　总体上，2010～2030 年间中国 HWP 碳库将保持增长，总体增速相对 2000～2009 年迅速放缓，尤其在 2011～2016 年间，中国 HWP 碳库增速将出现较大幅度下降；在其后

14年间将缓慢下滑,20年间增长1倍,其减排能力相当于2011年中国碳排放总量的60%。产品结构方面,2010~2030年间,硬木类产品仍然是中国HWP碳库的主流,并且地位将进一步强化,纸类产品对HWP碳库的贡献将逐渐萎缩。出口贸易方面,在进口量与产量的对比中,胶合板的比值最高,其次为人造板、纤维板、纸和纸板,最后是工业原木、锯材、刨花板等。碳储能力方面,硬木类产品的得分略高于纸类产品,总体看HWP的固碳能力差距并不明显。碳储流失率方面(碳储流失率为减项),硬木类产品碳流失能力比纸类产品低得多,其中锯材、工业原木和刨花板对HWP碳库的贡献能力较强,其他硬木类产品对HWP碳库的贡献能力相对较低,纸类产品碳储流失能力较强。从总体碳储效能来看,硬木类产品的碳储效能普遍高于纸类产品,锯材是碳储效能最高的HWP,纸和纸板的碳储效能最低。

第三节　输入机理框架与方法

木质林产品碳库是林业碳库的一部分,从林产品自身具有自然与经济两个属性的角度出发,碳储量的自然增减与进出口贸易的变动均对碳库的累积总碳储量产生影响。林产品碳储对林业碳库的输入机理既存在正向输入机理,也存在负向输入机理(详见本章第一节与第二节),本节主要介绍输入机理中各自具体的核算方法。

图10.5为中国林产品碳库输入机理框架,HWP碳库的正向输入为非纸类HWPC_H、纸类HWPC_{SP}、竹类产品C_{BP}以及用于回收的HWP碳储量C_{DR}之和,其碳库负向输入则为木质燃料使用C_{WF}、生产加工C_M以及最终废弃处理时用于燃烧C_{DF}和分解C_{DD}产生的碳排放之和。

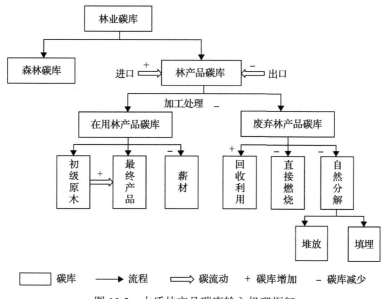

图10.5　木质林产品碳库输入机理框架

一、IPCC 框架下的核算方法——储量变化法

《2006 IPCC 指南》中提供了核算 HWP 的储量变化法，该法核算国家边界系统内消费的木质林产品的碳库变化，包括采伐、进口和出口的碳储量的变动，以及国内消费木质林产品碳释放的量。理论上，储量变化法对于一国消费的木质林产品碳储存和碳排放进行计量，属于基于消费者原则的碳量核算方法。

储量变化法：

$$\text{SCA} = \Delta C_{\text{HWP}_{\text{DC}}} = H + P_{\text{IM}} - P_{\text{EX}} - (E_{\text{D}} + E_{\text{IM}}) \tag{10.1}$$

其中，SCA 为储量变化法核算的每年在用木质林产品的碳储存量变化；$\Delta C_{\text{HWP}_{\text{DC}}}$ 为国内消费的木质林产品碳库的碳量变化；H 为每年国内采伐木材中的储碳量；P_{IM}、P_{EX} 分别为每年所有进出口的木质林产品中的储碳量；E_{D} 为国内生产的林产品在国内使用过程中的碳排放量；E_{IM} 为进口的林产品在使用过程中的碳排放量。

木质林产品碳库的碳量变化核算公式为

$$\Delta C(i) = (\text{e}^{-k} - 1) \cdot C(i) + \frac{(1 - \text{e}^{-k})}{k} \cdot \text{inflow}(i) \tag{10.2}$$

$$V_t = V_{1961} \cdot \text{e}^{[U \cdot (t - 1961)]} \tag{10.3}$$

其中，$\Delta C(i)$ 为第 i 年木质林产品库碳储存的变化；$C(i)$ 为第 i 年木质林产品碳储量，$C(1900) = 0$；$k = \ln2/\text{HL}$ 为每年的一阶衰减变量，HL 为木质林产品库的半衰期；$\text{inflow}(i)$ 为第 i 年进入木质林产品碳库中的碳量；V_t 为 t 年 HWP 的生产量和贸易量；V_{1961} 为 1961 年 HWP 产量和进出口量；U 为报告国工业原木消费的变化率。

二、具体输入核算方法

为方便核算将伐木制品分为木材和竹材。其中木材主要分为纸类 HWP、非纸类 HWP 和薪材，竹材则分为毛竹和其他竹类。除薪材会当年将其含碳量全部释放回大气外，其余部分含碳量则全部转移到最终木质产品中。因此，通过估算木材和竹材含碳量，并扣除薪材含碳量，则可以得到当年 HWP 碳库的正向输入碳储量。

木质林产品含碳量核算公式为

$$C = V \times F = V_i \times \rho \times \gamma \tag{10.4}$$

其中，V 为木质林产品的材积；F 为各种木质林产品的碳转换因子；ρ 为木质林产品的基本密度；γ 为植物有机质干质量中碳成分所占比率，即含碳率。

进一步将木质林产品分为纸类原木和非纸类原木进行分析，其碳储量核算方法如下所示：

$$C_{\text{H/SP}} = V_i \times \rho \times \gamma \tag{10.5}$$

其中，C_H、C_{SP} 分别为非纸类原木、纸类原木的碳储量；V_i 为第 i 种 HWP 的体积；ρ 为木质林产品的基本密度；γ 为含碳率。

估算 HWP 碳库的负向输入碳储量，即为薪材燃烧碳排、HWP 加工处理过程中化石燃料碳排以及最终废弃处理时用于燃烧和分解的碳排之和。

薪材燃烧产生的碳排放一次性释放，其碳排放公式为

$$C_{WF} = V_{WF} \times \rho \times \gamma \qquad (10.6)$$

其中，C_{WF} 为薪材的碳排放量；V_{WF} 为薪材的体积；ρ 为木质林产品的基本密度；γ 为含碳率。

HWP 生产加工过程中会释放 CO_2，这部分碳排放相当于生产这部分 HWP 时消耗的能源的碳储量，具体核算公式为

$$C_M = \sum \lambda_i \times M_H + C \sum \lambda_i \times M_{SP} \qquad (10.7)$$

其中，C_M 为生产加工过程中产生的碳排放；λ_i 为第 i 类能源的碳排放系数，C 为用 HWP 生产纸制品的比率；M_H 和 M_{SP} 分别为生产非纸类 HWP 和纸类 HWP 使用的第 i 类能源消耗量。

将废弃 HWP 简化处理为三种方式：直接燃烧、自然分解和回收，并采用速率恒定法来核算产品的废弃速率和分解速率，即废弃率和分解率分别为使用寿命和自然分解所需年限的倒数，具体核算方式为

$$C_{DF} = a \times f_1 \times C_n \qquad (10.8)$$

$$C_{DD} = \sum b \times f_1 \times f_2 \times C_i \qquad (10.9)$$

$$C_{DR} = (1 - a - b) \times f_1 \times C_n \qquad (10.10)$$

其中，C_{DF}、C_{DD} 和 C_{DR} 分别为 HWP 废弃时用于直接燃烧产生的碳排放量、自然分解产生的碳排放量以及回收产生的碳储存量；a、b 分别为 HWP 废弃后的燃烧比率和自然分解比率；f_1 和 f_2 分别为 HWP 的废弃率和废弃后的自然分解率；C_n 和 C_i 分别为第 n 年和第 i 年 HWP 碳储量。

第四节　本章小结

林业系统碳储手段主要有森林碳汇和林产品碳储两种，第九章论证了森林子库碳汇的内生机理，本章对中国林业国家碳库中林产品子库碳储的内生机理进行详细论证，并结合系统内在的关联消长，为监测林业国家碳库的动态变动奠定基础。简要小结如下。

首先，讨论林产品碳储对林业碳库的正向输入机理。从林产品自身的自然与经济两个属性的角度出发，林产品碳储有两个输入来源：一个是碳储量的自然增长，另一个是

木质林产品的进口贸易带来的碳储变动。碳储能力即单位木质林产品中碳的绝对存储量，反映 HWP 对于森林碳汇的继承水平，国际上普遍使用 FAO 对林产品的分类方法，《2013 IPCC 指南》在《2006 IPCC 指南》的基础上将其扩展为锯木、人造板、纸和纸板三大类。木质林产品碳储量的计算中涉及很多变量，如木质林产品的基本密度、碳比例、碳转换因子、FAO 变量、报告国工业原木消费变化率以及半衰期等，这些变量的取值将对木质林产品的碳储量产生很大影响。储量变化法下木质林产品贸易的碳流动会影响森林和林产品碳库储碳量的核算和报告，相关进出口的核算可根据 FAO 数据库 1961 年之后数据倒推出的 1900～1960 年的产量和进出口数据，再结合 HWP 的消费量、碳因子等多项参数，进而得出每年锯木产品、人造板产品、纸和纸板等以及 HWP 使用总和的碳储量。

其次，讨论林产品碳储对林业碳库的负向输入机理。与正向输入机理相似，林产品碳储对林业碳库的负向输入机理也要从自然与经济两个属性的角度出发，即碳储量的衰减与 HWP 出口贸易带来的碳储变动。木质林产品碳库负向输入包括产品生产加工、木质燃料使用，以及最终废弃处理时用于燃烧和分解的碳排放之和。HWP 加工过程中会释放 CO_2 相当于生产这部分 HWP 时消耗的能源的碳含量；薪材燃烧提供能量，在采伐当年将碳全部释放；其他类型的 HWP 在其生命周期结束进行废弃处理时，如燃烧、分解等，都会产生碳排，碳排量取决于不同 HWP 的废弃率与分解率。中国 HWP 贸易属于典型的补缺型贸易，原木、原材、锯材资源类密集型 HWP 长期依赖进口，而木制品、木家具劳动密集型木质林产品出口量很大，我国是世界家具的最大出口国。估算中国出口 HWP 含碳量时，首先需要基于 FAO 数据库对木质林产品进行分类，再根据数据库提供的中国各类木质林产品进出口数据，采用各自碳转换因子值将材积和吨量转化为碳量进行估算。

最后，根据正负输入机理对林业碳库林产品子库的输入机理进行框架梳理，并详细介绍了具体的核算方法。木质林产品碳库作为林业碳库的一部分，从自身具有自然与经济两个属性的角度出发，碳储量的自然增减与进出口贸易的变动均对碳库的累积总碳储量产生影响。HWP 碳库的正向输入总结为为非纸类 $HWPC_H$、纸类 $HWPC_{SP}$、竹类产品 C_{BP} 以及用于回收的 HWP 碳储量 C_{DR} 之和，其碳库负向输入则为木质燃料使用 C_{WF}、生产加工 C_M 以及最终废弃处理时用于燃烧 C_{DF} 和分解 C_{DD} 产生的碳排放之和，各自的核算公式详见第三节。《2006 IPCC 指南》提供了核算 HWP 的储量变化法，该法核算国家边界系统内消费的木质林产品的碳库变化，包括采伐、进口和出口的碳储量的变动，以及国内消费木质林产品碳释放的量，具体核算以此为基础。

第十一章 中国森林碳汇与林产品碳储的关联消长机理

林业系统是气候变化中维持全球碳平衡的难以替代且能够控制一国碳量变化的重要碳库。对于温室气体的吸收和储存，森林碳汇的吸收储量占全球每年大气和地表碳流动量约 90%，具有碳储功能的木质林产品作为森林资源利用的延伸，碳储量约为森林碳汇吸收能力的 25%～50%。因此在研究林业碳库时应将森林碳汇功能看作一个动态变化的过程，不仅体现在生物量碳库和土壤碳库中，还体现在木材制成的丰富的木质林产品中。

第九章与第十章分别分析了森林碳汇及林产品碳库的内生机理，本章以中国主要树种为研究对象，结合林业系统子库内在的关联影响，将生物量碳、土壤碳和木质林产品碳作为连续的整体，系统全面地整合森林的碳循环过程和碳汇能力，从动态上把控林业碳库子库关联消长机理，为第十二章构建林业碳库框架提供数理构架与逻辑支撑。

第一节 森林子库与林产品子库碳循环

森林采伐导致了陆地生物圈向大气的净排放的说法是错误的，因为其忽视了木质林产品的碳储存功能。国外对于林业碳库的研究大致经历了这样一个过程：关注树木中的碳→土壤碳→森林生态系统碳→木质林产品碳→树木碳和林产品碳→森林生态系统和林产品碳，对林业系统下关联子库功能的认识逐渐深入和全面。本节主要对森林生态系统与木质林产品系统碳库循环过程和碳库分配进行说明，为碳动态变化构建理论基础。

一、国内外森林与林产品碳循环研究进程

碳循环的主要途径是：大气中的 CO_2 被陆地和海洋中的植物吸收，然后通过生物或地质过程以及人类活动干预，又以 CO_2 的形式返回到大气中。就流量来说，全球碳循环中最重要的是 CO_2 循环，CH_4 和 CO 的循环是较为次要的部分。任何释放碳素的过程谓之源，固定碳素的过程称为汇。碳源和碳汇都是以大气圈为参照系，以向大气中输入碳或从大气中输出碳为标准来确定。最终决定一个体系是源还是汇的是碳的净收支。森林作为陆地生态系统的主体具有碳源和碳汇的双重作用，是全球碳循环的主要组成部分，在碳收支平衡中占主导地位，其较小幅度的碳汇波动都将引起大气中 CO_2 含量的改变，进而影响全球的气候变化。

国外对森林生态系统的碳循环的研究历史较长，重点放在森林生物量和生产力上。20 世纪 50 年代以后，森林生物量和生产力的研究开始受到关注，在日本、苏联、英国，科学家们对本国主要森林生态系统的生物量和生产力进行了实际调查和资料收集，到了 70 年代，全球碳循环的研究受到人类的普遍关注，各国对植被生物量进行了大量的调查。

欧洲、美洲、中亚及中国和澳大利亚等地对本地区或本国森林植被碳储量的研究均有较大进展，并取得一定成果。美国、俄罗斯和加拿大森林碳储量在全球碳储量中占有重要地位。Roxburgh 研究了澳大利亚新南威尔士州森林碳储量，得出地上植被、粗木质残体和枯落物的碳储量贡献率分别为 82%、16% 和 2%。近年我国碳储量的研究进入了蓬勃发展阶段，方精云等的研究结果表明，20 世纪 70 年代中期以前，中国森林碳库和碳密度呈现负增长，年均减少约 24Tg C，近 30 年，由于人工林的发展呈增加趋势，中国森林起到碳汇的作用，森林碳库由 70 年代末期的 4.38Pg C 增加到 1998 年的 4.75Pg C，年平均增加 22Tg C。赵敏等根据各省份的针叶林和阔叶林蓄积量的资料，估计出中国森林植被碳储量约为 3.79Pg C。周玉荣等根据 1989～1993 年我国森林资源清查资料估算了我国森林生态系统的碳密度是 258.83t/hm^2，植被碳密度为 57.07t/hm^2，土壤碳密度是植被碳密度的 3.4 倍。

在对林产品碳储量的研究方面，Karjalainen 等运用动态的 GAP-TYPE 模型对芬兰不同气候条件下的木质林产品的碳储量进行了计算，分析得出芬兰木质林产品碳储量占森林总碳量的 27%～43%。就当前国外学者的相关研究来看，主流的研究肯定了木质林产品的碳储功能及其对气候变化的贡献，同时，关于木质林产品碳储量的核算方法及其选择尚未得到统一标准，这也为继续深入研究林产品碳储存提供了科研要求。中国在对木质林产品碳储量的研究上也取得了一些成就。张守攻等对气候变化谈判中木质林产品碳储量的相关定义和概念进行了阐述，分别运用储量变化法、生产法和大气流动法估算我国 1961～2004 年木质林产品的碳储量，充分肯定了木质林产品的碳储藏功能，并认为木质林产品碳储量在今后的气候谈判中将发挥重要作用。郭明辉等计算了 200 年内中国木质林产品的碳储存和碳排放，分析得出木质林产品能够储存碳，同时在非科学化的储存和加工过程中也含有程度不等的碳排放，但可以通过增加木质林产品产量、调整产业结构、延长使用寿命、开发洁净能源项目等方法来提高木质林产品的碳储量。

森林碳汇功能在化解气候变暖趋势方面具有重要作用，而且森林碳汇抵消 CO_2 排放已成为国际气候公约的重要内容，并受到世界各国政府和科学家的广泛关注。国外对于林业子库碳循环的研究大致经历了这样一个过程：关注树木中的碳→土壤碳→森林生态系统碳→木质林产品碳→树木碳和林产品碳→森林生态系统和林产品碳，对林业系统下关联子库功能的认识逐渐深入和全面。

二、森林子库碳循环过程

不考虑木质林产品系统对碳循环的影响时，森林生态系统的碳循环是一个碳获得过程(光合作用、树木生长、林龄增长、碳在土壤中积累)与碳释放过程(生物呼吸、树木死亡、凋落物的微生物分解和土壤碳的氧化、降解及扰动)。森林与大气之间主要通过光合作用和呼吸作用进行碳交换，通过光合作用吸收大气中的 CO_2，固定为有机化合物，将碳储存在植物体内(约为 100Pg/a)，因此生物量内储存了大量的碳。其中，一部分有机物中存储的碳通过森林植被自身呼吸作用和森林土壤及枯枝落叶层中有机质的腐烂返回大气，净固定的 50Pg/a 主要以凋落物有机质的形式进入土壤，植物碎屑的含碳量在整个森林生态系统中占的比例不大，但也是一个不容忽略的碳库，减缓它的分解对于森林生态系统的储碳量起着重要的作用；森林土壤汇集了全球土壤碳库 73% 的碳，是森林生态系统中的最大碳库，其呼吸碳释放量在 50～60Pg/a 范围内[244]。

森林枯死木质残体与凋落物的分解往往与植被碳储量的减少和土壤碳库的增加关系密切，三者碳库的变化在一定程度上反映了不同生态系统之间碳的定量转移。然而，目前对枯死木质残体、凋落物与森林土壤碳库研究比较贫乏，尤其对有机碳转移控制机制和森林土壤呼吸对升温引起的长期动态响应还不甚了解，主要原因是大多研究只注重生物量增长对森林碳固存的贡献，而对地下部凋落物、枯死木质残体和土壤的碳波动缺乏考虑。植物合成有机碳后，有 20%～50% 的光合产物通过枯死木质残体、凋落物和根系的分泌输入土壤，因此地下生物量的表层聚集现象也就决定了植被与土壤之间碳的生物化学循环主要发生在土壤表层，土壤表层物理化学性质和环境要素的变化将会对森林生态系统碳循环产生重要影响。

在森林系统中，森林的生物量、植物碎屑和森林土壤固定了碳素而成为碳汇，森林以及森林中微生物、动物、土壤等的呼吸、分解则释放碳素到大气中成为碳源。如果森林固定的碳大于释放的碳就成为碳汇，反之成为碳源，在全球碳循环的过程中，森林往往是一个巨大的碳汇。于是植物光合作用形成的碳库，通过森林植被碳释放和土壤及枯枝落叶层中有机质的腐烂归还大气，形成了大气—森林植被—森林土壤—大气整个森林生态系统的碳循环。

三、森林子库与林产品子库碳循环过程

随着人们对大气中 CO_2 浓度的关注，木质林产品在地球碳循环中的作用逐渐受到重视。森林被采伐后，木材中的碳并没有立即全部释放到大气，相当一部分的碳转移到了木质林产品中，即除采伐过程中的损耗，以及采伐后留在现场的剩余物，其余生物量中的碳转移到原木或薪材中被运出森林，具有碳储功能的木质林产品不会在短期内将碳一次性排放到大气中，尤其是耐用 HWP 可以将固定的碳保持较长时间，其碳释放滞后效应可视为临时碳储存器，在减少温室气体排放、缓解气候变化方面具有重要的作用[1]。于是森林通过光合作用吸收的碳量经过了一系列的碳流通过程最终回归大气，与森林生态系统、大气组成完整的碳循环过程(图 11.1)。

木质林产品的碳储功能在碳循环中扮演重要的角色，森林砍伐和林产品的使用过程使得碳量在有机体之间重新分配(图 11.2)。在物质循环和能量流动过程中，植物光合作用产物被重新分配到森林生态系统的 4 个碳库：生物量碳库、土壤有机碳库、枯落物碳库和动物碳库。森林被采伐后经过了一系列的形态变化，通过光合作用储存的碳也随之流动。在森林植被碳库中，碳循环可以分为四个阶段：一是森林通过光合作用吸收碳量的阶段；二是森林砍伐阶段，砍伐时一部分剩余物遗留在原采伐地，一部分运出森林用作薪材和工业原木，砍伐的剩余物和薪材在当年或者很短的时间由于腐烂或燃烧释放其储存的碳量，而工业原木被用作生产 HWP；三是木材使用阶段，用作生产 HWP 的木材在加工时产生一定的废料和损失，这些废料被废弃或当作燃料燃烧，其中所储存的碳量

---

① 地理国情监测云平台. 中国木质林产品碳贮量[EB/OL]. (2017-01-01) [2018-05-19]. http://www.dsac.cn/Paper/Detail/32561.

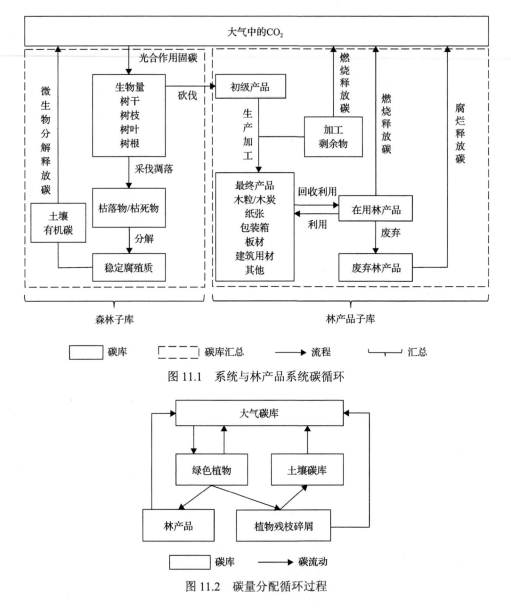

图 11.1　系统与林产品系统碳循环

图 11.2　碳量分配循环过程

视其用途而定，而生产的 HWP 尤其是耐用木制品在较长时间内缓慢释放其储存的碳量；四是木材废弃处理阶段，若废弃的 HWP 送入固体废弃物填埋场，其中所储存的碳量将在无氧条件下长期保存。

　　砍伐的木材首先作为原材料，经过生产加工成为了最终产品，具有了不同的用途，包括能源、纸张、包装箱、板材、建筑用材产品，同时在生产过程中产生的无用副产品被燃烧，碳释放回归大气。一方面，耐用 HWP 的碳排放滞后效应使它成为一个碳缓冲器，通过对其有效地利用和管理，可以人为地减少碳排放，起到碳汇的作用；另一方面，HWP 可以替代能源密集型产品(如水泥、钢材)或直接替代化石燃料能源，从而减少工业或能源部门的温室气体源排放，体现了它的碳替代减排功能。于是最终产品在使用过程中作为能源产品的碳通过燃烧产能方式回归大气，其他最终产品在使用寿命结束后，或是被废弃成为垃圾填埋的木产品，或是燃烧碳回归，或是被再次循环利用成为原材料制造较为低级的最终产品直至生命周期结束废弃或燃烧。其中垃圾填埋处理的木质林产品中的碳通过分解作用缓慢回归大气，这一过程相当缓慢，尤其是在厌氧环境下其中的碳可能要经过上百年才能基本全部回归大气；时间久了，垃圾填埋的木产品在微生物作用下会产生甲烷和其他易燃的温室气体，可以把它们收集起来作为能源代替化石燃料的碳释放。

　　与森林生态系统碳组分储存碳的时间一样，木质林产品的碳储存时间也是有长有短，其排放的速率与产品的用途及使用寿命有关，但由于木质林产品的使用寿命受到经济条件、生活环境以及产品最终处理方式的不同而有较大差异，IPCC假设木质材料的寿命周期用半衰期方式表示，遵循一阶指数变化衰减，林产品的使用寿命为半衰期。与森林生态系统相比，木质林产品中的碳主要受人类生产生活过程的影响，也就是说木质林产品碳库的库容大小、储碳时间长短都在人类的调控管理之下，该碳库可以成为人类减缓气候变化的一个有效途径。若森林无人管理，随着树木的生长，其吸收的碳量逐渐减少，因为从长期来看，森林的生产力随着树木年龄的增长而下降，碳的吸收能力也随之降低[245]。树木的各个部分储存的碳会随着自然腐烂或者被燃烧释放。若进行可持续管理，森林的生长量和森林的采伐量将达到一个平衡状态，木质林产品中的碳是循环的碳，不会导致碳浓度的上升。林产品储存了树木吸收的碳，其释放碳的速度相对滞后，新生的树木再一次开始吸收碳，并且比起木质产品中的碳释放相对迅速，树木的碳吸收和木材的碳储存的循环成为一种应对气候变化的方式。因此将森林碳汇与林产品碳储看作连续的整体，系统全面地评价林业系统的碳循环过程和碳汇能力具有重要意义。

第二节　林业碳库碳动态数理结构

　　为了探明林业系统的碳循环过程，需要结合森林生物量、土壤和木质林产品碳库等多个方面，将其作为一个整体来探讨碳循环过程和碳汇能力。也就是源于产品生命周期的思想，开展包括木质林产品在内的整个森林系统生命周期碳动态的研究。本节在考虑森林生物量碳库、土壤碳库的基础上增加了木质林产品碳库，以实现目标碳从森林碳库向木质林产品碳库的过渡与转移，使得系统研究森林从种植到采伐利用过程的碳流通成为可能；对森林生态系统与木质林产品系统碳动态的研究参数进行构建，为中国林业系统碳动态结构建立框架。

一、森林子库碳动态数理结构

　　森林生物量碳动态研究需要考虑树木生长、分配、周转、死亡、竞争、管理措施(采伐)等对森林碳储量的影响。其中，树木树干的生长是影响森林生物量的一个最主要的因素，不同森林类型具有不同的生长曲线，且不同林龄、不同树木器官之间的碳汇能力也存在差异。

　　用净初级生产力(net primary productivity，NPP)来表示树干的生长情况，能够反映植物实际固定 CO_2 的能力，其由 3 个部分构成：①乔木层茎、枝、根年净增长量。按不同地区和树种相应的材积生长率模型计算林木近期年龄阶段(3～5 年)材积生长率，分别乘上相应的茎、枝、根生物量即得茎、枝、根的年净增长量，不同数据年净增长量合计得到全林的茎、枝、根年净增长量。②叶年净增长量。以不同树种的叶生物量除以叶子宿存年龄得到树种叶年净增长量，不同树种合计得到全林叶年净增长量。③灌木草本层年净增长量。根据灌木和草本植物生物量与乔木生物量的关系间接推测树样地的灌草生物量，并以灌木和草本的平均年龄估算灌草植物的平均生产力。NPP 的核算公式表示如下：

$$NPP = ABI / (c + dABI) \qquad (11.1)$$

其中，ABI 为一定时间内生物量的净增量。由于生物量净增量数据不易获得，可用年均生物量代替，因此，计算 NPP 的公式可表示为

$$NPP = B / (cA + dB) \qquad (11.2)$$

其中，B 为单位面积生物量；A 为林分年龄；c、d 为对应森林类型常数。表 11.1 展现了中国主要森林类型的生产力。

表 11.1　中国主要森林类型生产力

森林类型	面积(万 hm^2)	群落生长量(Tg/a)	年凋落量(Tg/a)	净生产量(Tg/a)	平均NPP[t/($hm^2 \cdot a$)]
针叶	6384.16	286.45	163.70	450.17	57.33
油松林	263.72	6.46	4.77	11.24	4.26
马尾松林	1739.20	52.30	28.64	80.94	4.65
柏木林	346.71	16.10	7.87	23.97	6.91
落叶松林	1049.39	43.90	33.74	77.65	7.40
樟子松林	69.40	2.75	2.91	5.66	8.16
云冷杉林	800.24	40.81	25.84	66.65	8.33
杉木林	1412.88	81.66	38.28	119.94	8.49
其他暖性松林	702.62	42.47	21.65	64.12	9.13
针阔混交	468.30	28.40	16.20	44.61	9.52
阔叶	7426.21	577.42	288.46	865.87	87.14
落叶阔叶林	1765.42	84.41	52.56	136.96	7.76
高山栎林	477.56	30.50	12.94	43.44	9.10
华山松林	258.85	16.89	12.67	29.56	11.42
常绿阔叶林	1738.30	159.63	47.75	207.38	11.93
杨桦林	1843.27	161.34	67.15	228.49	12.40
阔叶混交林	1247.77	110.51	92.15	202.66	16.24
热带林	95.04	14.14	3.24	17.38	18.29
合计	14278.67	892.27	468.36	1360.64	28.23

　　注：根据相关资料整理。

中国森林植被平均生产力差异较大,其中热带林平均生产力最高,为 18.29t/(hm²·a)、油松林平均生产力最低,为 4.26t/(hm²·a)。中国阔叶林、针阔混交林和针叶林的平均生产力分别为 87.14t/(hm²·a)、9.52t/(hm²·a)和 57.33t/(hm²·a)[199]。在确定了树干的年生长量之后,根据一定的分配系数就可以计算其他器官(枝、叶、根)的年生长量,在获得了生物量在各树木器官间的分配比例后,其各自的含碳量便可进行估计。树木的各器官每年有一定的比例会枯死作为凋落物的形式进入土壤,这成为土壤模块的碳输入源之一,在这个过程中需要输入各器官的周转率、树木的死亡率;另一个输入源是森林采伐后留在林地的采伐剩余物,在这个过程中抚育采伐的时间、强度等是需要获得的重要参数。

土壤碳库是森林生态系统最大的碳储量库,森林土壤碳含量是森林生物量的 2～3 倍,对土壤碳库的研究与森林生物量相比是同样重要的。森林生物量的变动与土壤碳库的增减息息相关,Houghton 等认为,热带、温带和寒带森林在采伐后地表和土壤中的碳会下降 35%、50%和 15%,而在进一步的开垦过程中碳损失可达 50%,而 Houghton 等在最近的研究中又认为,采伐本身对土壤碳含量没有多大影响,进一步垦殖会使土壤碳减少 25%。Dotwiler 认为,采伐和林地物质的燃烧并不会减少土壤碳含量,也许还会使它略有增加。而造林后土壤碳储量有几种不同的变化趋势,影响到土壤的碳吸存能力,变化趋势有以下四种:①土壤有机碳储量下降;②引起有机碳在土壤剖面的重新分配;③造林后 5～10 年内土壤碳储量先下降然后逐渐增加;④土壤有机碳的累积发生在造林前期(约 17 年),随后土壤有机碳含量有所下降,并维持在一个相对恒定的水平。

土壤碳储量的核算主要由三部分决定:土壤的初始碳密度(即造林前土壤碳密度)、每年的碳输入量(即凋落物量)、每年的碳输出量(即土壤碳的分解释放量)。土壤初始碳密度可由两种方法获得,一种是根据测定的数据,数据包括现存的非木质凋落物碳量、细木质凋落物碳量、粗木质凋落物碳量、可溶性组分碳量、纤维素碳量、木质素碳量、腐殖质碳量。由于第一种方法测算比较困难,一般采用第二种方法,即依据造林前每年的凋落物量计算出初始碳密度,通过对林木生物量的调查结果,结合各器官的周转率,可计算得到造林前每年的凋落物量。土壤模块中每年的碳输入量与森林生物量模块相耦合,该数据由森林生物量模块中树木每年的凋落物量、细根周转量、死亡树木、采伐剩余物的量提供。土壤的分解速率则由土壤凋落物的质量和数量及当地的环境条件(如平均气温和生长季降水量等)决定。

表 11.2 为中国不同森林类型的土壤有机碳密度,除毛竹外,各森林类型土壤碳密度主要集中在土壤表层(0～30cm),杉木林、湿地松、毛竹林和次生林土壤有机碳密度分别占土壤总储量的 56.5%、58.5%、39.5%和 63.9%。四种森林类型在 0～30cm 土层土壤有机碳密度大小依次为次生林(7.63kg/m²)＞杉木林(7.13kg/m²)＞毛竹林(4.10kg/m²)＞湿地松(3.01kg/m²),杉木林和次生林之间无显著差异,但都分别和湿地松、毛竹林呈显著差异,0～100cm 土壤层有机碳密度,以杉木林最高,为 12.61kg/m²,其次是次生林和毛竹林,其土壤有机碳密度分别为 11.95kg/m²、10.39kg/m²,湿地松最低,其有机碳密度为 5.15kg/m²[246]。

表 11.2　不同森林类型土壤有机碳密度（kg/m²）

土壤深度(cm)	杉木林	湿地松	毛竹林	次生林
0～10	2.97±0.39	1.64±0.42	1.99±0.27	4.48±1.32
10～30	4.17±0.00	1.36±0.24	2.11±0.47	2.79±0.29
30～60	3.45±1.18	1.09±0.11	2.90±2.35	2.76±1.24
60～100	2.02±0.39	1.06±0.18	3.38±2.85	1.55±0.31
总计	12.61±2.23	5.15±0.51	10.39±4.67	11.95±1.92

资料来源：周纯亮. 中亚热带四种森林土壤有机碳库特征初步研究[D]. 南京: 南京农业大学, 2009.

二、林产品子库碳动态数理结构

木质林产品模块碳动态的研究原理是追踪生物量碳从森林采伐到分解的全过程，即包括林产品的碳储存与后续的碳排放两个过程。具体包括薪材燃烧产生的碳排放、生产加工过程中或最终产品过程中发生的碳排放以及 HWP 废弃后燃烧或自然分解产生的碳排放。

林木被砍伐处理后，首先变成初级产品，包括原木和薪材，再进行生产加工成为中间产品，如胶合板、纤维板、锯材等。在核算 HWP 碳储量时，有两种方法：直接法和间接法。直接法即指直接核算最终产品的碳储量，但现实中由于最终 HWP 种类繁多、数据获取困难，很难做到精确。间接法是指从 HWP 的初级状态入手，核算初级产品的碳储量，然后减去后续生产加工及废弃燃料或者分解产生的碳排放，由于初级产品种类少，便于实际操作，选用 HWP 碳储量的间接核算方法。不同种类的 HWP 的使用寿命和分解周期不同，从而导致其废弃率、腐蚀分解率等均不同，其中差别最大的就是纸类 HWP 和非纸类 HWP，将原木分为纸类原木和非纸类原木进行核算分析。HWP 生产过程中会释放 CO_2，生产加工过程造成的碳排放用于生产过程中消耗的煤炭、石油、天然气等能源产生的碳排放核算，即这部分的碳排放相当于生产这部分 HWP 时消耗的能源的碳含量。HWP 废弃处理有三种方式：直接燃烧、自然分解和回收。其中用于回收的废弃 HWP 的碳将一次性释放，自然分解的废弃 HWP 则会慢慢向大气中排放碳，其中产生碳排放与 HWP 的使用寿命和分解年数有关。采用恒定速率法来核算产品的废弃率和分解速率，即废弃率和分解速率分别为使用寿命和自然分解所需年限的倒数（具体输入机理详见第十章）。图 11.3 为林产品碳储量核算时参数输入路径。

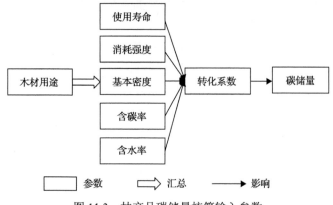

图 11.3　林产品碳储量核算输入参数

　　木质林产品系统碳流动重要的研究参数是木材的使用方式、各种林产品的分配比例和使用寿命(按照使用的寿命分为长期产品、中期产品和短期产品)、产品废弃后的利用方式及比例，如各产品按照其使用寿命以指数形式废弃；在产品被废弃后，再考虑其多少比例分别被用于再利用、燃烧、丢弃于垃圾场或埋于地下。其中，首先需要明确的是各木材的使用方式和产品流向，如矿柱、枕木、普通建材(门、窗等)、托盘和包装材料是华北落叶松木材的主要使用方式，并确定了各产品的使用比例。白彦锋[247]用储量变化法估算我国1990～2008年在用锯材产品、人造板产品、纸和纸板以及其他工业原木产品的碳储量对在用木质林产品碳储量贡献，研究结果为：不同在用产品碳储量对木质林产品碳储量的贡献不同，其中在用锯材产品对中国在用木质林产品碳储量的贡献最大；储量变化法估算1990年在用锯材产品、人造板产品、纸和纸板以及其他工业原木产品的碳储量占在用木质林产品碳储量的比重分别是47%、4%、11%和38%；而2000年在用锯材碳储量对在用木质林产品碳储量贡献是39%；在用人造板产品碳储量占在用木质林产品碳储量的比重为10%；纸和纸板占在用木质林产品的碳储量比重是18%；其他工业原木产品碳储量占在用木质林产品碳储量比重是33%。到2008年不同产品对在用木质林产品的贡献分别为31%、21%、23%和25%，相对于1990年的结果分别变化如下：减少了16个百分点，增加了17个百分点，增加了12个百分点和减少了13个百分点，锯材产品和其他工业原木产品的碳储量对木质林产品碳储量的贡献下降了，而纸和纸板以及人造板产品碳储量占在用木质林产品碳储量的比重却逐年增长，并且纸和纸板的碳储量贡献增长的速率最快。

　　表11.3为中国2010～2030年HWP碳库效能结构变动预测，预测结果显示，2010～2030年间，硬木类产品仍然是中国HWP碳库的主流，并且地位将进一步强化，其年碳储比重从约82%增加到约90%；纸类产品对HWP碳库的贡献将逐渐萎缩，其年碳储比重将下滑8个百分点。从趋势上看，硬木类产品的年碳储量变动曲线形状与HWP碳库基本一致，纸类产品产量尽管在20年间获得了多达60%的增长，但仍然无法显著改变中国HWP碳库水平和增长速度，这也从一个侧面表现出硬木类产品对碳具有良好保存能力，是提升HWP碳库水平的主要力量，纸类产品的储碳能力较差，不能决定HWP碳库的发展水平。

表 11.3　中国 HWP 碳库效能结构变动预测

	年份	2010	2011	2013	2016	2020	2025	2030
锯材	年碳储量(Tg C)	10.35	10.89	10.89	10.69	10.48	10.16	9.74
	比重(%)	23.08	24.10	24.81	25.18	25.21	25.23	25.46
其他工业原木	年碳储量(Tg C)	6.57	6.75	6.74	6.73	6.71	6.62	6.44
	比重(%)	14.65	14.93	15.46	15.85	16.14	16.44	16.85
胶合板纤维板	年碳储量(Tg C)	20.05	20.74	20.65	20.52	20.22	19.15	18.23
	比重(%)	44.70	45.90	47.39	48.33	48.66	48.21	47.67
纸和纸板	年碳储量(Tg C)	7.88	6.81	5.38	4.52	4.15	4.08	3.83
	比重(%)	17.57	15.07	12.34	10.64	9.98	10.12	10.03

注：根据相关资料整理。

源于产品生命周期的思想，结合森林生物量、土壤和木质林产品碳库等多个环节，即从森林通过光合作用吸收碳量的阶段，到森林砍伐阶段，再到木材使用阶段，最后是木材的废弃处理，将其作为一个整体来探讨碳循环过程和碳汇能力，以实现目标碳从森林业碳库向木质林产品碳库的过渡与转移，森林碳汇与木质林产品碳储的关联消长使得系统研究森林从种植到采伐利用过程的碳流通成为可能，森林通过光合作用吸收的碳量经过了一系列的碳流通过程最终回归大气，与森林生态系统、大气组成完整的碳循环过程。本节对森林生态系统与木质林产品系统碳动态需要考虑的参数及核算部分的构建，为接下来中国林业系统碳动态、结构框架的建立提供依据。

三、中国森林碳库与林产品碳库的比较

中国森林分布广泛，类型多样，在全球碳循环中，我国森林生态系统的环境作用不容忽视[①]。我国许多学者对森林生态系统的碳循环进行了初步研究。方精云等利用我国森林资源清查资料和文献发表的大量森林生物量实测数据，基于改良的生物量换算因子法，对我国 1949～1998 年共 50 年的森林碳库作用进行了较为系统的研究。另外也有较多学者对我国的森林生态系统碳储量进行了不同方法不同程度的研究。综合上述研究可以得出我国六次森林资源清查时间段中森林植被平均总碳量，对比杨红强等计算得出的相同时间段的我国林产品的总碳储量，得出我国林产品的碳储量在近几十年中占森林碳汇碳储量的 4.74%～8.43%，平均为 6%，并且这一比例近年来有增长的趋势。从森林巨大的碳汇作用可看出，我国林产品的碳储作用是不容忽视的（表 11.4）。

表 11.4　1973～2003 年中国森林碳库与林产品碳库的比较

时间	森林植被总碳量(10^6Tg)	林产品总碳量(10^6Tg)	林产品碳储量/森林植被碳储量(%)
1973～1976 年	40.1	1.90	4.74
1977～1981 年	40.7	2.18	5.36
1984～1988 年	40.9	2.81	6.87
1989～1993 年	43.1	3.35	7.77
1994～1998 年	47.0	3.96	8.43
1999～2003 年	55.1	4.64	8.42

注：根据相关资料整理。

第三节　中国林业碳库各子库关联消长动态机理

林业碳库中森林的碳汇功能是一个动态变化的过程，不仅体现在生物量碳库和土壤碳库中，还体现在木材制成的丰富的木质林产品中。减少温室气体的碳排放，合理利用目前所能实现的碳吸收和碳储存是最优化的选择。本章第一节与第二节将生物量碳、土

① 气候变化. 中国森林生态系统碳储量：动态及机制[EB/OL]. (2018-09-25) [2017-09-12]. https://www.sohu.com/a/255980561_410558.

壤碳和木质林产品碳作为连续的整体，系统全面地整合森林的碳循环过程和碳汇能力。本节结合林业系统子库内在的关联影响，协同考虑森林碳汇与林产品碳储两个子系统，从动态上把控林业碳库子库关联消长机理，为第十二章构建林业碳库框架提供数理构架与逻辑支撑。

一、碳库系统碳动态参数选择

从生命周期的角度考虑，森林采伐后才有木质林产品碳的收入，森林碳汇与木质林产品碳储两个子系统之间关联消长，只有全面考虑林木碳的循环流程，才能从动态上把握林业碳库的质与量。目前没有专门针对中国林业碳库的核算模型，因此了解中国森林碳库与木质林产品之间的关联消长机理，建立碳动态数理框架极为必要，是中国林业碳库系统框架的逻辑基础。现有林业碳库模型对追踪碳流通、研究消长机理具有参考意义。

纵观国内外各类林业碳库的研究方法，目前主流的方法已发展到软件化阶段，主要是一些发达国家运用林业碳库计量模型来核算其国家或地区的碳库。关联的林业碳库模型主要分为三类：首先是森林碳汇计量模型，这类模型用于核算森林生态系统的碳储量，但不包含后续的 HWP 部分，如 CBM-CFS、CENTURY、PROCOMAP、ROTH 等；其次是 HWP 碳库计量模型，这种模型用于计量国家或地区各类 HWP 的碳储量，如WOODCARB Ⅱ模型；最后是将森林碳库与 HWP 碳库在国家层面进行整合，系统研究各子碳库内部和子碳库间的碳储变动和碳流动的动态产业链模型，结合森林碳库与 HWP碳库于一体，描述森林中树木被采伐到加工成 HWP，以及最终废弃处理等全过程，以FORCARB 和 CO2FIX 模型最具代表性。

以 CO2FIX 模型为例，该模型是一个林分尺度(公顷级)的森林生态系统碳计量模型，能够在年尺度上模拟各碳库的储量和通量，包括森林生物量模块、土壤模块和木质林产品模块，3 个模块是有机结合的一个连续整体。森林生物量碳库中的碳一方面通过凋落物、森林采伐剩余物的形式进入土壤碳库，为土壤碳库的循环提供物质基础；另一方面，森林生物量碳通过采伐的方式移出生态系统，进入木质林产品碳库继续进行碳储存和碳流通的过程。森林生态系统固定的碳，通过采伐、运输、加工等一系列过程，转移到木质林产品中，又经过人类社会消费和最终处理，将产品储存的碳释放回大气构成了一个完整的碳循环。主要的输入参数如图 11.4 所示。

虽然 CO2FIX 模型应用广泛，但模型忽略了人工林的苗木培育、造林、抚育间伐和主伐投入，每一个过程都需要大量人力和物力，消耗大量能量的同时释放了大量的碳到大气中，这一部分碳排放也应该计入森林碳汇能力的核算中；且模型中没有评估火灾、病虫害等干扰对森林生长的影响，也会造成对森林碳汇能力的高估。中国拥有世界上最大的人工林面积，它们在固碳和改善区域环境方面发挥着重要作用，在 1977~2008 年间，约一半的林分碳汇来自人工林分，这归因于人工林分面积和生物量碳密度的持续增加，尽管天然林分的面积是人工林分的 4 倍多，但其生物量碳汇大小仅相当于人工林分[77]。因此对中国林业碳库的动态消长研究必然需要增加人工林部分，并补充森林火灾、自然灾害、疾病及鼠灾等影响因素，参考该模型具体分析中国实际林业碳库的运行机理。

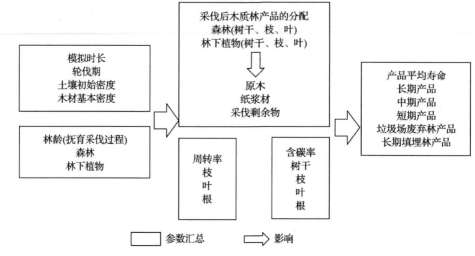

图 11.4 参考模型研究碳动态的主要参数

二、碳库系统子库消长机理

森林生物量碳库中的碳一方面通过凋落物、森林采伐剩余物的形式进入土壤碳库，为土壤碳库的循环提供物质基础；另一方面，通过采伐的方式移出森林生态系统，进入木质林产品碳库继续进行碳储存和碳流通的过程。现根据一个轮伐期内的碳流通情况来说明林业碳库子库间关联消长机理(图 11.5)。

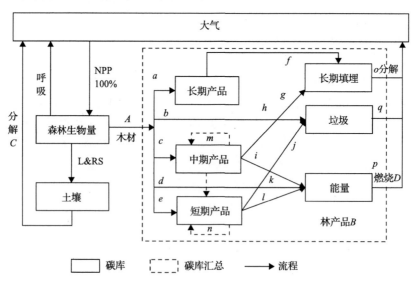

图 11.5 一个轮伐期内的碳消长关系

NPP 为净初级生产力，L&RS 为凋落物和采伐剩余物；植物呼吸量未体现，其值一般为总初级生产力的48%～60%；a～q 表示一个轮伐期内进入某一碳库总的碳通量或碳库在轮伐期后最终的碳储量；A～D 表示该碳通量或碳储量与总净初级生产力之比，假设 $A+B=100\%$

轮伐期即为了实现永续利用，伐尽整个经营单位全部成熟林分之后，到可再次采伐成熟林分时的期间，对于不同的树种和林地条件，轮伐期会有很大的差别，是采伐的重要决策依据。只考虑木材的立木价值，人们倾向于较早地砍伐林木，使得轮伐期变短；但若考虑到森林固碳效益等环境价值，最优轮伐期会发生变化，多数研究发现，对于均龄森林来说都会产生一个较长的轮伐期，人们倾向于较晚地砍伐林木，这样对增加国家森林的固碳量是大有益处的。林木的一个轮伐期内的碳流通情况如图 11.5 所示。在一个轮伐期内，假设每公顷森林截存碳量 100%，在森林自然生长周转和人工抚育的过程中，约比例 A 进入木质林产品加工制造使用过程，其余比例 $B(A+B=100\%)$ 的碳通过凋落物和采伐剩余物的方式进入土壤，由于轮伐期结束森林被皆伐，森林生物量碳库的储量几乎为零，森林将进入下一个人工种植、生长、抚育、皆伐的轮伐期中。其中土壤碳库处于动态变化之中，一方面土壤生物不断对这些凋落物和采伐剩余物进行分解，将其中的碳转化成土壤碳，另一方面大部分碳通过土壤呼吸被释放到大气中，至轮伐期结束，约有比例 C 的碳释放到大气中；同时，进入木质林产品碳库的比例 A 的碳也在不断流通，轮伐期结束后，NPP 中的比例 D 的碳通过林产品分解和能量燃烧的方式回归大气，其余 $A-D(D<A)$ 比例的碳储存在林产品碳库中，其储存的形式包括长期产品、中期产品、短期产品、长期填埋、垃圾和能量。由此可见，林产品碳库发挥了重要的碳储功能，它的存在延缓了 CO_2 回归大气的时间，提高了森林生态系统碳吸存效益。

林产品碳库的消长研究需要追踪木质林产品各个碳库的流向和数量关系。木质林产品系统碳流动重要的研究参数是木材的使用方式、各种林产品的分配比例和使用寿命、产品废弃后的利用方式及比例；在产品被废弃后，再考虑其多少比例分别被用于再利用、燃烧、丢弃于垃圾场或埋于地下。假设图 11.5 流入到木质林产品碳库中的碳量为 1（单位 t），则有 a、c、e 的储碳量分别流入长期产品、中期产品与短期产品中，b 流向垃圾场，d 流向能源化模块；短期产品中 n 进行回收再利用，l 进行燃烧替代能源，j 进入垃圾场堆放处理；中期产品中 m 回收利用，i 能源化使用，g 填埋处理；长期产品中 f 进行了长期填埋。在废弃处理阶段在填埋、垃圾、能源模块分别又有 o、q、p 碳量通过分解或燃烧释放到大气中去。假设一个轮伐期过后，再造林与原林木为同一树种，就此进行新一轮的碳循环。

获得这些参数和相应的数据，则从森林通过光合作用吸收碳量的阶段，到森林砍伐阶段，再到木材使用阶段，最后到木材的废弃处理阶段，整个生命周期的环节的碳循环变动、森林碳汇与木质林产品碳库的关联消长情况便能够动态掌握。虽然真实地追踪森林从种植到采伐利用整个过程的碳流通是困难的，但可以利用调查数据与模型相结合的方式来较好地评估林业碳库的碳流通，其结果的可靠性主要依赖于调查结果的全面性、客观性。

三、中国林业碳库系统动态运行

协同考虑森林碳汇与林产品碳储两个子系统，即遵循森林的可持续发展理论，既保持和提高森林生态系统的健康和稳定性、维护生态系统基本过程的连续性，又能长期保持森林的产品供应能力。一方面，增减木质林产品的使用必然伴随着森林碳汇的损失；另一方面，在一个可持续管理的森林内部，适度的森林采伐并结合合理的造林计划有利于保持甚至增加林木吸收 CO_2 的能力，因为从长期来看，森林的生产力随着树木年龄的增长而下降，碳的吸收能力也随之降低。林业碳库的两个子系统相互依存，一方的变动会对另一方产生影响，反之亦然。中国需要结合森林碳汇与林产品碳储之间的关联消长，从动态上把控对林业国家的系统功能调节，寻找最优组合以最大限度发挥林业减排潜力。

结合对中国林业碳库子库间碳储量关联消长机理的分析，从碳的存储和排放两个角度对中国林业碳库总系统碳流通进行评估。在森林碳库方面，主流研究界定的核算体系包括林木、林下和土壤 3 个部分，碳储存主要指林木、林下植物和枯落物及林地的碳储量，碳排放包括森林火灾等干扰因素造成的碳排放以及森林采伐剩余物的碳排放；HWP碳库方面的研究主要采用 IPCC 指南推荐的 HWP 分类范畴，碳储存为 HWP 碳储量，碳排放为 HWP 从初级产品生产加工成中间产品以及最终产品产生的碳排放和 HWP 废弃后的焚烧、腐蚀分解。

图 8.4 可解释中国林业碳库动态运行，分析森林-林产品碳库产业链的发展，即森林生态环境中碳收支以及木材采伐后从原木状态开始产生的一系列碳流动(原木的碳储存和后续的碳排放)。中国林业碳库 C_T 为森林碳库 C_F 与 HWP 碳库 C_P 的汇总，用 C_F^+ 表示林业子碳库增加，C_F^- 表示林业子碳库减少；C_P^+ 表示林产品子碳库增加，C_P^- 表示林产品子碳库减少，则两碳库的碳储量增加值(C_F^+ 与 C_P^+)与减少值(C_F^- 与 C_P^-)可体现林业碳库的动态消长。其中森林碳库增加途径为森林中林木(C_A)、林下(C_B)以及土壤(C_S)的储蓄量，碳库减少则为采伐剩余物(C_{Rf})、森林火灾(C_{FDi})以及病虫鼠害(C_{DPR})造成的碳排放；林产品碳库的增加为非纸类(HWP C_H)、纸类(HWP C_{SP})以及用于回收的 HWP 碳储量(C_{DR})，而碳库减少则通过木质燃料使用(C_{WF})、生产加工(C_M)以及最终废弃处理时用于燃烧(C_{DF})和分解(C_{DD})产生的碳排放。

结合上述构架，在遵循林业碳库自然发展规律的基础上，推导中国林业碳库动态追踪核算公式。森林碳汇可用林木、林下植物以及土壤碳储量之和来表示，生物量模块考虑了植被干、枝、叶、根生长量及死亡率(包括自然死亡、竞争死亡和经营性枯死)及采伐等几个因素对单位面积上活立木碳存量的影响，其中树干的生长量对其影响最大，枝、叶、根生物量增长通过其与树干生物量增长的相对比例系数确定[248]。土壤碳库中每年的碳输入量与森林生物量模块相耦合，该数据由森林中树木每年的凋落物量、细根周转量、死亡树木、采伐剩余物的量提供，土壤的分解速率则由土壤凋落物的质量和数量及当地的环境条件(如平均气温和生长季降水量等)决定，即：

$$森林碳汇=林木生物量固碳量+林下植物固碳量+土壤固碳量$$

森林中树木被砍伐后，一部分被运出森林成为原木或者薪材，原木则进行再加工成为中间 HWP 或最终 HWP，而薪材则被燃烧释放 CO_2，另一部分砍伐剩余物则会被留在森林，这部分剩余物将会和其他枯死木或者枯落物一起进行碳排放，在核算林业碳库时，这部分剩余物的碳排放应该被考虑。

在林业碳库框架体系中，既包括自然状态下储存的碳储量，即林木、林下植物、土壤储存的碳量以及枯死物的分解产生的碳排放，又包括由于自然或人为因素造成的森林燃烧和病虫鼠害等导致的碳排放。

林产品碳库的具体核算公式见第十章第三节，其中木材主要分为纸类 HWP、非纸类 HWP 和薪材，假设薪材会当年将其含碳量全部释放回大气，其余部分含碳量则全部转移到最终木质产品中。因此，通过估算木材含碳量，并扣除薪材含碳量，则可以得到当年 HWP 碳库的正向输入碳储量 C_P^+ [111]。而薪材燃烧碳排、HWP 加工处理过程中化石燃料碳排以及最终废弃处理时用于燃烧和分解的碳排之和可算为林产品子碳库减少 C_P^-。

结合森林碳汇与林产品碳储间的关联消长、各个碳库每年的碳储量和流通量，便可监测中国林业碳库的动态变动。推算的各个指标及方法如下：

$$年净碳平衡=大气每年减少碳量-大气每年增加碳量 \tag{11.3}$$

$$净初级生产力=树干每年的碳净增量+枝每年的碳净增量 \\ +叶每年的碳净增量+根每年的碳净增量 \tag{11.4}$$

$$土壤碳的年净增量=n\,年的土壤碳储量-(n-1)\,年的土壤碳储量 \tag{11.5}$$

$$年凋落物量=每年的非木质凋落物量+每年的细质凋落物量+每年的粗质凋落物量 \tag{11.6}$$

$$年土壤呼吸量=年凋落物量-年土壤碳的净增量 \tag{11.7}$$

$$净生态系统生产力=净初级生产力-土壤呼吸量 \tag{11.8}$$

$$木质林产品年碳净增量=n\,年的林产品碳储量-(n-1)\,年的林产品碳储量 \tag{11.9}$$

$$森林碳汇=林木生物量固碳量+林下植物固碳量+土壤固碳量 \tag{11.10}$$

$$森林碳储损失量=剩余物碳排量+森林火灾碳排量+病虫鼠害碳排量 \tag{11.11}$$

$$林产品碳储量=纸类木材碳储量+非纸类木材碳储量 \tag{11.12}$$

$$林产品碳损失量=薪材燃烧碳排量+分解碳排量+燃烧碳排量+加工碳排量 \tag{11.13}$$

第四节　本 章 小 结

本章是专著研究的核心内容，通过论证组成林业国家碳库的虚拟系统活动，根据第九章与第十章分析的森林碳汇与林产品碳储影响林业碳库的内生机理，结合系统内在的关联消长影响，从动态上把控林业国家碳库的变动流通，据此从系统结构与系统功能上实现中国林业国家碳库的构建框架，为第十二章构建林业碳库框架提供数理构架与逻辑支撑。

简要小结如下：

首先，对森林生态系统与木质林产品系统碳库循环过程与碳库分配进行说明，为碳动态变化构建理论基础。森林生态系统的碳循环是一个碳获得过程(光合作用、树木生长、林龄增长、碳在土壤中积累)与碳释放过程(生物呼吸、树木死亡、凋落物的微生物分解和土壤碳的氧化、降解及扰动),植物光合作用形成的碳库,通过森林植被碳释放和土壤及枯枝落叶层中有机质的腐烂归还大气,形成了大气—森林植被—森林土壤—大气整个森林生态系统的碳循环。森林被采伐后,具有碳储功能的木质林产品具有碳释放滞后效应,在减少温室气体排放、缓解气候变化方面具有重要的作用。于是森林通过光合作用吸收的碳量经过了一系列的碳流通过程最终回归大气,与森林生态系统、大气组成完整的碳循环过程。

　　其次,在考虑森林生物量碳库、土壤碳库的基础上增加了木质林产品碳库,以实现目标碳从森林碳库向木质林产品碳库的过渡与转移;对森林生态系统与木质林产品系统碳动态的研究参数进行构建,为中国林业系统碳动态结构建立框架。森林生物量碳动态研究需要考虑树木生长、分配、周转、死亡、竞争、管理措施(采伐)等对森林碳储量的影响。其中,树木树干的生长是影响森林生物量的一个最主要的因素,在确定了树干的年生长量之后,根据一定的分配系数就可以计算其他器官(枝、叶、根)的年生长量,在获得了生物量在各树木器官间的分配比例后,其各自的含碳量便可进行估计。树木的各器官每年有一定的比例会枯死以凋落物的形式进入土壤,这成为土壤模块的碳输入源之一,在这个过程中需要输入各器官的周转率、树木的死亡率;另一个输入源是森林采伐后留在林地的采伐剩余物,在这个过程中抚育采伐的时间、强度等是需要获得的重要参数。木质林产品系统碳流动重要的研究参数是木材的使用方式、各种林产品的分配比例和使用寿命、产品废弃后的利用方式及比例;在产品被废弃后,再考虑其多少比例分别被用于再利用、燃烧、丢弃于垃圾场或埋于地下。

　　最后,对森林生态系统与木质林产品系统碳动态需要考虑的参数及核算部分进行构建,为接下来中国林业系统碳动态、结构框架的建立提供依据。结合对中国林业碳库子库间碳储量关联消长机理的分析,从碳的存储和排放两个角度对中国林业碳库总系统碳流通进行评估。在森林碳库方面,核算体系包括林木、林下和土壤3个部分,碳储存主要指林木、林下植物和枯落物及林地的碳储量,碳排放包括森林火灾等干扰因素造成的碳排放以及森林采伐剩余物的碳排放;HWP碳库方面的研究主要采用IPCC官方指南推荐的HWP分类范畴,碳储存为HWP碳储量,碳排放为HWP从初级产品生产加工成中间产品以及最终产品产生的碳排放和HWP废弃后的焚烧、腐蚀分解。

第十二章 中国林业国家碳库的系统框架

本研究第二部分中的第八章构建了中国林业国家碳库的虚拟系统,该系统拟定森林子库和林产品子库作为我国林业虚拟碳库的两个一级模块。在提出创新中国林业国家虚拟碳库的基础上赋予了该碳库系统完备的数学表达,分析其数理结构并进行逻辑演绎,在森林子库和林产品子库两个模块的复合链式体系下构建中国林业国家碳库系统框架,并对其运行机理、发展路径、系统内涵等进行阐述,以期为评估中国林业国家碳库潜力而提供理论依据和核算方法。

第一节 中国林业国家碳库虚拟系统的现实化

本研究第三部分,第九章论证了中国森林碳汇对林业碳库的输入机理,并且从正、负两个方向阐述森林碳库对林业碳库的碳贡献;第十章则主要论证林产品碳储对林业碳库的输入机理,并且也从正、负两个碳流方向阐述了林产品碳库对林业碳库的作用;第十一章对森林碳汇和林产品碳储之间的消长关系进行分析,梳理了森林碳库和林产品碳库之间的内在关联性。通过这三章分别对森林碳库、林产品碳库以及两库之间连接机理的剖析,本章拟构建出一个较为具体的中国林业国家碳库系统框架,并且赋予各组分合理的数学表达,使得构建出的国家碳库具备可核算的特性,真正实现中国碳库定量化研究的目标。

通过整合相关资料,绘制了中国林业国家碳库系统框架图。图 12.1 对之前分部分介绍的林业碳库各组分进行了有机整合,使碳流在各个环节保持连贯性,这为实现国家碳库碳总量核算提供了可能性。除此以外,对各个碳库进行了层级划分,并赋予不同层级的碳库不同的名称,以降低叙述过程中由于名词混淆而导致的阅读难度。下文就框架图的层级关系进行详细叙述。

一、一级碳库

由框架图知,中国林业国家碳库(下文简称"国家碳库")是本研究设定的一级碳库。

通过前几章的文献综述,目前森林碳汇研究从资源科学领域提供了具体评价森林碳汇的生物量和价值量的核算方法,林产品碳储存及碳流动的研究则提供了国家贸易碳流动的系统边界以及核算手段,但鲜有研究将林业的碳功能统一在整体林业国家碳库层面。亟须从生态经济、资源经济以及系统科学方面综合评估我国林业国家碳库的生态功能。构建森林碳汇和林产品碳储碳流的国家碳库以及监测账户,有助于科学决策我国在气候变化中的碳减排责任和国际分担,并在气候谈判中获取潜在的气候利益。所以本研究构建的国家碳库将集中代表中国林业系统整体储碳水平,在该碳库体系下,不仅系统构建森林碳汇的国家账户,以利于为国家温室气体清单报告和预期气候谈判提

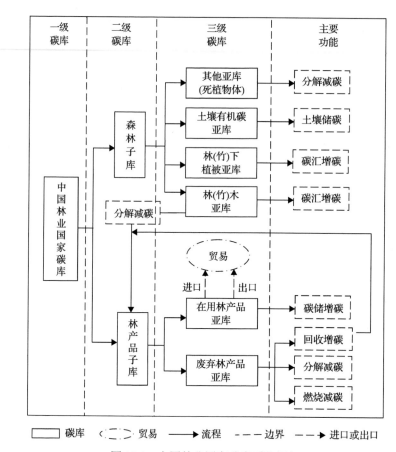

图 12.1　中国林业国家碳库系统框架

实线箭头表现碳流，虚线箭头表示流程或者功能；实线方框表示具体碳库，虚线方框表示碳库的具体功能；
虚线椭圆形框表示非碳库间的碳流动

供科学支撑，而且还会科学核算国际贸易林产品的碳储存和碳流动，建立林产品贸易的碳流动监测账户，为预期林产品贸易的碳价值计价和交易提供依据。

二、二级碳库

森林碳库和林产品碳库是本研究设定的二级碳库，且为了区分一级、二级碳库名称，将两者分别称为森林子库和林产品子库。从框架图上看，森林子库与林产品子库处于并列的关系，但二者之间的关系十分复杂，并不完全是两个并列子碳库的关系。基于现有研究理论，森林子库作为国家碳库的二级碳库争议性较小，从自然属性和经济属性考虑，林产品碳库有两种途径：一个是森林子库对林产品子库的输入使得碳储量自然增长，另一个是林产品进口所引致的碳储增加。从第一点看，森林子库与林产品子库应该是横向关联的两个碳库，而不应该处于并列地位。本研究之所以将森林子库与林产品子库同列为从属于国家碳库的二级碳库，原因如下：首先，森林子库与林产品子库所属的科学领域有所差别，导致其发展程度不一致。对于森林子库的碳汇研究一般从生态学、资源科学等学科角度进行研究，故其发展基础较为完备，具体的核算方法和核算体系也较为成熟，发展速度较快；而林产品子库不仅涉及资源科学还涉及国际贸易，对于该系统的边界划分一直较为困难，具体的核算手段也因为不同国家选择偏好而难以统一。因此，森林子库与林产品子库无论是从现有科研产出还是理论成熟性方面均存在差异，导致两者自成较为独立的研究体系。在此背景下，若想构建结合森林子库与林产品子库的综合碳库，可行的方案就是类似本研究构建的碳库框架，将二者同类为二级碳库进行整合论述。其次，森林子库与林产品子库之间的碳流途径错综复杂，鲜有研究能将其内在碳流梳理清楚，使得两库间存在一种"黑箱地带"，大大增加研究难度。此外，林产品子库还存在贸易引致的碳变动问题，贸易边界是林产品子库与贸易国之间的又一"黑箱地带"。基于双重黑箱地带的阻碍，本研究采取将两个子库作为相对独立研究体系的思路，简化两者间的碳流问题以及贸易边界问题，使得综合国家碳库构建具备可操作性。以下将分别对森林子库碳流、林产品子库碳流以及两库间碳流进行梳理，论证这两个二级碳库设定的科学性。

三、三级碳库

三级碳库是对二级碳库的进一步划分，为区别将其称为碳亚库。本研究共设有 6 个碳亚库，其中森林子库下设 4 个亚库，分别是林(竹)木亚库、林(竹)下植被亚库、其他亚库(包含枯落物、枯死物等)以及土壤有机碳亚库，但是鉴于目前研究手段、方法等受限，本研究只对除"其他亚库"之外的三个碳亚库进行碳储和碳排的机理分析和碳量核算；林产品子库下设两个碳亚库，分别是在用林产品亚库和废弃林产品亚库，在用林产品亚库的核算方法论是 IPCC 提出的储量变化法，废弃林产品亚库的碳排放问题较为复杂，涉及自然分解、回收利用等核算困难的环节，目前暂定使用缺省法的思想处理废弃林产品的分解和回收问题[249]。

四、碳库功能

林业碳库分级很大程度上也是基于其功能的不同而实现的。从宏观上讲，碳亚库功能主要分为碳汇、碳储和碳排放三种①。碳汇是专门针对森林子库而言，碳储则是针对林产品子库的碳输入，而碳排放在两大系统中均有体现。

对于林木、竹木、林下植被以及竹下植被而言，植物体能够通过光合作用增加各亚库的碳汇储量，但是因为林木、竹木以及林/竹下植被的含碳率以及碳转换系数不同，所以在进行碳库分类时，将其分为不同的亚库，运用不同的公式进行碳汇核算。

地质学或者林学等相关学科在测算土壤有机碳含量时，常规做法是测量样地的 3 种变量——深度、容积密度和样品中有机碳的集中度，其中容积密度通过计算已知抽样物质体积和烘干的土壤质量得出。土壤取样采用土钻，钻取深度一般为 30cm，然后取几个小样方的土壤样品混合称重、烘干进行土壤数据分析。如果取样位置的土壤深度较浅，需测量土壤样品的实际取样深度；如果对样地土壤较为了解，土壤样品的取样深

---

① 中国碳排放交易网. 碳汇两种概念的辨析[EB/OL]. (2019-01-19) [2018-03-31]. http://www.tanpaifang.com/tanhui/2019/0119/62896_2.html.

度也可为 0～10cm 和 10～30cm。对于含石头较多的土壤，则挖出 25cm×25cm×10cm
的土坑，将石头从挖出的土壤中挑出，分别计量石头和土壤样品的碳储量[250]。但是本
研究是对全国的土壤碳库进行核算，采取上述方法难度太大，故为了简化核算流程，
采用碳量转化的思想，即用林木或者竹木固定的碳量乘以一个碳转化系数，从而得出
土壤有机碳含量。

关于林产品碳储量的核算，一般采用以下方法获得：搜集森林资源总消耗生物量、
长期保存的木制品占森林资源总消耗的百分比、采伐森林资源的出材率、木材加工利用
率、木材密度等数据，从而求得长期保存的木制品生物量，最后乘以碳含量的值即可求
得林产品中碳储总量。而本研究中林产品碳储总量主要是根据 IPCC 报告提供的储量变
化法计算得出，但是需要说明的是，储量变化法核算的最终产品包括锯材、人造板、纸
和纸板三类，而本研究基于国情考虑，最终选取了原木、薪材和竹材作为核算产品类型。
关于林产品废弃处理，由于缺乏较为完备的废弃林产品数据，所以研究拟采用缺省法代
替一阶衰减法核算林产品的碳排放。

第二节　中国林业国家碳库功能实现路径

上一节基于第八章中国林业碳库虚拟系统的概念，系统构建了具有实践意义的中国
林业国家碳库体系。该体系以国家碳库为最终目标，由上往下依次设置了 2 个子碳库、
5 个亚碳库，形成较为完备的国家碳库三级系统。在第一节的基础上，本节主要对各碳
库如何实现其碳输入和碳排放功能进行细致描述，通过数理公式表达，厘清碳流的增减
变动，最终得到国家碳库中碳的净含量。最后，结合国家碳库的收支关联和国际安全标
准，对国家碳库的抵偿减排责任支出以及补偿国际交割支出进行论证，为实现国家碳库
收支的预警响应奠定基础，为中长期中国林业国家碳库的有效监管提供管理策略和政策
主张。

首先，对中国林业国家碳库系统的收支动态机理进行刻画，如图 12.2 所示。通过收
支动态机理图，对碳库层级之间的碳流、相同层级之间的碳流以及各个亚库的碳流有了
清晰认识。

一、森林子库功能模块构成及作用原理分析

1. 森林子库功能模块作用机理

森林子库系统包含三个亚库，其中林(竹)木亚库、林(竹)下植被亚库是通过植物体
的光合作用增加碳汇，实现了对碳库的碳"收入"，而土壤有机碳亚库则是通过枯落物、
枯死物以及其他碳基生物的腐烂堆积形成稳定的有机碳储存在土壤层中，从而实现碳
"收入"的功能。在森林子库的三个亚库中都存在碳的"支出"项，如采伐、森林火灾、
病虫害以及气候变化等因素造成的碳排放。本研究经过相关文献检索分析，最终选定占
据森林子库碳排放主要地位的三个因素进行碳"支出"核算，分别是采伐、森林火灾和
病虫鼠害。以下将对这三个因素造成碳支出的原理进行阐述。

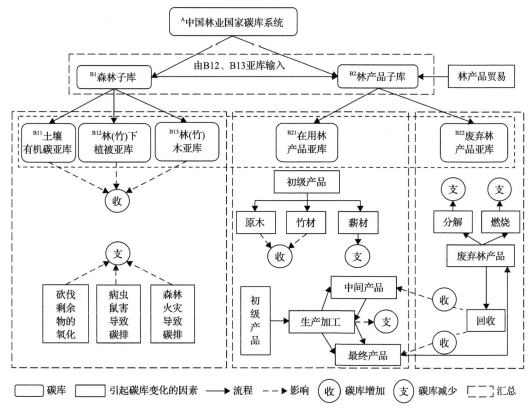

图 12.2　中国林业国家碳库系统的收支动态机理

首先，采伐是影响森林生态系统固碳能力最主要的森林管理方式。全球森林采伐量约 $3 \times 10^9 \mathrm{m}^3$，极大地影响了全球和区域森林的固碳能力。采伐直接降低森林植被密度或清除森林植被，造成森林生产力下降或消失，碳吸收能力减少，同时采伐使植被碳转移到木材产品和生物燃料中，造成森林生态系统碳储量减少和固碳能力降低。美国森林采伐造成碳损失(或转移)为 18.1Tg C/a[251](利用清单数据、IPCC 方法估算得出)。1990～2008 年，以加拿大可持续经营管理的森林为研究对象，估算森林生态系统的固碳情况，Stinson 等[235]基于清单数据利用 CBM-CFS3 经验模型估算的碳损失为 45Tg C/a，该期间森林整体上呈现碳汇；而根据 UNFCCC 方法估算的 19 年间有 8 年里其森林表现为碳源。薪材替代化石燃料燃烧，还能减少碳排放，但大多数研究认为采伐后幼林替代成熟林导致净碳损失。总体来看，采伐造成全球森林生态系统碳释放为 900Tg C/a[252](包括碳转移 590Tg C/a，实际碳排放 310Tg C/a)，约占全球碳排放的 17%。但由于采伐树种、材积、密度、采伐规范和技术、木材产品生命周期以及估算方法的差异，采伐对森林生态系统固碳影响还存在很大的不确定性。采伐后森林植被密度降低，促进了林木再生和林下植物生长，从而增加了森林生产力，促进植被碳固定。另外，当采伐对森林植被碳储量影响不大时，采伐可能增加森林粗木质残体的碳储量，而粗木质残体一般不随木材从森林中移除，森林粗木质残体碳储量的增加促进了营养元素和水分循环，从而也对森林生态系统碳收支产生影响[253]。

其次，森林火灾也是造成森林子库碳排放的主要因素。据统计，全球每年约有 1% 的森林受到火灾的严重影响，火灾引起的森林碳排放约占全球碳排放的 5.8%。火灾不仅能够直接把森林有机物质分解成无机物质、水蒸气和 CO_2，造成温室气体排放，还间接改变森林生产，影响植被结构和组成、土壤性质以及养分循环过程，从而影响森林生态系统碳循环。正确评估火灾对森林固碳能力的影响，将有助于全面评价森林在缓解气候变化中的作用。全球森林火灾碳排放主要集中在东亚和北美地区，热带封闭森林较少。中国森林每年受火灾面积约 $0.95 \times 10^6 hm^2$[254]，全球森林火灾碳释放约为 300Tg C/a，低于森林采伐造成的碳释放[255]。火灾也影响森林土壤的固碳能力，因为火灾可以直接燃烧部分土壤有机碳，使土壤有机碳层变薄；另外，火灾后植被冠层破坏或者完全去除，使太阳辐射能量透过冠层到达地表，火灾后地表热能也直接传递到土壤，都导致土壤温度升高，促进土壤呼吸、增加碳释放。区域研究认为全球气候变暖环境下，未来寒带发生火灾的频率、范围和强度还可能增大[256,257]。Liu 等[258]预计 2081~2100 年中国东北寒带森林火灾发生密度可能增加 30%~230%，人为因素引起的火灾将超过气候变化对火灾的影响，火灾将造成该区域碳大量释放。因此，要维持森林生态系统植被结构、固碳功能和其他环境功能必须控制火灾的发生，尤其是控制高发区域火灾的发生。

最后，造成森林子库碳排放的主要因素是病虫鼠害。病虫鼠害的作用机理在第九章已经进行过介绍，其主要表现为森林在遭受虫害后，植被再生过程变慢，森林初级生产力大幅度降低，遭病虫害严重的树木甚至死亡，随后死植物体开始分解和释放大量 CO_2，尤其在树木死亡后的几年内，枯死物的分解速率快，CO_2 释放量大。

2. 森林子库中亚库碳汇的数学机理

以上论述的是森林子库中三个主要碳排放因素的作用机理，其发挥作用遵循的数学原理如图 12.3 所示。由图 12.3 可知，森林子库含有 6 个亚库，但是前文的叙述里森林子库只包含 3 个亚库。本课题研究的树木主要分为非竹木和竹木，而两类树木的碳汇计算公式不一致，所以在图 12.3 中将 3 个亚库拆分成 6 个部分，分别对 6 个部分的碳汇进行核算。

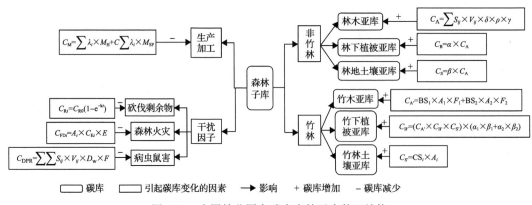

图 12.3　中国林业国家碳库森林子库数理结构

从林木亚库、林下植被亚库以及林地土壤亚库三者的数学表达式可以看出，林下植被亚库和林地土壤亚库其实是由林木亚库碳汇总量乘以某一固定比例而得到的碳汇量，所以在核算非竹林类别下 3 个亚库的碳汇总量时，只需要搜集林木亚库相关数据以及林下植被/林地土壤含碳量与林木含碳量的比例，从而进行计算即可。森林子库的具体核算公式见第九章第二节，下面将对非竹林类别下几个亚库的主要数学计算参数进行解释说明。

对图 12.3 中非竹林类别林木亚库（C_A）的三个系数 δ、ρ、γ 进行解释说明。首先，δ 系数的取值能够在很大程度上影响 C_A 的值。如何确定 δ 的值对整个林木亚库碳汇总量的核算至关重要，国内外学者对此进行过专门研究。具体操作时，要求取以树木为主体的生物蓄积量，利用 δ 系数将树木蓄积量进行换算。对于树木生物蓄积量扩大系数计算，可以根据测树学相关知识求得。据统计，中国的阔叶树和针叶树树枝的平均生物量占整棵树总生物量的16%，树叶占 7%，树干占 52%，树根占 25%[①]，最后得出树木生物蓄积量扩大系数为 1.9（IPCC 的默认值也为 1.9）；法国研究测定的该系数值为：树干和树枝占整棵树生物量的78%，树叶及树根分别占总生物量的 6%与 16%；而日本测定的该系数值较低：针叶树该系数平均值为 1.7，阔叶树该系数平均值为 1.8。中国树木各部分生物量比例见图 12.4。其次，ρ 的作用体现在，若要将森林全部生物量蓄积转换成干重就要使用该系数进行换算。国际上通用的是 IPCC 报告默认值，即 ρ 为 0.5；而日本主要树种的 ρ 值约为 0.45（其中阔叶树为 0.49t/m³，针叶树为 0.38t/m³）。最后，要将生物量干重转换成固碳量就要用到换算系数含碳率 γ。IPCC 报告中含碳率 γ 的默认值为 0.5。而中国针叶树的平均含碳率 $\gamma \geqslant 0.5$，阔叶树含碳率 $\gamma < 0.5$，对森林中乔木层碳储量的计算，取含碳率为 0.5 所得的结果较为客观。法国专家和学者的研究表明，林地固碳量、林木固碳量与林下植物固碳量分别占森林固碳总量的 51%、41%和 8%。对于这 3 个系数的选取，本研究拟采用 IPCC 默认值进行碳汇核算。

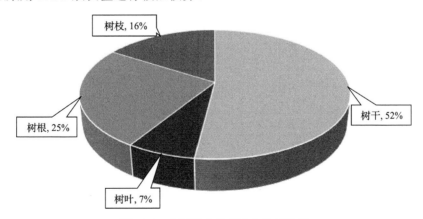

图 12.4　中国树木各部分生物量比例

至此，对于林木亚库中各系数都做了详尽的解释，在搜集到完整的 S_{ij} 和 V_{ij} 的前提下即可对林木亚库碳汇量进行核算。

① 中国碳汇林. 中国森林对全球碳循环及气候变化做贡献[EB/OL]. (2010-6-8)[2018-03-31]. http://www.carbontree.com.cn/NewsShow.asp?Bid= 3432.

关于林下植被和林地土壤的固碳量,由图 12.3 中非竹林类别林下植被亚库和林地土壤亚库数学表达式所示,可根据林木碳汇量来计算林下植物(含凋落物)的固碳量和林地土壤的固碳量。按照以往研究,林下植物碳转换系数 α 一般取值 0.195;土壤碳转换系数 β 一般取值 1.244[134]。

上述探讨的是非竹林的固碳量核算,竹林的固碳量核算原理与非竹林相同,即为竹木、林下植物以及竹林地的固碳量之和。此处需要说明,之所以本研究中加入竹林的碳储核算,是因为竹林在中国林业国家碳库中占据着重要地位。竹林是地球陆地上重要的森林植被类型,也是特殊的生态系统单元。而中国又地处世界竹子分布的中心区,是全球第一大竹产国,拥有竹子 39 个属近 500 余种,竹林面积占森林面积的 3.06%[①]。因此,研究中国竹林生态系统碳储量变化,无疑会对深入研究中国乃至全球森林生态系统碳平衡问题起重要作用。

在森林生态系统碳循环研究中,竹林碳储量通常包括竹林生物质碳储量和竹林土壤有机碳储量两大部分。竹林生物质碳储量可根据竹林生物量计算,中国的森林资源清查分别给出了两类竹林(毛竹和其他竹类)的面积和株数,因此有两种方法可以计算上述两类竹类的生物量,分别是基于面积的方法和基于株数的方法。

基于面积的方法中,竹林生物量可由竹林单位面积生物量与竹林面积的乘积来进行核算。国内对竹林生物量,尤其是对占主导地位的毛竹生物量有许多研究。竹林生物量因竹子的种类、分布地区、立竹密度、立地条件、经营水平等因素而异,其中以毛竹和绿竹生物量较高。根据收集到的研究文献数据,计算单位面积毛竹和其他竹类的平均生物量,如表 12.1 所示。

表 12.1　毛竹林生物量

采样地域	单位面积生物量(Mg/hm²)	单株生物量(kg/单株)	数据来源
贵州	264.72	163.41	巫启新(1983)
	260.39	126.71	
	218.73	91.71	
	271.42	70.96	
	301.64	75.60	
浙江秦代石门	572.29		温太辉(1990)
浙江安吉	162.91		
浙江富阳	120.12	44.49	黄启民(1993)
	182.38	48.63	
福建南靖	80.11		李振基(1993)
江西大岗山	60.98	21.87	聂道平(1994)
	86.29	22.12	
	99.54	21.90	

---

① 看点快报. 身为全球第三大竹产国,缅甸竹子的创收力却只是中国的百分之一[EB/OL]. (2019-09-26) [2019-09-26]. https://kuaibao.qq.com/s/2019- 0926A0M1C200?refer=spider.

续表

采样地域	单位面积生物量（Mg/hm²）	单株生物量（kg/单株）	数据来源
福建建瓯	81.74		蓝斌（1999）
	341.08	149.60	郑郁善（1997）
福建沙县	25.29	16.86	
	41.30	18.36	**
	57.64	16.24	
福建	37.60		郑郁善（1998）
福建武平	67.18		陈礼光（2000）
河南鸡公山	23.70		严茂超（2004）
平均值	159.86	63.46	
标准差	137.50	51.59	

注：**内部资料。

基于株数的方法中，竹林生物量可由平均单株生物量与竹子株数的乘积来进行核算。平均单株生物量可通过收集到的文献数据间接计算得到，详见表 12.2。

表 12.2 其他竹林生物量

竹子种类	采样地域	单位面积生物量（Mg/hm²）	单株生物量（kg/单株）	数据来源
水竹	安徽舒城	93.67	3.12	孙天任（1986）
		156.26	4.17	
		102.02	2.27	
		121.08	2.31	
绿竹	浙江瑞安	148.19		温太辉（1990）
	福建华安	156.04		林益明（1998）
长毛未筛竹	浙江温州	100.94		
麻竹	浙江苍南	81.61		
枪刀竹	浙江安吉	93.97		温太辉（1990）
刚竹		114.87		
乌芽竹		296.58		
浙江淡竹	浙江萧山	202.44		
花竹	福建绍安	41.12		
		98.11		
红竹	浙江衢县	370.37		
苦竹	浙江余杭	280.58		温太辉（1990）
		102.82		林新春（2004）
慈竹	重庆缙云山	156.41	2.23	苏智先（1991）
斑苦竹		24.06		刘庆（1996）

竹子种类	采样地域	单位面积生物量(Mg/hm²)	单株生物量(kg/单株)	数据来源
肿节少穗竹	福建建瓯	10.58	0.71	郑郁善(1998)
		40.62	1.35	
		70.72	1.18	
		38.76	0.43	
	福建	34.63	0.41	徐道旺(2004)
筇竹	云南大关	48.17		董文渊(2002)
毛环竹	福建松溪	52.73	4.55	徐道旺(2004)
井冈寒竹	江西井冈山	16.03		周玉卿(2004)
桂竹	河南鸡公山	87		严茂超(2004)
巴山木竹	陕西镇巴	69.09		王太鑫(2005)
茶杆竹	福建闽清	30.48	4.52	林传文(2005)
		32.51	3.61	
		39.72	3.53	
方竹	福建南平	14.96		童建宁(2007)
平均值		95.36	2.35	
标准差		82.21	1.50	

注：根据相关资料整理。

周国模等[259]的研究结果显示，毛竹各器官平均含碳率为 0.5；其他竹类的含碳率采用林益民等[260]以及李江等[261]分别对绿竹和苦竹的研究结果，即平均值为 0.45。

基于上述文献整理与分析，采用按照面积计算碳汇的方法。竹木的碳储量可根据竹林生物量计算，图 12.3 中竹林类别的竹木亚库中的 F_1 取值 0.5，F_2 取值 0.45，而竹林土壤有机碳储量为竹林面积和单位面积土壤碳储量的乘积，林下及枯落物碳储量由其占整个竹林碳储量的比例求出。

至此，森林子库中所有亚库碳汇部分的数学机理全部厘清，下面将对森林子库的碳排放部分进行阐述。

3. 森林子库中亚库碳排的数学机理

(1)采伐剩余物的分解。森林中树木被砍伐后，一部分被运出森林成为原木或者薪材，原木则进行再加工成为中间林产品或终极林产品，而薪材则被燃烧释放 CO_2，而另一部分砍伐剩余物则会被留在森林，这部分剩余物将会和其他枯死木或者枯落物一起进行碳排放，在核算林业碳库时，这部分剩余物的碳排放应该被考虑。

此处对图 12.3 的干扰因子类别砍伐剩余物亚库中分解常数 k 进行简要介绍。一般情况下，有关凋落物分解的研究主要是以凋落叶为对象。凋落叶分解常数k能直观地表达凋落叶分解速率，k 值的大小与很多因素密切相关。影响凋落叶分解速率的主要因素包括气候因素、地理因素、质量因素、生物因素和土壤因素等，这些因素通过直接或间接的方式影响凋落叶分解速率。一些研究表明，大尺度凋落物分解速率随纬度、木质素含量的增加而降低，随温度、降水量和养分浓度的增加而增高[262]，且气候因素是主要影响因素，而质量因素仅仅适合于特定的气候区域。这主要是因为影响凋落物分解的主控因子在时空上的异质性和复杂性，以及微气候、凋落物质量和植被群落结构和物种组成的综合作用，使得影响凋落物分解的因素变得更加复杂。我国拥有众多森林类型，横跨多个气候带，森林凋落物分解是全球凋落物分解研究的重要一环。20 世纪 80 年代至今，国内科研工作者已对我国主要森林生态系统凋落物分解进行了大量的研究，但已有的研究主要集中在生态系统水平上，而小尺度凋落物分解试验很难外推到大尺度凋落物分解状况。虽然已有一些研究者对大尺度范围凋落物分解进行了实验，但是目前国内仍缺乏国家尺度上森林凋落物分解速率与其主要影响因子之间关系的综合分析。

(2)森林火灾。在林业碳库框架体系中，既包括自然状态下储存的碳储量，即林木、林下植物、土壤储存的碳量以及枯死木的分解产生的碳排放，又包括由于自然或人为因素造成的森林燃烧和病虫鼠害等导致的碳排放。2003 年和 2006 年中国森林火灾受害面积分别为 $0.45 \times 10^6 hm^2$ 和 $0.41 \times 10^6 hm^2$，分别占当年全国森林总面积的 0.26% 和 0.21%，因此在核算中国林业碳库碳储量时，森林火灾造成的碳排放不能忽视。

森林火灾的碳释放的定量化研究是全球变化研究的一个重要方面。对森林火灾碳释放的研究主要有排放因子法和排放比法，以及基于火灾辐射功率(fire radiative power，FRP)的遥感计算方法。Seiler 和 Crutzen[263]提出生物量燃烧量计算方法，燃烧消耗的干生物量(kg/m^2)等于过火面积(m^2)、可燃物载量(kg/m^2)与燃烧效率的乘积。

燃烧效率是估计森林火灾释放含碳气体量的关键，指生物质燃烧掉的部分占总质量的比例，Wong[264]首次将燃烧效率的概念应用到森林的燃烧过程，成为森林火灾温室气体释放量计算的关键因子。燃烧效率与可燃物类型密切相关，可燃物结构对燃烧效率也有重要影响，Fearnside 等[265]在巴西热带雨林的调查中发现树干、枝、叶的燃烧效率分别为 39%、92% 和 100%。Mouillot 等将全球分为 8 个生物群系，并且对每一种生物群系按树枝、叶子、枯死木质残体、枯落物和树木的比例对燃烧效率进行估算，这种估算将可燃物结构和类型与燃烧效率有机结合起来，对于温室气体释放量的计算将更加有效和准确。

根据 Ito 和 Penner 的研究，不同的覆盖率对应不同的燃烧效率，树木覆盖率与燃烧效率之间具有指数关系，可以近似用下面的公式表示：

$$CE = e^{-0.013Tp} \tag{12.1}$$

其中，CE 为燃烧效率；Tp 为树木的覆盖率。

可燃物的尺寸大小对燃烧效率有直接影响，与燃烧类型也有密切关系。Prabhat 等对热带落叶林的燃烧效率进行研究，根据不同的燃烧类型，有焰燃烧、有焰和阴燃混合燃烧，以及阴燃，其燃烧效率在 72.89%～95.7% 之间变化[266]。土地利用方式也影响燃烧效率的变化，对于小农场计划火烧的燃烧效率为 46.7%～57.5%，但对于砍伐经演替后的区域，燃烧效率会有所提高。此外，van der Werf 等[267]认为树叶以及枯落物的燃烧效率的估算对增加温室气体排放量估算不确定性的贡献并不是很大，因为它们的燃烧效率总是比较一致，然而对于树木或者倒木来说却很难准确估算，燃烧效率的值一般在 0～0.5 之间变化。不同的燃烧效率估算方法具有很大的差异，对于较大的区域，研究者多采用遥感的方法，通过提取某些能反映燃烧效率的指标对燃烧效率进行反演[268]。

由于影响燃烧效率因素的多样性和复杂性，对于大尺度对燃烧效率或可燃物消耗量进行准确估计有一定的难度，通过模型直接对可燃物消耗量进行计算，可以比较好估测温室气体释放量，如 FOFEM、Consume[269]，可以根据着火时的可燃物类型、可燃物湿度、季节、地理位置等对可燃物消耗量和存留量进行计算，可以计算出燃烧效率。

由于森林火灾的燃烧效率因火灾类型和森林特点不同而变化，国内森林火灾温室气体排放量的计算过程中用到的燃烧效率具有比较大的差异。王效科等对国内外的文献进行统计，认为燃烧效率介于 0.1～0.5 之间[270]，并通过生物量在森林不同层次结构的分布和火灾类型对燃烧效率的影响对燃烧效率估算值的合理性进行了解释。田晓瑞等根据目前国外的研究结果，根据不同的植被带或类型，对燃烧效率进行了估计或引用，其值为 0.09～0.30 之间[271]。

对燃烧效率估计值的不同，使得对温室气体排放量的计算与实际有很大出入，并且很难进行比较分析，且因为燃烧效率的时空变异性，很难获得准确的燃烧效率值，具有很大的不确定性。

(3)病虫鼠害。中国森林病虫害也大量发生[①]，每年发生面积在 $8.7 \times 10^6 hm^2$ 以上，造成林木增长量减少 1700 多万 m^3。由病虫鼠害造成的碳损失，可根据森林类型损失的森林面积、单位面积蓄积量、干材密度以及碳转换系数来估计。

至此，森林子库中所有亚库碳排部分的数学机理全部厘清。将森林子库的碳汇、碳排进行有机整合，得到图 12.5。

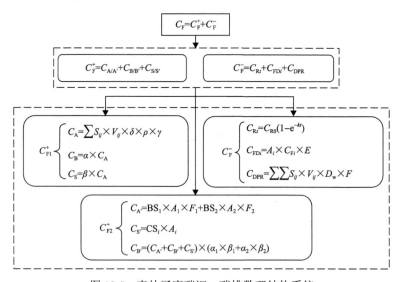

图 12.5　森林子库碳汇、碳排数理结构系统

二、林产品子库的功能模块构成与数理逻辑分析

林产品子库包括林产品的碳储存和后续的碳排放，具体包括薪材燃烧产生的碳排放、

---

① 中国包装网. 植树容易造林难 中国造林有盲点酿恶果[EB/OL]. (2001-09-01) [2018-03-31]. http://news.pack.cn/show-82726.html.

生产加工成中间或终极产品过程中发生的碳排放以及林产品废弃后燃烧或自然分解产生的碳排放。林木被砍伐处理后，首先变成初级产品，包括原木和薪材，再进行生产加工成为中间产品，如胶合板、纤维板、锯材等，或者进一步生产加工成为最终产品，如家具、纸和纸制品等，图 12.6 旨在构建中国林业国家碳库林产品子库数理结构。在核算林产品碳储量时，由于初级产品种类少（包括原木和薪材），为了便于实际操作，选用林产品碳储量的间接核算方法，并运用 IPCC 指定的生产法的思想对林产品子库进行推导。

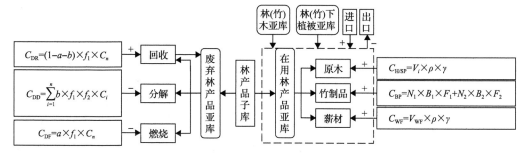

图 12.6　中国林业国家碳库林产品子库数理结构

　　由于不同种类林产品的使用寿命和分解周期不同，其废弃率、腐蚀分解率等均不相同，其中差别最大的就是纸类林产品和非纸类林产品，因此将原木分为纸类原木和非纸类原木进行核算分析。

　　林产品生产加工过程中会释放 CO_2，生产加工过程造成的碳排放用生产过程中消耗的煤炭、石油、天然气等能源产生的碳排放核算，即这部分的碳排放相当于生产这部分林产品时消耗的能源的碳含量。

　　林产品废弃处理有三种方式：直接燃烧、自然分解和回收。其中直接燃烧和自然分解是林产品子库的碳排过程，而回收利用废弃林产品则是该子库的碳储过程。用于回收的废弃林产品将增加其碳库的碳含量，直接燃烧的废弃林产品的碳将一次性释放，自然分解的废弃林产品则会慢慢向大气中排放碳，其产生碳排放与林产品的使用寿命和分解年数有关，中国林业国家虚拟碳库采用速率恒定法来核算产品的废弃率和分解速率，即废弃率和分解速率分别为使用寿命和自然分解所需年限的倒数。

　　至此，林产品子库的碳储和碳排全部梳理清楚，内在碳流路径详见图 12.7。

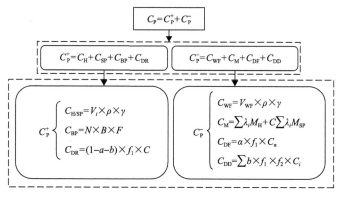

图 12.7　林产品子库数理结构图

将上述的森林子库与林产品子库的数理结构系统进行整合，即可得到中国林业国家碳库的数理框架，如图 12.8 所示。

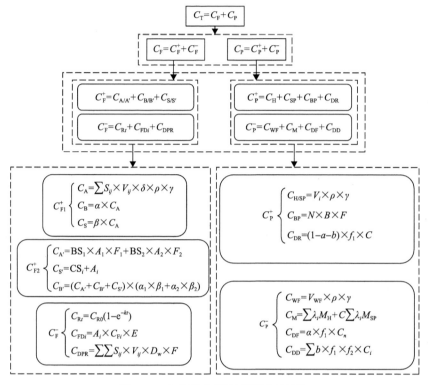

图 12.8　中国林业国家碳库数理结构

上图中 C_T 指的是中国林业国家碳库总碳量，C_F 指的是森林子库总碳量，C_P 指的是林产品子库总碳量，其余各个函数表达式以及各个参数的含义在前文均有介绍。该图是对中国林业国家碳库虚拟框架的现实化转变，运用数理逻辑手段完成各层级碳库的碳量核算，形成碳流动态计量体系。需要说明的是，该框架本质上属于静态计量体系，能够在某一时点完成中国林业国家碳库碳量的核算任务，若要进一步实现国家碳库的动态监测，还需要创建国家碳库的动态预测账户，两者结合才能实现对中国林业国家碳库的动态、静态的综合性核算和监测。

第三节　本 章 小 结

本章主要论证了中国林业国家碳库系统框架构建的客观性和可行性。

首先，对第九章就已经提出的中国林业国家碳库层级结构进行深入探究，从功能模块的角度论证各碳子库、碳亚库之间的碳流问题，明确界定出各碳亚库的性质（是碳排放源还是碳储存库）。

其次，在明确各个碳亚库的性质后，结合现有科研成果以及理论体现，并综合考量中国的现实国情，最终甄选出各个碳亚库的最适函数表达式，结合中国实际赋予各个参数具体数值,以实现对中国林业国家碳库碳总量的科学计量。

　　本章对中国林业国家碳库功能实现具有建设性意义。国家碳库虚拟系统的现实化步骤,有助于从宏观上把控国家碳库各层级的作用机理并厘清各碳库功能实现的数理逻辑性。总而言之,本章内容为后续的实践环节(即全面核算中国林业国家碳库碳总量)提供了数理支撑和有效保障。

第四部分　中国林业碳库水平与预警响应

　　系统评价中国林业国家碳库的减排潜力，能够为中国参与国际气候谈判和承担减排责任提供科学依据。准确监测林业碳库的安全水平，对指导森林经营和产业减排政策的制定具有重要现实意义。合理运用林业碳库的预警功能，利于中长期国家碳库的宏观管理和策略调整。

　　本专著第四部分的核心问题是中国林业碳库水平与预警响应。此部分共分为五章，即第十三章至第十七章，具体内容涉及中国林业国家碳库计量与预测方法、中国林业国家碳库安全标准及预警机理、中国林业国家碳库水平评估与预测、中国林业国家碳库安全水平与预警响应、中长期中国林业国家碳库管理策略。此部分是本专著的实证研究及实践应用，主要基于中国林业国家碳库的历史碳储和未来趋势，模拟林业碳库对经济活动的碳排放抵偿，评估中国林业国家碳库的安全状态，针对各级预警响应调控林业碳库的最低结余，为实现林业碳库应对气候变化的系统功能提供管理策略。

第十三章 中国林业国家碳库计量与预测方法

在前文系统梳理与甄选当前主流林业碳库计量方法与模型的基础上，本章重点论述基于本国数据约束下的中国林业国家碳库计量方法，本章同时建立预测模型，为后续章节评估未来中国林业国家碳库中长期变动及安全与预警提供依据。本章首先建立一个框架模型，总领性阐释中国林业国家碳库及各组分的计量与预测方法，并概述其数据需求；在框架模型的基础上，本章进一步论述森林碳汇与林产品碳储的计量与预测方法的数理逻辑，尤其重点介绍如何借助 GFPM 预测未来林产品碳储变动，这也是本专著的一大创新与突破。

第一节 中国林业国家碳库计量与预测框架模型

基于当前可获得的数据约束，从总体上设计中国林业国家碳库的计量与预测方法，其中森林碳汇部分的建模包括林木、林下植被、土壤、采伐剩余物、森林火灾五个方面；林产品碳储的建模包括纸类(纸和纸板)与硬木类(人造板、锯材、直接用原木、薪材)在生产加工、使用、废弃三个环节中的碳储变动。

一、框架模型总体架构

根据当前可获得的数据约束，本专著所建立的中国林业国家碳库计量与预测模型如图 13.1 所示。在森林碳汇方面，林木具备固碳功能，是森林碳汇子碳库的最核心要件；林下植被是林木的伴生植物，亦具备一定固碳能力；林分中植物根系与埋入土壤的生物质碳形成了土壤碳库，是森林碳汇的重要组成部分。根据测树学理论，这三个部分的碳量存在一定的比例关系，基于该比例关系的蓄积量法成为森林碳汇计量的主要方法[84]，也是目前我国林下植被与土壤碳储数据欠缺的约束下最为适用的方法。森林火灾与采伐剩余物的分解会将森林固定的碳重新以二氧化碳的形式释放到大气中，基于当前中国林业统计年鉴数据，生物质消费法与单指数衰减法是最适用的方法。

对于未来森林碳汇的预测，主流方法有灰度预测模型①和情景分析等方法。其中情景分析方法基于对未来因变量(如森林面积、森林蓄积量、森林采伐量的变动)的预估，方法上仍和历史碳汇计量方法保持一致，能够保证前后的延续性。灰度预测模型基于历史趋势进行预测，由于森林生长和森林采伐是非线性的，森林碳汇系统内各变量之间存在复杂的内生性，灰度预测模型在预测上存在一定误差，且无法与历史碳汇值计量形成方法学上的延续性。综合以上考虑，本专著采用情景分析法对中国未来森林碳汇进行预测。

---

① 简书. 灰度预测模型[EB/OL]. (2017-07-03) [2017-09-12]. https://www.jianshu.com/p/b2b280883ed1.

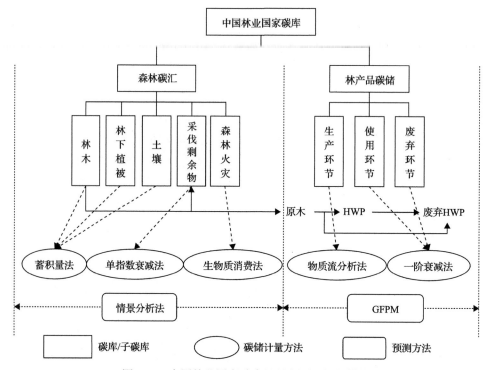

图 13.1　中国林业国家碳库计量与预测框架模型

林产品碳储的总体计量方法为储量变化法，物质流分析法和一阶衰减法均是建立在储量变化法框架下；
图中废弃 HWP 包括加工环节形成的废弃木料

　　原木经森林采伐后进入加工环节，一部分木纤维被加工成木质林产品(harvested wood products，HWP)进入使用环节，另一部分废弃的木料被与废弃 HWP 一并处理；HWP 进入使用环节后，一部分留存于使用环节，其余部分形成废弃 HWP；废弃 HWP 的处理方式包括露天堆放、填埋、焚烧和回收(仅限纸类产品)，将林产品中的一部分碳储以 CO_2 和 CH_4 形式释放进入大气。针对 HWP 的三个环节，本专著采用物质流分析法计量加工环节中木纤维碳储的流向，通过一阶衰减法评估使用与废弃环节的林产品碳储。以上两种方法均采用 IPCC 界定的储量变化法的逻辑框架，即：林产品核算范畴包括所有在中国境内消费的林产品。由于林产品供需和加工受到市场影响，中国这一最大的林产品贸易国更依赖于全球市场的变动，本专著采用 GFPM 这一涉及全球林产品市场预测的权威模型对未来中国林产品需求进行预测[272]，为预测中国未来林产品碳储变动提供数据基础。

二、框架模型数据需求

　　中国林业国家碳库计量与预测的总体数据需求如表 13.1 所示。森林碳汇方面，蓄积量法以森林面积与蓄积量作为自变量，并采用各种扩展乘数由蓄积量测算出森林的蓄积量[①]。森林面积和蓄积量可以直接由森林清查报告获得，扩展乘数使用已有测树学数据。

---

　　① 智库. 森林蓄积量[EB/OL]. (2014-02-18) [2018-03-31]. https://wiki.mbalib.com/wiki/%E6%A3%AE%E6%9E%97%E8%93%84%E7%A7%AF%E9%87%8F.

这些扩展乘数包括两类，一类是生物量扩展乘数、含碳率、容积系数，用于将林木蓄积量数据转换为林木碳汇数据；另一类是林木、林下植被和土壤的比重系数，用于从林木碳汇数据推算出林下植被和土壤的碳汇数据。采伐剩余物和森林火灾的碳排放所采用的单因子衰减法和生物质消费法，其自变量为采伐剩余物量和火灾面积，分解常数和燃烧效率等参数值可以参照已有研究并假定不变。在森林碳汇预测方面，森林面积和森林蓄积量这两个自变量被用于情景分析法的数据输入需求，其他参数均设定为不变。本专著森林碳汇预测部分不对采伐剩余物和森林火灾进行进一步探讨，原因在于该数据与未来森林管理有关，无法量化，另外，根据中国林业统计年鉴数据，整体上采伐剩余物和森林火灾所占的碳量比重较为有限，可以不做探讨。

表 13.1　中国林业国家碳库计量与预测的总体数据需求

子碳库	子碳库组分	碳储计量方法	数据需求	预测方法	输入参数
森林碳汇	林木	蓄积量法	森林面积、蓄积量、扩展乘数	情景分析法	森林面积、森林蓄积量、其他参数相同
	林下植被				
	土壤				
	采伐剩余物	单因子衰减法	分解常数、采伐剩余物量		不做探讨
	森林火灾	生物质消费法	火灾面积、燃烧效率		
林产品碳储	生产环节	物质流分析法	木材消费量、HWP 产量	GFPM	GDP、人均 GDP、森林面积、蓄积量
	使用环节	一阶衰减法	HWP 消费量、纸回收量、碳乘数、半衰期		
	废弃环节				

林产品碳储方面，木材消费量(产量+进口量-出口量)和 HWP 产量被用于生产环节的物质流分析和废弃木料的计算。HWP 消费量是使用环节中一阶衰减法的因变量，并用以计算废弃 HWP 数量。废弃 HWP 量和纸回收量是废弃环节一阶衰减法所约束的自变量数据需求。以上自变量数据需求均可由中国林业统计年鉴获得。除自变量数据需求外，参数需求包括碳乘数和半衰期两类，其中碳乘数用以将木材和 HWP 的材积折算为碳量，半衰期用以测度一阶衰减法中的衰减速率，以上参数值来源于 IPCC 相关报告。本专著采用 GFPM 预测未来木材和 HWP 产量这两个自变量，GFPM 所涉及的参数需求较为复杂，但主要集中于 GDP、人均 GDP、森林面积、森林蓄积量这四类，其余数据可使用最新版本(2017 版)中校调的各项参数值。

第二节　森林碳汇计量与预测方法

在第一节整体阐述中国林业国家碳库框架模型和数据需求的基础上，本节对其森林碳汇的计量与预测方法的数理原理进行进一步论述，并交代各项参数值的取值。森林碳汇计量方法主要论述蓄积量法、单因子衰减法、生物质消费法的数理原理；由于预测方法采用情景分析法，主要对未来森林面积和蓄积量的变动进行预测，本节在预测方法方面仅做数据来源的交代。

(1)蓄积量法。蓄积量法的数理原理如式(13.1)～式(13.7)所示，其中式(13.1)表示森林碳汇(C_p)是林木(C_{tree})、林下植被(C_{floor})和土壤碳汇(C_{soil})的加总;式(13.2)表示如何计算林木的森林碳汇,即为第 i 类地区第 i 类森林类型的面积(S_{ij})乘以该类森林类型单位蓄积量的碳密度(C_{ij});式(13.3)、式(13.4)分别表示如何通过扩展系数 α 和 β 计算林下植被和土壤的碳汇量。式(13.2)~式(13.4)中的 C_{ij} 通过式(13.5)所示的单位蓄积量 V_{ij} 乘以生物量扩大系数(δ)、容积系数(ρ)、含碳率(γ)得出。式(13.3)、式(13.4)中的扩展系数 α 和 β 通过式(13.6)、式(13.7)所示的林木(P_t)、林下植被(P_f)和土壤(P_s)的碳量比重系数折算得出。

$$C_p = C_{tree} + C_{floor} + C_{soil} \tag{13.1}$$

$$C_{tree} = \sum(S_{ij} \times C_{ij}) \tag{13.2}$$

$$C_{floor} = \alpha \sum(S_{ij} \times C_{ij}) \tag{13.3}$$

$$C_{soil} = \beta \sum(S_{ij} \times C_{ij}) \tag{13.4}$$

$$C_{ij} = V_{ij} \times \delta \times \rho \times \gamma \tag{13.5}$$

$$\alpha = P_f / P_i \tag{13.6}$$

$$\beta = P_s / P_t \tag{13.7}$$

根据测树学研究,生物量扩大系数为 1.9,容积密度和含碳率采用 IPCC 默认值 0.5,林木、林下植物和土壤固碳量的相对比例分别为 41%、8% 和 51%。

(2)单因子衰减法。采用一阶衰减法计算采伐剩余物的碳排放的数理原理,如式(13.8)所示。

$$C_{Rt} = C_{R0}(1 - e^{-kt}) \tag{13.8}$$

其中,C_{Rt} 为采伐剩余物在 t 年后的累计碳排放量;C_{R0} 为采伐剩余物刚产生时的碳量;k 为分解常数,已有研究表明这一参数均值为 0.0175[273]。

(3)生物质消费法。森林火灾碳排放所采用的生物质消费法数理原理如式(13.9)所示。

$$C_{Mi} = A_i \times C_{Fi} \times E \tag{13.9}$$

其中,C_{Mi}、A_i、C_{Fi} 及 E 分别为第 i 年由于火灾造成的碳排放量、火灾受害面积、森林碳汇,以及燃烧效率,已有研究表明林木、林下植被及土壤的燃烧效率分别为 0.200、0.335 和 0.080[183]。

(4)在使用情景分析法预测未来中国森林碳汇的研究中,以 Zhang 和 Xu[274]的研究最为经典,其方法学亦基于蓄积量法,结果与结论不断被最新研究所论证。该研究对于中国未来森林资源的预测(尤其是政府规划情景),与实际情况较为符合,因此本研究采用 Zhang 和 Xu 对于未来中国森林面积与森林蓄积量的参数设置,具体数据详见第十四章第一节。

第三节 林产品碳储计量与预测方法

中国林产品生命周期内(从生产到废弃)的碳储碳排放研究较为欠缺,也是本专著的核心创新点,本节着重论述中国林产品在生产、使用、废弃三个生命周期环节的碳储计量数理原理。在预测方面,本节重点论述 GFPM 的核心数理原理以及外生变量取值。

一、林产品碳储计量模型

1. 生产环节

木材经过加工转化为 HWP 和废弃木料,HWP 将进入使用环节,废弃木料决定了加工环节的碳储/碳排放量。废弃木料的计算公式如式(13.10)所示,即为木纤维投入与林产品产出之差。

$$CW_{Manufacture}(t) = C_{IndR}(t) + C_{LResident}(t) + C_{Recycle}(t) + C_{Interm}(t) - C_{PF}(t) \qquad (13.10)$$

其中,$C_{PF}(t)$ 为 t 年 HWP 产量;$C_{IndR}(t)$、$C_{LResident}(t)$ 和 $C_{Recycle}(t)$ 为 t 年工业原木、采伐剩余物(一部分采伐剩余物会被加工利用)和回收纸的消费量;$C_{Interm}(t)$ 为 t 年中间产品(如单板、木浆)的净进口量。

根据《中国循环经济年鉴》,加工环节产生的废弃木料将会通过焚烧、填埋、露天堆放三种方式处理,其方法学与废弃 HWP 一致,本专著统一在后续废弃 HWP 碳储/碳排放方法学进行介绍。

2. 使用环节

使用环节的林产品碳储采用 IPCC 约束的一阶衰减法,其核心数理逻辑如式(13.11)所示:

$$C_{Use}(t) = e^{-k} \times C_{Use}(t-1) + \left(\frac{1-e^{-k}}{k}\right) \times Inflow(t-1) \qquad (13.11)$$

其中,$C_{Use}(t)$ 为 t 年在用 HWP 碳储量(存量);$Inflow(t-1)$ 为 $t-1$ 年新增的 HWP 消费量(本国产量+净进口,以碳量计量);$k=\ln2/HL$,为废弃速率,其中 HL 为半衰期,是指半数 HWP 被淘汰出使用环节(成为废弃 HWP)所需要时间(表 13.2)。

3. 废弃环节

废弃环节所采用的一阶衰减法与使用环节类似,但需额外引入一些参数。计量废弃环节林产品碳储的第一步是计算废弃的 HWP 数量,其数理原理如式(13.12)所示:

$$C_{Discard}(t) = \left[C_{Use}(t-1) + Inflow(t-1)\right] - C_{Use}(t) \qquad (13.12)$$

其中,$C_{Discard}(t)$ 为 t 年废弃 HWP 的数量(以碳量计)。

表 13.2　使用和废弃环节 HWP 的半衰期

半衰期类型	产品	半衰期(年)
在用 HWP	锯材、直接用原木	35
	人造板	25
	纸和纸板	2
填埋处理的 HWP	硬木类 HWP	29
	纸类和纸板	15
露天堆放的 HWP	硬木类 HWP	16.5
	纸类和纸板	8.25

资料来源：《2006 IPCC 指南》、2013 Supplement。

废弃 HWP 存在焚烧、填埋和露天堆放三种处理方式 (表 13.3)：其中，焚烧方式下，HWP 将立即释放所有碳量返回大气，无碳储存余；填埋方式下，一部分 HWP 形成永久碳封存，另一部分则缓慢分解并释放二氧化碳和甲烷；露天堆放方式下，HWP 将以比填埋分解更快的速度分解，并释放二氧化碳。本专著在此仅介绍填埋方式下的废弃 HWP 碳储计算方法，露天堆放可以采用与式 (13.11) 相同的方法计算。在填埋处理的废弃 HWP 中，缓慢分解部分的碳储计算方法如式 (13.13) 所示：

$$C_{\text{Decom}}(t) = \text{e}^{-k} \times C_{\text{Decom}}(t-1) + \left(\frac{1-\text{e}^{-k}}{k}\right) \times f_{\text{Decom}} \times f_{\text{Landfill}}(t-1) \times C_{\text{Discard}}(t-1) \quad (13.13)$$

其中，$C_{\text{Decom}}(t)$ 为 t 年缓慢分解部分的碳储量 (存量)；$f_{\text{Landfill}}(t-1)$ 为 $t-1$ 年废弃 HWP 中填埋处理的比例；f_{Decom} 为缓慢分解部分中无氧分解的比例，根据《2006 IPCC 指南》，该值为 0.5。

表 13.3　1901～2015 年废弃 HWP 焚烧、填埋和露天堆放的比例

年份	焚烧	填埋	露天堆放	年份	焚烧	填埋	露天堆放
1901～1980	0.00	0.00	1.00	1998	0.00	0.59	0.41
1981	0.00	0.03	0.97	1999	0.00	0.63	0.37
1982	0.00	0.07	0.93	2000	0.00	0.66	0.34
1983	0.00	0.10	0.90	2001	0.00	0.69	0.31
1984	0.00	0.13	0.87	2002	0.00	0.72	0.28
1985	0.00	0.16	0.84	2003	0.00	0.76	0.24
1986	0.00	0.20	0.80	2004	0.01	0.80	0.19
1987	0.00	0.23	0.77	2005	0.04	0.83	0.13
1988	0.00	0.26	0.74	2006	0.07	0.87	0.07
1989	0.00	0.30	0.70	2007	0.10	0.90	0.00
1990	0.00	0.33	0.67	2008	0.10	0.90	0.00
1991	0.00	0.36	0.64	2009	0.13	0.87	0.00
1992	0.00	0.40	0.60	2010	0.14	0.86	0.00
1993	0.00	0.43	0.57	2011	0.16	0.84	0.00
1994	0.00	0.46	0.54	2012	0.21	0.79	0.00
1995	0.00	0.49	0.51	2013	0.27	0.73	0.00
1996	0.00	0.53	0.47	2014	0.30	0.70	0.00
1997	0.00	0.56	0.44	2015	0.30	0.70	0.00

资料来源：根据《中国循环经济年鉴》和蔡博峰等[275]的研究计算得出。

永久碳封存部分的碳储计算方法如式(13.14)所示：

$$C_{\text{Permant}}(t) = \sum_t (1 - f_{\text{Decom}}) \times f_{\text{Landfill}}(t-1) \times C_{\text{Discard}}(t-1) \qquad (13.14)$$

其中，$C_{\text{Permant}}(t)$ 为 t 年填埋处理的废弃 HWP 中永久碳封存的碳储量(存量)。

在完成碳储量计算的基础上，本专著进一步阐述其分解所产生的二氧化碳[式(13.15)]和甲烷[式(13.16)]排放的计算公式，尤其对于甲烷这种具有 28 倍温室效应的气体，需在计算林产品净碳储量中予以抵扣。

$$R_{\text{Landfill}}(t) = C_{\text{Landfill}}(t-1) + f_{\text{Landfill}}(t) \times C_{\text{Discard}}(t-1) - C_{\text{Landfill}}(t) \qquad (13.15)$$

$$E_{\text{Methane}}(t) = 0.5 \times R_{\text{Landfill}}(t) \times \frac{16}{12} \times 28 \times 0.9 \qquad (13.16)$$

其中，R_{Landfill} 为缓慢分解部分所产生的碳排放总量；C_{Landfill} 为填埋处理的废弃 HWP 碳储量(存量)；E_{Methane} 为折算为考虑到 28 倍温室效应后的甲烷碳排放量。

二、基于 GFPM 的林产品碳储预测方法

不同于森林碳汇更多地由自然因素决定，木质林产品碳储主要受到社会经济因素影响。由于中国是世界上最大的林产品贸易国、生产国和消费国，特别是在中国木材资源稀缺的情况下，中国木质林产品产业更加依赖于国际市场①。本专著采用 GFPM 这一空间局部均衡模型，用以预测 2015~2030 年中国林产品的生产和消费。由于缺乏相应的政府规划性文件，未来木质林产品废弃环节的碳储和碳排放基于 2015 年中国林产品废弃处理的各项参数不变计量。

1. GFPM 核心数理逻辑

GFPM 是联合国 FAO 专项资助下关于林产品问题研究的全球动态均衡模型[276]，是研究林产品贸易的主流方法[277]，该模型经过约 30 年在国际的论证和检验，得到国际学术界广泛认可，近几年尤其在资源、环境和气候变化问题方面得到了大量应用。GFPM 模拟了全球约 180 个贸易国家和地区、14 种林产品的市场均衡状态，能够较为全面客观地反映林产品贸易和市场发展动态；同时该模型基于 FAO 数据库建立，其对于林产品的分类也与目前 HWP 碳储主流研究所采用的 FAO 分类方式基本一致，便于 HWP 碳储量的核算。

GFPM 包括需求、供给、加工和贸易 4 个板块，这 4 类经济活动在式(13.17)所示约束条件下达到市场均衡。

$$\max Z = \sum_i \sum_k \int_0^{D_{ik}} P_{ik}(D_{ik}) \mathrm{d}D_{ik} - \sum_i \sum_k \int_0^{S_{ik}} P_{ik}(S_{ik}) \mathrm{d}S_{ik}$$
$$- \sum_i \sum_k \int_0^{\gamma_{ik}} m_{ik}(Y_{ik}) - \sum_i \sum_j \sum_k c_{ijk} T_{ijk} \qquad (13.17)$$

---

① 中国林业网. 第九次全国森林资源清查主要结果[EB/OL]. [2021-01-22]. http://www.forestry.gov.cn/gjslzyqc.html.

其中，Z 为社会福利；i 和 j 为任意两个国家；k 为某一种最终产品；P 为价格；D 为最终产品需求；S 为原材料供给；γ 为加工产品数量；m 为制造成本；T 为贸易量；c 为包括关税和其他税收在内的单位运输成本。当林产品市场达到均衡时，所有国家的所有最终产品对于消费者的价值之和减去为了生产这些最终产品所耗费的全部原材料成本、制造成本和运输成本后的余额最大化，该约束条件的经济学意义在于世界市场的均衡是由最大化社会剩余决定的[278]。

同时以上经济活动必须满足一定的资源和技术约束，包括式(13.18)所示的物料平衡限制和图 13.2 所示的林产品转换流。其中物料平衡限制的数学表述如下：

$$\sum_j T_{ijk} + S_{ik} + Y_{ik} = D_{ik} + \sum_n a_{ikn} Y_{in} + \sum_j T_{ijk} \tag{13.18}$$

其中，a_{ikn} 为在 i 国生产每单位 n 产品所需要投入的 k 产品数量。该式的经济学意义是在任何一个国家的任何一种产品，进口量加供给量等于消费量加出口量，从而达到资源平衡和市场出清。林产品物料流描述了从森林资源到 HWP 的转换过程，初级产品沿着实线箭头方向经过加工成为最终产品，虚线部分代表在薪材价格上升到一定程度时工业原木可以用来生产薪材。

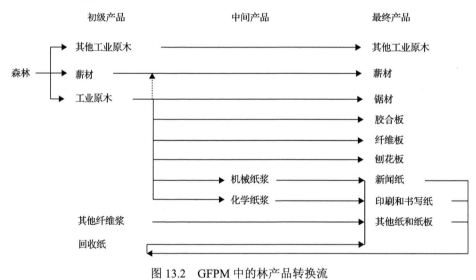

图 13.2　GFPM 中的林产品转换流

中国 2015～2030 年 HWP 的产量、进口量、出口量将通过 GFPM 根据未来世界林产品市场的趋势设定的基期情境予以模拟得出。

2. GFPM 供求曲线

在对 GFPM 核心数理架构的基础上，对该模型的需求曲线和供给曲线的数理原理进行进一步介绍，如式(13.19)～式(13.21)所示。

$$D_{ik} = D_{ik}^* \left(\frac{P_{ik}}{P_{ik,-1}} \right)^{\delta_{ik}} \tag{13.19}$$

$$S_{ik} = S_{ik}^* \left(\frac{P_{ik}}{P_{ik,-1}} \right)^{\lambda_{ik}} \tag{13.20}$$

$$S_i = (S_{ir} + S_{in} + \theta_i S_{if}) \mu_I, \quad S_i \leqslant I_i \tag{13.21}$$

其中，D^* 为上一期价格 P_{-1} 下的本期需求量；δ 为价格需求弹性；S^* 为上一期价格下的本期需求量；λ 为价格供给弹性；r 为工业原木；n 为其他工业原木；f 为薪材；$0 \leqslant \theta \leqslant 1$，为源于森林的薪材比例；$\mu \geqslant 1$，为单位原木对森林蓄积量的消耗量；$I$ 为森林蓄积量。

需求和供给曲线的移动是 GFPM 的动态模拟部分，描述了内生或者外生变量作用下的市场变动。需求和供给曲线的移动方面的数理架构如式(13.22)～式(13.24)所示。

$$D^* = D_{-1}(1 + \alpha_y g_y + \alpha_0) \tag{13.22}$$

$$S^* = S_{-1}(1 + \beta_1 g_1 + \beta_a g_a), \quad k = r, n, f \tag{13.23}$$

$$\text{Otherwise } S^* = S_{-1}(1 + \beta_y g_y) \tag{13.24}$$

其中，g_y 为 GDP 增速；α_y 为需求 GDP 弹性；α_0 为阶段性趋势；g_1 为森林蓄积量的变动；g_a 为森林面积的变动；β 为森林供给相对面积和蓄积量的弹性。式(13.23)表示工业原木、其他工业原木和薪材供给曲线的移动，式(13.24)表述回收纸、其他纸浆供给曲线的移动。另外 g_1 和 g_a 可以由包括人均 GDP 在内的内生变量决定，也可以外生给出。

式(13.22)～式(13.24)表明，本期需求取决于上一期的需求以及 GDP 增速，同时本期供给由上一期供给以及外生或者内生的供给曲线移动。除了式(13.22)～式(13.24)所约束的变量，其他可以导致供求曲线移动的变量以及相应的弹性系数也可以被引入到 GFPM 中。

本专著所使用的 14 种林产品以及木片、木质剩余物的产量和贸易量数据来自 FAOSTAT 数据库[①]，未来林业产业的模拟的各项参数为 GFPM Version 2017 基准情境的设定。

3. GDP 与人均 GDP 预测方法

根据式(13.20)～式(13.22)，GDP 和人均 GDP 是 GFPM 约束的外生变量。本专著认为森林资源符合 GFPM 的内生化假定，在预测未来 GDP 和人均 GDP 时，采用 GFPM Version 2017 模型中对到 2030 年中国 GDP 年增速的估值。GFPM Version 2017 模型对该估计值的计算是根据 Sala-i-Martin[279]对未来各国人均 GDP 增长的假定，即到 2100 年，世界各国 GDP 将与其所在大洲或地区人均 GDP 相等。由于 IPCC 增长情境仅能评估各大洲未来人均 GDP 的增速，无法具体到各国层面，GFPM 将这一趋同趋势表述为各国相对所在大洲人均 GDP 的比重将逐渐趋于 1。各国人均 GDP 占所在大洲人均 GDP 的初始

---

① 联合国粮农组织. 联合国粮农组织数据库[DB/OL]. (2020-02-14) [2017-08-10]. http://www.fao.org/statistics/en/.

比重可以按照式(13.25)计算得出。

$$\gamma_{i,0} = \frac{y_{i,0}}{y_{r,0}} \tag{13.25}$$

其中，$\gamma_{i,0}$ 为各国人均 GDP 占所在大洲人均 GDP 的初始比重；y 为人均 GDP；其下标 i 和 r 分别为单个国家和所在大洲的人均 GDP。在初始比重的基础上，各国比重的对数化趋同表述为式(13.26)。

$$\gamma_{i,0} = \gamma_{i,t-1} \cdot \left(\frac{\gamma_{i,T}}{\gamma_{i,0}}\right)^{1/T}, \text{for}=1 \text{ to } T \tag{13.26}$$

其中，T 为初始年份到 2100 年的时间跨度；$\gamma_{i,T}$ 为 2100 年 i 国人均 GDP 占所在大洲的比重，其值为 1。在计算出各国各年份人均 GDP 占其所在大洲人均 GDP 比重的基础上，用其比重乘以各大洲人均 GDP 则可以得到各国各年份人均 GDP 数值，该数理逻辑表述为式(13.27)。在计算得到的各国人均 GDP 基础上，乘以 IPCC 增长情境下各国未来人口总数则可以得到各国未来 GDP 数值和年增长率。

$$y_{i,t} = \gamma_{i,t} \cdot y_{R,t}, \text{for}=1 \text{ to } T \tag{13.27}$$

第四节　本 章 小 结

　　本章实现了中国林业国家碳库计量与预测方法从整体到组分的数理建模、阐述数据需求与参数取值，为后续章节测度和预测中国林业国家碳库水平提供了方法学基础。但本章所建立的模型，相比国外同类模型尚存在一定的不足，这些不足之处主要来源于数据约束，应在后续研究中予以重视。

　　首先，森林碳汇内生机理的缺失，表现为森林碳汇中各组分间的相互关联性，以及森林管理对各组分的影响无法在模型中予以体现。这一过程的计量与模拟在国外主流的模型中较为常见，但由于国内相关数据，尤其是森林管理数据的缺失，本专著仅能采用固定的扩展乘数和组分间比例的方式予以计量，这将引起一定的误差，并不利于森林管理细则的制定。借鉴国外主流模型对森林碳汇内生机理进行建模应成为未来关注的重点。

　　其次，森林碳汇与林产品碳储通过森林管理的衔接与过渡方面，存在数理逻辑的不足。森林碳汇和林产品碳储依靠森林管理行为形成相互影响与相互作用，由于关联数据的缺失，本专著所建立的模型无法反映两者之间的相互关联性，需在后续研究中予以探索。

　　最后，林产品碳储计量中林产品的最终使用无法量化。国外研究表明，基于最终使用(如家具、建筑等)计量林产品碳储将更加准确，但由于数据的缺失，本专著仅能以大类林产品(如人造板、锯材、纸等)计量林产品碳储。对于林产品最终使用数据及其半衰期数据的收集是亟待解决的问题。

第十四章　中国林业国家碳库安全标准及预警机理

本部分是专著的实践运用环节，重点论述中国林业国家碳库气候价值的输出的安全标准及预警机理，为后续章节的实证论述提供理论基础。抵偿经济活动碳排放是中国林业国家碳库的主要支出项目和价值所在，仅依靠中国通过提升经济结构和技术进步实现国家在《巴黎协定》中承诺的减排目标方面可能存在现实的难度，尽管中国林业国家碳库无法抵偿全部的经济活动碳排放，其固碳、储碳的气候价值能够为国家通过技术进步和产业升级以达到国家中长期气候减排目标争取时间，为国家中长期经济结构升级和技术进步降低气候减排的压力和成本。中国林业碳库的抵偿价值在抵偿经济活动碳排放过程中存在过度消耗的可能，在此基础上设立安全标准与预警机制预防过度消耗，为中国长期林业国家碳库建设提供理论基础。

第一节　中国林业国家碳库的主要支出项目

林业国家碳库的支出项目是中国林业国家碳库的气候价值输出，厘清中国国家林业碳库面临的主要输出方向是实现中国国家林业碳库应用价值及其预警机制设计的前提。本专著结合 IPCC 报告和《京都议定书》，分析目前中国林业国家碳库的主要支出项目。

一、对经济活动碳排放的抵偿

1. 对经济活动碳排放抵偿的自然科学基础

全球范围内，经济活动碳排放是主要源头，林业碳排放占比较小。根据 IPCC 第五次评估报告[①]，2010 年全球人为因素引致的温室气体排放达到约 134 亿 t C，其中能源供应占 34.6%，工业部门排放占 21%，交通运输占 14%，住宅及商业建筑占 6.4%，AFOLU 形成的排放占 24%（表 14.1）。能源供应所占的 34.6 个百分点中，来自电力及热力供应的 25 个百分点形成间接排放，在间接排放中，住宅及商业建筑占 12 个百分点，工业部门消耗 11 个百分点，能源消费占 1.4 个百分点，交通运输占 0.3 个百分点。AFOLU 引起的碳排放体现为对未改变既有土地利用模式而导致的自然界碳库损失，与其他经济部门以直接消耗化石燃料为主的碳排放模式存在一定区别，也并未包括进较为公认的世界银行（World Bank，WB）碳排放数据库中。由于计量方法的差异，世界银行、世界资源研究所（World Resource Institution，WRI）、二氧化碳信息分析中心（Carbon Dioxide Information and Analysis Center，CDIAC）、美国能源信息管理局（Energy Information Administration of United States，US EIA）等国际权威机构数据库报告的全球碳排放比 IPCC 第五次评估报

---

① 中国气象局. 图解 IPCC 第五次评估报告[EB/OL]. (2014-11-13) [2018-05-19]. http://www.cma.gov.cn/2011xzt/2014zt/20141103/2014110310/ 201411/t20141113_266684.html.

告低大约 30%。不同于 IPCC 报告从最终行业消费端评估碳排放数据，以上数据库从生产端对碳排放进行计量，其界定的碳排放包括化石燃料的燃烧引致的碳排放、水泥生产碳排放、AFOLU 变动带来的碳排放，其中化石燃料燃烧和水泥生产(或工业)排放占全球碳排放的约 70%，与 IPCC 第五次评估报告中非 AFOLU 带来的碳排放所占比例较为一致。

表 14.1　2010 年全球人类活动引致碳排放的部门分布

碳排放部门	比重
AFOLU	24%
住宅	6.4%
运输	14%
工业	21%
其他能源	9.6%
电力及热力供应	25%
能源*	1.4%
工业*	11%
运输*	0.3%
住宅*	12%
AFOLU*	0.87%

注：*电力及热力供应被以上五个主要行业消费并产生碳排放，由于评估结果误差，这五项之和不严格等于25%。
资料来源：IPCC 第五次评估报告。

中国经济活动碳排放占绝对主导地位，林业碳排放较少，且林业碳储呈现持续增长。根据 FAO 最新的全球森林资源评估报告[280]，中国森林覆盖率、森林蓄积和森林碳库增速相比 2010 年进一步增长，成为全球最主要的净增加地区。2016 年全球碳项目(Global Carbon Project)最新报告表明，中国由于 AFOLU 带来的温室气体排放仅占国家总碳排放的 8%。因此，中国由于经济活动带来的碳排放往往来自消耗化石燃料和水泥产品的非林产业，集中在占国民经济比重超过 95%的第二、三产业部门，中国林业碳库的净储碳能力对抵偿经济活动碳排放具有自然科学上的可行性。

2. 中国经济活动碳排放的历史趋势及特征

世界银行的碳排放数据采用 CDIAC 科学计量的权威数据，报告各国经济活动碳排放量，被国际主流气候减排协议所采用。因此，本专著采用世界银行数据库报告的中国 1960～2015 年历史碳排放数据①分析中国经济活动碳排的历史趋势及特征。

中国年碳排放总量主要经历了三个历史阶段：1960～2002 年的稳步增长时期、2003～2011 年的快速增长期和 2012～2015 年的低速增长期。1960 年到 2002 年间，中国碳排放以 3.77%的年均增速从 1960 年的 2.13 亿 t 增长为 2002 年的 10.08 亿 t；2003 年起，

① 世界银行. 二氧化碳排放量(千吨)[DB/OL]. (2014-11-13)[2018-05-19]. https://data.worldbank.org.cn/indicator/EN.ATM.CO2E.KT?locations=CN.

中国年均碳排放增速加快至 11.35%；2012 年中国年碳排放增速下跌至 3.05%，并持续下跌至 2015 年的 1.5%，2012～2015 年间，中国年均碳排放增速仅为 1.95%。到 2015 年，中国年碳排放总量增长至 28.66 亿 t，约是 1960 年的 13 倍、1980 年的 7 倍、2000 年的 3 倍，中国年碳排放增速与中国经济发展速度呈现正相关性。由于中国经济发展转型的内在要求和国家大力推行低碳经济，2012～2015 年中国年碳排放量趋于稳定，为全球碳减排做出了重要贡献(图 14.1)。

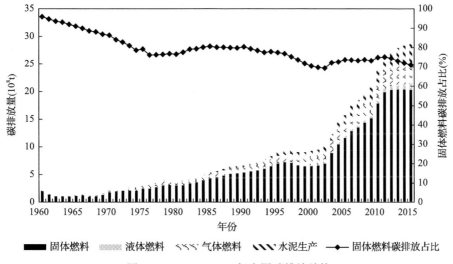

图 14.1　1960～2015 年中国碳排放结构
2014 年、2015 年数据根据 2010～2013 年趋势预测得出
资料来源：世界银行数据库

在排放结构方面，中国能源碳排放比重呈现逐年下降的趋势，且下降速度不断加快。1960 年中国能源碳排放比重高达 99.38%，到 1992 年下了约 5 个百分点，到 2009 年进一步下降约 5 个百分点，到 2013 年中国能源碳排放比重降低至 87.38%。在能源碳排放中，以煤炭为主的固体燃料占绝对主导地位。尽管固体燃料碳排放的比重呈现稳步下降的趋势，即从 1960 年的 96.77% 下降至 2015 年的 81.25%，但固体燃料碳排放占比从 70 年代至今一直稳定在 80% 上下。中国巨大的固体燃料碳排放量同样主导着中国年碳排放总量的趋势，其增速与后者基本保持一致。但由于水泥生产带来的碳排放的快速增长，中国固体燃料碳排放占年碳排放总量的比重呈现稳步下降的趋势，其比重从 1960 年的 95.93% 降低至 2015 年的 71.00%，55 年间累计下降约 25 个百分点。由于中国燃煤的主要用途是发电，降低燃煤发电的比重是中国未来优化能源结构、降低固体燃料碳排放比重的核心所在。同时，中国城市化带来的大量水泥需求使得水泥生产带来的碳排放快速增长，在可预见的未来，中国城镇化仍然有巨大潜力，但水泥生产带来的碳排放往往很难通过技术进步降低其碳排放强度，水泥生产带来的碳排放可能难以降低。

3. 中国单位 GDP 碳排放强度的演变趋势

除了上述绝对碳排放指标，单位 GDP 碳排放强度是衡量一国碳排放的另一重要指标，也是政府间气候谈判和气候减排目标制定的重要依据。中国从 1990 年至今的单位 GDP 碳排放强度如图 14.2 所示。

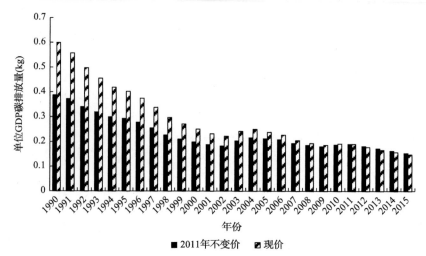

图 14.2　1990～2015 年中国单位 GDP 碳排放量
2014 年、2015 年数据根据 2010～2013 年趋势预测得出；GDP 使用购买力平价法计量；
由于 2014 年、2015 年数据根据估测得出，现价以 2013 年不变价计量
资料来源：世界银行数据库

　　中国单位 GDP 碳排放强度呈现逐步下降的趋势，但其下降速度在放缓。以 2011 年不变价为基础，中国单位 GDP 排放量从 1990 年的 0.39kg 迅速降低至 2002 年的 0.18kg，年均下降幅度达到 6.24%。相对 1990～2002 年的快速下降趋势，中国单位 GDP 碳排放量在 2003～2015 年下降缓慢，甚至大部分年份略高于 2002 年的水平，在这 13 年间，中国单位 GDP 碳排放量累计仅下降约 16%，年均下降幅度仅为 1.3%。以 2013 年现价计量的中国单位 GDP 碳排放强度下降幅度比以 2011 年不变价计量的更为显著，但 2003～2013 年间下降幅度仍然非常有限，未来单位 GDP 碳排放强度的下降将变得较为困难。需要注意的是，尽管中国年碳排放总量和单位 GDP 碳排放强度均高于欧美发达国家，同时中国也是世界第一大碳排放国，其 2013 年总碳排放量约占全球的约 30%，但中国人均碳排放量仍然极其有限，仅占欧美发达国家的五分之一至十分之一。人均碳排放是体现气候减排中公平原则的重要指标，同时作为发展中国家，中国仍然可以据此在国际气候谈判中谋求更多的碳排放权或者减少碳排放责任。

二、国际贸易交割

　　林产品是森林碳库由于森林管理和社会经济活动带来的外延，是国家林业碳库的重要组成部分。伴随着国际林产品贸易带来的国际林产品贸易碳流动是林产品国家碳库的另一项主要的支出。已有研究表明，仅 2008 年世界林产品贸易总量就已达到 17.16 亿 m³ 原木当量[281]，折合碳量高达 3.95 亿 t，由于林产品具备长时间的储碳价值，进口国获得这部分碳储后将获得长时间的碳库效应，在一个长期时间跨度中，其累计碳量是非常可观的。然而长期以来，林产品在国际贸易中仅计量其产品价值，其固碳价值并未体现在价

值上。中国是世界第一大木质原材料的进口国和第一大木质制成品的出口国，中国在林产品贸易中可能面临较多的国际交割。

1. 中国主要木质原材料贸易变动及趋势

中国主要木质原材料的贸易主要以原木、木片、纸浆和废纸的进口为主，其 1900 年到 2015 年的净进口量如图 14.3 所示。

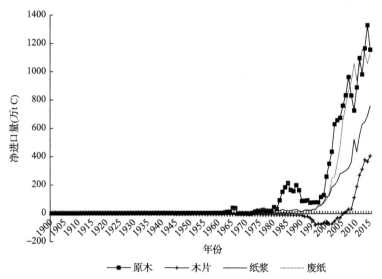

图 14.3　1900～2015 年中国主要木质原材料净进口量

1900 至首次统计年份之间的净进口量根据 IPCC 报告倒推公式估测得出

资料来源：FAOSTAT 数据库[①]

除 2005 年前木片净进口量为负，中国在过去 115 年间主要木质原材料的净进口量均保持正值。中国在 20 世纪 80 年代之前木质原材料净进口量的增长几乎停滞，在 80 年代初改革开放使得中国林产工业快速增长，中国木质原材料净进口量明显上升，其中原木的净进口量由 1979 年的 20.65 万 t C 迅速攀升至 1985 年的 217.65 万 t C，增长约 10 倍。80 年代末期中国原木净进口量呈现下滑趋势，纸浆和废纸净进口量开始明显增长。1998 年的天然林保护工程使得国内原木供给量萎缩，带来原木净进口量的激增，这一趋势同样出现在纸浆和废纸方面。截至 2015 年，中国原木、纸浆、废纸的进口量分别达到 1157.99 万 t C、761.89 万 t C 和 1130.19 万 t C，分别约为 1998 年的 9 倍、9 倍和 15 倍。中国木片净进口量从 2006 年起转为正值，并激增至 2015 年 408.32 万 t C。根据中国林业统计年鉴，中国 2015 年原木、木片、纸浆、废纸折合约 21765.35 万 m^3 原木当量，占林产品进口总量的 84.17%，或者占国内木纤维总供给量的 40.35%，相当于国内商品材采伐量的 2.64 倍。由于中国在"十三五"规划中将"全面停止天然林商业性采伐"作为新一轮保护森林资源的核心政策，中国未来国内原木供给将进一步缩减，对木质原材料的进口需求将不断扩大，中国在木质原材料方面的净碳流入将不断增强。

---

① 联合国粮农组织. 联合国粮农组织数据库[DB/OL]. （2020-02-14）[2017-08-10]. http://www.fao.org/statistics/en/.

2. 中国主要木制品贸易变动及趋势

根据 IPCC 指南，锯材、胶合板、纤维板、刨花板、纸制品是当前纳入林产品碳储计量的主要木制品，中国 1900～2015 年主要木制品净进口量如图 14.4 所示。

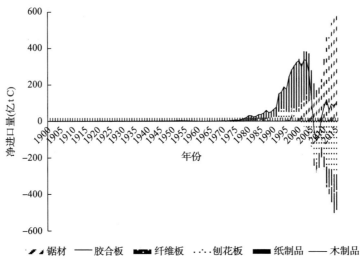

图 14.4　1900～2015 年中国主要木制品净进口量

1900 至首次统计年份之间的净进口量根据 IPCC 报告倒推公式估测得出

资料来源：FAOSTAT 数据库

中国主要木制品的净进口量的发展经历了五个历史阶段：1900～1977 年的低净进口、1978～1988 年的稳定增长、1989～2003 年的高速增长、2004～2007 年的剧烈下跌和 2007～2015 年的回升阶段。1900～1976 年，中国木制品净进口量始终保持在 10 万 t C 以内；1978 年起，中国年均木制品净进口增速达到 16.07%，到 1988 年达到约 47.54 万 t C；1989～2003 年，中国木制品净进口量增加了约 6 倍，到 2003 年增长至 332.12 万 t C；2004～2007 年中国木制品净进口量迅速下跌，甚至到 2007 年跌至–108.62 万 t C，中国成为木制品净出口国；2008 年起，中国逐步扭转木制品净出口状态，并稳定在 100 万 t C 左右。在主要产品结构中，锯材是主要的净进口产品，从 90 年代起，中国锯材净进口量不断攀升，至 2015 年达到 592.21 万 t C，约是当年木制品净进口量的 6 倍。中国人造板（胶合板、纤维板和刨花板）在 2000 年以前以净进口为主，自 2005 年起，中国人造板表现为净出口，且出口量不断扩大。中国人造板在过去 115 年间累计表现为净出口，到 2015 年，中国人造板净出口量为 386.54 万 t C，约相当于锯材净进口量的 65.37%。中国纸制品长期以来表现为净进口，自 2009 年起转为净出口，且净出口量不断增长，到 2015 年中国纸制品净进口总量为 100.30 万 t C。

在以上四种主要木制品中，锯材往往作为家具的原材料存在，锯材的进口在国内往往被视为木材供给。在中国家具行业日益增加的木材需求和国内木材供给萎缩的双重压力下，中国对于锯材的净进口量仍然有提升的空间。人造板和纸尽管表现为净出口，但仅占本国产量的 5%～10%，大量的人造板和纸往往被本国消费，或者用于生产家具等下游产品。整体上，中国木制品仍然表现为净进口，在国内木材供给日益短缺、劳动力成本上升、城镇化不断推进的背景下，中国木制品净进口量可能还会增加。

3. 中国木家具贸易变动及趋势

根据国家林业局统计[①]，木家具约消耗了 15% 的木纤维供给，扣除掉废纸和纸浆的原木供给情况下，这一比例将提升至约 25%。作为锯材和人造板的最终制成品之一，木家具的出口是中国国际交割的重要载体。但由于家具的木材量难以计量，本专著采用国际通行的贸易额方式论述 1992～2015 年中国木家具贸易变动及趋势(图 14.5)。

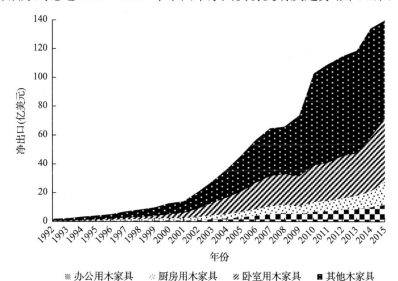

图 14.5 1992～2015 年中国木家具净出口额

办公用木家具、厨房用木家具、卧室用木家具、其他木家具分别按照 HS 2012 编码体系下
940330、940340、940350、940360 项查询数据
资料来源：UN COMTRADE 数据库

中国木家具长期表现为净进口，其年增速在进入 21 世纪后进一步加快，其中其他木家具和卧室用木家具增长迅速并占据中国木家具净出口的主流。到 2015 年，中国木家具净出口额达到 139.88 亿美元，约为 1992 年的 74 倍、2000 年的 13 倍，其中其他木家具和卧室用木家具净出口额分别达到 69.22 亿和 43.49 亿美元，分别占木家具净出口额的49.49%和 31.09%。木家具作为林产工业附加值最高的产业，中国这一全球最大的木家具生产大国的净出口数量将不断攀升，其国际交割将成为中国林产品碳库面临的一大现实问题。

三、替代减排支出

碳储价值是目前林业碳库应对气候变化的主要功能基础，也是林业碳库进行抵偿经

---

① 国家林业和草原局政府网. 国家林业局发布最新全国林业统计年度报告[EB/OL]. (2010-05-31) [2017-05-10]. http://www.forestry.gov.cn/portal/main/s/72/content-408807.html.

济活动碳排放、进行林产品国际贸易碳交割的前提。除碳储价值外，林业，尤其是林产品，作为低碳强度的材料，可以对钢筋、水泥等高碳强度材料进行替代；林业作为一种可再生资源，在用作生物质能源的情况下，可以对化石燃料等高碳密度、不可再生的能源进行替代。因此，除依附在碳储价值基础上的支出项目，以上林业的替代减排效用也是林业碳库的重要支出项目之一。借助 FORCARB-ON2 这一国际主流的森林碳库模拟模型，本专著以加拿大安大略省未来 100 年内（2015～2115 年）林业碳库的替代减排潜力分析林业碳库在替代高碳强度材料和化石燃料方面的支出。

　　林业碳库在进行替代方面的支出时，森林碳库将因为采伐和采伐剩余物等的分解而形成一定的净碳排放，其累积的静态排放会因为森林碳库本身的恢复以及对于高碳强度的材料和化石燃料的替代得以补偿。在森林碳库恢复到一定水平时，林业碳库在进行替代方面的支出将使得在国家层面上得到净碳减排，这一类似于盈亏平衡的时间点称为碳中和点。图 14.6 表明，林业碳库在进行替代高碳强度的材料方面的支出时，短期内面临国家层面的碳排放低于进行化石燃料的替代方面的支出，并且能够更快地达到碳中和点，其后续的净碳减排能力也更强。林业碳库替代高碳强度材料和化石燃料方面的支出所需达到碳中和点分别为 57 年和 91 年，在 100 年的时间跨度上分别得到 3.7 万 t C 和 24.0 万 t C 的净碳减排效果。在不考虑经济和技术成本的情况下，林业碳库在进行替代高碳强度材料方面的支出比替代化石燃料方面的支出更有价值。

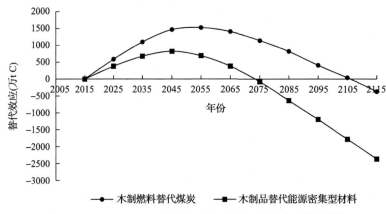

图 14.6　2015～2115 年安大略省木制品替代效应趋势[109]

资料来源：通过 FORCARB-ON2 模型模拟得出

第二节　中国林业国家碳库安全标准

　　本节主要从应用范畴、标准原理、安全标准界定三个方面论述中国林业碳库安全标准。本节首先在对第一节的中国林业主要支出项目辨析基础上，提出抵偿未来经济活动超额碳排放所形成的林业碳库结余状态是中国林业国家碳库安全标准的主要应用范畴。进一步地，本节论述各种超额碳排放如何导致林业碳库结余量安全状态的原理，并在此基础上界定了四级不同的安全标准。

一、中国林业国家碳库安全标准应用范畴

本专著界定的中国林业国家碳库安全标准应用范畴仅针对林业国家碳库对未来经济活动超额碳排放的抵偿支出。原因如下：

(1)从效益最大化原则看，对于经济活动碳排放的抵偿是效益最高的支出形式。《京都议定书》缔约方会议协议表明，以发达国家为主的附件一缔约方可以使用其林业碳库抵偿本国的经济活动碳排放以实现本国减排目标。中国作为发展中国家，在历次《京都议定书》缔约方会议协议中均没有减排义务，但 IPCC 报告表明，如果作为世界上最大碳排国的中国不进行碳减排，全球既定的控制气候变暖的目标极有可能无法实现，因此中国将不可避免地面临碳减排义务。然而中国作为新兴经济体和最大的发展中国家，对于经济活动的直接碳减排将直接影响到本国的经济发展，因此采用中国林业国家碳库抵偿经济活动碳排放具有极好的经济价值。由于中国历史上并无减排义务，因此中国历史长期积累的国家林业碳库碳储存量可以用于抵偿经济活动碳排放，而非附件一国家仅能使用每年国家林业碳库的增量进行碳排放抵偿。由于林产品碳储仅占林业碳库的 5%～10%，因而通过林产品实现的贸易碳交割和替代减排，都仅能部分实现林业国家碳库的气候价值，无法最大化利用其碳储效应。

(2)在国情方面，中国气候问题中面临的最大问题是经济发展带来的碳排放增加和巨大气候减排压力的矛盾，因而使用中国国家林业碳库抵偿经济活动碳排放契合本国经济发展与气候责任的现实要求[①]。中国林产品整体上表现为净进口并集中体现在木质原材料的进口上。与国外不同的是，中国森林资源仍然存在不足，森林覆盖率、平均林龄、单位面积森林蓄积仍然低于全球平均水平，中国将长期面临保护森林资源、限制森林采伐的政策导向。中国在林产品国际贸易碳交割方面将持续表现为净流入，故而国际贸易碳交割并不是中国林业国家碳库的一个支出项目。在国内森林资源紧缺的压力下，国内往往采用非木质材料替代木质材料，而且实际上，大规模采用木质材料替代非木质材料往往存在技术和经济上的困难，在林木生物质能源替代化石能源领域同样如此。因而，在中国国情下，替代减排也并不能作为中国林业国家碳库的主要支出项目。

(3)在数据的可获取性方面，国家林业碳库计量的研究相对成熟，中国经济活动碳排放与减排目标数据也相对翔实，中国林业碳库在抵偿经济活动碳排放支出方面可操作性较强。尽管中国林产品国际贸易碳交割的数据也相对翔实，但作为最终产品的木地板、木家具等的木纤维计量一直以来都是国际难题。作为世界上最大的木质最终产品的出口国，此类贸易数据的确将大大削弱国际贸易碳交割的可操作性。国外替代减排方面的研究表明，建立国家林业碳库替代减排方面的研究需要全生命周期内的翔实数据，然而中国由于缺乏此类数据，在关联研究方面存在缺失，因此将替代减排作为中国林业国家碳库的支出项目也存在操作性上的难度。

---

① 新华网. 新华国际时评：提前达标彰显全球气候治理的中国担当[EB/OL]. (2019-11-28)[2019-11-28]. http://www.xinhuanet.com/world/2019-11/ 28/c_1125285023.htm.

综合以上三个方面的辨析，本专著认为，对经济活动超额碳排放的气候抵偿应作为中国林业国家碳库的主要支出项目，其带来的对中国林业碳库存量的削减将带来中国林业碳库安全性与预警功能的需求。

本研究之所以将林业国家碳库对经济活动碳排放的抵偿支出限定于"超额"碳排放原因如下：已有研究表明，2013 年中国林业国家碳库总量约为 184.80 亿 t，2009～2013 年年均增量约为 3.74 亿 t。相对 2009～2013 年中国年约 25.30 亿 t 的碳排放量来说，中国林业国家碳库的总量和增量都是捉襟见肘的。事实上，林业占 GDP 的比重仅为 1%～2%，要求林业国家碳库去抵偿经济活动碳排放也是不合理的，中国经济活动的碳排放仍然需要通过其自身的技术进步及经济转型完成。因而本专著认为，中国林业国家碳库在抵偿经济活动碳排放方面的支出应体现为对经济活动减排压力的缓解，即对于未来由于单位 GDP 碳排放强度受制于自身技术进步及经济转型未能达到中国政府既定的减排目标时，中国林业碳库对未完成的部分进行抵偿，使得中国能够完成既定减排目标的前提下缓解国民经济在碳减排方面存在的压力。

二、中国林业国家碳库安全标准阐释

根据前文所界定的中国林业国家碳库安全标准应用范畴，中国林业国家碳库安全状态取决于碳库结余量的变化，表现为林业碳库的存量减去未来超额碳排放的余值。未来超额碳排放量主要受制于 GDP 碳排放强度（单位 GDP 碳排放量）的变化，且这一指标直接反映经济结构优化和技术进步带来的减排效益。因此，本专著使用图 14.7 阐述中国林业国家碳库安全标准的基本原理。

假定中国在 2015 年实际经济活动碳排放量、GDP 碳排放强度和国家林业碳库结余量分别为 e_0、ep_0 和 c_0。当经济活动通过其自身技术进步和经济转型能够完成中国既定的气候减排目标时，中国 GDP 碳排放量变动曲线如 EP_0 所示，即中国单位 GDP 碳排放强度到 2020 年相对 2005 年降低 60%～65%，同时能够使得中国 2030 年经济活动碳排放达到峰值。在既定的 EP_0 曲线下，中国经济活动年碳排放曲线如 E_0 所示。在此条件下，由于经济活动能够通过自身技术进步和经济转型完成既定的气候减排目标，因此中国林业国家碳库不需要对经济活动碳排放进行抵偿支出，其林业碳库结余量将随着 2015～2030 年间的自然增加而不断上升，在此基础上形成中国林业国家碳库结余量的 C_0 曲线。

当中国未能部分完成既定碳减排目标时，即中国单位 GDP 碳排放强度和经济活动碳排放量无法分别达成 EP_0 和 E_0 曲线的状态时，中国单位 GDP 碳排放强度和经济活动碳排放量曲线上升到 EP_1、EP_2 和 E_1、E_2，其中 EP_2 和 E_2 表示碳减排目标未达成程度比 EP_1 和 E_1 更为严重。在此基础上，林业碳库需要对这一部分"超额碳排放"进行抵偿，经过抵偿性支出后，中国林业国家碳库结余量分别下降到 C_1 和 C_2 曲线水平，C_1 和 C_2 曲线与 C_0 曲线的差额分别等于经济活动碳排放量 E_1、E_2 曲线与 E_0 曲线的差额。图 14.7 中的 C_1 曲线表示，尽管中国存在"超额碳排放"，但超额排放数量能够被中国林业国家碳库未来自然年增量所抵偿，中国林业国家碳库结余量仍然保持稳定增长；C_2 曲线则表示，由于"超额碳排放"超过了中国林业国家碳库的自然年增量，中国林业国家碳库不得不使用历史长期积累的存量进行抵偿，中国林业国家碳库结余量呈现下降趋势。

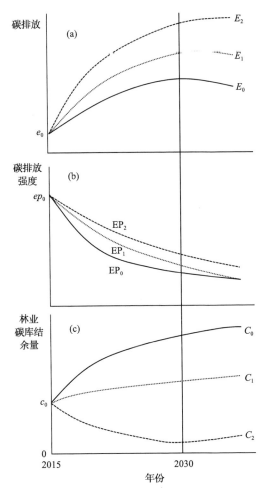

图 14.7　中国林业国家碳库抵偿经济活动碳排放原理

(a)中国经济活动碳排放未来预期；(b)中国经济活动碳排放强度未来预期；(c)中国林业碳库未来结余量

三、中国林业国家碳库安全标准界定

在前文论述中国林业国家碳库安全标准的基本原理的基础上，本专著提出中国林业碳库抵偿以上超额碳排放和结余量的四种安全标准，具体如图 14.8 中的 CS_1、CS_2、CS_3 和 CS_4 曲线所示。

一级安全标准：如 CS_1 曲线所示，即中国经济活动能够通过自身的技术进步和经济转型完成中国政府制定的碳减排目标，无"超额碳排放"，不需要中国林业国家碳库进行抵偿性支出；或者尽管中国在未来的部分年份存在"超额碳排放"，但其到 2030 年累计的超额碳排放为 0。

二级安全标准：如 CS_2 曲线所示，即中国经济活动未能够通过自身的技术进步和经济转型完成中国政府制定的碳减排目标，但其"超额碳排放"可以通过中国林业国家碳库在 2015~2030 年间的自然增量完全抵偿，2030 年中国林业国家碳库结余量保持 2015 年中国林业国家碳库初始水平 c_0。

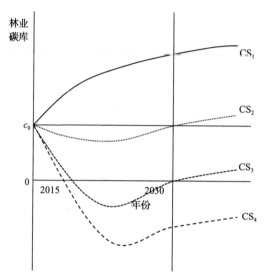

图 14.8　中国林业国家碳库结余量的安全标准

三级安全标准： 如 CS_3 曲线所示，即中国经济活动未能够通过自身的技术进步和经济转型完成中国政府制定的碳减排目标的同时，其"超额碳排放"不仅需要使用中国林业国家碳库在 2013~2030 年间的自然增量，而且需要消耗所有中国林业国家碳库初始存量 c_0 才能完全抵偿，2030 年中国林业国家碳库结余量为 0。

四级安全标准： 即低于 CS_3 曲线的不安全状态，CS_4 曲线为其中的一种代表状态，即中国经济活动未能够通过自身的技术进步和经济转型完成中国政府制定的碳减排目标的同时，其"超额碳排放"无法通过使用中国国家林业碳库在 2015~2030 年间的自然增量和初始存量 c_0 完全抵偿，2030 年中国林业国家碳库结余量为负值。

第三节　中国林业国家碳库安全标准测度方法

在上节所述中国林业碳库安全标准基本原理的基础上，本节进一步对中国林业国家碳库安全标准测度方法进行数理化论述，其主要内容是林业碳库结余量的测度方法、各级安全标准的数理化判定标准，为后续实证章节的计算与评估提供基础。

一、中国林业碳库结余量测度方法

中国林业国家碳库在抵偿经济活动超额碳排放后的结余量计算方法如式(14.1)和式(14.2)所示：

$$C(t)=[C(t-1)+C_f(t)]-[E_i(t)-E_0(t)] \tag{14.1}$$

$$E(t) = EP(t) \times GDP(t) \tag{14.2}$$

其中，$C(t)$ 为 t 年(2015<t<2030)中国林业国家碳库的结余量；$C_f(t)$ 为中国林业国家碳库在 t 年的自然增长量；$E_i(t)$ 为在 t 年中国经济活动实际碳排放量；$E_0(t)$ 为中国按照

既定减排目标所确定的中国经济活动允许的碳排放量；EP(t)为在t年中国经济活动的单位 GDP 碳排放量，以 EP$_i$和 EP$_0$分别记作中国实际和既定减排目标允许的单位 GDP 碳排放量。式(14.1)中的$E_i(t)-E_0(t)$表示每年中国经济活动的"超额碳排放"，即需要使用中国林业碳库进行抵偿的部分。

二、中国林业碳库各级安全标准判定方法

前文所述的中国林业国家碳库结余量的各级安全标准可以在式(14.1)的基础上进一步计算而来：

一级安全标准如式(14.3)所示。式(14.3)的意义在于：中国未来到 2030 年累计的经济活动实际碳排放量等于累计的减排目标允许的碳排放量，即中国林业国家碳库到 2030 年的结余量等于其自然增长状态下的水平。

$$\sum E_i(t) = \sum E_0(t) \tag{14.3}$$

二级安全标准如式(14.4)所示，即中国林业国家碳库到 2030 年的累计增长量不低于中国林业国家碳库自然增长量，或者说到 2030 年中国林业国家碳库结余量不小于其基期存量。

$$\sum C_f(t) \geqslant \sum [E_i(t) - E_0(t)] \tag{14.4}$$

三级安全标准的数理逻辑如式(14.5)所示，即中国经济活动"超额碳排放"虽然不能完全由中国林业国家碳库的自然增长量所抵偿，但也能够被基期的历史存量所抵偿，中国林业国家碳库到 2030 年的结余量不小于零。

$$C(2015) > C(2030) \geqslant 0 \tag{14.5}$$

四级安全状态的数理逻辑如式(14.6)所示，即中国林业国家碳库在基期的存量加上未来的增量无法抵偿经济活动的"超额碳排放"，中国将面临需要额外从国外购买排放权以抵消国内经济活动"超额碳排放"的危险状态。

$$C(2030) < 0 \tag{14.6}$$

三、中国林业碳库安全标准测度的变量确定与数据需求

根据式(14.1)～式(14.6)所示的数理逻辑，决定中国 2030 年林业国家碳库结余量的变量输入主要涉及：①基期(2015 年)中国林业国家碳库的存量；②2016～2030 年中国林业国家碳库的增长量；③2016～2030 年中国 GDP 增速；④2016～2030 年中国 GDP 碳排放强度。

(1)中国林业国家碳库历史值与未来年增长量方面。中国林业国家碳库包含两个部分：中国森林碳汇量和木质林产品(HWP)碳储量。中国森林碳汇计量相对成熟，其基期存量和未来的增长量均有翔实的研究基础，本专著选取较为权威的已有研究结果作为中

国森林碳汇基期存量及未来到 2030 年增量的数据输入。已有的 HWP 碳储关联研究往往集中于历史数据的计量，但在中国废弃 HWP 碳储的计量方面尚较为欠缺，同时已有并未涉及未来 HWP 碳储的评估。本研究在使用储量变化法核算中国在用和废弃 HWP 碳储的同时，对未来 HWP 碳储进行进一步评估。根据第七章对于储量变化法的论述，HWP 碳储计量的核心输入数据是每年 HWP 的消费量（产量+进口量−出口量）。本专著使用 GFPM 这一在 HWP 未来生产和贸易状况模拟方面的国际权威模型评估中国 2015～2030 年 HWP 的消费量，为评估未来中国 HWP 碳储变动提供数据基础。

（2）基期 GDP 及 GDP 碳排放强度方面。由于 GFPM（Version 2017）与世界银行碳排放数据的限制，本专著使用 2013 年不变价作为 GDP 数据计算与计量的标准，并在 2013 年不变价 GDP 数据基础上计算 GDP 碳排放强度。对于历史 GDP 及 GDP 碳排放强度的计算年限设定为 2005～2015 年，其中 2005 年为中国政府制定气候减排目标的参照年，2015 年是本专著历史数据的截止点，也是 2016～2030 年研究参照的基期情况。

（3）2016～2030 年中国 GDP 增速及碳排放强度方面。世界银行、国际货币基金组织等权威机构对中国 GDP 增速仅能预测到近几年[282]，GFPM 以各国未来经济增长将在 2100 年达到所在区域（或大洲）的平均水平为基本假设[283]评估了未来到 2030 年世界各国 GDP 增速[284]，已有研究表明，这一评估较为贴近事实，因此本专著采用 GFPM 的评估数据作为 2016～2030 年中国 GDP 增速输入。中国未来既定减排目标下的 GDP 碳排放强度（EP_0）按照固定年减排速率进行推算，实际 GDP 碳排放强度按照以上四级安全标准设定情景完成。

第四节　中国林业国家碳库预警机制

本节主要根据第二、三节阐述的中国林业国家碳库四级安全标准设置预警区间。为后续章节评估中国未来林业国家碳库可能落入哪一级别的预警区间提供理论基础，也为中国未来国家林业碳库的运行与管理策略提供依据。

一、中国林业国家碳库预警功能

中国林业国家碳库未来在进行抵偿超额碳排放时可能处于前文所述的一至四级安全标准的状态。但仅评估中国林业国家碳库的安全状态并不能起到实时监管并根据监测状态及时制定中国林业国家碳库调整策略的目的。为达成这一目的，需建立中国林业国家碳库预警功能，判别中国林业国家碳库的预警状态。

在具体预警功能上，主要包括预测、预警评估、预警反馈和预警再反馈四项功能：

（1）预测。中国既有的减排目标是对未来制定的，中国林业国家碳库发展策略的调整在时间上缺乏弹性，需对未来可能出现的安装状态和面临的问题提早谋划。本专著建立的中国林业国家碳库预警体系首先可以预测未来中国林业国家碳库的变动、中国林业国家碳库可能面临的抵偿支出量、中国林业国家碳库未来结余量及可能的安全状态，从而从宏观上把握未来中国林业国家碳库的整体运行。

(2)预警评估。将第三节所述的一至四级安全标准作为警戒线,设置预警区间作为缓冲,对中国林业国家碳库的预警级别及时予以评估,及时辨别中国林业国家碳库运行是否健康可持续、是否存在恶化的可能。

(3)预警反馈。预警反馈是预警评估的价值输出,能够在中国林业国家碳库出现安全状态恶化趋势时快速给出警报响应,为中国林业国家碳库及时调整发展策略争取时间。

(4)预警再反馈。预警再反馈是当中国林业国家碳库的运行通过发展策略的调整遏制安装状态恶化的趋势后,评估这些策略调整是否有效、是否需要进一步调整策略。这种再反馈机制对中国林业国家碳库发展具有重要价值。

二、预警区间划分机理

预警区间划分是预警标准设置的核心。预警区间是在警戒线(如图 14.8 中的 CS_1 至 CS_4 曲线)附近存在一定弹性和缓冲的区域,用以对所监测对象进行动态响应和制定调整策略。当前学术界对于预警区间的划分依据主要分为两种,一种是警戒线附近5%(或1%、10%)左右的区域,这种划分方式主要用于有硬性警戒线约束且迅速变动的监测对象(如金融等)[285];另一种是在所监测对象取值范围内等梯度划分预警区间,这种划分方式下不具备硬性警戒线约束,被广泛应用于生态安全[286]及天气[287]等监测对象。

由于林业国家碳库的结余量安全与否存在前文所述的警戒线的硬性约束,因此采用警戒线附近划分区间的方式更加适用。同时应注意到,林业国家碳库结余量取值并不具备变动迅速的特征,其发展策略调整也需要较长时间提前量,因此在警戒线附近的区域划分需要较高的冗余度。综上分析,本专著认为中国林业国家碳库的预警区间比较合理的做法是在两条警戒线之间以50%进行中线划分。

三、中国林业国家碳库预警判别

基于以上论述,本专著将中国林业国家碳库划分为 6 个预警区间和对应的预警级别,具体如表 14.2 所示。

表 14.2　中国国家林业碳库预警区间与预警级别

预警级别	预警区间	安全状态	预警程度
一级预警	$CS_t=CS_1$	一级安全	无预警,碳库运行良好
二级预警	$(CS_1+CS_2)/2 \leq CS_t < CS_1$	二级安全	轻度预警,总体接近一级安全
三级预警	$CS_2 \leq CS_t < (CS_1+CS_2)/2$	二级安全	轻中度预警,逼近二级安全的警戒线
四级预警	$(CS_2+CS_3)/2 \leq CS_t < CS_2$	三级安全	中度预警,总体接近二级安全
五级预警	$CS_3 \leq CS_t < (CS_2+CS_3)/2$	三级安全	中重度预警,逼近三级安全的警戒线
六级预警	$CS_t < CS_3$	四级安全	重度预警,碳库运行极不安全

一级预警:无预警,对应图 14.8 中的 CS_1 曲线,中国林业国家碳库无须进行抵偿支出,中国林业碳库非常安全;

二级预警:轻度预警,对应图 14.8 中 CS_1 和 CS_2 曲线之间的上半部分,中国林业国家碳库需进行一定的抵偿支出,但数量不多,整体较为安全;

　　三级预警：轻中度预警，对应图 14.8 中和 CS₁ 和 CS₂ 曲线之间的下半部分，中国林业国家碳库抵偿支出较多，安全等级存在下滑一档的可能，需要引起重视；

　　四级预警：中度预警，对应图 14.8 中 CS₂ 和 CS₃ 曲线之间的上半部分，中国林业国家碳库抵偿支出很多，已需要通过消耗基期中国林业国家碳库的存量，需要引起警惕；

　　五级预警：中重度预警，对应图 14.8 中 CS₂ 和 CS₃ 曲线之间的下半部分，中国林业国家碳库抵偿支出非常多，中国林业国家碳库存在耗竭的可能，需要引起高度警惕；

　　六级预警：重度预警，对应图 14.8 CS₃ 曲线以下的部分，中国林业国家碳库已不足以抵偿经济活动的超额碳排放，中国林业国家碳库非常不安全。

第五节　本　章　小　结

　　本章在辨析了中国林业国家碳库的主要支出项目的基础上，得出对于未来经济活动的超额碳排放是中国林业国家碳库的主要支出形式。经济活动的超额碳排放的数量是影响中国林业国家碳库安全的核心。本章重点论述了林业国家碳库在不同结余量的情况下的安全状态、安全标准以及预警功能实现。林业碳库的结余量相对四级安全标准警戒线的位置是安全标准和预警机制的核心，但本专著所讨论的第四级安全状态仍然存在一定可商榷之处：第四级安全标准的情况并非完全同质。

　　这一原因在于，本专著仅将抵偿支出时间跨度设置为 2030 年，但 2030 年的中国林业国家碳库水平不是其长期来看能够达到的上限。根据 Pan 等的研究[88]，世界范围内林业碳库中森林碳汇的比重在 95%左右，林产品碳库仅占 5%且更多地被看作森林经营活动的衍生，因此林业碳库水平往往由森林碳汇决定。由于水土和气候的原因，一国的森林资源(包括森林面积和森林蓄积量)往往存在增长上限。例如 FRA 2015 表明，俄罗斯、东欧、加拿大等森林资源大国和地区在 1990~2015 年间的森林面积年变动极其有限，且这一特征在 2010~2015 年间更为显著。中国森林覆盖率、单位面积森林蓄积量均低于世界平均水平，中国森林资源增长速度长期位居世界前列，尽管中国森林资源也会在未来达到上限，但这一时间节点将在中远期才会出现。

　　因此，如果中国林业碳库能够在中国碳排放达到峰值时对经济活动"超额碳排放"的总抵偿性支出不超过中国林业碳库未来所能达到的上限，中国林业国家碳库在长期上仍然能够处于相对安全状态。反之，如果突破这个临界点，即如果中国林业碳库能够在中国碳排放达到峰值时对经济活动"超额碳排放"的总抵偿性支出大于中国林业国家碳库未来所能达到的上限，中国将面临进口排放权的境地。以上这个临界点称为中国林业国家碳库结余量的第五级安全标准。当然，与第三节所述的第四级安全标准(即不安全状态)一样，尽管在长期来说第五级安全标准不需要从国外进口排放权，中国经济活动短期"超额碳排放"过量仍然会导致短期对排放权进口需求。另外，从历史趋势上看，中国全国碳市场建成后，是全球最大的碳市场，中国林业国家碳库以其巨大的碳储量应参与到国际碳价值与碳交易中，为国家谋求更多的气候利益。因此，中国林业国家碳库结余量应尽量避免第五级甚至第四级安全标准的出现。

当然,中国森林资源尚处于快速增长阶段,囿于中国森林资源上限的关联研究较为缺乏,上述第五级安全标准无法在本专著中实现,这也限制了本专著在中国林业国家碳库结余量的安全标准方面的进一步深化。

第十五章 中国林业国家碳库水平评估与预测

上一章论述了中国林业国家碳库对经济活动超额碳排放的抵偿性支出、中国林业碳库结余量安全标准和预警机制的原理与计算方法。本章对目前中国林业国家碳库碳储量进行测度，并在此基础上预测未来到 2030 年中国林业国家碳库碳储量，了解未来中国林业国家碳库抵偿经济活动"超额碳排放"的潜力，为后续进行中国林业国家碳库的抵偿情境分析提供数据支撑。当前，中国林业碳汇计量方面的研究较为翔实，对未来中国森林碳汇的预测也相对充分，本专著不对此进一步深究，而是通过选择已有权威研究结果作为本专著的数据基础。中国木质林产品碳储方面的研究相对少见，且鲜有研究使用中国国内统计数据对全生命周期内的中国林产品碳储量进行计量，因此本章将重点论述中国林产品碳储量的计量及其未来到 2030 年碳储量的预测。

第一节 中国森林碳汇量评估与预测

森林碳汇是林业碳库的主要组成部分，也是决定木质林产品碳储量水平的最重要因素之一[①]。当前中国森林碳汇计量的研究丰富翔实，其研究结果多基于 Fang 等[180]修正的转换因子连续函数法计量得出，主流研究均采用中国历次森林清查数据。中国森林碳汇未来碳汇量预测方面的研究相对较少，主流预测方法集中于情境分析[274]、恒定增长率估算[288]、灰度模型预测[289]、Logistic 模型[290]等。在对未来中国林业碳汇量的预测研究中，以 Zhang 和 Xu 于 2003 年发表于 *Environmental Science and Policy* 期刊中的 Potential carbon sequestration in China's forests 一文最为经典，其方法学与 Fang 等的研究具备很强的一致性。He 等于 2017 年发表于 *Global Change Biology* 期刊中的 Vegetation carbon sequestration in Chinese forests from 2010 to 2050 首次将 Logistic 这一经典的群落增长模型检验并引入未来中国森林植被碳汇量的预测，但其研究局限于植物生物量这一森林碳汇的子碳库。因此本专著采用 Zhang 和 Xu 对中国 2014～2030 年森林碳汇量预测结果，历史森林碳汇数据采用张旭芳、杨红强等基于第一到第五次森林资源清查数据和转换因子连续函数法计量得出的结果。

一、1993～2013 年中国历史森林碳汇量评估

根据张旭芳等的研究，中国第一至第五次森林资源清查下中国森林碳汇量如图 15.1 所示。1993～2013 年中国森林碳汇处于稳定上升趋势且增速较大，1993 年中国森林碳汇为 117.43 亿 t C，2013 年增长至 175.37 亿 t，净增量为 57.94 亿 t，增幅达到 49.34%。林

---

① 中国碳排放交易网. 增加森林碳汇[EB/OL]. (2019-12-02) [2020-04-11]. http://www.tanpaifang.com/tanhui/2019/1202/66609.html.

木、林下及土壤三个子系统的碳储量均呈现增长趋势：1993 年林木、林下和土壤碳储量分别为 48.15 亿 t C、9.39 亿 t C 和 59.9 亿 t C，2013 年三个子系统碳储量分别达到 71.90 亿 t C、14.02 亿 t C 和 89.44 亿 t C，增长量分别为 23.75 亿 t C、4.63 亿 t C 和 29.54 亿 t C，中国碳汇呈现良性的发展态势。

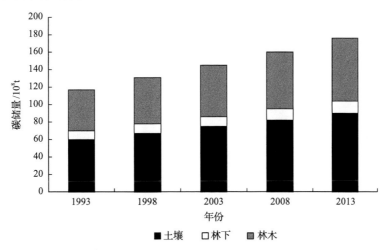

图 15.1　第一至第五次森林资源清查下中国森林碳汇量

资料来源：张旭芳，杨红强，张小标. 1993—2033 年中国林业碳库水平及发展态势[J]. 资源科学, 2016, 38(2): 290-299.

在森林碳库的碳排放方面，采伐剩余物分解和火灾引致的碳排放如图 15.2 所示。1993 年以来，由森林中采伐剩余物分解导致的碳排放呈现稳定上升趋势。截至 2013 年，森林采伐剩余物分解造成的碳排放累计达到 1082 万 t C，1993～2013 年中国森林采伐剩余物分解碳排放量为 52 万 t C/a，森林采伐剩余物分解是导致中国森林碳汇减少的原因之一。

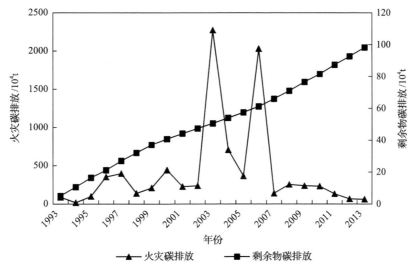

图 15.2　第一至第五次森林资源清查下中国采伐剩余物分解和森林火灾造成的碳排放

资料来源：张旭芳，杨红强，张小标. 1993—2033 年中国林业碳库水平及发展态势[J]. 资源科学, 2016, 38(2): 290-299.

作为森林生态系统的主要干扰因素，2003 年和 2006 年中国森林火灾面积分别达到

45.10 万 hm^2 和 40.83 万 hm^2，分别占当年全国森林总面积的 0.26% 和 0.21%，森林火灾将造成大量的碳排放。图 15.2 显示由森林火灾造成的碳排放呈波动趋势，1993～2013 年森林火灾面积累计为 151.58 万 hm^2，造成森林碳汇碳损失为 8866 万 t C，森林火灾年均造成的碳排放量为 422 万 t C。2003 年和 2006 年森林火灾造成的碳排放分别达到 2288 万 t C 和 2042 万 t C，达到森林火灾碳排放量的最高点。2008 年后，森林火灾导致的碳排放逐渐减少，进入比较良性的状态。

二、2014～2030 年中国未来森林碳汇量预测

Zhang 和 Xu 设置了基准、历史趋势和政府规划三个分析情境预测未来中国森林碳汇量，三种情境下中国森林新增造林面积、森林总面积、森林覆盖率如表 15.1 所示，其他计算森林碳汇量的变量如树种、森林类型、生物量含碳率等在此略去，详细数据可参照 Zhang 和 Xu 的研究。从表 15.1 中可以看出，政府规划情境与现实森林资源的变动比较接近。因此，本专著将采用 Zhang 和 Xu 研究中政府规划情境下森林碳汇的预测数据。另外，中国在进行森林资源规划时往往会提出木材采伐减量数额，Zhang 和 Xu 的研究由于年代较早，只能获取 2003 年以前的数据。中国最新的天然林全面禁伐政策制订了到 2020 年减少木材采伐约 5000 万 m^3 木材供给，这将一定程度上影响 Zhang 和 Xu 预测数据的准确性，但正如前文所述，木质林产品碳储仅占林业碳库的 5% 左右，因此这一数据的缺失并不会对预测准确度产生较大影响。

表 15.1　不同分析情境下森林资源的变动

情境类型	森林资源	1990 年	2000 年	2010 年	2030 年
基准情境	新增造林面积(万 hm^2)				
	森林总面积(万 hm^2)	13929	13929	13929	13929
	森林覆盖率(%)	14.51	14.51	14.51	14.51
历史趋势情境	新增造林面积(万 hm^2)		840	1200	2400
	森林总面积(万 hm^2)	13929	15359	16559	18959
	森林覆盖率(%)	14.51	15.99	17.24	19.74
政府规划情境	新增造林面积(万 hm^2)		2419	2300	4600
	森林总面积(万 hm^2)	13929	16348	18648	23248
	森林覆盖率(%)	14.51	17.02	19.42	24.21

资料来源: Zhang X, Xu D. Potential carbon sequestration in China's forests[J]. Environmental Science and Policy, 2003, 6(5): 421-423.

根据 Zhang 和 Xu 对政府规划情境下中国未来森林碳汇水平(年增量)的模拟结果(表 15.2)，中国 2014～2030 年森林碳排放量、生物碳量、土壤碳量和净碳汇量均呈现上升趋势，其中生物碳量增长明显，主导森林碳汇的变动，碳排放量和土壤碳量变动较为有限。以上四类指标在 2030 年后均呈现出平稳的态势，说明远期森林成熟和森林造林上限将限制森林碳汇量的进一步增长。中国 2014 年森林净碳汇增量约为 1.43 亿 t，到 2020 年提高至约 1.62 亿 t，累计增加约 9.15 亿 t；2025 年森林净碳汇增量达到约 1.65 亿 t，

2021～2025 年间年均增量达到约 1.64 亿 t；2030 年森林净碳汇增量提高至 1.75 亿 t，
2026～2030 年间累计增长约 8.55 亿 t。结合张旭芳、杨红强等的研究结果，中国森林碳汇总
量在 2014 年、2020 年、2025 年、2030 年将分别达到 176.80 亿 t、184.52 亿 t、192.71 亿 t、
201.26 亿 t，增长约 24.46 亿 t，增幅有所放缓。

表 15.2　2014～2030 年中国未来碳汇水平预测(亿 t)

年份	2014	2020	2025	2030
森林碳排放量	0.60	0.62	0.65	0.68
生物碳量	1.78	1.97	2.01	2.13
土壤碳量	0.25	0.27	0.29	0.30
净碳汇量	1.43	1.62	1.65	1.75
累计森林碳汇量	176.80	184.52	192.71	201.26

注：除累计森林碳汇量外，其余数据均为当年年增量。

资料来源：Zhang X, Xu D. Potential carbon sequestration in China's forests[J]. Environmental Science and Policy, 2003, 6(5)：
421-423.

第二节　中国木质林产品碳储量评估

木质林产品碳储研究在国内较为少见，且相对国外研究较为滞后。不同于森林碳汇
主要受自然因素的影响，林产品的加工、使用和废弃的全生命周期内的碳收支(碳储和碳
排放)受社会经济因素影响较大。根据本专著前文采用 IPCC 二系方法(tier-II method)、
以储量变化法建立生命周期分析框架，基于 1986～2015 年间的中国林业统计年鉴和中国
造纸年鉴及 FAO 贸易数据评估 1900～2015 年间中国木质林产品全生命周期内的碳储和
碳排放。由于中国林产品生产消费主要集中在 20 世纪 90 年代之后，同时为与森林碳汇
评估数据的时间跨度衔接，本专著仅呈现 90 年代起至 2015 年的林产品碳储和碳排放
数据。

一、1990～2015 年加工环节林产品碳储量

加工环节的碳储量主要来自加工废料(废弃木纤维)，其余木纤维均被加工为产品流
入使用环节。为体现这一加工过程，本专著对中国 1900～2015 年林产品加工环节的碳收
支予以汇总(表 15.3)，并呈现 90 年代起加工环节的林产品碳储数据(表 15.4)。

中国 1900～2015 年间各类木纤维投入和木质林产品产出均呈现上升趋势，其中以
2001～2015 年最为显著。2011～2015 年总木纤维投入甚至达到 4.97 亿 t C，约相当于
1951～1955 年间的 27.47 倍。中国木质林产品生产体现出对于国外原材料依赖增加的
趋势，在最近 20 年，中国进口木纤维占新木纤维投入的 36.73%，远高于 1991～1995 年
的 6.74% 的水平。在主要林产品类型中，人造板(包括胶合板、刨花板和纤维板)在 1951～
2015 年间表现出年均 15.2% 的高速增长，相较之下，锯材及纸和纸板仅为 4.0% 和 10.1%。
2011～2015 年间，人造板产量折合 2.785 亿 t C，占全部木质林产品总产量的 54.97%。

表 15.3　1900～2015 年中国木质林产品加工环节碳平衡(10^6t)

年份	新木纤维投入		国内回收纸投入量	木质林产品产出量				木质林产品净进口量	加工废料	加工效率
	总量	国内产量		总量	锯材量	人造板量	纸和纸板量			
1900～1950	30.5	29.0	0.5	25.8	24.6	0.2	1.1	0.5	5.2	83.2%
1951～1955	18.1	17.9	0.1	7.2	6.7	0.1	0.5	0.2	11.0	39.7%
1956～1960	41.3	41.1	0.1	15.0	13.7	0.2	1.1	0.1	26.4	36.2%
1961～1965	37.7	36.7	0.0	11.6	10.3	0.2	1.2	0.0	26.1	30.8%
1966～1970	41.4	40.7	0.1	14.1	12.1	0.3	1.7	0.1	27.4	33.9%
1971～1975	53.8	52.9	0.2	14.5	11.8	0.5	2.2	0.2	39.4	26.8%
1976～1980	63.5	61.6	0.4	17.3	13.4	0.9	3.0	0.8	46.6	27.1%
1981～1985	76.2	68.0	0.8	23.3	17.2	1.9	4.3	1.5	53.8	30.2%
1986～1990	81.5	72.2	1.3	27.1	16.5	3.4	7.1	2.7	55.7	32.7%
1991～1995	78.6	73.3	3.0	42.5	20.9	9.1	12.5	7.5	39.1	52.1%
1996～2000	94.0	78.7	5.1	56.3	19.4	18.2	18.7	14.8	42.8	56.8%
2001～2005	138.7	76.6	12.7	109.1	13.9	49.0	46.4	13.5	42.1	72.2%
2006～2010	251.2	139.8	34.3	257.3	34.6	119.5	103.2	−1.3	28.2	90.1%
2011～2015	497.2	333.7	62.6	506.6	70.1	278.5	158.0	4.6	53.2	90.5%

注：(1) 尽管回收纸是中国造纸工业的重要原材料之一，但国内回收的废纸所含木纤维来自上一年的木纤维投入，因此不能作为中国林产品碳储的碳投入，为区别对待，本专著对这种原材料单独列出(但仍然纳入加工效率的计量)。(2) 本专著在数据处理中发现，2011～2015 年间中国使用非采伐剩余物的木质林产品加工效率超过 1.0，本专著认为其原因可能在于中国工业用原木产量被低估。(3) 本专著发现，中国在 2007～2009 年间加工效率稳定在 0.9 左右，符合美国、加拿大等国的加工效率。鉴于国外研究认为这一水平的加工效率难以进一步提升，本专著假定 2010～2015 年间中国使用非采伐剩余物的木质林产品加工效率保持在 2009 年的水平，并据此倒推中国工业用原木产量。

表 15.4　1990～2015 年中国木质林产品加工废料处理碳储与碳排放(10^6t)

年份	1990	1995	2000	2005	2010	2015
加工废料总量	291.6	330.7	373.5	415.6	443.8	497.0
焚烧	0.0	0.0	0.0	0.3	3.4	17.1
露天堆放	271.6	294.5	311.5	321.9	322.3	322.3
碳储量	153.8	145.9	134.3	118.3	96.2	78.0
填埋	20.0	36.2	62.0	93.4	118.1	157.6
甲烷排放	2.7	8.8	18.4	34.5	55.5	81.5
碳储量	19.2	33.8	56.9	84.0	103.0	135.4
净碳储量	16.8	25.9	40.3	52.8	52.9	61.9
总碳储量	173.1	179.7	191.2	202.3	199.3	213.4
总净碳储量	170.6	171.8	174.6	171.2	149.2	139.9

注：以上数据为累计量。

在 1950～2015 年间,中国木质林产品加工效率表现出倒 U 形曲线,其加工效率从 1951～1955 年的 39.7%逐渐下降到 1976～1980 年的 27.1%。其原因一方面在于加工效率较低的锯材产量占比过高且保持快速增长,另一方面在于中国在改革开放前期大量使用工业用原木作为枕木和坑木,且此类数据缺失,造成虽然中国锯材占比过高,但木质林产品整体加工效率仍然低于国外锯材的平均加工效率水平。随着改革开放后纸产品和人造板等加工效率较高的产品产量和占比急剧上升,中国木质林产品加工效率不断提升,在 2006～2015 年,中国木质林产品整体加工效率已提升至 90.5%,成为世界上林产品加工效率最高的国家之一。

进口木质林产品因为不需要加工,可以减少本国原木采伐和消费,亦可减少加工过程中的碳排放,然而由于中国木质林产品净进口量相对加工用木纤维的进口量规模小一个数量级,中国进口的林产品对于减少本国原木采伐和消费、减少加工环节碳排放的能力较为有限。

由于木纤维投入量的上升,中国木质林产品加工废料的产生量同样不断上升,1951～2015 年间累计达到 4.970 亿 t C,约为 1950 年的 96 倍。露天堆放和填埋处理的加工废料占了绝大部分,但由于露天堆放处理的废弃加工废料数量增加,其中的碳储量释放从而成为主要碳源。至 2015 年,处于露天堆放的废弃加工废料的碳储量已降至 0.780 亿 t,仅相当于 1990 年的一半,或者累计处于露天堆放的林产品的碳储量的 1/4。累计被填埋处理的加工废料碳量占全部废弃加工废料碳量的比重,从 1985 年的不足 3%增长至 2015 年的约 1/3。由于被填埋处理的加工废料分解较为缓慢,其碳储量占总填埋地碳量始终保持在 85%以上,然而由于甲烷排放导致更高温室效应,到 2015 年加工废料的累计净碳储量仅为不考虑这一温室效应的不足一半。整体上,加工废料的碳储量呈现上升趋势,到 2015 年累计增长至 2.134 亿 t;但考虑到甲烷更高的温室效应,2005 年起,加工废料成为一个碳源,截至 2015 年加工废料的总净碳储量约为 1.399 亿 t。

二、1990～2015 年使用环节林产品碳储量

使用环节是木质林产品碳储最主要也是最核心的部分,也是其替代效应的主要实现方式,中国 1990～2015 年在用木质林产品累计碳储量如表 15.5 所示。

表 15.5　1990～2015 年中国在用木质林产品累计碳储量(10^6t)

年份	1990	1995	2000	2005	2010	2015
总碳储量	187.4	227.7	275.4	353.1	531.8	895.7
硬木类林产品	180.9	215.2	253.6	310.6	453.3	780.3
直接用原木	90.7	101.5	111.2	118.1	135.7	154.0
锯材	82.9	96.1	107.5	116.4	148.3	228.5
人造板	7.3	17.6	34.9	75.7	169.3	397.8
纸和纸板	6.4	12.6	21.8	42.8	78.4	115.4

中国在用木质林产品碳储量在 1990～2015 年保持持续增长,至 2015 年达到约 8.957 亿 t,约相当于 1990 年的 5 倍,其中人造板碳储量增速最为显著,其碳储量在 1990～

2015 年间增长了 54 倍。在主要林产品类型中，尽管随着纸制品消费的增长而有所下降，硬木类林产品碳储量占总在用木质林产品碳储量比重一直保持在 85% 以上。其中由于人造板消费的剧增，人造板在 2010 年左右取代锯材和直接用原木，成为硬木类林产品碳储最主要的贡献方，截至 2015 年，在用人造板碳储占总在用硬木类林产品碳储一半以上。尽管纸和纸板的碳储量也在 1990～2015 年间增长了 17 倍多，但其由于半衰期过短，需要的消费量远比硬木类产品多得多，在用纸类产品的碳储效率有限。

三、1990～2015 年废弃环节林产品碳储量

废弃林产品尽管无法像使用环节那样具备较好的替代效应，但其由于较长的半衰期（尤其是填埋处理的废弃木质林产品），仍然是木质林产品全生命周期中的一大重要的碳库。中国 1990～2015 年废弃木质林产品碳储与碳排放如表 15.6 所示。

表 15.6　1990～2015 年中国废弃木质林产品碳储与碳排放（10^6t）

年份	1990	1995	2000	2005	2010	2015
总废弃量	199.6	239.2	293.8	370.3	490.8	682.3
回收	3.4	6.4	11.5	24.2	58.4	121.1
焚烧	0.0	0.0	0.0	0.7	10.1	43.5
露天堆放	185.4	206.3	226.2	240.5	241.6	241.6
碳储量	80.6	83.6	84.9	80.1	64.0	50.6
填埋	10.7	26.6	56.1	104.9	180.7	276.1
甲烷排放量	1.5	5.8	15.6	35.5	71.9	131.2
碳储量	10.4	25.3	52.7	97.2	165.0	247.5
净碳储量	9.1	20.1	38.6	65.2	100.1	129.2
碳储量	91.0	109.0	137.5	177.3	229.0	298.1
净碳储量	89.7	103.8	123.5	145.3	164.1	179.8

注：以上数据为累计量。

由于消费量的增加，中国木质林产品废弃量不断上升，截至 2015 年已累计达到 6.823 亿 t C，是 1990 年的 3 倍有余。回收纸占总废弃木质林产品的比重不断上升，截至 2015 年已累计达到 17.75%，2010～2015 年废弃的木质林产品（折合 1.915 亿 t C）中，回收纸占比达到约 1/3。尽管 2005～2015 年焚烧处理的废弃木质林产品保持快速增长，但其累计占比不足 10%，2011～2015 年占比亦不足 20%。露天堆放处理的废弃木质林产品自 1995 年起增长非常缓慢，自 2007 年起保持不变，对应地，露天堆放处理的木质林产品的碳储量在 2000～2015 年不断下降，成为一大碳源。填埋处理的废弃木质林产品保持高速增长，其累计量在 2015 年已超过露天堆放处理的林产品。2010～2015 年，填埋处理的废弃木质林产品达到 2.761 亿 t C，占 2010～2015 年总废弃量的 40.47%。不同于填埋处理的加工废料，填埋处理的废弃木质林产品的碳储量和净碳储量始终保持增长，并且是废弃环节最主要的碳储贡献者。整体上，废弃木质林产品碳储量和净碳储量均保持增长，但相对来说净碳储量的增长较为缓慢，体现出甲烷对木质林产品碳储抵消作用较为明显。

四、全生命周期碳储与碳收支

在前文对全生命周期各环节中中国木质林产品碳储和碳排放历史变动分析的基础上，本专著进一步绘制中国林产品从加工到废弃的全生命周期碳收支图，其结果如图 15.3 所示。

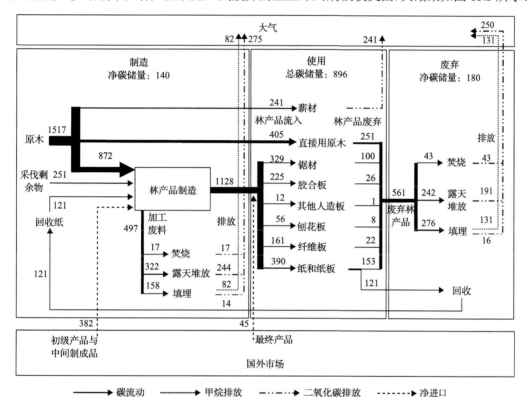

图 15.3　2015 年中国木质林产品全生命周期碳收支（10^6t）

截至 2015 年，中国木质林产品全生命周期木纤维投入总计为 21.95 亿 t C，其中 21.50 亿 t C 为原材料，0.45 亿 t C 为净进口的最终产品。在 21.50 亿 t 的原材料中，原木、采伐剩余物、净进口的初级产品和中间制成品分别占 15.17 亿 t C、2.51 亿 t C、3.82 亿 t C。以上原材料中，2.41 亿 t C 作为薪材提供能源，4.05 亿 t C 的原木直接进入使用环节，15.05 亿 t C 进入加工环节。加上 1.21 亿 t C 的国内回收纸，中国木质林产品加工总计消耗的木纤维折合 16.26 亿 t C，其中 11.28 亿 t C 流入最终产品，4.97 亿 t C 流入加工废料。在 4.97 亿 t C 的加工废料中，0.17 亿 t C 通过焚烧返回大气，3.22 亿 t C 被露天堆放，1.58 亿 t C 被填埋。露天堆放和填埋通过分解返回大气的碳量分别为 2.44 亿 t 和 0.96 亿 t（其中二氧化碳和甲烷分别折合 0.82 亿 t 和 0.14 亿 t）。总计流入使用的碳量为 18.18 亿 t，其中 2.41 亿 t C 在薪材的燃烧过程中返回大气，剩余 15.77 亿 t C 随着终端使用缓慢废弃。截至 2015 年，废弃的木质林产品累计达到 6.82 亿 t C，其中 1.21 亿 t C 被回收，0.43 亿 t C 被焚烧，2.42 亿 t C 被露天堆放，2.76 亿 t C 被填埋。截至 2015 年，废弃林产品累计形成 3.81 亿 t C 排放（其中二氧化碳和甲烷分别占 2.50 亿 t 和 1.31 亿 t），其中焚烧、露天堆放和填埋分别占 0.43 亿 t、1.91 亿 t 和 1.47 亿 t。

截至 2015 年，中国木质林产品全生命周期形成碳储 12.16 亿 t，约占总木纤维投入的 55.40%，其中制造、使用和废弃三个环节分别占 1.40 亿 t、8.96 亿 t 和 1.8 亿 t。

第三节　中国木质林产品碳储量预测

不同于森林碳汇更多地由自然因素决定，木质林产品碳储主要受到社会经济因素影响。因此预测未来中国木质林产品碳储需首先预测未来中国木质林产品的生产及消费量。由于中国是世界上最大的林产品贸易国、生产国和消费国，特别是在中国木材资源稀缺的情况下，中国木质林产品产业更加依赖于国际市场。本专著采用 GFPM 这一空间局部均衡模型，用以预测 2015～2030 年中国林产品的生产和消费。由于缺乏相应的政府规划性文件，未来木质林产品废弃环节的碳储和碳排放基于 2015 年中国林产品废弃处理的各项参数不变计量。

一、2016～2030 年中国主要木质林产品产量与消费量

本专著使用最新的 GFPM Version 2017 模拟未来在全球均衡市场下中国林业产业的变动，在模型运行中未发现其警示的 BPMPD 错误，模型运行良好。根据模型模拟结果，中国 2016～2030 年主要木质林产品的生产、消费与贸易量见表 15.7。

表 15.7　2016～2030 年中国主要木质林产品生产、消费与贸易量（10^6m^3、10^6t）

		2016 年	2020 年	2025 年	2030 年	年增速
工业原木	消费量	270.5	298.6	340.4	393.0	2.70%
	产量	201.1	217.3	241.5	272.6	2.18%
	净进口量	69.4	81.3	98.9	120.4	4.01%
锯材	消费量	90.5	96.2	103.2	110.2	1.41%
	产量	60.9	58.0	51.0	38.9	−3.03%
	净进口量	29.5	38.1	52.2	71.4	6.50%
胶合板	消费量	97.8	116.7	146.0	182.0	4.55%
	产量	105.6	122.8	149.8	183.5	4.01%
	净进口量	−7.8	−6.0	−3.8	−1.5	—
刨花板	消费量	19.8	22.3	25.8	29.6	2.92%
	产量	19.0	21.0	23.7	26.3	2.38%
	净进口量	0.8	1.3	2.1	3.3	10.72%
纤维板	消费量	68.1	83.7	109.0	141.0	5.35%
	产量	70.4	85.1	109.3	140.0	5.02%
	净进口量	−2.3	−1.4	−0.3	1.0	—
回收纸	消费量	88.2	101.8	121.9	146.0	3.66%
	产量	58.5	70.3	87.6	110.7	4.66%
	净进口量	29.7	31.4	34.3	35.4	1.26%
纸和纸板	消费量	114.4	128.1	148.3	172.0	2.95%
	产量	117.2	132.2	154.4	180.6	3.13%
	净进口量	−2.8	−4.1	−6.1	−8.6	8.68%

注：净进口量为进口量减去出口量。

　　整体上，中国林业产业仍然保持较快的增长，除锯材产量及纸和纸板净进口量外，中国主要木质林产品的产量、消费量与净进口量均呈现增长趋势[①]。中国主要木质林产品整体上呈现消费量及其年均增速高于产量的特点，中国未来将以林产品消费国为主要特征，未来中国主要木质林产品消费量的持续上升将推动中国木质林产品碳库的增加。在呈现净出口特点的木质林产品中，胶合板净出口量比重不断萎缩，至 2030 年缩减至不足产量的 1%；纤维板在 2030 年将从净出口转为净进口；仅有纸和纸板的净出口量不断增加，但其占产量的比重也不超过 5%。未来中国锯材行业将出现萎缩，更多地将依赖于国际市场的输入；纤维板保持主要林产品中最快的年均增速，且 2030 年在人造板产量的占比将提升至 40%，体现出中国林业产业中低附加值产品产能的淘汰和高附加值产能的提升。中国未来回收纸产量和消费量的年均增速均超过纸和纸板的，回收纸消费量占纸和纸板消费总量的比重将从 2016 年的约 75% 提升至 2030 年的 85%。回收纸消费量的增加，特别是本国回收量的上升对增加纸这一短周期林产品的碳储量具有重要意义。

二、2016～2030 年中国木质林产品碳储量评估

　　由于 GFPM 对于木质林产品加工过程刻画的细致程度低于中国林业统计年鉴，仅能涵盖主要林产品类型，尤其对于中间产品的刻画较为缺乏，故而 GFPM 模拟结果无法较为详尽地实现图 15.3 所示的木质林产品加工环节的碳收支。本专著假定 2016～2030 年间，中国木质林产品加工效率仍然保持 2015 年的水平，由此以最终产品的产量倒推出加工废料的产生量。另外，GFPM 基于 FAO 关于木质林产品分类建立，无法刻画直接用原木和其他人造板的产量数据。根据中国林业统计年鉴中关于直接用原木和其他人造板的历史产量趋势，这两种产品每年的产量较为有限；考虑到这两种产品全生命周期的年净碳储量仅为 270 万 t，相对 2015 年约 7470 万 t 的林产品全生命周期净碳储量占比较小。因此，本研究不考虑 2016～2030 年间直接用原木和其他人造板的全生命周期碳收支（主要是使用环节和废弃环节的碳收支）。

　　中国 2016～2030 年木质林产品全生命周期年碳储量如表 15.8 所示。中国木质林产品全生命周期碳储量在 2016～2030 年间仍将保持稳步增长，其年碳储量从 2016 年的 0.910 万 t 增长至 2030 年的 1.267 亿 t，年均增速达到 2.6%。在剔除甲烷由于更高的温室效应带来的等价二氧化碳排放的情况下，中国木质林产品全生命周期净碳储量在 2016～2030 年间仍然保持稳步增长，其年碳储量从 2016 年的 0.747 万 t 增长至 2030 年的 0.904 万 t，年均增速为 1.4%。仅 2030 年形成的木质林产品全生命周期净碳储增量就达到 1900～2015 年累计形成净碳储量的 7.4%，或者相当于 2030 年中国森林碳汇年增量的 51.7%。使用环节和废弃环节是中国木质林产品全生命周期碳储量最主要的贡献力量，合计占比达 95% 左右，其中使用环节贡献了 75% 左右的碳储量。但考虑到甲烷的温室效应，加工环节从碳储转变为碳源，每年形成的净碳排放在 230 万 t 左右；废弃环节虽然仍然保持净碳储，但其年净碳储量缩减至废弃环节年碳储量的不足 1/4；使用环节由于没有甲烷形式的碳排放，其碳年储量贡献了林产品全生命周期年净碳储量的 95% 以上，是中国

---

　　① 中国绿色时报. 我国林业产业竞争力怎样？潜力在哪？[EB/OL]. (2018-02-01) [2018-02-01]. http://www.greentimes.com/lscy/html/2018-02/01/ content_3318502.htm.

木质林产品碳储的中坚力量。

表 15.8　2016～2030 年中国木质林产品全生命周期年碳储量（10^6t）

年份	生命周期		加工环节		使用环节	废弃环节	
	碳储量	净碳储量	碳储量	净碳储量	碳储量	碳储量	净碳储量
2016	91.0	74.7	3.8	−2.5	75.4	11.8	1.7
2017	85.5	69.8	3.5	−1.3	70.0	12.0	1.2
2018	87.2	69.7	3.8	−2.4	68.8	14.6	3.2
2019	89.7	71.1	4.2	−2.4	68.5	17.0	4.9
2020	92.3	72.5	4.5	−2.3	68.8	19.0	6.0
2021	95.1	73.9	4.8	−2.3	69.6	20.7	6.6
2022	98.1	75.4	5.1	−2.3	70.8	22.2	6.9
2023	101.2	77.0	5.4	−2.3	72.3	23.5	7.0
2024	104.5	78.7	5.8	−2.3	74.0	24.7	7.0
2025	107.9	80.5	6.1	−2.3	75.9	25.9	6.8
2026	111.5	82.3	6.5	−2.3	78.0	27.0	6.6
2027	115.0	84.2	6.8	−2.2	80.2	28.0	6.2
2028	118.8	86.1	7.1	−2.2	82.6	29.1	5.8
2029	122.7	88.2	7.5	−2.3	85.1	30.1	5.4
2030	126.7	90.4	7.9	−2.3	87.7	31.1	5.0

　　2016～2030 年中国木质林产品加工环节碳储与碳排放如表 15.9 所示。尽管中国 2016～2030 年间木质林产品加工环节年碳储量仍然保持缓慢增长，过量的甲烷排放仍将使得加工废料填埋从 2016 年的微量净碳储逐渐下降至 2025 年的微量净排放，并且其净排放量在 2025～2030 年间逐步增长。露天堆放早已不是处理加工废料的方式，但历史堆放的加工废料仍然在未来逐步分解。历史堆放的加工废料分解是中国 2016～2030 年加工环节的主要碳源，但由于不断分解导致露天堆放的加工废料历史存量的降低，这部分净碳排放量将呈现下降的趋势，未来其碳源的主导地位将被填埋取代。

　　2016～2030 年中国使用环节各主要木质林产品年碳储量如表 15.10 所示。由于持续增长的消费，中国使用环节的碳储量呈现不断增长的趋势，其中硬木类木质林产品贡献了约 92% 的年碳储量，对在用木质林产品碳储起了决定性作用。在硬木类木质林产品中，人造板碳储量占比约为 76%，且呈现稳定增长的趋势。纸和纸板由于过短的半衰期，其年碳储量较为有限，且增长并不明显。

　　2016～2030 年中国林产品废弃环节的年碳储量与碳排放如表 15.11 所示。填埋处理的废弃木质林产品碳储量是废弃环节碳储的主要贡献力量，其中硬木类木质林产品贡献了约 70% 的填埋碳储量。由于过快的分解速度，纸和纸板贡献了约 60% 的甲烷排放。考虑到甲烷的温室效应，2016～2030 年间的填埋处理林产品的年净碳储量和废弃环节的年碳储量被大幅度抵消，但仍表现为净碳储。由于甲烷排放上升，填埋处理的木质林产品年净碳储量在 2024 年增加到顶峰后呈现逐步回落的趋势。露天堆放的林产品均为历史存量，其未分解的部分会持续分解产生二氧化碳，导致这部分废弃林产品碳储量减少。但由于分解导致的历史存量的不断下降，每年碳排放量呈现下降趋势，且整体上其碳排放量较为有限。

表 15.9　2016~2030 年中国木质林产品加工环节碳储与碳排放量（10⁶t）

年份	填埋			露天堆放
	碳储量	甲烷排放	净碳储量	碳储量
2016	7.0	5.4	0.7	−3.2
2017	6.6	6.9	1.7	−3.1
2018	6.8	7.2	0.6	−3.0
2019	7.0	7.5	0.5	−2.8
2020	7.2	7.9	0.4	−2.7
2021	7.4	8.2	0.3	−2.6
2022	7.6	8.6	0.2	−2.5
2023	7.8	8.9	0.1	−2.4
2024	8.1	9.3	0.0	−2.3
2025	8.3	9.7	−0.1	−2.2
2026	8.6	10.0	−0.2	−2.1
2027	8.8	10.4	−0.2	−2.0
2028	9.1	10.8	−0.3	−1.9
2029	9.4	11.3	−0.4	−1.9
2030	9.7	11.7	−0.5	−1.8

表 15.10　2016~2030 年中国使用环节各主要林产品年碳储量（10⁶t）

年份	碳储量	硬木类			纸和纸板
			锯材	人造板	
2016	75.5	70.5	18.7	51.8	5.0
2017	70.0	57.9	16.2	41.7	12.1
2018	68.8	59.3	16.2	43.1	9.6
2019	68.5	60.6	16.1	44.5	7.9
2020	68.8	62.1	16.1	46.0	6.7
2021	69.6	63.6	16.1	47.5	5.9
2022	70.8	65.3	16.1	49.2	5.4
2023	72.3	67.1	16.1	51.0	5.1
2024	74.0	69.0	16.1	52.9	4.9
2025	75.9	71.0	16.1	54.9	4.8
2026	78.0	73.2	16.1	57.1	4.8
2027	80.2	75.3	16.1	59.2	4.9
2028	82.5	77.6	16.1	61.5	4.9
2029	85.0	80.0	16.1	63.9	5.0
2030	87.7	82.6	16.2	66.4	5.2

表 15.11　2016～2030 年中国林产品废弃环节年碳储量与碳排放（10^6t）

	年份	2016	2017	2018	2019	2020	2021	2022	2023
废弃环节	碳储量	11.8	12.0	14.6	17.0	19.0	20.7	22.2	23.5
	净碳储量	1.7	1.2	3.2	4.9	6.0	6.6	6.9	7.0
填埋	碳储量	12.9	12.9	15.5	17.9	19.8	21.5	22.9	24.2
	硬木类	8.4	9.4	10.4	11.4	12.3	13.3	14.3	15.3
	纸和纸板	4.5	3.5	5.0	6.5	7.5	8.2	8.6	8.9
	甲烷排放	11.2	11.9	12.6	13.4	14.5	15.7	16.9	18.3
	硬木类	3.6	4.0	4.5	5.0	5.6	6.2	6.8	7.5
	纸和纸板	7.6	7.9	8.1	8.4	8.9	9.5	10.1	10.8
	净碳储量	2.7	2.2	4.1	5.8	6.8	7.4	7.6	7.7
	硬木类	5.1	5.8	6.4	6.9	7.3	7.8	8.2	8.6
	纸和纸板	−2.4	−3.7	−2.3	−1.1	−0.5	−0.4	−0.5	−0.9
露天堆放	碳储量	−1.0	−1.0	−0.9	−0.9	−0.8	−0.8	−0.7	−0.7
	硬木类	−0.6	−0.6	−0.6	−0.5	−0.5	−0.5	−0.5	−0.4
	纸和纸板	−0.4	−0.4	−0.4	−0.3	−0.3	−0.3	−0.3	−0.2
	年份	2024	2025	2026	2027	2028	2029	2030	
废弃环节	碳储量	24.7	25.9	27.0	28.0	29.1	30.1	31.1	
	净碳储量	7.0	6.8	6.6	6.2	5.8	5.4	5.0	
填埋	碳储量	25.4	26.5	27.6	28.6	29.6	30.6	31.6	
	硬木类	16.4	17.5	18.6	19.7	20.8	22.0	23.3	
	纸和纸板	9.0	9.1	9.0	8.9	8.7	8.5	8.3	
	甲烷排放	19.7	21.2	22.7	24.2	25.8	27.3	28.9	
	硬木类	8.3	9.0	9.9	10.8	11.7	12.7	13.7	
	纸和纸板	11.5	12.1	12.8	13.4	14.1	14.6	15.2	
	净碳储量	7.6	7.4	7.1	6.8	6.3	5.9	5.5	
	硬木类	8.9	9.3	9.7	10.0	10.3	10.6	10.9	
	纸和纸板	−1.3	−1.9	−2.5	−3.2	−4.0	−4.7	−5.4	
露天堆放	碳储量	−0.6	−0.6	−0.6	−0.5	−0.5	−0.5	−0.5	
	硬木类	−0.4	−0.4	−0.4	−0.4	−0.4	−0.3	−0.3	
	纸和纸板	−0.2	−0.2	−0.2	−0.2	−0.2	−0.1	−0.1	

第四节　本章小结

　　结合本章前三节对于森林碳汇和木质林产品碳储这两大中国林业国家碳库的组成部分及其内部细分子库的历史碳储水平的计量和对未来到 2030 年碳储增量的评估，本专著给出中国林业碳库整体碳储水平用以总结全章。本节同时讨论目前中国林业国家碳库本身面临的问题与优化策略。

一、2015～2030年中国林业国家碳库碳储水平

结合前文列出 2015～2030 年中国林业碳库累计碳储量与年增量(表 15.12),为下一章中国林业国家碳库 2015～2030 年抵偿支出的定量分析作数据基础。

表 15.12　2015～2030 年中国林业国家碳库碳储量与年增量(10⁶t)

年份		2015	2016	2017	2018	2019	2020	2021	2022
林业碳库	总量	188.7	190.7	192.7	194.6	196.7	198.7	201	203.4
	年增量	2	2	2	1.9	2.1	2	2.3	2.4
森林碳汇	总量	178.1	179.3	180.6	181.9	183.2	184.5	186.1	187.8
	年增量	1.3	1.2	1.3	1.3	1.3	1.3	1.6	1.7
木质林产品碳储	总量	10.6	11.3	12	12.7	13.4	14.2	14.9	15.7
	年增量	0.8	0.7	0.7	0.7	0.7	0.8	0.7	0.8
年份		2023	2024	2025	2026	2027	2028	2029	2030
林业碳库	总量	205.8	208.3	210.7	213.2	215.8	218.3	221	223.6
	年增量	2.4	2.5	2.4	2.5	2.7	2.5	2.7	2.6
森林碳汇	总量	189.4	191	192.7	194.4	196.1	197.8	199.5	201.3
	年增量	1.6	1.6	1.7	1.7	1.7	1.7	1.7	1.7
木质林产品碳储	总量	16.4	17.2	18	18.8	19.7	20.6	21.4	22.3
	年增量	0.7	0.8	0.8	0.8	0.9	0.9	0.8	0.9

注:表中的木质林产品碳储量扣除了甲烷温室效应带来的额外排放量,即为前表中所述的"净碳储量"。

中国林业国家碳库在 2015～2030 年间仍将保持增长,到 2030 年中国林业国家碳库总碳储量为 223.6 亿 t,其中森林碳汇 201.3 亿 t,木质林产品碳储 22.3 亿 t,木质林产品碳储量占比从 2015 年的约 6%提升至 2030 年的约 10%。2015～2030 年,中国林业国家碳库累计增加 34.9 亿 t,其中森林碳汇和木质林产品碳储分别贡献 23.2 亿 t 和 11.7 亿 t。尽管其碳储总量比重有限,但木质林产品碳储年碳储量稳定占据整个林业国家碳库年碳储量的约 1/3,成为中国林业国家碳库的重要贡献力量。按照这一增速,在可预计的未来,中国林产品碳储量在整个林业国家碳库的比重将持续上升。

二、中国森林碳汇存在的问题与优化策略

根据 FAO 出版的《全球森林资源评估报告 2015》[①],中国是世界上森林资源增长速度最快的国家。这主要是由于中国大规模森林资源培育与保护。长期大规模植树造林形成大量边际生长率较高的幼龄林,形成森林碳汇量的快速上升。根据 FRA 2015,中国平均林龄、单位面积森林蓄积量、森林覆盖率均低于世界平均水平,中国大规模森林资源培育在相当一段时间内仍将存在。同时,中国是人工林面积最大的国家,广泛种植的速

① 联合国粮农组织. FRA 2015 全球森林资源评估报告[R/OL]. (2019-04-03) [2019-05-20]. http://www.fao.org/forest-resources-assessment/past-assessments/fra-2015/zh/.

生丰产林能够在较短时间内迅速提高森林碳汇水平。尽管人工林主要用途在于为森林工业提供木质原材料，但其较短的生长周期和轮伐期仍会将其固定的大量碳储转移到土壤和木质林产品中。最后，中国在"十三五"时期将天然林保护工程演进为"全面停止天然林商业性采伐"，进一步培育天然林的碳汇效应。

因此，在可预见的未来较长时间内，中国森林碳汇年增量仍然将保持增长，中国森林碳汇总量仍将保持发展态势。尽管从中国气候与地理条件来说，中国森林碳汇终将走向饱和，彼时合理的森林管理和营林方式，以及对木材资源的合理使用以增强替代效应将是中国森林碳汇主要的优化策略。但目前以及未来相当一段时间内，中国森林碳汇面临的主要问题是林龄结构较为年轻、森林密度和森林覆盖率较低，森林资源的培育仍有很长的路要走。因此当前阶段下，加强森林培育投入、提高各种森林资源营林效率是增加中国森林碳汇的主要应对策略。

三、中国木质林产品碳储存在的问题与优化策略

木质林产品年碳储量约相当于森林碳汇年增量的一半，通过全生命周期优化使用和管理的方式增加木质林产品碳储对于快速提升中国林业国家碳库水平和节约稀缺的森林资源具有重要意义[①]。中国作为世界上最大的木质林产品消费市场，且正如前文 GFPM 模拟所示，中国木质林产品消费量在未来相当长一段时间内将保持增长，因此中国木质林产品碳储整体上仍将保持增加的势头。

当前，使用环节是中国木质林产品碳储的主要贡献力量，进一步加强使用环节的碳储量对木质林产品全生命周期碳储量提升具有重要意义。硬木类木质林产品是使用环节碳储量的绝对贡献力量，然而硬木类产品较少的回收率是制约其碳储潜力的主要因素，尤其是占据硬木类木质林产品碳储核心地位的人造板相对锯材较短的生命周期使得这一问题更加凸显。因此，提升硬木类产品尤其是人造板的回收与再利用水平成为提升木质林产品碳储的主要优化策略。纸类产品由于较短的生命周期，碳储能力极其有限，如果考虑到纸类产品在加工环节消耗的大量能源，纸类产品更多的是一种碳源。虽然中国大力推广纸的回收，造纸工业也大量采用回收纸作为造纸原料，但实际上中国纸制品的回收率仍然低于欧美国家且远低于相邻的日韩。提升纸制品的回收率、更多采用非原生木浆原料是降低中国纸制品碳排放的重要方式。

中国废弃木质林产品处理与管理方面也存在可优化之处。一方面，近十年焚烧处理的废弃物比例呈现不断上升趋势，但中国大量的垃圾焚烧没有能源化利用，能源化利用将带来对化石能源的替代效应，减少二氧化碳排放。另一方面中国填埋地废弃物会产生大量甲烷，对碳储具有较强的抵消作用，收集甲烷并能源化利用是另一个需要优化的方面。

① 中国碳排放交易网. 基于生命周期评价的环境足迹评估[EB/OL]. (2020-04-27)[2020-04-27]. http://www.tanpaifang.com/tanzuji/2020/0427/70360. html.

第十六章　中国林业国家碳库安全水平与预警响应

第十四章分析了中国林业国家碳库安全标准及预警机理,第十五章评估预测了 1990～2030 年中国林业国家碳库碳储量,本章根据 2016～2030 年中国 GDP 碳排放强度可能的变动设置分析情景,同时确定各级安全标准下 GDP 碳排放强度取值。在拟定的分析情景下,本章进一步量化第十四章所构建的各级安全标准和预警等级下中国林业国家碳库结余,继而评估各分析情景下的中国林业国家碳库的结余量,并结合在何种安全标准下,林业碳库应启动预警响应,为中国中长期林业国家碳库的发展策略的制定提供依据。

第一节　中国林业国家碳库抵偿支出情景假设

中国林业国家碳库的气候价值输出在于对经济活动碳排放的抵偿支出,抵偿支出情景的设置是评估未来中国林业国家碳库是否面临过度消耗、是否安全、是否需要提前预警的基础。中国林业国家碳库由于 GDP 碳排放强度与预定减排目标的偏离程度,是影响抵偿支出数量的决定因素,是抵偿支出情景的主要判定依据。因抵偿支出数量的多少所带来的中国林业国家碳库结余量,是后续安全水平评价和预警响应的基础。本节同时量化第十三章所述的各级安全标准的下 GDP 碳排放强度,作为支出情景的参照。

一、中国林业国家碳库抵偿支出情景的特征变量甄别

甄别何者为自变量是设置中国林业国家碳库抵偿支出情景的前提。根据第十四章的论述,中国林业国家碳库安全状态及预警响应的直接判断变量是中国林业国家碳库的结余量,其直接或间接的影响因素主要有如下三种。本专著对其是否应作为抵偿支出情景的自变量逐一做甄别。

(1)中国林业国家碳库碳储水平变动。该变量是中国林业国家碳库结余量的直接影响因素。由于中国林业国家碳库的碳储水平往往受到国家林业发展规划这一较为刚性的政策影响,因此其实际碳库水平与预测值之间的偏离程度较为可控,实际上对于当前林业发展规划应对抵偿支出所带来的未来安全状态与预警响应是本专著的一大重要政策输出,因此本专著认为中国林业国家碳库碳储水平的变动不适合作为抵偿支出情景的自变量。

(2)中国经济活动超额碳排放变动。该变量是中国林业国家碳库结余量的另一直接影响因素。但实际上这一变量由两个独立的自变量(GDP 和 GDP 碳排放强度)决定,单独预测经济活动超额碳排放的变动容易引起较大的误差。同时,从超额碳排放总量角度考虑并不能刻画中国经济结构升级和技术进步带来的减排效益。因此中国经济活动超额碳排放变动也不适合作为抵偿支出情景的自变量。

(3)中国 GDP 碳排放强度。GDP 碳排放强度是中国的减排目标的约束性、唯一性指

标,反映经济结构升级和技术进步的效益,也能够刻画单位 GDP 的超额碳排放量。当然,单独使用 GDP 碳排放强度并不能得出中国超额碳排放总量,该总量仍然受到 GDP 变动的影响。由于本专著在预测未来中国林产品碳储量时,未来 GDP 变动已被作为外生变量予以评估和引入,且 GDP 本身的变动并没有碳减排方面的意义,也不是本专著的核心研究问题,因此本专著将该变量认为是常量。据此,中国 GDP 碳排放强度变动是中国林业国家碳库抵偿支出情景最合适的自变量。

本专著采用年变化率的方式刻画中国 GDP 碳排放强度在 2016~2030 年间的变动。此外,单位 GDP 碳排放量年变化率与 GDP 年变化率之间存在相关性[式(16.1)、式(16.2)],可用以测度中国政府于巴黎气候大会上承诺的 2030 年碳排放量达到峰值的 GDP 的碳排放量。

$$R_{\mathrm{E}}(t) = \frac{\mathrm{EP}(t) \cdot \mathrm{GDP}(t)}{\mathrm{EP}(t-1) \cdot \mathrm{GDP}(t-1)} = R_{\mathrm{EP}}(t) \cdot R_{\mathrm{GDP}}(t) \tag{16.1}$$

$$R_{\mathrm{E}}(t) = 1 \Leftrightarrow R_{\mathrm{EP}}(t) = \frac{1}{R_{\mathrm{GDP}}(t)} \tag{16.2}$$

其中,R_{E} 为经济活动碳排放量年变化率;$\mathrm{EP}(t)$、$\mathrm{EP}(t-1)$ 为第 t 年、$t-1$ 年的 GDP 碳排放量;$\mathrm{GDP}(t)$、$\mathrm{GDP}(t-1)$ 为第 t 年、$t-1$ 年的 GDP 值;R_{EP} 为单位 GDP 碳排放量年变化率;R_{GDP} 为 GDP 年变化率;t 为年份。

如式(16.1)所示,碳排放总量增速等于单位 GDP 碳排放增速与 GDP 增速的乘积,因此,当单位 GDP 下降的幅度达到 GDP 增速的倒数时[式(16.2)],碳排放总量不再增长,即达到中国政府承诺的,中国碳排放不晚于 2030 年达到峰值并随后逐年下降。

二、各级安全标准下自变量取值

1. GDP 碳排放强度历史变动

本专著所界定的中国林业国家碳库安全标准的适用时间区间为 2016~2030 年,这一时间区间的自变量(GDP 碳排放强度)主要基于历史值基础上的预测与假设。因此本专著首先分析 2005~2015 年中国 GDP 碳排放情况(表 16.1)。中国 GDP 碳排放强度总体呈现下降趋势,十一年内累计下降约 157.49kg/万元 GDP,降幅达到 27.29%。自 2012 年起,中国单位 GDP 碳排放量均保持 5%左右的年降幅,且其降幅不断增大。

中国气候减排目标是未来 GDP 碳排放强度设置的关键参考。中国迄今的两次气候承诺:第一次是《中共中央 国务院关于加快推进生态文明建设的意见》中明确要求中国 2020 年 GDP 碳排放强度比 2005 年降低 40%~45%;第二次是在巴黎气候大会中进一步明确中国 2030 年 GDP 碳排放强度比 2005 年降低 60%~65%,同时碳排放量达到峰值。

2. 各级安全标准 GDP 碳排放强度评估

根据以上 GDP 碳排放强度历史值与中国气候减排目标,本专著界定的各级安全标准警戒线的未来单位 GDP 碳排放强度如图 16.1 所示。

表 16.1　2005～2015 年中国 GDP、GDP 年增速及单位 GDP 碳排放强度

年份	GDP（亿元）	GDP 年增速(%)	单位 GDP 碳排放强度(kg/万元 GDP)
2005	273602.22	11.40	577.15
2006	308403.00	12.72	567.24
2007	352293.03	14.23	525.79
2008	386304.41	9.65	506.59
2009	422616.31	9.40	491.66
2010	467566.37	10.64	511.42
2011	512155.57	9.54	517.84
2012	552391.86	7.86	494.74
2013	595244.40	7.76	469.61
2014	638683.35	7.30	444.23
2015	682844.02	6.91	419.66

注：GDP 值以 2013 年不变价计算；2014～2015 年碳排放数据根据历史趋势估测。

资料来源：根据《中国统计年鉴 2016》及世界银行数据[①]计算。

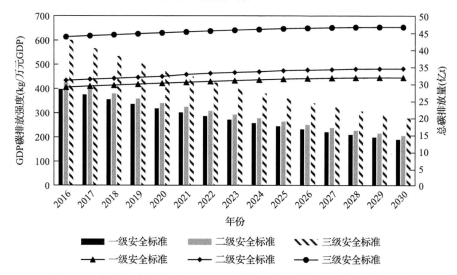

图 16.1　各级安全标准下中国 GDP 碳排放强度假设及总碳排放量趋势

第四级安全标准为所有超出第三级安全标准的情况，本图不予以呈现；

柱状图表示 GDP 碳排放强度，折线图表示总碳排放量

（1）一级安全标准下的 GDP 碳排放强度。根据前文所述，一级安全标准的特征是中国能够通过经济结构转型与技术进步达成既定的减排目标，中国林业国家碳库无须进行抵偿支出。根据 2015 年数据，中国 2016～2020 年 GDP 碳排放强度需要年均降低 5.44%方可圆满完成 2020 年 GDP 碳排放强度比 2005 年降低 45%的目标；在 2016～2030 年 GDP 碳排放强度在 2015 年降幅(5.53%)的基础上每年变动速率降幅不高于 0.2 个百分点的情况下，中国可以圆满完成在巴黎气候大会上的承诺，即到 2030 年碳排放达到峰值，并在

① 世界银行. 二氧化碳排放量（千吨）[DB/OL].（2014-11-13）[2018-05-19]. https://data.worldbank.org.cn/indicator/EN.ATM.CO2E.KT?locations=CN.

2005 年的基础上降低 67%。可以看出完成后者的减排目标可以同时完成前者，因此本专著将后者作为一级安全标准的警戒线。

（2）二级安全标准下的 GDP 碳排放强度。二级安全标准下，经济活动将产生不高于中国林业国家碳库当年增长量的超额排放量。结合一级安全标准下的 GDP 碳排放强度的未来变动，二级安全标准下 2030 年 GDP 排放强度的上限为 204.76kg/万元 GDP，约相当于在 2005 年的基础上降低 64%。

（3）三级安全标准下的 GDP 排放强度。在三级安全标准下，经济活动产生的超额碳排放量高于中国林业国家碳库当年的增长量，但不高于中国林业国家碳库的总量。由于中国林业国家碳库存量较为巨大，且经济活动的超额碳排放不会产生跳跃性激增，为简化研究，本专著假定每年的超额碳排放量是一个常量。结合二级安全标准下的 GDP 排放强度变动趋势，三级安全标准下 2030 年 GDP 排放强度上限为 277.97kg/万元 GDP，约相当于 2005 年的基础上降低 52%。

（4）四级安全标准下的 GDP 排放强度。根据第十四章所述，所有 GDP 排放强度高于第三级安全标准的情况都属于第四级安全标准，因此本专著不进行进一步讨论。

三、中国林业国家碳库抵偿支出的情景

结合中国自身实际情况，针对中国林业国家碳库抵偿支出未来可能面临的 GDP 碳排放强度变动趋势，本专著假设三种抵偿支出情景：低速减排情景、中速减排情景、高速减排情景。各抵偿支出情景下中国 2016～2030 年 GDP 碳排放强度及其增速如图 16.2 所示。

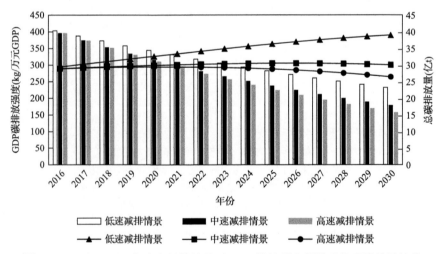

图 16.2　2016～2030 年中各抵偿情景下 GDP 排放强度假设及总碳排放量趋势
柱状图表示 GDP 碳排放强度，折线图表示总碳排放量

（1）低速减排情景下的 GDP 碳排放强度。该情景假定以 2010～2015 年 GDP 碳排放强度年均降速（3.88%）作为 2016～2030 年的减排速度。由于 2010～2015 年的 GDP 碳排放强度年降速不断加快，且在 2013～2015 年保持在 5% 以上，低速减排情景下假定的年均降速相对易于实现，可以作为未来经济转型和技术进步的减排效益相对保守的假设。在该假设情景下，中国到 2030 年 GDP 碳排放强度将降至 231.87kg/万元 GDP，约相当于

在 2005 年的基础上降低 60%。

(2)中速减排情景下的 GDP 碳排放强度。该情景假定以 2015 年 GDP 排放强度年均降速(5.53%)作为 2016～2030 年的减排速度。该假设的依据在于,2010～2015 年 GDP 碳排放年降速在前三年增加较快,但在 2013 年起逐步放缓,2015 年的年降速仅比 2014 年加快 0.13 个百分点,分别比 2012 年、2013 年和 2014 年的步伐放缓 5.59、0.49 和 0.19 个百分点。因此,2016～2030 年 GDP 排放强度年均降速维持在 2015 年左右的水平存在一定可能性。在该假设情景下,中国到 2030 年 GDP 碳排放强度将降至 178.72kg/万元 GDP,约相当于 2005 年的基础上降低 69%。

(3)高速减排情景下的 GDP 碳排放强度。该情景假定 2016～2030 年间,GDP 碳排放强度年均降速在 2015 年的基础上逐年加快 0.1 个百分点,该情景用以刻画中国 2016～2030 年间可以通过高效的经济转型和技术进步产生较强的减排效益,实际上在中国加快减排及技术升级的背景下,这样的假设完全可以实现。在该假设情景下,中国到 2030 年 GDP 碳排放强度将降至 157.29kg/万元 GDP,约相当于 2005 年的基础上降低 73%。

第二节　中国林业国家碳库安全水平评估

在中国林业国家碳库支出情景假设基础上,本节评估 2016～2030 年中国林业国家碳库安全水平。中国林业国家碳库在完成抵偿支出后的结余量是用来评判安全水平的指标,评估该指标的安全水平主要包括两方面内容:一是各级安全标准下中国林业国家碳库结余量,量化该安全标准是评估中国林业国家碳库安全水平的基础;二是各抵偿支出情景下中国林业国家碳库结余量,并根据各级安全标准所对应的结余量判断中国林业国家碳库的安全水平。

一、各级安全标准下中国林业国家碳库结余量

以一级安全标准为零抵偿支出标准,各级安全标准所对应的中国林业国家碳库年抵偿支出量与结余量如表 16.2 所示。

(1)一级安全标准下中国林业国家碳库结余量变动。由于一级安全标准下,经济活动未产生超额碳排放,中国林业国家碳库无须进行抵偿支出,故而一级安全标准下中国林业国家碳库的存量与其本身的碳储量变动一致。

(2)二级安全标准下中国林业国家碳库结余量变动。二级安全标准下,中国林业国家碳库对经济活动超额碳排放的抵偿支出量不高于当年中国林业国家碳库的增长量,因此其碳库结余量的下限为始终保持 2015 年 188.7 亿 t 的初始水平。

(3)三级安全标准下中国林业国家碳库结余量变动。三级安全标准下,中国不仅需要使用中国林业国家碳库在 2016～2030 年间的增长量进行抵偿支出,还需要同时使用 2015 年的存量进行抵偿。在此安全标准下中国林业国家碳库最大支出量为 14.9 亿 t,到 2030 年其结余量下限为 0。

(4)四级安全标准下的中国林业国家碳库结余量变动,是所有小于三级安全标准的情况,到 2030 年其结余量为负。

表16.2　各级安全标准下中国林业国家碳库年抵偿支出量与结余量（亿 t）

年份		2016	2017	2018	2019	2020	2021	2022	2023
一级安全标准	碳库结余量	190.7	192.7	194.7	196.7	198.7	201.0	203.4	205.8
	基期存量消耗	0.0	0.0	0.0	0.0	0.0	0.0	0.0	0.0
	年增量消耗	0.0	0.0	0.0	0.0	0.0	0.0	0.0	0.0
二级安全标准	碳库结余量	188.7	188.7	188.7	188.7	188.7	188.7	188.7	188.7
	基期存量消耗	0.0	0.0	0.0	0.0	0.0	0.0	0.0	0.0
	年增量消耗	2.0	2.0	2.0	2.0	2.0	2.3	2.4	2.4
三级安全标准	碳库结余量	175.8	162.9	150.0	137.1	124.2	111.6	99.1	86.6
	基期存量消耗	12.9	12.9	12.9	12.9	12.9	12.6	12.5	12.5
	年增量消耗	2.0	2.0	2.0	2.0	2.0	2.3	2.4	2.4
年份		2024	2025	2026	2027	2028	2029	2030	
一级安全标准	碳库结余量	208.2	210.7	213.2	215.7	218.3	220.9	223.5	
	基期存量消耗	0.0	0.0	0.0	0.0	0.0	0.0	0.0	
	年增量消耗	0.0	0.0	0.0	0.0	0.0	0.0	0.0	
二级安全标准	碳库结余量	188.7	188.7	188.7	188.7	188.7	188.7	188.7	
	基期存量消耗	0.0	0.0	0.0	0.0	0.0	0.0	0.0	
	年增量消耗	2.4	2.5	2.5	2.5	2.6	2.6	2.6	
三级安全标准	碳库结余量	74.1	61.7	49.3	36.9	24.6	12.3	0.0	
	基期存量消耗	12.5	12.4	12.4	12.4	12.3	12.3	12.3	
	年增量消耗	2.4	2.5	2.5	2.5	2.6	2.6	2.6	

注：（1）一级安全标准下由于不需要抵偿支出，碳库结余量与中国林业国家碳库碳储量变动一致。二、三级安全标准下 t 年的碳库结余量等于一级安全标准下 2016 年碳库结余量减去该安全标准下 2016 年至 t 间所有的基期存量消耗量和年增量消耗量。例如，三级安全标准下 2017 年碳库结余量等于 190.7−12.9−2.0−12.9＝162.9 亿 t。（2）基于 GDP 碳排放强度和森林碳汇增长，计算各级安全标准下的碳库结余量的原始数据详见附录三；（3）第四级安全标准为所有超出第三级安全标准的情况，本表予以呈现。（4）基期存量消耗和年增量消耗分别指，抵偿支出中需要消耗基期 2015 年中国林业国家碳库初始碳储量和 2016~2030 年每年碳储增长量的部分。

二、各抵偿情景下中国林业国家碳库安全水平

本专著评估各抵偿情景下中国林业国家碳库结余量，并对照上述各级安全标准评估未来中国林业国家碳库安全水平，其结果如表 16.3 所示。

在中国林业国家碳库未来可能面临的减排情景中，中速和高速减排情景由于可以圆满完成中国既定的减排目标，经济活动未出现超额碳排放，中国林业国家碳库无须进行抵偿支出，其安全水平将持续保持在一级安全标准，中国林业国家碳库将处于良性发展状态。

低速减排情景下，中国林业国家碳库的抵偿支出呈现逐年上升的趋势。自 2020 年起，中国林业国家碳库仅以当年碳库增长量已无法完全抵偿经济活动的超额碳排放；至 2024 年，中国林业国家碳库甚至需要使用 2015 年的碳库存量进行抵偿，其安全水平由二级安全标准恶化到三级安全标准，且并未出现好转的迹象。至 2030 年，中国林业国家碳库结余量已降至 166.4 亿 t，相当于 2015 年初始水平的 88%或者中高速减排情景的约 75%。低速减排情景下中国林业国家碳库安全水平的恶化值得警惕。

表 16.3 各级安全标准下中国林业国家碳库年抵偿支出量与结余量(亿 t)

年份		2016	2017	2018	2019	2020	2021	2022	2023
低速减排情景	碳库结余量	189.2	190.2	191.7	193.7	193.2	192.5	191.4	189.8
	基期存量消耗	0.0	0.0	0.0	0.0	0.5	0.7	1.1	1.6
	年增量消耗	0.5	1.0	1.5	2.0	2.0	2.3	2.4	2.4
	安全水平	二级							
中速减排情景	碳库结余量	190.7	192.7	194.7	196.7	198.7	201.0	203.4	205.8
	基期存量消耗	0.0	0.0	0.0	0.0	0.0	0.0	0.0	0.0
	年增量消耗	0.0	0.0	0.0	0.0	0.0	0.0	0.0	0.0
	安全水平	一级							
高速减排情景	碳库结余量	190.7	192.7	194.7	196.7	198.7	201.0	203.4	205.8
	基期存量消耗	0.0	0.0	0.0	0.0	0.0	0.0	0.0	0.0
	年增量消耗	0.0	0.0	0.0	0.0	0.0	0.0	0.0	0.0
	安全水平	一级							
年份		2024	2025	2026	2027	2028	2029	2030	
低速减排情景	碳库结余量	187.7	185.2	182.3	178.9	175.1	171.0	166.4	
	基期存量消耗	2.1	2.5	2.9	3.4	3.7	4.2	4.6	
	年增量消耗	2.4	2.5	2.5	2.5	2.6	2.6	2.6	
	安全水平	三级							
中速减排情景	碳库结余量	208.2	210.7	213.2	215.7	218.3	220.9	223.5	
	基期存量消耗	0.0	0.0	0.0	0.0	0.0	0.0	0.0	
	年增量消耗	0.0	0.0	0.0	0.0	0.0	0.0	0.0	
	安全水平	一级							
高速减排情景	碳库结余量	208.2	210.7	213.2	215.7	218.3	220.9	223.5	
	基期存量消耗	0.0	0.0	0.0	0.0	0.0	0.0	0.0	
	年增量消耗	0.0	0.0	0.0	0.0	0.0	0.0	0.0	
	安全水平	一级							

注:(1)各情景下碳库结余量、基期存量消耗与年增量消耗的平衡关系与表 16.2 相同;(2)基于 GDP 碳排放强度和森林碳汇增长,计算各级情景下的碳库结余量的原始数据详见附录三;(3)基期存量消耗和年增量消耗分别指,抵偿支出中需要消耗基期 2015 年中国林业国家碳库初始碳储量和 2016~2030 年每年碳储增长量的部分。

第三节 中国林业国家碳库预警响应

在评估中国林业国家碳库的安全标准基础上,进一步对其进行预警判别与响应是中国林业国家碳库安全与预警机制的重要功能。本节在第二节安全标准体系基础上,量化第十四章建立的预警响应体系,并判别中国林业国家碳库未来的预警响应级别。本章第二节安全水平评估表明,中国林业国家碳库在中速和高速减排情景下可以始终保持一级安全水平,其对应的预警响应为Ⅰ级预警(无预警状态),因此本节对这两种情景不予以讨论。对于低速减排情景下中国林业国家碳库存在恶化的趋势,将着重进行分析与讨论。

一、各预警等级下中国林业国家碳库结余量

根据表 16.2 中各级安全标准下中国林业国家碳库结余量的计算,结合表 14.2 中各级安全标准与预警响应级别的关联,各级预警响应所对应的中国林业国家碳库结余量如表 16.4 所示。

表 16.4　各预警响应级别下中国林业国家碳库最低结余量(亿 t)

年份	2016	2017	2018	2019	2020	2021	2022	2023
一级预警	190.7	192.7	194.7	196.7	198.7	201.0	203.4	205.8
二级预警	189.7	190.7	191.7	192.7	193.7	194.9	196.1	197.3
三级预警	188.7	188.7	188.7	188.7	188.7	188.7	188.7	188.7
四级预警	182.3	175.8	169.4	162.9	156.5	150.2	143.9	137.7
五级预警	175.8	162.9	150.0	137.1	124.2	111.6	99.1	86.6
六级预警	<175.8	<162.9	<150.0	<137.1	<124.2	<111.6	<99.1	<86.6

年份	2024	2025	2026	2027	2028	2029	2030
一级预警	208.2	210.7	213.2	215.7	218.3	220.9	223.5
二级预警	198.5	199.7	201.0	202.2	203.5	204.8	206.1
三级预警	188.7	188.7	188.7	188.7	188.7	188.7	188.7
四级预警	131.4	125.2	119.0	112.8	106.7	100.5	94.4
五级预警	74.1	61.7	49.3	36.9	24.6	12.3	0.0
六级预警	<74.1	<61.7	<49.3	<36.9	<24.6	<12.3	<0.0

表 16.4 表明从一级预警响应升级为三级预警响应,比从三级预警响应进一步升级至六级预警响应更为容易,前者的每个预警响应级别仅有 17.4 亿 t 的弹性空间,而后者的却高达 94.4 亿 t,约是前者的 5.4 倍,由此可见中度至重度预警响应是相对不易达到的。至 2030 年,一至六级预警响应级别分别对应的中国林业国家碳库结余量下限为 223.5 亿 t、206.1 亿 t、188.7 亿 t、94.4 亿 t、0.0 亿 t、<0.0 亿 t。

二、各抵偿情景下中国林业国家碳库预警响应

第二节对各抵偿情景下中国林业国家碳库结余量的研究结果表明,在中速和高速减排情景下中国林业国家碳库没有抵偿支出需求,能够一直保持一级预警响应的"无预警"状态,碳库运行良好。本专著对这两种情景的预警响应不进行进一步分析,仅对低速减排情景的预警响应变动进行分析(图 16.3)。

在低速抵偿支出情景下,中国林业碳库在 2018 年由二级预警响应提升至三级预警响应,并在 2023 年进一步提升至四级预警响应,中国林业国家碳库将出现中度预警。在年抵偿支出量方面,中国林业碳库年抵偿支出量呈现不断增长的态势,并在 2017 和 2019 年接连突破二级和三级预警响应的红线,且不断逼近四级预警响应的警戒线。截至 2030 年,中国林业国家碳库的年抵偿支出量已攀升至 7.2 亿 t,距离四级预警响应的红线仅差 1.6 亿 t。考虑到低速减排情景下并未能按期在 2030 年完成中国承诺的减排目标,中国未来经济活动对中国林业国家碳库进一步的抵偿需求可能将预警响应级别再次拉高。

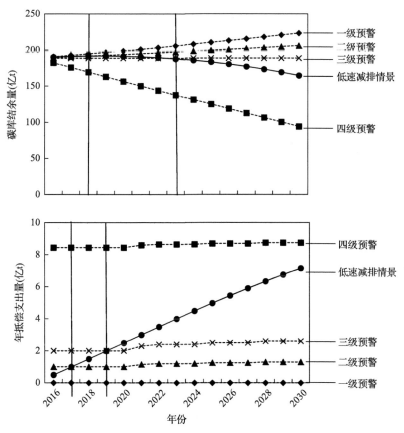

图 16.3 低速减排情景下中国林业国家碳库抵偿支出与预警响应

由于低速减排情景下中国林业国家碳库处于第二和第三安全标准,无须第五、六级预警响应,

在此不予呈现其碳库结余量和年抵偿支出量曲线;图中的曲线均为预警级别所对应的碳库结余量/年抵偿支出量的下限

第四节 本 章 小 结

本章从定量的角度界定了中国林业国家碳库的安全标准与预警响应体系,量化分析了中国林业国家碳库未来的结余量,并进一步评估了中国林业国家碳库的安全水平与预警响应级别。本章所建立的安全评估与预警响应体系对中国未来监测与评估林业国家碳库具有参考价值,中国林业国家碳库安全水平与预警级别的变动趋势的研究,能够对中国林业国家碳库的健康可持续发展及政策调整提供参考。

本章定量研究发现,中国如能按照中速(5.53%年减排幅度)和高速(在中速情景基础上逐年增加 0.1 个百分点)减排情景不断降低经济活动碳排放强度,中国林业国家碳库将始终处于一级安全标准水平,此两种情景下,中国林业国家碳库处于安全水平无预警压力。当中国按照低速(3.88%年减排幅度)减排情景所假设的减排力度降低经济活动的碳排放强度时,中国林业国家碳库的安全水平在 2016～2023 年处于二级安全状态,尚能通过碳库年增量予以完全抵偿经济活动的超额碳排放;2024～2030 年进一步降至三级安全水平,需要同时消耗中国林业碳库在 2015 年的基期存量方可完全抵偿,且每年对于基期存量的消耗不断攀升。在低速减排情景下，中国林业国家碳库的预警响应级别在 2016～2018 年处于二级预警（轻度预警），在 2019 年提升至三级预警（轻中度预警），并在 2024～2030 年进一步恶化至四级预警（中度预警），其不断攀升的年抵偿支出量表明中国林业国家碳库在低速减排情景下存在进一步恶化的可能。

历史趋势表明中国 2015 年碳排放强度 5.53%的减排幅度存在进一步提升的空间，在中国面临国际气候减排压力不断增大的背景下，中国未来减排的经济转型与技术进步所带来的减排效益很可能不低于 2015 年基期的水平，因此低速减排情景所设定的 3.88%的 GDP 碳排放强度年均减排幅度可能相对保守，中国林业国家碳库未来的安全状态与预警级别很可能优于低速减排的状态，甚至存在中速和高速减排情景下的安全发展态势的可能。中国未来更加积极的减排措施对中国林业国家碳库的安全水平与预警态势存在重要意义。

第十七章　中长期中国林业国家碳库管理策略

科学论证中国林业国家碳库体系，能够为指导林业减排政策的制定和减排实践提供理论和方法的依据，以决策中国在气候变化中的碳减排责任和国际分担，并争取在气候谈判中获取潜在的气候利益。第一章到第十三章从森林碳汇及林产品碳储的理论基础出发，系统论证了国家碳库的内生机理，构建了中国林业国家碳库和评价体系；第十四章到第十六章在此基础上辨析了中国林业国家碳库抵偿碳排放支出的基本原理，并对抵偿经济活动时的国家林业碳库设置预警响应。本章对应前面章节，对中国林业国家碳库管理提出了策略及建议，主要策略包括建设与完善国家林业碳库标准体系，把控森林-林产品完整产业链碳库的动态并进行统筹优化，以及对林产业碳交易市场进行监管与调度，以期能够有效监管中长期中国林业国家碳库，发挥其对气候变化的重要作用。

第一节　完善国家林业碳库标准体系

林业国家碳库能够统筹一国的森林碳汇和林产品碳储，进而实现林业碳库的动态监测，构建中国林业国家碳库体系的任务现实而迫切。结合国际林业碳库体系的运行实践与发展现状，中国需要建立一套科学规范并与国际接轨的林业碳库国家标准体系，并对体系运行做出积极响应；国家林业碳库体系的运行还受到数据参数的准确度的制约，森林资源清单的不完善以及林产品相关参数的严重缺乏，会给碳库预测带来很大的不确定性，需要加大在体系数据库清单方面的投入。

一、林业国家碳库体系施用与响应

1. 加强国家林业碳库体系建设

自 IPCC 指南发布至今，世界各国科技工作者围绕林业碳库开展了大量研究，这些研究成果愈来愈多地广泛应用于国家林业碳库评估。各国在报告国家温室气体清单时都参照了 IPCC 统一的框架指南，但由于各国国情差异、目标与目的的偏向不同，使用的包括计量模型和参数在内的具体方法差异很大。总的来说，国际上没有一个通用的林业碳库模型，各国基于本国碳库情况采用不同计量方法来评估本国林业碳库情况。

林业是中国应对气候变化总体战略的重要组成部分，兼具减缓和适应气候变化的双重功能[①]。森林碳汇和林产品碳储成为现代林业形势下的一种新型林产品，加强林业碳计量体系建设，不仅是实现中国节能减排，促进产业转型升级的重要途径，而且也是现代

---

① 中央政府门户网站. 国家林业局发布《应对气候变化林业行动计划》[EB/OL]. (2009-11-09) [2018-03-31]. http://www. gov.cn/gzdt/2009-11/09/ content_1459811.htm.

林业新型产业发展的内在要求[91]。然而林业碳库计量方法过于分散，缺乏继承体系和集成方法，造成了计量结果的可比性相当差、可行性也大打折扣，且中国尚不存在专门针对中国林业碳库的核算模型，构建中国林业国家碳库的研究也十分匮乏，迫切需要建设国家林业碳库体系。

现有成熟的国际林业碳库体系的构架可为中国林业国家碳库体系提供经验借鉴。在林业碳库的碳计量领域，无论是发达国家，还是发展中国家，都在尝试提高碳计量精度，如加拿大、美国等都依据大量科研成果开发了自己的国家林业碳库体系。较为成熟的体系模型有 FORCARB 模型和 CO2FIX 模型，它们结合森林碳库和林产品碳库于一体、描述森林中树木被采伐到加工成林产品，以及最终废弃处理等过程的动态产业链模型。本专著在此基础上构架的中国林业国家虚拟碳库体系具有科学性和可行性，加以建设并施用能够科学、客观、定量评估林业生态系统整体服务功能，为林业整体服务功能的提升提供科学依据。

2. 响应国家碳库体系运行预警机制

良好运行的林业国家碳库体系，能够为指导林业减排政策的制定提供理论和方法的依据。系统论证下的林业国家碳库评估，能够决策国家在气候变化中的碳减排责任和国际分担，并争取在气候谈判中获取潜在的气候利益。由美国农业部林务局开发的 FORCARB 的林业碳库模型，可评估美国区域和国家层级的森林和林产品碳库，已用于美国官方温室气体净变化量的报告中。在 2001 年美国提交的关于土地利用、土地利用变化和林业的《联合国气候变化框架公约》中，其国家林业碳库体系评估的结果被用于国际谈判分析[291]。

科学体系的实施，使国家林业碳库不仅能够发挥应对气候变化的重要作用，还可以指导一国林业部门根据当前及预期的国家林业碳库水平调整决策和林业活动，做出积极的应对。加拿大林业部门构建了合理的可持续森林经营体系，为了对森林和林产品所能带来的福利进行全面的评估，政府一方面鼓励科学家和各界学者努力探寻更好的方法，增加对气候变化趋势预测的准确性，另一方面促进林业部门根据当前及预期情况调整决策和林业产业活动。在政府的促进下，加拿大各地区林业部门已将气候变化的相关信息与森林可持续经营计划和林业产业措施相结合，从而在保护生态环境的情况下实现经济、社会和环境各方面的获益，具体方式有增加森林中树木的丰富度、增加林地面积、扩大以可持续方式经营的森林和在建筑行业使用更多木材等。由于气候变化可能会加剧自然干扰，而木材采伐则会受到进一步限制，在实行上述几种措施的同时，加拿大林业部门特别是对资源依赖程度较高地区的林业部门将会进一步促进技术创新，通过如提高死亡或低质量的木材利用率，种植适应性强、分布范围广的树种等手段，抵御环境变化对森林资源的损害，并促进森林对气候变化的适应[47]。

中国应借鉴美欧等国家和地区在林业碳库体系中应对气候变化中的响应机制，科学分析和评价中国林业碳库在气候变化中的战略问题，结合中国预期要承担的国际减排责任指导减排实践。

二、碳管理机构与技术标准建立

为了适应《联合国气候变化框架公约》政府谈判需要，加强对清洁发展机制下的造林、再造林碳汇项目的统一管理，国家林业局在2003年成立了森林碳汇管理办公室①。2007年为加强林业应对气候变化和节能减排工作的组织领导，发挥好林业在应对气候变化中的重要作用，国家林业局决定成立应对气候变化及节能减排工作领导小组②[64]。中国林业国家碳库体系涵盖森林碳库子系统和林产品碳库子系统，林业碳库管理应统筹森林碳汇管理与林产品碳储管理，将森林-林产品产业链碳库动态评估纳入发展规划，加快碳管理机构与相关技术标准的建立。

1. 落实林业碳库管理机构部署

国家林业和草原局的主要职能是拟订林业应对气候变化的政策、措施并组织实施，国家有关部门在推进应对气候变化国家立法进程中，应充分反映林业的内容，逐步将林业产业应对气候变化管理工作纳入法治化轨道，在成熟的机构组织和健全的政策机制加持下，积极筹备建立全国森林碳汇与林产品储碳标委会，以促进中国应对气候变化利用林业碳库的国家行动。

应对气候变化及节能减排工作领导小组要贯彻落实国务院相关部署的措施，统筹林业应对气候变化和节能减排工作，在森林-林产品完整产业链层面制定节能减排工作方案，审定相关管理制度和办法并审议重要国际合作和谈判议案，使中国林业国家碳库应对气候变化工作逐步走上规范化、科学化、国际化的轨道。

2. 加快技术标准体系建设

林业碳库标准体系建设是国家开展林业碳库管理的重要技术基础，因此，迫切需要制定适合中国实际的技术标准体系。国家林业和草原局在森林碳汇技术标准体系建设上已有所进展，主要涵盖3个方面：一是国家层面的计量监测体系，二是项目层面的碳汇营造林方法学，三是市场层面的标准和规则[98]。根据林业碳库管理需要，应尽快将中国森林碳库标准体系与林产品碳库标准体系建设一同纳入国家温室气体减排标准体系规划中。

在加快技术标准体系建设的同时，还需积极推动中国林业碳管理技术标准的国际化，争取我国在国际气候谈判涉林议题中的话语权。在现有森林碳汇、林产品碳储机理基础上，加快森林、林产品产业链管理方法学的研制，逐步完善全国森林碳汇计量监测体系，建立不同种类、生命周期下的林产品碳储量追踪技术标准，加快实施试点工作。

3. 加强林业科学技术与政策研究

加大对林业应对气候变化科研支持力度，将林业碳库纳入国家碳排放权交易体系，

---

① 国家林业和草原局政府网. 国家林业局关于成立国家林业局碳汇管理办公室的通知[EB/OL]. (2003-12-22) [2018-03-31]. http://www.forestry.gov.cn/main/4818/content-797126.html.
② 中央政府门户网站. 应对气候变化与节能减排工作领导小组召开会议[EB/OL]. (2011-04-06) [2017-09-12]. http://www.gov.cn/gzdt/2011-04/06/ content_1838469.htm.

开展国家林业碳库与碳排放源的抵偿平衡研究。科研工作应从林业碳库管理的源头出发，开展森林灾害发生机理和防控对策研究，森林、湿地、荒漠、城市绿地等生态系统的适应性研究，同时也要重视林产品的生命周期碳损耗研究，在科学研究的基础上提出适应技术对策，摸清中国林业碳库的空间格局和分布以及动态变化情况，预测林业碳库生产潜力和分布，服务中国应对气候变化国家战略。

深入开展森林、林产品对气候变化响应的基础研究也十分重要，在评估中国林业国家碳库减排增汇的技术潜力的同时，还要进行相应的成本效益分析。依托国家林业碳库和工业排放数据，可以提出国家、省(区)、市、县、企业等碳汇/源平衡的政策建议，包括林业碳库抵减碳税优惠政策等。针对国际谈判林业议题，研究碳库列入国家承诺减排总比例中的必要性和可能性，利用林业碳库为我国争取更大的碳排放空间，最大限度地发挥林业在应对气候变化中的功能和作用，为国家经济发展做出更大的贡献。

三、国家林业碳库体系数据库完善

国家林业碳库评估需要完整数据库的支持，任何模型的核算和预测结果都会受到所使用数据的准确度的制约。国际上也普遍存在林业碳库整体碳计量精度低、不确定性高的问题，主要是由于基础信息整体差、系统性弱、漏洞项多等缺陷，从最近几年发达国家的温室气体清单报告来看，计量误差最低也有 25%左右，中国第一次国家温室气体清单报告，其计量误差在 50%左右[91]。中国林业产业资源清单的不完善以及相关参数的严重缺乏，会给碳库预测带来很大的不确定性，急需完善碳库体系数据库清单。

1. 森林资源清单改进和完善

森林碳库子系统是林业碳库重要的子系统之一，而森林碳模型需要的首要数据就是森林资源清单。由于全国范围内森林面积辽阔，各地区经济发展水平差异较大，制作森林资源清单费时费力，造成森林资源清单的各种不完善甚至缺失。森林资源的全覆盖调查能够为碳计量工作提供坚实的基础，目前需要改进和完善的地方主要表现为：一是基于生态系统过程的检测，缺乏完备、连续的监测体系和监测过程；二是在关注森林生物量碳储量的同时，对森林土地类型转化的研究明显偏少；三是森林生态系统自身生物量计量缺漏项明显，传统森林资源检测主要注重林木蓄积，而对林下灌木、枯落物、森林土壤的检测极其薄弱，导致在进行林业碳计量时，要么缺乏基础信息，要么信息量太少，不能达到碳计量的要求。

森林资源清单的漏洞会严重制约对森林生长、砍伐和林产品生产以及相关的碳储和排放的模拟和核算，因此需要加大在制作森林资源清单方面的投入，并据此改进森林和林产品减排策略和减排潜力的研究准确性[87]。应尽快组织制定全国统一的、与国际接轨的森林资源计量、审核及评估等，并支持和鼓励各省份按照所制定的标准，计量本省份的森林碳汇及其动态变化，在此基础上，将森林碳汇资源清单纳入国家林业统计内容，以后各级发布森林资源状况时应包括碳汇内容。同时，帮助那些在中国进行营造林的国内外企业，计量林业碳汇并为他们设立专门的账户对外公布等。

2. 林产品生命周期数据库完善

对森林-林产品完整产业链碳库的动态把控离不开林产品清单数据及相关参数的支持，林产品在应对气候变化中的减排功能表现在其碳储效应及替代减排效应。与能源密集型材料相比，林产品在整个生命周期中产生更少的碳排放以及其他废弃物，对缓解气候变化起到减排贡献。为了核算和评价林产品的碳储能力和减排潜力，需要对林产品碳库的碳排放及碳移除做动态监测和核算。

中国是木质林产品的生产、贸易大国，林产品的碳储问题在一定程度上影响了温室气体清单的编制结果。由于 IPCC 建议的方法基于缺省参数，在国家专门数据及参数获取较难时，可采用指南建议的缺省方法及因子，以报告本国碳储量及变化，中国林产品生命周期数据库相对薄弱，因此存在低估我国林产品碳减排贡献的潜在风险，建议完善国家专门数据库及使用国家特定方法进行核算，以提高精确性，减少不确定性。

林产品的生命周期碳动态分析以及替代减排效应核算，有赖于准确的林产品生产、使用和废弃处理的数据库系统，而这方面的数据目前依然严重缺乏和不足，也给林产品的生命周期分析以及替代减排效应的量化核算带来很大的不确定性[87]。对伐木制品类别、寿命周期等概念明确地定义，对相关参数进行实证性的研究，收集、整理和系统化构建这方面的数据库系统，提高方法的准确性和实用性，进而确保国家温室气体排放清单的可靠性。

第二节　统筹优化林业碳库产业链

准确监测中国林业碳库并预测其真实水平，需要考虑森林碳汇与林产品碳储间的关联消长，才能科学地针对不同环节实施有效的增汇减排措施。森林碳汇的稳定及增长可以通过森林资源的可持续管理和优化使用来实现，延长林产品的生命周期、调整林产品的市场结构以及选择合理的废弃处理方式等措施有效实现林产品碳储量的增长，结合森林碳汇的变化以及林产品生命周期下的碳储量分析，动态把控完整产业链下的林业碳库变化，在碳排抵偿时对不同预警能够积极反应、实施优化。

一、森林资源可持续管理和优化使用

森林是减缓气候变化的一种重要方式，但它实际作用的大小取决于自然干扰因素、经营管理因素、社会因素以及考虑的时间范围，社会、经济与制度障碍可能会导致森林的碳汇潜力降低75%～80%[292]，减少森林的碳排放与增加森林碳储量已成为森林减缓气候变化的重要策略，也是林业碳库进行碳排抵偿时的有效途径。

1. 增加森林碳储量

中国森林碳库管理存在问题：一方面现有森林蓄积增长空间很大，国家森林覆盖率远低于全球31%的平均水平，人均森林面积仅为世界人均水平的1/4，人均森林蓄积只有世界人均水平的1/7，森林资源总量相对不足、质量不高、分配不均；另一方面国家林地生产力低，森林每公顷蓄积量只有世界平均水平 131m³ 的 69%，人工林每公顷蓄积量只有 52.76m³，林木蓄积年均枯损量增加 18%，达到 1.18 亿 m³[64]。结合中国林业中长期发展规划，有效的森林增汇措施有两种途径：一是通过造林增加林地面积；二是从林分与森林尺度增加现有森林的碳密度，改良材木品种，提高森林固碳能力①。

　　符合中国实际并能从这两种途径来解决森林碳库管理问题的森林碳汇项目有两种方式：碳汇造林和森林经营碳汇。碳汇造林是指在确定了基线的土地上，以增加碳汇为主要目的，对造林及其林木(分)生长过程实施碳汇计量和监测而开展的造林活动；森林经营碳汇是指通过森林经营的方式来提高森林固碳能力，从而得到更多的额外的碳量用来交易的过程[293]。

　　中国需要积极发展此类森林碳汇项目增加森林碳汇，发挥森林资源优势，依托林业重点生态工程，加强森林经营和保护，增强森林生态系统整体服务功能，特别是吸碳固碳功能。全球清洁发展机制(CDM)下的采用 LULUCF 的造林/再造林方法学设计并注册成功的项目共 52 个，中国有 5 个，其中广西有 2 个、四川 2 个以及内蒙古 1 个，且均采用大规模造林/再造林方法学。中国和世界银行在中国广西合作开发的林业碳汇项目"中国广西珠江流域再造林项目"，2006 年成功注册为全球第一个林业碳汇项目，该项目为有效应对气候变化和增加林业碳汇，发展碳汇市场，促进地方经济的可持续发展提供了范例、经验和数据。在实施项目的过程中，还需要注意一些重点事项：碳汇造林中要依据环境来选择造林树种，既要考虑到树木的抗污防毒、净化空气的特殊功能，又要考虑到树种是否适应土壤性质，并且为了保证更大的碳汇经济效益，应选择生长更快的树种；碳汇经营项目以森林经营为主，在经营过程中应合理利用当地环境，因地制宜，合理规划土地面积，资源最大化。根据树种组成，环境因素来选择合适的抚育方式。在补植补造和冠下造林上应适当加大投入，但不可盲目进行，应合理控制树林种植的密度，科学种植，保证树林结构健康的前提下进行。

2. 减少森林碳排放

　　森林碳汇的减少原因主要有：自然因素，如森林火灾、自然灾害、疾病及鼠灾等；人为因素，乱砍滥伐及非法采伐等造成的毁林和林地退化。结合中国林业实际问题，有效的森林减排措施有两种途径：一是严格控制征占用林地，保护林地植被和土壤，严禁非法采伐，推迟砍伐期等方式减少毁林与林地退化产生的排放；二是加强对森林火灾、病虫害的防控，减少自然灾害的影响从而降低来自森林的碳排放。

　　森林火灾是中国森林生态系统的主要干扰因素，除了燃烧导致森林毁坏和大量的碳流失外，还影响森林的生长和延续、生物质和营养的循环等[294]。由《中国林业统计年鉴》可知，1988～2014 年间，中国森林火灾平均每年发生 6744 次，其中 2003 年和 2006 年中国森林火灾受害面积出现两个峰值，高达到 45.10 万 hm² 和 40.83 万 hm²，分别占当年中国森林总面积的 0.26% 和 0.21%，由森林火灾造成的碳排放量分别为 2288 万 t 和 2042 万 t，

---

① 国家林业和草原局政府网. 国家林业局植树造林司关于加强林业应对气候变化及碳汇管理工作的通知[EB/OL]. (2008-08-18)[2018-08-18]. http://www.forestry.gov.cn/portal/main/govfile/13/govfile_1489.html.

火灾防治问题不能忽视。中国森林病虫害也大量发生，每年发生面积在 870 万 hm^2 以上，造成林木增长量减少 1700 万 m^3 以上。适当延长轮伐期也能减少森林的碳排放，一些研究者担心，轮伐期的延长可能导致林分受自然干扰的风险增加，从而抵消掉增加的森林碳汇甚至增加森林的碳排放。Daigneault 等采用动态模型模拟发现，即使是易发生火灾的林分，采用疏伐与延长轮伐期的管理方式也是一种可行的减缓气候变化的策略[295]。

除了采取不同的森林管理方式直接减少毁林以外，将林木中的碳固定在土壤中也是减少碳排放的一种策略。

3. 森林资源可持续利用

在保护森林资源，增加森林碳库的同时，森林资源也需要适度开发以满足当前社会经济发展的需要，且从长期来看，用林产品替代高能耗的非木质材料，或者用木质生物量取代石化燃料产生能量，能够对降低石化能源的消耗及相应的温室气体的排放做出重要贡献，而砍伐后重生的森林比成熟林能更有效地从大气中吸收 CO_2。越来越多的学者研究建议国家促进使用木材替代能源密集型材料的补贴政策，提倡"以木代塑、以木代钢"[①]，发展林业生物质能源，延伸森林储碳和碳减排功能。

但森林采伐、不同林产品的生产和使用，会在一段长短不一的时期内造成森林碳负债，对于森林资源而言，其属于可再生的一种资源，应当对其进行合理采伐，在此基础上才能够保证其较好实现可持续发展。因此，木材的使用需要建立在森林可持续管理的基础上，即在确保森林生态系统生产力和可更新能力，以及森林生态系统的物种和生态多样性不受到损害前提下进行林业产业活动。

最大限度地发挥林业在应对气候变化中的功能和作用，需要各个地区根据自身的实际情况有效地管理森林资源，在森林资源实际管理工作过程中，森林资源采伐管理属于十分重要的一项内容，能够使森林资源可持续管理得以较好实现，对于森林资源采伐应当实行分类管理及分区管理。对此，国家林业和草原局会同有关部门应制定森林分类区划标准与方法，各地按照区划标准与方法尽快完成森林分类区划工作，在将森林资源区划为公益林和商品林的基础上，将公益林进一步区划为国家重点公益林和地方重点公益林，将商品林进一步区划为天然商品林和人工用材林。

在对森林资源进行采伐过程中，应当依据采伐限额制度严格执行，在源头上对采伐量进行合理控制，优化使用砍伐的木材，以使林业的总体减排效应在重要的控制减排目标时间段内最大化。对于重点公益林特别是国家重点公益林，实行禁伐，严格保护，只能进行抚育性采伐或者改造性采伐；对于一些具有特别生态保护需求的区域及森林资源消耗超出限额的一些区域，应当减少其采伐量，从而保证森林资源实现再生；对于天然商品林实行限伐措施，确保人工商品林的采伐限额度；对于人工培育的一些商品林，应当按量采伐，从而保证林场能够得到更多效益，同时也能够实现森林资源持续再生[296]，最终实现林业减排贡献最大化。

---

① 中国塑料加工工业协会. 以塑代木、以塑代钢的绿色循环新主张[EB/OL]. (2016-08-10)[2017-09-21]. http://www. cppia.com.cn/cppia1/sljc4/ 2016830222408.htm.

二、林产品碳储存及其生命周期优化

林产品年碳储量约相当于森林碳汇年增量的一半，通过全生命周期优化使用和管理的方式，增加林产品碳储和减少林产品生产碳排放，对于快速提升中国林业国家碳库水平和节约稀缺的森林资源具有重要意义。

1. 林产品生命周期碳储利用

中国作为世界上最大的林产品消费市场，且正如 GFPM 模拟所示，中国林产品消费量在未来相当长一段时间内将保持增长，林产品碳储整体上仍将保持增加的势头，在生命周期下优化林产品碳储存，能够最大限度地发挥林产品碳库应对气候变化中的作用。林产品生命周期内碳储量的变化可以从木质碳在林产品中的转换、存储和排放中得到反映，如林产品的腐烂以及木质生物量的燃烧所导致的碳排放都表现为林产品碳储的减少。

林产品生命周期涉及木材随后的转化趋势——从森林采伐开始，经过运输阶段、生产加工阶段、产品的使用阶段到最后的垃圾处理或者是回收的随后转化趋势，也可以说林产品的生命周期是从木材离开森林(或采伐点)到碳最后释放回大气的整个循环周期，即碳随木材离开森林到最终返回到大气的整个过程。其中使用环节是中国林产品碳库的主要贡献力量，加强使用环节的碳储量即延长林产品中储存的碳返回大气的周期，对林产品全生命周期碳储量提升具有重要意义。葡萄牙的 Dias 等[297]的研究则验证了这一点，他们对林产品碳储量的敏感度分析表明产品的使用寿命是敏感度较大的因子，延长林产品的使用寿命可以减少碳排放。

研究林产品的生命周期过程是比较复杂的，因经济条件、生活环境和产品最终处理方式的不同而造成林产品使用寿命会有所差异，在这个过程中，林产品碳储量的计算中涉及很多变量，如林产品的基本密度、碳比例、半衰期等，这些变量的取值将对林产品的碳储量产生很大影响，这也是导致同一国家林产品碳储量评估产生误差的原因之一，林产品碳储存及其生命周期的优化即是对林产品生命周期内重要的变量参数进行优化。这些变量在很大程度上依赖于国家特定产品类别生产量的组成，纸类产品的半衰期比硬木类产品的半衰期小；同为硬木产品，锯木、原木以及他工业原木等不同种类的硬木产品，其半衰期均会不同。根据国务院办公厅公布的《关于加快推进木材节约和代用工作的意见》，我国木材防腐比例还不到商品材产量的 1%，远远低于世界平均水平的 15%，经过防腐处理的木材平均使用寿命能够延长 3~5 倍，而根据使用寿命对我国碳排放的敏感度分析，产品使用寿命延长 10%，将使我国木质林产品碳排放减少 0.8%~0.9%[175]。因此延长中国林产品的使用寿命、增加硬木类等使用寿命较长的林产品比重等优化措施会带来很大的减排潜力。

2. 林产品生命周期排放核查

使用林产品的生命周期法还需要考虑森林管理、森林砍伐、木材运输，林产品的加工、运输和使用以及废弃林产品的最终处理过程中石化燃料的使用及相应的 CO_2 的排放，主要包括制造业的燃料、电力采购，运输燃料和废弃物排放，这些排放不会在林产品的碳储变化上得到反映，因为这些排放是额外增加到森林—大气碳循环里的[①]。Heath 等研究发现，2004 年美国的林产品加工业排放 6460 万 t CO_2，其中纸和纸板加工约占 88%；一些研究认为森林碳汇在很大程度上能够补偿木质林产品加工的碳排放[298]；但中国学者有不同的观点，郭明辉认为林产品的碳储量并不能补偿或抵消加工过程中的 CO_2 释放量，从现行比例来看，林产品的储碳量与累积的排碳量在第 150 年时几乎等同。

尽管林产品的生产加工会伴随着温室气体的排放，但木材可再生资源的绿色环保特性相对于其他能源密集型材料或化石燃料来说具有无可比拟的优势，如钢材、水泥需要在 1000℃以上的高温条件下生产，是一种高能耗过程，会排放大量的 CO_2，而林产品的生产是相对低能耗过程，用木材产品替代高能耗的材料，能相对减少生产过程的能源消耗，从而减少 CO_2 排放，减缓气候变暖。

加强林产品生命周期内排放核查与优化有利于提高林产品的替代减排潜力，虽然这部分减排效力并未体现在林产品碳库体系中，但国际上基于终端消耗碳排放和生命周期碳排放两个层面，提出了多项关于碳量估算评价的相关标准和规范，基于全生命周期的碳排放核算标准与核查，包括原材料的提取与加工、制造、运输和销售、使用、再使用、循环回收直至最终废弃全过程的碳排放估算，主要标准有商品和服务在生命周期内的温室气体排放评价规范[PAS 2050（2008）]和国际标准化组织的相关规范[ISO 14040/14044（2006）]，林产品碳排放与替代减排功能越来越受到重视。

为提高森林和林产品碳库核算的准确度及清单报告的可核查性，需要国家发展具有公信度的估算验证制度，通过全生命周期碳排放的核算与核查，可对参与贸易流通的产品进行碳足迹的标签，通过参考国际碳验证系统，建立并发展我国的碳量估算验证制度，从而有针对性地对林产品生命周期排放进行优化，提高木质林产品的碳库管理效能。

三、优化废弃林产品处理

林产品碳储量不仅取决于产品使用情况，而且受其最终处理方式的影响。林产品废弃处理有三种方式：直接燃烧、自然分解和回收。自然分解既可以选择填埋，也可以在露天垃圾场堆放、堆肥，回收也存在循环使用与燃烧替代燃料两种方式。在这些过程中，直接燃烧处理时所含碳全部释放到大气中；自然分解的废弃林产品则会慢慢向大气中排放 CO_2；回收的废弃林产品循环使用则会继续其碳储能力。因此，林产品后续使用对碳储与碳排的核算有重要的影响。

中国废弃木质林产品处理与管理方面存在可优化之处。一方面，近十年焚烧处理的废弃物比例呈现不断上升趋势，但中国大量的垃圾焚烧没有能源化利用，能源化利用将带来对化石能源的替代效应，减少二氧化碳排放。另一方面中国填埋的废弃物会产生大量甲烷，对碳储具有较强的抵消作用，收集甲烷并能源化利用是另一个需要优化的方面。

同时，增加废弃林产品回收再利用率也是优化的重要方面。中国硬木类林产品是使用环节碳储量的绝对贡献力量，然而硬木类产品较少的回收率是制约其碳储潜力的主要

---

① 中国碳排放交易网. 基于生命周期评价的环境足迹评估[EB/OL]. (2020-04-27)[2020-05-13]. http://www.tanpaifang.com/tanzuji/2020/0427/70360.html.

因素，尤其是占据硬木类林产品碳储核心地位的人造板相对锯材较短的生命周期使得这一问题更加凸显。因此，提升硬木类产品尤其是人造板的回收与再利用水平成为提升林产品碳储的主要优化策略。纸类产品由于较短的生命周期，碳储能力极其有限，如果考虑到纸类产品在加工环节消耗的大量能源，纸类产品更多的是一种碳源。虽然中国大力推广纸的回收，造纸工业也大量采用回收纸作为造纸原料，但实际上中国纸制品的回收率仍然低于欧美国家且远低于相邻的日韩。提升纸制品的回收率、更多采用非原生木浆原料是降低中国纸制品碳排放的重要方式。

第三节　监管调控碳汇市场与贸易碳流动

关注全球碳减排管理政策问题，国际上通常选择建立以市场调节机制为主体的管理政策，在确保经济运行快速发展的同时实现减排成本最小化。林业碳库是目前成本最低，也是较好阻止全球变暖的方法，林业碳汇交易项目是指根据有关减排机制开发的能够产生减排量的碳汇项目，是通过市场机制达到的生态效益补偿，作为一种外部力量的政策导向和支持具有调控和指导作用；储量变化法核算方法下林产品的进出口贸易会带来碳储变动，精确核算中国林产品碳储量需要实时掌握林产品碳流量动态，因此对林产品产业结构进行调整以利于中国减排形势。

一、中国林业碳汇市场监管与完善

1. 中国林业碳汇市场值得改进的重点问题

碳汇交易通过植树造林增加了森林的储碳能力，使其不断增强适应和缓解全球气候变化的趋势。林业碳汇的管理和运行离不开政策和法律的指引，中国林业碳汇交易在机构管理以及交易平台搭建方面取得较大进展，但从项目开发到交易都与发达国家存在较大差距[299]：

一是中国林业碳汇交易主要通过 CDM 实现①，碳汇交易发展滞后。CDM 是目前中国参与国际强制减排碳市场的唯一途径，而 CDM 项目开发和交付程序复杂，其中林业项目建设风险大，在中国实施成本高，其固有的缺陷阻碍了碳汇交易的实现，且中国处于 CDM 整个碳交易产业链的最低端，中国卖家在交易中的议价能力很弱，导致中国虽在 CDM 下已开展了许多碳汇项目，但很难在联合国注册，继而不能把国内林业碳汇有效转化为国外的货币补偿。

二是中国环境制度建设滞后及金融支持体系尚未完整搭建、市场主体缺乏参与动力，使得碳汇项目不能在国内有效转化为碳汇交易。从制度建设方面来讲，中国森林资源的产权制度不清晰，这直接影响到林业碳汇市场化，使得碳汇供给者不能积极进入市场，同时阻碍国际买家与实施者签订项目协议；从金融支持体系方面来讲，碳汇市场交易平台的搭建仍然不够完备，缺乏相关的金融支持体系，中国林业产权交易所仅有几家，还

① 中国碳排放交易网. 中国参与国际碳交易市场现状及趋势[EB/OL]. (2016-01-14) [2020-05-13]. http://www.tanpaifang.com/tanguwen/2016/0114/ 50025. html.

未形成统一的碳交易市场，区域之间碳汇的联动交易不能够实现，保险、金融中介和服务机构等支持体系缺位，严重阻碍了碳汇交易的开展；除此之外，中国碳汇交易市场的参与主体没有培育起来，因而市场交易不活跃，碳汇仅停留在政府推动的层面。

三是林业碳汇交易规则变化、计量的复杂性及认证技术不完善制约着碳汇交易开展，中国在林业碳汇技术认证方面与国际先进水平还存在差距，林业碳汇认证的权威机构位于发达国家，这种状况使得发展中国家的碳汇卖方与发达国家的碳汇买方交易地位不平等，这种技术上的不平等，不仅导致筹资风险加大，而且潜在地损害了中国参与国际林业碳汇时所获得的利益。

2. 中国林业碳汇市场完善对策

环保意识的强化及碳市场的巨大潜力都使国际碳汇交易前景乐观，中国大力发展林业碳汇交易是大势所趋，监管与完善中国林业碳汇市场，分析中国林业碳汇项目障碍因素，挖掘更多减排潜力，是凸显林业在中国生态建设中的主体地位和在应对气候变化中的特殊地位的重要途径。发达国家碳汇交易实践可为中国提供有益的借鉴，依据中国现实情况，结合国际市场交易特点，完善中国林业碳汇市场的对策主要有：

首先，突破 CDM 制约，大力推进中国国内林业碳汇市场建设。中国拥有巨大的林业碳汇潜在市场，从自身环境和经济协调发展的长远考虑，也存在以林业碳汇项目形成的温室气体吸收汇来抵消温室气体排放的需要，温室气体减排一旦在中国形成制度性约束，随着碳排放权交易市场的建立，国家电力、煤炭、钢铁企业对于碳信用的需求将不断上升，它们将成为今后中国林业碳汇项目的重要支持者。因此中国开展碳汇交易应该"两者并举，突出国内"。一方面，通过 CDM 可为中国开展碳汇造林实现更多的货币补偿，并且依照其标准和规则加速中国开展国内碳汇交易；另一方面，中国碳汇交易的发展也可以促进国家在国际市场上争取碳汇的定价权和交易的主控权。突出发展中国国内碳汇市场交易，具有实现生态补偿的重大意义。

其次，完善环境制度，构建碳汇交易金融支持体系，大力培育市场参与主体。逐步推进对现有林业产权制度的改革，完善土地承包制度，通过延长承包期或以制度形成承诺等方式实现制度创新，为林业碳汇生产者提供法律法规支持；推进金融支持体系的构建，这包括成立碳汇信用项目交易所、碳汇资产产权交易所、森林资产与碳汇保险以及碳汇互助基金等，同时加强碳汇金融服务机构功能；在全社会倡导环保理念，培育和激励引导更多的参与者进入碳汇市场，具体的做法可考虑将推进自愿和强制碳汇市场与培育市场主体结合起来。

最后，积极参与气候变化领域的国际活动，深入开展碳汇政策与计量研究。在全面认识气候变化问题的国际背景下，中国应密切跟踪并积极参与国际社会气候变化谈判，提出符合国家利益并且科学的碳汇规则。在推进碳汇研究方面，重视林业碳汇项目及交易的政策研究，林业建设向林业生态功能有形化和林业生态服务有偿化转变；深入推进碳汇计量等基础研究，通过建立一套有效、透明和可操作的方法学，技术创新建立自己的技术标准和规程；在碳汇交易试点的实践中推进碳汇研究，在实践中不断探索中国林业碳汇项目开展的最佳规模和方式；营造良好的碳汇研究氛围，努力培养碳汇人才。

二、中国林产品贸易碳流动监管与调节

当前国际气候变化谈判已将林产品纳入到碳核算体系中，面临的主要问题是如何合理计量林产品的碳储量。计量方法模型的区别主要体现在对参与国际贸易的林产品碳储分配和碳排放归属的不同划分上，本专著第七章从可行性、准确性等几个方面比较了计量方法，甄选出适用于中国的碳储核算方法模型，对于中国现阶段林产品进出口量情况，选择储量变化法是对中国减排形势最有利的做法，即基于消费者原则的碳量核算方法，因此对中国林产品进出口贸易造成的碳流动进行监管十分必要，同时对林产品贸易结构及产业结构进行优化调整，提高国家林产品碳储存功能，优化林产品碳库。

1. 中国林产品贸易碳流动监管体系

《2006 IPCC 指南》中提供了林产品碳量核算方法：IPCC 缺省法、储量变化法、大气流动法和生产法。《2013 IPCC 指南》建议使用生产法核算，但对于中国等林产品大国，储量变化法考虑进产品贸易情况值得重视。储量变化法核算国家边界系统内消费的木质林产品的碳库变化，包括采伐、进口和出口的碳储量的变动，以及国内消费木质林产品碳释放的量，是对于一国消费的林产品碳储存和碳排放进行计量，属于基于消费者原则的碳量核算方法。IPCC 的核算方法实则为各国核算林产品碳储和把控林产品贸易碳流动提供了监管标准。

以储量变化法为核算基础，出口到国外的林产品看作出口国家的碳排放，进口到本国的林产品，看作本国的碳储量，可以用来抵减本国碳排放量。在这种情况下，对于进口国来说是十分有利的，进口林产品就可以增加碳储量，此时，需要精确核算国家贸易中林产品的碳储量，对林产品碳流量进行监控，实时掌握林产品碳流量动态。而林产品的品类丰富，不同地区、不同品类、不同生产条件的林产品碳储量差异很大，基于一般的宏观经济投入产出分析法难以完成碳估算，贸易中林产品碳储量和碳流动监管更是难以监测，因此需要建立贸易中林产品碳流动监管监测体系。贸易中林产品碳储量和碳流动监管可主要通过海关、统计、工商、林业碳汇监测科研单位或林业碳汇监测相关企业进行联合监测。构建林产品贸易碳储存碳流动监测体系，不仅是对林产品贸易存在问题准确地估算与计量，也有利于掌握林业碳库除抵偿国内工业排放外，林产品贸易进行国际交割的碳储存和国际气候贡献[300]。

2. 中国林产品进口结构碳流动调节

为了促进中国林产品碳储量的进一步发展，对于林产品贸易结构的优化，将结合前章的分析主要从两个方面提出具体对策建议。一方面是对工业原木、薪材、锯材和木浆这四种产品为代表的传统木质产品，其属于初级林产品，是其他林业行业的原料，林产品产业的上游。整体而言，要优化进口产品结构，提高碳库功能[301]。

对林产品进口贸易结构优化的建议：以工业原木、薪材、锯材和木浆这四类为代表的初级林产品，主要以进口为主，进口碳量远远大于出口碳量，是中国林产品碳储量增

加的主要来源。对其贸易结构的优化是基于在进口贸易碳效率最优情况下的进口碳量最大化,以提高林产品碳储存功能为目标,来优化进口木质林产品贸易结构。

一是继续加大对初级林产品的进口。工业原木、锯材和木浆作为产品生产和加工的原材料,是中国主要进口的初级林产品,在满足国内市场对木材原材料需求的同时,应站在林业碳库功能最大化的角度,实现国家森林系统的可持续发展与有效管理。中国目前林龄结构以中幼林为主,初级林产品的大量进口,有助于保护国家森林资源,优化森林系统结构,通过针对性地进口林产品,减少对中国特殊年龄阶段的树木的砍伐,对国际森林和林产品总碳储量增加具有重要意义。

二是重点增加纸类产品的进口。中国造纸行业在原料木浆上过度依赖进口,而产品附加值较低,造纸行业出口带来的经济效益远小于由此产生的环境负效益,中国应积极鼓励增加纸类产品的进口,加快行业工艺技术改造创新步伐,推动造纸行业向低碳环保方向发展;同时,中国应加大对废纸产品的进口,减少对森林资源的利用开发。

三是鼓励增加高碳储量林产品的进口。高碳储量林产品延长了林产品的使用寿命从而增加了碳储存功能,基于增大国内碳储量的角度,中国应增加对此类林产品的进口以提高碳效用;在林产品贸易过程中,加大对先进技术和经验的进口,对此政府要营造鼓励技术创新的大环境,对于进口的高碳储量林产品可给予补贴和退税,引导市场资金流向林产品行业技术创新改造领域和环节,不断优化林产品产业结构和贸易商品结构;同时,中国企业通过国外引进和自主创新相结合的方式,增强对延长林产品使用寿命的科学研发,加强与科研机构交流合作,增加对高碳储量林产品的开发与利用。

3. 中国林产品出口结构碳流动调节

另一方面是对人造板、纸和纸板这类附加价值较高的中间林产品,其是初级林产品的产成品,位于产业的下游。整体而言,要降低出口,扩大内需,鼓励出口企业跨国经营[301]。

对林产品出口贸易商品结构优化建议:以人造板、纸和纸板为代表的中间林产品主要以出口为主,出口碳量远大于进口碳量,是中国林产品碳储量流出的主要原因。站在低碳角度对林产品出口贸易结构进行调整的建议主要是从出口导向型转为扩大内需型,减少高碳储量高碳排放量产品的出口,鼓励木材加工企业跨国经营。

一是增加人造板中纤维板、刨花板出口比重,提高木材综合利用率。纤维板、刨花板在原料选取、加工工艺方面具备明显的低碳特征,制作原料主要为木质纤维,即森林采伐剩余物如树枝、树皮、小径材等及加工剩余物如锯末、刨花、废料等,相比于需要直接消耗原木的胶合板来说不仅规避了木质废料在腐烂氧化分解中释放碳量的过程,还有效地节省了林木资源,从而使其充分发挥生态环保功能,中国应在财政、税收方面给予人造板企业一定的优惠政策,鼓励金融行业以优惠、贴息贷款方式加大对人造板企业的资金倾斜力度,使其在生产设备、加工工艺上引进国外先进生产线和技术管理经验,同时提高企业自身科技创新能力和研发水平,实现环境效益与经济效益的双赢。

二是减少人造板中胶合板的出口,向扩大内需转变。胶合板相比刨花板、纤维板在加工工艺技术及原料来源方面存在劣势，出口规模的扩大势必导致对国内资源环境的过度利用和负面影响。考虑到低碳经济下增加国内碳储量的目标，中国应尽量减少对人造板中胶合板的出口，加大国内需求弥补供需缺口。而这一部分内需的扩大可以通过在建筑材料领域以林产品替代传统高耗能材料如钢筋、水泥来实现，不仅间接将林产品出口转为了国内需求，更降低了传统建筑材料的巨大耗能，有力地降低了国家碳排放量。

三是鼓励出口企业跨国经营，降低国内碳排放。优化林产品贸易结构即是通过产品贸易的流转增加国内碳储量同时减少林产品加工生产环节排放的碳量，将在出口林产品加工生产过程中排放的碳量直接转移到出口国当地，可降低林业产业发展给生产国带来的环境负面效应。中国应支持和鼓励林产品加工企业开展跨国经营活动，一方面有效规避了近年来国际市场以非法采伐为名的非关税贸易壁垒的摩擦，另一方面也可在东道国学习吸收行业先进技术经验以优化国内林产品产业结构。

第四节　系统完善碳交易制度设计

在全球应对气候变化的进程中，未来碳市场的发展将成为世界主要国家应对气候变化的制度选择和发展潮流。当前，碳排放交易制度以发达国家为主导，占据碳定价和规则制定的优势，规制着发展中国家。建立并完善以中国为主的碳交易体系将有助于中国在正在形成的国际碳市场中争取到更多主动权，提高中国在气候变化领域的国际竞争力。对此中国要树立绿色低碳的生态文明理念，密切参与并响应国际气候谈判，参照国际碳交易市场的运作模式与实践经验来完善碳交易体系，在市场碳交易体系中倒逼企业加强碳排放管理和节能减碳技术的研发应用，助推低碳经济转型。同时，碳交易市场的相关金融业务和衍生产品的创新应用也将成为国际低碳发展竞争中的重要因素，中国要积极探索碳金融市场和创新产品，创造平台以完善中国碳金融市场体系。

一、加大倡导绿色低碳与生态文明理念

中国处于着力构建新经济产业体系的关键阶段，加快实现经济增长方式由"以环境换增长"向"以环境促增长"转换，是当前发展转型的内在需求[①]。中国工业企业作为社会主要排放源，不仅面临温室气体减排的任务，更重要的是经济发展面向高质量转型，以生态文明理念构建现代绿色低碳的产业体系成为重要选择。

如何衡量绿色环保项目的价值，为绿色投资提供决策依据一直是经济学的难题，以绿色低碳项目为主体的减排量碳市场，不仅能为减排项目提供资金支持，更重要的是能够破解绿色生态投入难以价值化的难题。通过碳市场交易对碳配额、减排量等碳资产进行市场化定价，是目前全球最为普遍的生态价值衡量机制，也能够量化绿色生态投入所产生的价值，进一步促进政府和企业以更有效率、更可持续的方式进行减排。

---

① 中国环境报. 实现历史性转变: 以保护环境优化经济增长[EB/OL]. (2006-05-12) [2016-09-30]. http://news.sina.com.cn/o/2006-05-12/10428906526s. shtml.

中国工业企业具有排放集中、排放量大、容易监管的特征，适合采取总量控制的方法进行排放控制，总量控制碳交易机制下，配额的总量设置和分配实现了排放权的确权过程，减排成本的差异促使交易的产生。通过构建"绿色低碳"企业有盈余，"落后高碳"企业有缺口的市场供需格局，最终减排由成本最小的企业承担，通过市场交易发现碳价，以价格信号倒逼企业加强碳排放管理和节能减碳技术的研发应用，能够促进产业结构向绿色低碳转型升级，破解控制碳排放和推进绿色低碳转型升级的难题[302]。

二、密切参与并响应气候谈判议题

为更好地把握话语权，必须继续跟进国际气候谈判中森林与林产品相关谈判的最新进展，合理预测中国的贸易走向，明确当前和预测期情境下对中国的直接和间接的影响。

气候谈判议题中，林产品碳储量的核算方法是碳库体系的方法基础。德班气候大会通过的 2/CMP.7 号决定否定了储量变化法和大气流动法，保留了瞬间氧化法（IPCC 缺省法）和生产法，中国应该加强研究不同方法下中国在林产品国际贸易、减排履约、森林可持续经营等方面直接和间接的影响。

气候谈判议题中，林产品国际贸易企业是应对涉林气候谈判的主体。在涉林气候谈判影响下，各国基于涉林气候谈判确定的目标和原则开始调整林业政策和林产品国际贸易政策，频频出台木材进出口严控政策和法令，采取关税及非关税贸易措施禁止和限制原木出口和木材产品进口，这种贸易保护措施在很大程度上进一步增加了中国木材产品贸易的不确定性。在政府和行业协会的协助下，中国木材产品国际贸易企业应考虑扩大企业国际贸易市场范围，增加企业进出口市场多元化，进而分散企业国际贸易风险；增强绿色创新能力，优化出口产品结构；对接国外技术与规则，建立国际化运营平台。

气候谈判议题中，REDD+ 已成为国际气候变化关注的热点①。REDD+ 是巴厘岛气候大会针对拥有大面积的热带雨林而毁林严重的发展中国家提出的减排机制，但 REDD+ 纳入清洁发展机制减排方式中来，对中国存在不利之处：首先中国不存在严重的毁林现象，REDD+ 减排方式没有实际的效用；其次，如果将 REDD+ 纳入清洁发展机制，中国在国际清洁发展机制市场内的外来资金将会减少。中国应积极参与清洁发展机制谈判，避免这种不公平现象发生，加强森林管理，积极实行造林增汇项目，减少碳排放源，积极应对减排压力。

三、合理配置碳限额与碳关税等杠杆政策

气候变化谈判是在全球高度上进行碳减排，贸易中的林产品碳减排仅由一方承担存在问题，应该生产者和消费者共同承担。中国作为负责任的大国，需要建立林产品碳贸易减排机制缓解全球气候变暖的趋势。研究贸易中的林产品碳问题时，主要的贸易政策调节包括两个方面：碳总量定额配置调节与碳关税调节两项基本政策。

在进行碳配额调节时，对中国而言，全球林产品排放率仅仅与中国制定的林产品碳

---

① 黑龙江省林业和草原局. 世界林业发展十大热点与趋势[EB/OL]. (2018-03-09) [2018-03-31]. http://www.hljforest.gov.cn/ tsxx/007006/007006002/ 20180309/443b5fdc-d52c-4c5e-8fb6-cd77065d7f60. html.

排放限额有关系，且随着林产品碳排放限额的增加，全球林产品碳排放量变化量减少增多，不会影响生产量的变化，因此碳限额能直接有效地减少林产品碳减排，对贸易双方林产品产量都不存在较大的影响。碳关税的应用对全球林产品碳减排存在不确定性，但是碳关税的使用将有利于中国林产品贸易，增加中国林产品贸易竞争力，并且在其他国家实施碳关税情况下，中国林产品贸易明显处于劣势、不公平的贸易环境状态。

实行碳关税与碳限额的政策综合实施[①]，对于中国林产品贸易是十分必要的。林产品碳排放限额的制定将增加林产品生产的成本，要在考虑到资源利用最优的状况下，以达到帕累托最优为条件，确定碳排放限额，实现社会福利最大化。关税的制定，会影响到国家林产品的产量，关税的制定应考虑到贸易环境的改变，有利于中国林产品贸易的进行，增加生产者剩余，同时也要考虑到其他国家关税报复对中国林产品贸易所产生的影响，应该备有预案以利积极应对。

四、探索创新碳衍生品及平台构造

国际碳交易市场迅速发展，服务于碳排放权的相关金融业务和衍生产品也随之而来，丰富的碳交易金融衍生品形成了与碳交易市场挂钩的相关金融市场，从客观上增加了碳市场的流动性。中国试点碳交易市场启动以来，交易机构和各类市场参与方积极探索，围绕碳资产进行了多种多样的尝试，碳衍生品不断得到创新实践，在现阶段中国除了参与 CDM 市场以外，还以以下几种方式参与碳交易：①碳基金运作，中国于 2006 年在阿姆斯特丹设立碳基金，用于 CDM 项目的减排量，尤其是各类可再生能源项目；②碳能效融资项目，中外金融机构以共同出资、共担风险的方式为中国减排项目提供贷款；③开发碳结构性金融衍生品，深圳发展银行于 2007 年率先推出二氧化碳挂钩型人民币和美元理财产品；④碳信托计划，北京国际信托有限公司于 2009 年 11 月成立"低碳财富·碳资源开发一号集合资金信托计划"，信托资金用于向减排项目提供贷款[303]。

同时，为鼓励企业积极参与减缓气候变化的行动，中国建立绿色碳基金为企业低成本自愿减排创造平台，参照国际碳基金的运作模式和国际资源市场实践经验，在中国建立林业碳汇基金(即绿色基金)。中国绿色碳汇基金会是中国首家以增汇减排、应对气候变化为主要目标的全国性公募基金会，于并于 2012 年被《联合国气候变化框架公约》第18 次缔约方会议(COP18)批准为《联合国气候变化框架公约》缔约方会议观察员组织，2015 年基金会经世界自然保护联盟(IUCN)批准成为其成员单位。该基金会目前成为国内以造林增加碳汇、保护森林减少排放等措施开展碳补偿、碳中和的专业权威机构。

目前，中国碳金融市场体系正在逐步建立和完善之中，以贷款型碳金融和以 CDM 项目为主要形式的碳排放权交易的交易型碳金融为主，资本型碳金融、碳期货、碳期权、碳保险、碳货币等在中国尚未得到发展，碳金融服务体系和监管体系仍在建设之中[304]。针对碳金融市场，从法律层面上而言，中国应当明确该领域的各市场参与主体，将碳金融产品及其衍生物区别于其他普通金融产品及其衍生物进行特别规定：从政策层面而言，

---

① 中新网. 碳关税: 与其一味反对不如积极应对[EB/OL]. (2010-07-23) [2011-09-16]. http://www.chinanews.com/ny/2010/07-23/2421363. shtml.

中国应当对各项业务的具体操作做出明确规定，从而改变目前不透明而且审批相对拖沓的现状。此外，应积极出台有关政策，如在税收、贸易结算等方面对碳金融交易市场的发展进行相关的政策扶持，从而调动碳金融市场主体参与交易的积极性[305]。

五、激励引导产业转型与结构升级

碳市场形成的碳价格，沿产业链传导到最终产品，导致隐含碳产品生产成本增加，且碳强度越高的产品，成本增加越显著。这种成本增加引起的相对竞争力变化将导致部分产品的市场份额减少，甚至被其他替代商品(包括国内替代产品及进口品)淘汰。

对于产业结构而言，碳价格信号将导致碳排放密集型行业的产品竞争力下降，其部分市场份额将逐渐被低碳产品所替代。出口在中国经济总量中所占的比重仍然较高，同时出口产品中加工业、制造业、化工业等排放密集型产业所占比重较大，这些产品中隐含大量的碳排放。中国国内碳价格形成后，这些出口产品的生产成本相对提高，进而使这些产品在国际市场上的出口竞争力受到负面影响，并进一步影响到该类产品的国内生产及行业就业水平。因而从短期来看碳市场建立有可能对中国部分出口导向型的排放密集行业造成冲击，然而从中长期来看，碳市场的建立有助于推动中国出口导向型经济结构和产业结构的调整或升级。

长期稳定的碳市场机制为低碳产品和低碳技术提供了增长空间，长期来看将为中国产业结构调整提供新的动力，但短期内可能对部分行业的市场份额、就业和出口有负面影响，需要协调设计和长远规划，因此中国碳市场的建立需要对长期产业结构调整目标与短期保持经济稳定增长目标进行一定的权衡，这一目标可以通过初始配额的分配方式来实现[306]。

六、顶层设计并完善碳交易制度

全国碳市场的设计与推广会对整个社会经济系统产生深远的影响，实践中往往同时存在多种减排政策工具，由于这些政策的覆盖主体范围存在一定程度的交叉重叠，这些政策交叉并行存在相互抵触的风险，甚至有可能导致政策工具失灵。在中国除了碳市场机制，还有节能政策、可再生能源补贴政策、可交易绿色证书等，这些政策的相互影响非常重要。在特定情景下，多种减排政策的存在有其合理性，如碳市场机制与可再生能源政策的混合，但可再生能源政策目标及政策力度的调整，会间接影响碳市场配额供需，进而影响碳价格水平，削弱碳市场的作用，较低的碳价格信号还不利于其他行业的减排。这一现实使得碳配额总量设定有必要根据可再生能源发展目标进行优化调整，即通过调节碳市场配额总量目标使碳价格回归原有水平，避免碳价格过低导致的系列风险。

因此，完善碳交易制度十分重要，中国应协同设计多种减排政策和机制，发挥"组合拳"的优势，避免潜在政策冲突。打破部门界线，建立高于各部门的决策机构或决策机制，同时制定和评估可再生能源目标、能效控制目标、新能源补贴政策、资源税、碳税、碳市场、能效交易制度、绿色证书可交易机制等相关政策，发挥每种政策的优势，对可能的政策重叠及抵消制定相应的措施，为应对气候变化的共同目标作出优化的政策组合设计。

第五节　本章小结

本章结合构建的中国林业国家碳库体系及其抵偿机制的预警响应，从完善国家林业碳库标准体系、统筹优化林业碳库产业链、监管调控碳汇市场与贸易碳流动、碳市场顶层设计与反馈展望四个方面对中国林业国家碳库管理提出了建议及策略。本章的小结主要如下：

(1)完善国家林业碳库标准体系方面。从林业国家碳库体系施用与响应、碳管理机构与技术标准建立及国家林业碳库体系数据库完善三个角度，提供了完善中国林业国家碳库体系的具体策略建议。首先，林业碳库体系是进行林业碳计量的理论基础，要加强国家林业碳库体系的建设完善，响应国家林业碳库体系中预警机制。其次，碳管理机构与林业碳库技术标准是国家开展林业碳库管理的技术基础，要落实林业碳库管理机构部署，加快技术标准体系建设，同时加强林业科学技术与政策研究。最后，国家林业碳库数据库制约了碳库体系的评估精准度，需要从森林资源清单数据库、林产品生命周期数据库两方面入手进行改进与完善。

(2)统筹优化林业碳库产业链方面。从森林资源可持续管理和优化使用、林产品碳储存及其生命周期优化、优化废弃林产品处理三个方面进行了讨论，提出了具体的优化策略。其一，森林资源减缓气候变化可以通过增加森林碳储量、减少森林碳排放与可持续利用森林资源来实现。其二，林产品碳储存减排效应的优化可通过延长林产品的使用寿命、增加硬木类等使用寿命较长的林产品比重等来实现，同时应重视林产品生命周期排放核查，提高林产品的碳库管理效能。其三，废弃林产品处理的优化可通过垃圾焚烧能源化利用、填埋地废弃物产生的甲烷收集并能源化利用、增加废弃林产品回收再利用率等方式来实现。

(3)监管调控碳汇市场与贸易碳流动方面。从中国林业碳汇市场监管与完善、中国林产品贸易碳流动监管与调节两个方面提出了具体的策略建议。中国林业碳汇交易存在值得改进的重点问题，要完善中国林业碳汇市场，要突破 CDM 制约，推进中国国内林业碳汇市场建设，并构建碳汇交易金融支持体系，培育市场参与主体，同时积极参与气候变化领域的国际活动，深入开展碳汇政策与计量研究。基于消费者原则的碳量核算方法基础下，需要对中国林产品进出口贸易造成的碳流动进行监管，应建立贸易中林产品碳流动监管监测体系，基于监测可对中国林产品进出口结构碳流动进行优化调控。

(4)碳市场顶层设计与反馈展望方面。从加大倡导绿色低碳与生态文明理念、密切参与并响应气候谈判议题、合理配置碳限额与碳关税等杠杆政策、探索创新碳衍生品及平台构造、激励引导产业转型与结构升级、顶层设计并完善碳交易制度六个方面进行了讨论与展望。一是要构建现代化产业体系绿色低碳的生态理念，通过市场碳交易，促进产业结构向绿色低碳转型升级；二是要跟进国际气候谈判中森林与林产品相关谈判的最新进展，明确各种方法当前和预测期情境下对中国的直接和间接的影响；三是要合理配置碳限额与碳关税等杠杆政策，实行碳关税与碳限额的政策综合实施；四是要完善与建立中国碳金融市场体系，创新实践服务于碳交易市场的相关金融业务和衍生产品；五是要权衡碳市场中长期产业结构调整目标与短期保持经济稳定增长目标；六是要协同设计多种减排政策和机制，避免潜在政策冲突。

参 考 文 献

[1] 王伟中, 王文远. 对当前全球气候变化问题的思考[J]. 中国人口·资源与环境, 2005, (15): 79-82.

[2] IPCC. Climate Change and Impact[M]. Cambridge: Cambridge University Press, 1990.

[3] Stocker T F, Qin D, Plattner G K, et al. Climate change 2013: The physical science basis. Contribution of working group I to the fifth assessment report of IPCC the intergovernmental panel on climate change[J]. Intergovernmental Panel on Climate Change, 2014, 18(2): 95-123.

[4] 沈永平, 王国亚. IPCC 第一工作组第五次评估报告对全球气候变化认知的最新科学要点[J]. 冰川冻土, 2013, 35(5): 1068-1076.

[5] 张建云, 王国庆, 李岩, 等. 全球变暖及我国气候变化的事实[J]. 中国水利, 2008, (2): 28-30.

[6] 李栋梁. 中国西北地区年平均气温的气候特征及异常研究[M]. 北京: 气象出版社, 2000.

[7] 赵芳芳, 徐宗学. 黄河兰州以上气候要素长期变化趋势和突变特征分析[J]. 气象学报, 2006, 64(2): 246-255.

[8] 《气候变化国家评估报告》编写委员会. 气候变化国家评估报告[M]. 北京: 科学出版社, 2007.

[9] 丁一汇, 孙颖. 国际气候变化研究新进展[J]. 气候变化研究进展, 2006, (4): 161-167.

[10] IPCC. Climate Change 1995: The Science of Climate Change[M]. Cambridge: Cambridge University Press, 1996.

[11] IPCC. Climate Change 2001: The Scientific Basis[M]. Cambridge: Cambridge University Press, 2001.

[12] 巢清尘, 周波涛, 孙颖, 等. IPCC 气候变化自然科学认知的发展[J]. 气候变化研究进展, 2014, 10(1): 7-13.

[13] IPCC. Climate Change 2007: The Physical Science Basis[M]. Cambridge: Cambridge University Press, 2007.

[14] IPCC. Climate Change 2014: Mitigation of Climate Change[M]. Cambridge: Cambridge University Press, 2014.

[15] 竺可桢. 中国近五千年来气候变迁的初步研究[J]. 考古学报, 1972, (1): 15-38.

[16] 葛全胜, 郑景云, 郝志新, 等. 过去 2000 年中国气候变化研究的新进展[J]. 地理学报, 2014, 69(9): 1248-1258.

[17] 中央气象局气象科学研究院. 中国近五百年旱涝分布图集[M]. 北京: 地图出版社, 1981.

[18] 张家诚. 中国气候[M]. 上海: 上海科技出版社, 1985.

[19] 付亦重, 樊阳程. 林业应对气候变化的理论研究与实践进展述评[J]. 林业经济评论, 2013, 3: 39-49.

[20] Woodwell G M, Whittaker R H, Reiners W A, et al. The biota and the world carbon budget[J]. Science, 1978, (199): 141-146.

[21] Nabuurs G J. Significance of Wood Products in Forest Sector Carbon Balances[R]. Forest Ecosystem Managed for and the Global Carbon Cycle, 1994: 245-256.

[22] 杨红强, 王珊珊. IPCC 框架下木质林产品碳储核算研究进展: 方法选择及关联利益[J]. 中国人口·资源与环境, 2017, 27(2): 44-51.

[23] 雪明, 武曙红, 安丽丹, 等. REDD+议题的谈判进展与展望[J]. 生物多样性, 2013, 21(3): 383-388.

[24] 陈晓. 后京都时代国际气候谈判中的伞形国家集团立场分析[D]. 北京: 北京外国语大学, 2017.

[25] 董勤. 气候变化安全化对国际气候谈判的影响及中国的应对[J]. 阅江学刊, 2018, (1): 71-81.

[26] 李怒云, 黄东, 张晓静, 等. 林业减缓气候变化的国际进程、政策机制及对策研究[J]. 林业经济, 2010, (3): 22-25.

[27] 李怒云, 宋维明. 气候变化与中国林业碳汇政策研究综述[J]. 林业经济, 2006, (5): 130-137.

[28] 吴水荣, 陈绍志, 曾以禹. REDD+对我国木材进口影响的实证研究[J]. 林业经济, 2013, 35(10): 36-43.

[29] 张琪. 《巴黎协定》中的共同但有区别责任原则的适用以及对我国的启示[J]. 法学研究, 2017, (3): 12-13.

[30] 杨兴. 《气候变化框架公约》研究[M]. 北京: 中国法制出版社, 2007.

[31] 丁治平. 《京都议定书》下温室气体减排机制研究[D]. 上海: 华东政法大学, 2008.

[32] 吴水荣. 聚焦哥本哈根气候变化峰会[J]. 世界林业动态, 2009, (35): 2-6.

[33] 仲平. 《巴黎协定》后美国应对气候变化的总体部署及中美气候合作展望[J]. 全球科技经济瞭望, 2016, 31(8): 61-66.

[34] 张庆阳. 国际社会应对气候变化发展动向综述[J]. 中外能源, 2015, 20(8): 1-9.

[35] 顾锦龙. 英国多举措应对气候变化[J]. 中国石化, 2009, (10): 66-67.

[36] 李伟, 李航星. 英国碳预算: 目标、模式及其影响[J]. 现代国际关系, 2009, (8): 18-23.

[37] 黄晓蕾. 低碳经济在英国[J]. 华东科技, 2010, (1): 34-35.

[38] 孟浩, 陈颖健. 英国能源与 CO_2 排放现状, 应对气候变化的对策及启示[J]. 中国软科学, 2010, (6): 25-35.

[39] 张庆阳, 杨晓茹. 法国应对气候变化战略框架[J]. 气象科技合作动态, 2005, (4): 26-28.

[40] 孟浩. 法国 CO_2 排放现状, 应对气候变化的对策及对我国的启示[J]. 可再生能源, 2013, 31(1): 121-128.

[41] 冯存万. 法国气候外交政策与实践评析[J]. 国际论坛, 2014, 16(2): 57-62, 81.

[42] 付允, 马永欢, 刘怡君, 等. 低碳经济的发展模式研究[J]. 中国人口·资源与环境, 2008, 18(3): 14-19.

[43] 田成川, 柴麒敏. 日本建设低碳社会的经验及借鉴[J]. 宏观经济管理, 2016, (1): 89-92.

[44] 滕云. 浅析世界主要国家近期应对气候变化目标及政策[J]. 电器工业, 2011, (9): 41-44.

[45] 韦大乐, 马爱民, 马涛. 应对气候变化立法的几点思考与建议——日本, 韩国应对气候变化立法交流启示[J]. 中国发展观察, 2014, (9): 56-59.

[46] 王琦. 日本应对气候变化国际环境合作机制评析: 非国家行为体的功能[J]. 国际论坛, 2018, 20(2): 27-32, 77.

[47] 胡雨梦, 姜雪梅, 王森. 应对与发展——全球气候变化背景下的加拿大林业[J]. 世界林业研究, 2017, 30(6): 73-77.

[48] 吴振新. 加拿大林业可持续发展研究[D]. 长春: 吉林大学, 2004.

[49] 中国新能源网. 欧洲生物质电厂 5 年增长 40%[J]. 可再生能源, 2010, (5): 67.

[50] 苏世伟, 宓春秀. 中外生物质能源政策差异性分析[J]. 中外能源, 2016, 21(11): 14-20.

[51] 徐晓倩, 刘光哲. 芬兰基于产业链的林木生物能源发展概况以及对我国的启示[J]. 开发研究, 2016, (5): 143-147.

[52] 郗婷婷. REDD+机制参与碳交易的理论研究及路径设计[D]. 哈尔滨: 东北林业大学, 2014.

[53] 陈宜瑜. 气候与环境变化的影响与适应, 减缓对策[M]. 北京: 科学出版社, 2005.

[54] 刘时银, 丁永建, 李晶, 等. 中国西部冰川对近期气候变暖的响应[J]. 第四纪研究, 2006, (5): 762-771.

[55] 叶柏生, 陈鹏, 丁永建, 等. 100 多年来东亚地区主要河流径流变化[J]. 冰川冻土, 2008, 30(4): 556-561.

[56] 居辉等. 气候变化与中国粮食安全[M]. 北京: 学苑出版社, 2008.

[57] 路军强, 温登丰. 论海平面上升对中国非沿海地区的影响[J]. 经济论坛, 2008, (13): 4-6.

[58] 慈龙骏, 杨晓晖, 陈仲新. 未来气候变化对中国荒漠化的潜在影响[J]. 地学前缘, 2002, 9(2): 287-294.

[59] 姚雪峰, 张韧, 郑崇伟, 等. 气候变化对中国国家安全的影响[J]. 气象与减灾研究, 2011, 34(1): 56-62.

[60] 阚坚力. 全球气候变化和我国人群健康[J]. 前进论坛, 2010, (12): 43-44.

[61] 格温·戴尔. 气候战争[M]. 北京: 中信出版社, 2010.

[62] 王芳. 中国应对气候变化问题的现实困境与出路[J]. 华东理工大学学报 (社会科学版), 2012, 27(3): 94-101.

[63] 张海滨. 气候变化与中国国家安全[J]. 绿叶, 2010, 46(3): 12-39.

[64] 何宇, 陈叙图, 苏迪. 林业碳汇知识读本[M]. 北京: 中国林业出版社, 2017.

[65] 时明芝. 全球气候变化对中国森林影响的研究进展[J]. 中国人口·资源与环境, 2011, 21(7): 68-72.

[66] 郝建锋, 金森, 马钦彦, 等. 气候变化对暖温带典型森林生态系统结构, 生产力的影响[J]. 干旱区资源与环境, 2008, 22(3): 63-69.

[67] Seppälä R, Buck A, Katila P. Adaptation of forests and people to climate change-a global assessment report[J]. Iufro World, 2009.

[68] 朱建华, 侯振宏, 张小全. 气候变化对中国林业的影响与应对策略[J]. 林业经济, 2009, (11): 78-83.

[69] 徐华清, 柴麒敏, 李俊峰. 应对气候变化的中国贡献[J]. 决策与信息旬刊, 2015, (8): 117.

[70] 徐华清, 郭元, 郑爽. 全球气候变化——中国面临的挑战, 机遇及对策[J]. 经济研究参考, 2004, (84): 21-26.

[71] 李奇. 2010-2050 年中国乔木林碳储量与固碳潜力[D]. 北京: 中国林业科学研究院, 2016.

[72] 赵劼, 何友均, 李忠魁, 等. 低碳经济背景下中国森林可持续经营策略[J]. 世界林业研究, 2012, 25(4): 1-5.

[73] 陈科灶. 全球气候变化背景下林业经济发展方式转变的几点思考[A]//中国科学技术协会, 福建省人民政府. 经济发展方式转变与自主创新——第十二届中国科学技术协会年会(第一卷). 福建省人民政府: 中国科学技术协会, 2010, (5): 1-5.

[74] 江林. 解读《应对气候变化林业行动计划》[J]. 浙江林业, 2010, (1): 21.

[75] FAO. Global Forest Resource Assessment 2000[M]. Roma: Rome, Food and Agriculture Organization, 2001.

[76] 周生贤. 实施以生态建设为主的林业发展战略[M]. 北京: 中国言实出版社, 2005.

[77] 郭兆迪, 胡会峰, 李品, 等. 1977-2008 年中国森林生物量碳汇的时空变化[J]. 中国科学: 生命科学, 2013, 43(5): 421-431.

[78] 娄鲁艳, 丁锦平. 生物质能源发展现状及应用前景[J]. 中国农业文摘: 农业工程, 2017, 29(2): 12-14.

[79] 方精云. 北半球中高纬度的森林碳库可能远小于目前的估算[J]. 植物生态学报, 2000, 24(5): 635-638.

[80] 石兆勇, 王发园, 苗艳芳. 不同菌根类型的森林净初级生产力对气温变化的响应[J]. 植物生态学报, 2012, 36(11): 1165-1171.

[81] 张莉, 郭志华, 李志勇. 红树林湿地碳储量及碳汇研究进展[J]. 应用生态学报, 2013, 24(4): 1153-1159.

[82] 韩海荣. 森林资源与环境导论[M]. 北京: 中国林业出版社, 2002.

[83] Sands, Philippe. United Nations framework convention on climate change[J]. Review of European Community & International Environmental Law, 1992, 1(3): 270-277.

[84] 李顺龙. 森林碳汇问题研究[M]. 哈尔滨: 东北林业大学出版社, 2006.

[85] Edenhofer O R, Pichs-Madruga Y, Sokona E, et al. Climate change 2014: Mitigation of Climate Change. Contribution of Working Group III to the Fifth Assessment Report of the Intergovernmental Panel on Climate Change[M]. Cambridge: Cambridge University Press, 2014.

[86] Read D J, Beerling D J, Cannell M, et al. The role of land carbon sinks in mitigating global climate change[J]. The Royal Society, 2001: 1-35.

[87] 陈家新, 杨红强. 全球森林及林产品碳科学研究进展与前瞻[J]. 南京林业大学学报(自然科学版), 2018, 42(4): 1-8.

[88] Pan Y, Birdsey R A, Fang J, et al. A large and persistent carbon sink in the world's forests[J]. Science, 2011, (333): 988-993.

[89] Quéré C L E, Andrew R M, Canadell J G, et al. Global carbon budget 2016[J]. Earth System Science Data, 2016, 7(1): 47-85.

[90] 陶波, 葛全胜, 李克让, 等. 陆地生态系统碳循环研究进展[J]. 地理研究, 2001, 20(5): 564-575.

[91] 徐明. 森林生态系统碳计量方法与应用[M]. 北京: 中国林业出版社, 2017.

[92] Dixon R K, Brow N S, Houghton R A, et al. Carbon pools and flux of global forest ecosystems[J]. Science, 1994, (263): 185-190.

[93] Watson R T, Verardo D J. Land-Use Change and Forestry [M]. Cambridge: Cambridge University Press, 2000.

[94] Food and Agriculture Organization of the United Nations FAO. Global Forestry Resources Assessment 2015[M]. Rome, Food and Agriculture Organization, 2015.

[95] Food and Agriculture Organization of the United Nations FAO. Climate Change Mitigation Finance for Smallholder Agriculture: A Guidebook to Harvesting Soil Carbon Sequestration Benefits[M]. Rome, Food and Agriculture Organization, 2011.

[96] 姜霞, 黄祖辉. 经济新常态下中国林业碳汇潜力分析[J]. 中国农村经济, 2016, (11): 57-67.

[97] 姜霞. 中国林业碳汇潜力和发展路径研究[D]. 杭州: 浙江大学, 2016.

[98] 李怒云, 冯晓明, 陆霁. 中国林业应对气候变化碳管理之路[J]. 世界林业研究, 2014, 26(2): 1-7.

[99] Boyd E, Hultman N, Roberts J T, et al. Reforming the CDM for sustainable development: Lessons learned and policy futures[J]. Environmental Science and Policy, 2009, (12): 820-831.

[100] Ravindranath N H. Policy update: UNFCCC mechanisms in the forest sector: REDD+ and afforestation/reforestation CDM; opportunities and challenges[J]. Carbon Management, 2011, 2(6): 621-623.

[101] Pistorius T. From RED to REDD+: The evolution of a forest-based mitigation approach for developing countries[J]. Current Opinion in Environmental Sustainability, 2012, 4(6): 638-645.

[102] UNFCCC. Estimation, Reporting and Accounting of Harvested Wood Products[R]. Geneva (Switzer Land), 2003.

[103] IPCC. 2013 Revised Supplementary Methods and Good Practice Guidance Arising from the Kyoto Protocol[M]. Switzerland: Intergovernmental Panel on Climate Change, 2014.

[104] 杨红强, 季春艺. 中国林产品贸易的碳流动——基于气候谈判的视角[J]. 林业科学, 2014, 50(3): 123-129.

[105] Ravindranath N H, Madelene O. Carbon Inventory Methods[M]. Netherlands: Springer, 2008.

[106] Miner R. The 100-year method for forecasting carbon sequestration in forest products in use[J]. Mitigation and Adaptation Strategies for Global Change, 2006: 1-20.

[107] Pingoud K. Harvested Wood Products: Considerations on Issues Related to Estimation, Reporting and Accounting of Greenhouse Gases[R]. Final Report to UNFCCC Secretariat, 2003.

[108] Skog K E. Sequestration of carbon in Harvested wood products for the United States[J]. Forest Products Journal, 2008, 58(6): 56-72.

[109] Chen J X, Colombo S J, Ter-Mikaelian M T, et al. Carbon profile or the managed forests in Canada in the 20th century: Sink or source[J]. Environmental Science and Technology, 2014, (48): 9859-9866.

[110] Pilli R, Fiorese G. EU Mitigation potential of harvested wood products[J]. Carbon Balance and Management, 2015, 10(1): 6.

[111] 伦飞, 李文华, 王震, 等. 中国伐木制品碳储量时空差异[J]. 生态学报, 2012, 32(9): 2918-2928.

[112] 杨红强, 季春艺, 杨惠, 等. 全球气候变化下中国林产品的减排贡献: 基于林产品减排功能的核算[J]. 自然资源学报, 2013, 28(12): 2023-2033.

[113] 魏殿生. 造林绿化与气候变化——碳汇问题研究[M]. 北京: 中国林业出版社, 2003.

[114] IPCC. Revised IPCC Guidelines for National Greenhouse Inventory[R]. Chapter 5: Land-Use Change & Forestry. Bracknell: UK Meteorological Office, 1996.

[115] 季春艺. 中国林产品碳流动核算及影响研究[D]. 南京: 南京林业大学, 2013.

[116] 寇丽. 共同但有区别责任原则: 演进、属性与功能[J]. 法律科学(西北政法大学学报), 2013, 31(4): 95-103.

[117] 杨红强, 张小标. 共同但有区别责任:基于全球 HWP 碳库替代减排的责任分担[J]. 农林经济管理学报, 2015, 14(3): 309-318.

[118] 白彦锋, 张守攻, 姜春前, 等. 木质林产品碳储量研究进展[J]. 世界林业研究, 2013, 26(3): 6-10.

[119] Yang H Q, Zhang X B. A rethinking of the production approach in IPCC: Its objectiveness in China[J]. Sustainability, 2016, 8(3): 216.

[120] Xie S H. Carbon Accounting Approaches for Harvested Wood Products[D]. Vancouver: University of British Columbia Library, 2012.

[121] 李娟, 姜春前. 我国森林管理参考水平制定方法的分析[J]. 世界林业研究, 2014, 27(6): 86-90.

[122] 李怒云, 吕佳. 林业碳汇计量[M]. 北京: 中国林业出版社, 2009.

[123] 杨晓菲, 鲁绍伟, 饶良懿, 等. 中国森林生态系统碳储量及其影响因素研究进展[J]. 西北林学院学报, 2011, 26(3): 73-78.

[124] 徐耀粘, 江明喜. 森林碳库特征及驱动因子分析研究进展[J]. 生态学报, 2015, 35(3): 926-933.

[125] Davidson E A, Janssens I A. Temperature sensitivity of soil carbon decomposition and feedbacks to climate change[J]. Nature, 2006, 440(7081): 165-173.

[126] 查同刚, 张志强, 朱金兆, 等. 森林生态系统碳蓄积与碳循环[J]. 中国水土保持科学, 2008, 6(6): 112-119.

[127] 方精云, 柯金虎, 唐志尧, 等. 生物生产力的 "4P" 概念、估算及其相互关系[J]. 植物生态学报, 2001, (25): 414.

[128] IPCC. 2006 IPCC Guidelines for National Greenhouse Gas Inventories[M]. Hayama: Institute for Global Environmental Strategies, 2006.

[129] Kimmines J P. Forest Ecology[M]. New York: Macmillann, 1987.

[130] 杨洪晓, 吴波, 张金屯, 等. 森林生态系统的固碳功能和碳储量研究进展[J]. 北京师范大学学报: 自然科学版, 2005, 41(2): 172-177.

[131] 李意德, 曾庆波, 吴仲民, 等. 我国热带天然林植被 C 贮存量的估算[J]. 林业科学研究, 1998, (2): 41-47.

[132] 赵林, 殷鸣放, 陈晓非, 等. 森林碳汇研究的计量方法及研究现状综述[J]. 西北林学院学报, 2008, 23(1): 59-63.

[133] 何英. 森林固碳估算方法综述[J]. 世界林业研究, 2005, (1): 22-27.

[134] 石小亮, 张颖, 韩争伟. 森林碳汇计量方法研究综述——基于北京市的选择[J]. 林业经济, 2014, (11): 44-49.

[135] 曹吉鑫, 田赟, 王小平, 等. 森林碳汇的估算方法及其发展趋势[J]. 生态环境学报, 2009, 18(5): 2001-2005.

[136] 王维枫, 雷渊才, 王雪峰, 等. 森林生物量模型综述[J]. 西北林学院学报, 2008, 23(2): 58-63.

[137] 张旭芳, 杨红强, 袁恬. 复合链式结构下中国林业碳库系统测度模型构建[J]. 中国人口·资源与环境, 2016, 26(4): 80-89.

[138] 万精云, 郭兆迪, 朴世龙, 等. 1981~2000 年中国陆地植被碳汇的估算[J]. 中国科学, 2007, 37(6): 804-812.

[139] Kurz W A, Dymond C C, White T M, et al. CBM-CFS3: A model of carbon-dynamics in forestry and land-use change implementing IPCC standards[J]. Ecological Modelling, 2009, 220(4): 480-504.

[140] 冯源, 付甜, 朱建华, 等. 加拿大碳收支模型(CBM-CFS3)原理结构及应用[J]. 世界林业研究, 2014, 27(3): 88-91.

[141] Kull S, Rampley G, Morken S, et al. Operational-scale Carbon Budge Model of the Canadian Forest Sector(CBM-CFS3) Version 1.2: User's Guide[R]. Edmonton, AB: Canadian Forest Service, 2011.

[142] Lambert M C, Ung C H, Raulier F. Canadian national tree above ground biomass equations[J]. Canadian Journal of Forest Research, 2005, 35(8): 1996-2018.

[143] 贾治邦. 中国森林资源报告[M]. 北京: 中国林业出版社, 2009.

[144] 李克让, 王绍强, 曹明奎. 中国植被和土壤碳贮量[J]. 中国科学, 2003, 33 (1): 72-80.

[145] Peng C H, Guiot J, Van C E. Reconstruction of the past terrestrial carbon storage of the northern hemisphere from the osnabruck model and palaeodata[J]. Climate Research, 1995, (5): 107-118.

[146] Ni J, Sykes M T, Prentice I C, et al. Modelling the vegetation of China using the process-passed equilibrium terrestrial biosphere model biome3[J]. Global Ecology & Biogeography, 2000, (9): 463-479.

[147] 马晓哲, 王铮. 中国分省区森林碳汇量的一个估计[J]. 科学通报, 2011, 56(6): 433-439.

[148] 方精云, 刘国华, 徐嵩龄. 我国森林植被的生物量和净生产量[J]. 生态学报, 1996, 16(5): 497-508.

[149] 张颖, 周雪, 覃庆锋, 等. 中国森林碳汇价值核算研究[J]. 北京林业大学学报, 2013, 3(6): 124-130.

[150] Wang X K. Biomass of forest ecosystems and carbon containing gases released from biomass burning in China[D]. Beijing: Research Center f or Eco-Environmental Sciences, Chinese Academy of Sciences, 1996.

[151] 王效科, 冯宗炜, 欧阳志云. 中国森林生态系统的植物碳储量和碳密度研究[J]. 应用生态学报, 2001, 12(1): 13-16.

[152] 赵海珍, 王德艺, 张景兰, 等. 雾灵山自然保护区森林的碳汇功能评价[J]. 河北农业大学学报, 2004, 24(4): 43-47.

[153] 郗婷婷, 李顺龙. 黑龙江省森林碳汇潜力分析[J]. 林业经济问题, 2006, 26(6): 519-526.

[154] 朴世龙, 方精云, 郭庆华. 1982—1999 年我国植被年净第一性生产力及其时空变化[J]. 北京大学学报, 2001, 37(4): 563-569.

[155] 阮宇, 张小全, 杜凡. 中国木质林产品碳贮量[J]. 生态学报, 2006, 26(12): 4212-4218.

[156] 杨红强, 季春艺, 陈幸良, 等. 中国木质林产品贸易的碳流动[J]. 林业科学, 2014, 50(3): 123-129.

[157] Karjalainen T. Model computations on sequestration of carbon in managed forests and wood products under changing climatic conditions in finland[J]. Journal of Environmental Management, 1996, 47(4): 311-328.

[158] Skog K E, Nicholson G A. Carbon cycling through wood products: The role of wood and paper products in carbon sequestration[J]. Forest Products Journal, 1998, 48(7/8): 75-83.

[159] Winjum J K, Brown S, Schlamadinger B. Forest harvests and wood products: Sources and sinks of atmospheric carbon dioxide[J]. Forest Science, 1998, 44(2): 272-284.

[160] Lim B, Brown B. Carbon accounting for forest harvesting and wood products: A review and evaluation of possible approaches[J]. Environmental Science & Policy, 1999, 2(2): 207-216.

[161] Nabuurs G J, Sikkema R. International trade in wood products: Its role in the land use change and forestry carbon cycle[J]. Climate Change, 2001, (49): 377-395.

[162] Dias A C, Louro M, Arroja L, et al. Comparison of methods for estimating carbon in harvested wood products[J]. Biomass and Bioenergy, 2009, 33(2): 213-222.

[163] 杨惠. 中国木质林产品的碳量变化及其贸易影响研究[D]. 南京: 南京林业大学, 2012.

[164] Cooper C F. Carbon storage in managed forests[J]. Canadian Journal of Forest Research, 1983, 3(1): 155-166.

[165] Jasinevičius G, Lindner M, Pingoud K, et al. Review of models for carbon accounting in harvested wood products[J]. International Wood Products Journal, 2015, 6(4): 198-212.

[166] Rüter S. Projections of Net Emissions from Harvested Wood Products in European Countries[R]. Hamburg: Johann Heinrich von Thünen Institute(vTI), 2011.

[167] Somogyi Z, Hidy D, Gelybó G, et al. Modeling of biosphere-atmosphere exchange of greenhouse gases–models and their adaptation[A]//Haszpra L. Atmospheric Greenhouse Gases: The Hungarian Perspective. Hungary: Springer Science+Business Media B.V. Budapest, 2010: 201-228.

[168] 张旭芳, 杨红强. 应对气候变化的中美木质林产品碳储量和减排比较[J]. 林业经济, 2014, (7): 26-31.

[169] 久玉林. 中美林业发展比较研究[J]. 世界林业研究, 2004, 17(1): 37-40.

[170] 杨红强, 聂影. 中国木材资源安全论[M]. 北京: 人民出版社, 2012.

[171] 原磊磊, 陈幸良. 伐木制品碳储量计量方法的比较[J]. 南京林业大学学报(自然科学版), 2014, 38(3): 149-154.

[172] Dolan J, Black K. Future change in carbon in harvested wood products from irish forests established prior to 1990[J]. Carbon Management, 2013, (4): 377-386.

[173] Green C, Avitabile V, Farrell E P, et al. Reporting harvested wood products in national greenhouse gas inventories: Implications for ireland[J]. Biomass and Bioenergy, 2006, 30(2): 105-114.

[174] 郭明辉, 关鑫, 李坚. 中国木质林产品的碳储存与碳排放[J]. 中国人口资源与环境, 2010, 20(5): 19-21.

[175] 白彦锋, 姜春前, 张守攻. 中国木质林产品碳储量及其减排潜力[J]. 生态学报, 2009, 29(1): 309-405.

[176] Lee J Y, Lin C M, Han Y H. Carbon sequestration in Taiwan harvested wood products[J]. International Journal of Sustainable Development & World Ecology, 2011, 18(2): 154-163.

[177] Cowie A, Pingoud K, Schlamadinger B. Stock change or fluxes? Resolving terminological confusion in the debate on land-use change and forestry[J]. Climate Change, 2006, 6(2): 37-41.

[178] Woodwell G M, Whittaker R H, Reiners W A, et al. The biota and the world carbon budget[J]. Science, 1978, (199): 141-146.

[179] Monika S, Laura S, Tuomas M. Impacts of international trade on carbon fows of forest industry in finland[J]. Journal of Cleaner Production, 2011, 19(16): 1842-1848.

[180] Fang J Y, Chen A P, Peng C H, et al. Changes in forest biomass carbon storage in China between 1949 and 1998[J]. Science, 2001, 292(22): 2320-2322.

[181] Yang H Q, Zhang X F, Hong Y X. Classification, production and carbon stock of harvested wood products in China from 1961 to 2012[J]. Bioresources, 2014, 9(3): 4311-4322.

[182] Wang J, Feng L, Palmer P I, et al. Large Chinese land carbon sink estimated from atmospheric carbon dioxide data[J]. Nature, 2020, 586(7831): 720-723.

[183] Lun F, Li W H, Liu Y. Complete forest carbon cycle and budget in China, 1999-2008[J]. Forest Ecology and Management, 2012, 264(1): 81-89.

[184] 路秋玲, 王国兵, 杨平, 等. 森林生态系统不同碳库碳储量估算方法的评价[J]. 南京林业大学学报(自然科学版), 2012, 36(5): 155-160.

[185] 王爱华. 竹/木质产品生命周期评价及其应用研究[D]. 北京: 中国林业科学研究院, 2007.

[186] Gower S T. Patterns and mechanisms of the forest carbon cycle[J]. Annual Review of Environment and Resources, 2003, (28): 169-204.

[187] 王郢军, 阮宏华. 全球变化背景下森林生态系统碳循环及其管理[J]. 南京林业大学学报(自然科学版), 2011, 35(2): 113-116.

[188] Heath L S, Nichols M C, Smith J E, et al. FORCARB2: An Updated Version of the U.S. Forest Carbon Budget Model[R]. Washington DC: Department of Agriculture, Forest Service, Northern Research Station, 2010.

[189] Schelhaas M J, van Esch P W, Groen T A, et al. CO2FIX V 3.1-A Modelling Framework for Quantifying Carbon Sequestration in Forest Ecosystems[R]. Alterra: Wageningen, 2004.

[190] Leemans R, Zuidema G. Evaluating changes in land cover and their importance for global change[J]. Trends in Ecology & Evolution, 1995, 10(2): 76-81.

[191] 张海, 刘琪璟, 陆佩玲, 等. 陆地生态系统碳循环模型概述[J]. 中国科技信息, 2005, (13): 19, 25.

[192] 王绍强, 刘纪远, 于贵瑞. 中国陆地土壤有机碳蓄积量估算误差分析[J]. 应用生态学报, 2003, 14(5): 797-802.

[193] 尉海东, 马祥庆, 刘爱琴, 等. 森林生态系统碳循环研究进展[J]. 中国生态农业学报, 2007, 15(2): 188-192.

[194] 毛留喜, 孙艳玲, 延晓东. 陆地生态系统碳循环模型研究概述[J]. 应用生态学报, 2006, 17(11): 2189-2195.

[195] Members V. Vegetation/ecosystem modeling and analysis: Comparison of biogeography and biogeochemistry models in the context of global climate change and CO_2 doubling[J]. Global Biogeochemical Cycles, 1995, (9): 407-437.

[196] 徐小锋, 田汉勤, 万师强. 气候变暖对陆地生态系统碳循环的影响[J]. 植物生态学报, 2007, 31(2): 175-188.

[197] 张娜, 于振良, 赵士洞. 长白山植被蒸腾量空间变化特征的模拟[J]. 资源科学, 2001, 23(6): 91-96.

[198] 毛嘉富, 王斌, 戴永久. 陆地生态系统模型及其与气候模式耦合的回顾[J]. 气候与环境研究, 2006, 11(6): 763-771.

[199] 贾彦龙, 李倩茹, 许中旗, 等. 基于 CO2FIX 模型的华北落叶松人工林碳循环过程[J]. 植物生态学报, 2016, 40(4): 405-415.

[200] 王玥, 齐麟, 叶雨静, 等. 吉林省森林资源碳汇效益研究[J]. 中国人口资源与环境, 2012, 22(11): 148-152.

[201] 蒋波, 胡青, 肖良俊, 等. 林火干扰对森林植被碳库影响的研究进展[J]. 林业调查规划, 2016, 41(2): 56-68.

[202] 杨健, 孔健健, 刘波. 林火干扰对北方针叶林林下植被的影响[J]. 植物生态学报, 2013, 37(5): 474-480.

[203] 徐冰, 郭兆迪, 朴世龙, 等. 2000~2050 年中国森林生物量碳库: 基于生物量密度与林龄关系的预测[J]. 中国科学, 2010, 40(7): 587-594.

[204] 杨丽韫, 代力民. 长白山北坡苔藓红松暗针叶林倒木分解及其养分含量[J]. 生态学报, 2002, 22(2): 185-189.

[205] 孙辉, 唐亚, 赵其国, 等. 植物篱枝叶有机碳分解研究[J]. 土壤学报, 2002, 39(3): 361-367.

[206] 张瑞清, 孙振钧, 王冲, 等. 西双版纳热带雨林凋落叶分解的生态过程[J]. 植物生态学报, 2006, 30(5): 780-790.

[207] IPCC. Land use, Land-use Change and Forestry, A Special Report of the IPCC[M]. Cambridge: Cambridge University Press, 2000.

[208] Lin D M, Lai J S, Muller-Landau H C, et al. Topographic variation in above ground biomass in a subtropical evergreen broad-leaved forest in China[J]. PLoS ONE, 2012, 7(10): e48244.

[209] Cairns M A, Brown S, Helmer E H, et al. Root biomass allocation in the world's upland forests[J]. Oecologia, 1997, 111(1): 1-11.

[210] 曾立雄, 王鹏程, 肖文发, 等. 三峡库区主要植被生物量与生产力分配特征[J]. 林业科学, 2008, 44(8): 16-22.

[211] Chastain Jr R A, Currie W S, Townsend P A. Carbon sequestration and nutrient cycling implications of the ever green understory layer in appalachian forests[J]. Forest Ecology and Management, 2006, 23: 63-77.

[212] Takahashi K. Regeneration and coexistence of two subalpine conifer species in relation to dwarf bamboo in the forest under story[J]. Journal of Vegetation Science, 1997, (8): 529-536.

[213] George L O, Bazzaz F. The fern understory as an ecological filter: Emergence and establishment of canopy-tree seedlings[J]. Ecology, 1999, (80): 833-845.

[214] 盛炜彤, 杨承栋. 关于杉木林林下植被对改良土壤性质效用的研究[J]. 生态学报, 1997, 17(4): 377-385.

[215] 熊有强, 盛炜彤, 曾满生. 不同间伐强度杉木林林下植被发育及生物量研究[J]. 林业科学研究, 1995, 8(4): 408-412.

[216] 陈灵芝, 任继凯, 鲍显诚, 等. 北京西山(卧佛寺附近)人工油松林群落血特征及生物量的研究[J]. 植物生态学报, 1984, 8(3): 173-181.

[217] 路秋玲, 郑阿宝, 阮宏华. 瓦屋山林场森林碳密度与碳储量研究[J]. 南京林业大学学报(自然科学版), 2010, 34(5): 115-119.

[218] 孙秀云. 东北主要树种倒木分解释 CO_2 通量及其影响因子的研究[D]. 哈尔滨: 东北林业大学, 2007.

[219] Guo L B, Gifford R M. Soil carbon sequestration and land-use change: A meta-analysis[J]. Global Change Biology, 2002, 8(4): 345-360.

[220] Ruiz-Jaen M C, Potvin C. Can we predict carbon stocks in tropical ecosystems from tree diversity? Comparing species and functional diversity in a plantation and a natural forest[J]. New Phytologist, 2011, 189(4): 978-987.

[221] 国家林业局气候办. 造林项目碳汇计量与监测指南[M]. 北京: 中国林业出版社, 2010.

[222] Pickett S T A, White P S. The Ecology of Natural Disturbance and Patch Dynamics[M]. California: Academic Press, 1985.

[223] Kasischke E S, Hoy E E. Controls on carbon consumption during alaskan wildland fires[J]. Global Change Biology, 2012, 18(2): 685-699.

[224] Spracklen D V, MIickley L J, Llgan J A. Impacts of climate change from 2000 to 2050 on wildfire activity and carbonaceous aerosol concentrations in the western United States[J]. Journal of Geophysical Research Atmospheres, 2009, 114: 11-17.

[225] Amiro B D, Todd J B, Wotton B M, et al. Direct carbon emissions from Canadian forest fires, 1959-1999[J]. Canadian Journal of Forest Research, 2001, 31(3): 512-525.

[226] 牟长城, 包旭, 卢慧翠, 等. 火干扰对大兴安岭兴安落叶松瘤囊苔草湿地生态系统碳储量的短期影响[J]. 林业科学, 2013, 49(2): 8-14.

[227] 吕爱峰, 田汉勤, 刘永强. 火干扰与生态系统的碳循环[J]. 生态学学报, 2005, 25(10): 2734-2743.

[228] 周文昌, 牟长城, 刘夏, 等. 火干扰对小兴安岭白桦沼泽和落叶松-苔草沼泽凋落物和土壤碳储量的影响[J]. 生态学报, 2012, 32(20): 6387-6395.

[229] 方东明, 周广胜, 蒋延玲, 等. 基于 CENTURY 模型模拟火烧对大兴安岭兴安落叶松林碳动态的影响[J]. 应用生态学报, 2012, 23(9): 2411-2421.

[230] 王晓莉, 王文娟, 常禹, 等. 基于 NBR 指数分析大兴安岭呼中森林过火区的林火烈度[J]. 应用生态学报, 2013, 24(4): 967-974.

[231] Kukavskaya E A, Ivanova G A, Conard S G, et al. Biomass dynamics of central siberian scots pine forests following surface fires of varying severity[J]. International Journal of Wildland Fire, 2014, 23(6): 872-886.

[232] 刘志华, 杨健, 贺红士, 等. 黑龙江大兴安岭呼中林区火烧点格局分析及影响因素[J]. 生态学报, 2011, 31(6): 1669-1677.

[233] Turner M G, Tinker D B, Romme W H, et al. Landscape patterns of sapling density, leaf area, and aboveground net primary production in postfire lodgepole pine forests, yellowstone national park(USA)[J]. Ecosystems, 2004, 7(7): 751-775.

[234] Brown M, Black T A, Nesic Z, et al. Impact of mountain pine beetle on the net ecosystem production of lodgepole pine stands in british columbia[J]. Agricultural and Forest Meteorology, 2010, 150(2): 254-264.

[235] Stinson G, Kurz W A, Smyth C E, et al. An inventory-based analysis of Canada's managed forest carbon dynamics, 1990 to 2008[J]. Global Change Biology, 2011, 17(6): 2227-2244.

[236] Metsaranta J M, Kurz W A, Neilson E T, et al. Implications of future disturbance regimes on the carbon balance of Canada's managed forest(2010-2100)[J]. Tellus Series B-Chemical and Physical Meteorology, 2010, 62(5): 719-728.

[237] Edburg S L, Hicke J A, Lawrence D M, et al. Simulating coupled carbon and nitrogen dynamics following mountain pine beetle outbreaks in the western United States[J]. Journal of Geophysical Research: Biogeosciences, 2011, 116(G4): 1-15.

[238] Albani M, Moorcroft P R, Ellison A M, et al. Predicting the impact of hemlock woolly adelgid on carbon dynamics of eastern United States forests[J]. Canadian Journal of Forest Research, 2010, 40(1): 119-133.

[239] Medvigy D, Clark K L, Skowronski N S, et al. Simulated impacts of insect defoliation on forest carbon dynamics[J]. Environmental Research Letters, 2012, 7(4): 1-9.

[240] 中国标准出版社第一编辑室. 木材工业标准汇编. 人造板[M]. 北京: 中国标准出版社, 2002.

[241] Lun F, Liu M C, Zhang D, et al. Life cycle analysis of carbon flow and carbon footprint of harvested wood products of Larix principis-rupprechtii in China[J]. Sustainability, 2016, 8(247): 1-16.

[242] Chanton J P, Powelson D K. Methane oxidation in landfill cover soils, is a 10% default value reasonable?[J]. Journal of Environmental Quality, 2009, (38): 654-663.

[243] 岳波, 林晔, 黄泽春, 等. 垃圾填埋场的甲烷减排及覆盖层甲烷氧化研究进展[J]. 生态环境学报, 2010, 19(8): 2010-2016.

[244] 方精云, 唐艳鸿, 林俊达, 等. 全球生态学: 气候变化与生态响应[M]. 北京: 高等教育出版社, 2000.

[245] Hektor B, Backeus S, Andersson K. Carbon balance for wood production from sustainably managed forests[J]. Biomass and Bioenergy, 2016, (93): 1-5.

[246] 周纯亮. 中亚热带四种森林土壤有机碳库特征初步研究[D]. 南京: 南京农业大学, 2009.

[247] 白彦锋. 中国木质林产品碳储量[D]. 北京: 中国林业科学研究院, 2010.

[248] 吕劲文, 乐群, 王铮. 福建省森林生态系统碳汇潜力[J]. 生态学报, 2010, 30(8): 2188-2196.

[249] Dias A C, Capela I. Carbon storage in harvested wood products: Implications of different methodological procedures and input data—A case study for portugal[J]. European Journal of Forest Research, 2012, 131(1): 109-117.

[250] 陈健, 朱德海, 徐泽鸿, 等. 全国森林碳汇监测和计量体系的初步研究[J]. 生态环境, 2008, (5): 128-132.

[251] US Environmental Protection Agency. Inventory of U.S. Greenhouse Gas Emissions and Sinks: 1990-2012[R]. Washington DC: US EPA, 2014.

[252] Houghton R A. Revised estimates of the annual net flux of carbon to the atmosphere from changes in land use and land management 1850-2000[J]. Tellus Series B-Chemical and Physical Meteorology, 2003, 55(2): 378-390.

[253] Nave L E, Vance E D, Swanston C W, et al. Harvest impacts on soil carbon storage in temperate forests[J]. Forest Ecology and Management, 2010, 259(5): 857-866.

[254] 庄亚辉, 曹美秋, 王效科, 等. 中国地区生物质燃烧释放的含碳痕量气体[J]. 环境科学学报, 1998, 18(4): 337-343.

[255] van der Werf G R, Randerson J T, Giglio L, et al. Global fire emissions and the contribution of deforestation, savanna, forest, agricultural, and peat fires(1997-2009)[J]. Atmospheric Chemistry and Physics, 2010, 10(23): 11707-11735.

[256] Hayes D J, McGuire A D, Kicklighter D W, et al. Is the northern high-latitude land-based CO_2 sink weakening?[J]. Global Biogeochemical Cycles, 2011, 25(3): 1-14.

[257] Westerling A L, Bryant B P, Preisler H K, et al. Climate change and growth scenarios for california wildfire[J]. Climatic Change, 2011, 109(S1): 445-463.

[258] Liu Z H, Yang J A, Chang Y, et al. Spatial patterns and drivers of fire occurrence and its future trend under climate change in a boreal forest of northeast China[J]. Global Change Biology, 2012, 18(6): 2041-2056.

[259] 周国模, 姜培坤. 毛竹林的碳密度和碳储量及其空间分布[J]. 林业科学, 2004, 40(6): 20-24.

[260] 林益明, 林鹏, 温万章. 绿竹林碳、氮动态研究[J]. 竹子研究汇刊, 1998, 17(4): 25-30.

[261] 李江, 黄从德, 张国庆. 川西退耕还林地苦竹林碳密度、碳储量及其空间分布[J]. 浙江林业科技, 2006, 26(4): 2-5.

[262] Aerts R. Climate, leaf litter chemistry and leaf litter decomposition in terrestrial ecosystems: A triangular relationship[J]. Oikos, 1997, 79(3): 439-449.

[263] Seiler W, Crutzen P J. Estimates of gross and net fluxes of carbon between the biosphere and the atmosphere from biomass burning[J]. Climate Change, 1980, 2(3): 207-247.

[264] Wong C S. Carbon input to the atmosphere from forest fires[J]. Science, 1979, 204(4389): 210.

[265] Fearnside P M, Leal N, Fernandes F M. Rainforest burning and the global carbon budget: Biomass, combustion efficiency and charcoal formation in the Brazilian amazon[J]. Journal of Geophysical Research, 1993, 98(D9): 16733-16743.

[266] Gupta P K, Krishna Prasad V, Sharma C, et al. CH_4 emissions from biomass burning of shifting cultivation areas of tropical deciduous forests-experimental results from ground-based measurements[J]. Chemosphere-Global Change Science, 2001, 3(2): 133-143.

[267] van der Werf G R, Randerson J Y, Collatz G J, et al. Carbon emissions from fires in tropical and subtropical ecosystems[J]. Global Change Biology, 2003, 9(4): 547-562.

[268] Roberts G, Wooster M J, Perry G L W, et al. Retrieval of biomass combustion rates and totals from fire radiative power observations: Application to southern Africa using geostationary SEVIRI imagery[J]. Journal of Geophysical Research, 2005, (110): 1-24.

[269] Hoelzemann J J, Schultz M G, Brasseur G P, et al. Global wildland fire emission model(GWEM): Evaluating the use of global area burnt satellite data[J]. Journal of Geophysical Research, 2004, (109): 1-18.

[270] Wang X K, Zhuang Y H, Feng Z W. Estimation of carbon-containing gases released from forest fires[J]. Advances in Environmental Science, 1998, 6(4): 1-15.

[271] Tian X R, Shu L F, Wang M Y. Direct carbon emissions from Chinese forest fires, 1991-2000[J]. Fire Safety Science, 2003, 12(1): 6-10.

[272] Buongiorno J, Zhu S. Technical change in forest sector models: The global forest products model approach[J]. Scandinavia Journal Forest Research, 2015,（30）: 30-48.

[273] 叶雨静, 于大炮, 王玥, 等. 采伐木对森林碳储量的影响[J]. 生态学杂志, 2011, 30(1): 66-71.

[274] Zhang X, Xu D. Potential carbon sequestration in China's forests [J]. Environmental Science & Policy, 2003, 6(5): 421-423.

[275] 蔡博峰, 刘建国, 曾宪委, 等. 基于排放源的中国城市垃圾填埋场甲烷排放研究[J]. 气候变化研究进展, 2013, 9(6): 406-413.

[276] Buongiorno J, Zhu S, Zhang D, et al. The Global Forest Products Model: Structure, Estimation, and Applications[M]. California: Academic Press, 2003.

[277] Gregory S L, Hanne K S, Birger S. A review of recent developments and applications of partial equilibrium models of the forest sector [J]. Journal of Forest Economics, 2013,（19）: 350-360.

[278] Samuelson P A. Spatial price equilibrium and linear programming[J]. American Economics Review, 1952,（42）: 283-303.

[279] Sala-i-Martin X. The world distribution of income: Falling poverty and convergence, period[J]. Quarterly Journal of Economics, 2006,（121）: 351-397.

[280] Food and Agriculture Organization of the United Nations(FAO). Global Forest Resource Assessment 2015[M]. Rome, Food and Agriculture Organization, 2016.

[281] Dieter M. Analysis of trade in illegally harvested timber: Accounting for trade via third party countries[J]. Forest Policy and Economics, 2009,（11）: 600-607.

[282] International Money Fund(IMF). World Economic Outlook: Too Slow for Too Long[M]. Washington DC: International Monetary Fund, 2017.

[283] Sala-I-Martin X. The world distribution of income: Falling poverty and convergence, period[J]. Quarterly Journal of Economics, 2016, 121(2): 351-397.

[284] Buongiorno J, Zhu S, Raunikar R, et al. Outlook to 2060 for World Forests and Forest Industries[M]. Washington DC: Department of Agriculture, 2016.

[285] 王春丽, 胡玲. 基于马尔科夫区制转移模型的中国金融风险预警研究[J]. 金融研究, 2014,（9）: 99-114.

[286] 朱卫红, 郑小军, 曹光兰, 等. 基于 3S 技术的图们江流域湿地生态安全评价与预警研究[J]. 生态学报, 2014, 34(6): 1379-1390.

[287] 朱晔, 王海涛, 吴念, 等. 输电线路覆冰在线监测动态预警模型[J]. 高压电技术, 2014, 40(5): 1374-1381.

[288] Wang B, Wang D, Niu X. Past, present and future forest resources in China and the implications for carbon sequestration dynamics[J]. Journal of Food and Agricultural Environment, 2013, 11(1): 801-806.

[289] 张旭芳, 杨红强, 张小标. 1993-2033 年中国林业碳库水平及发展态势[J]. 资源科学, 2016, 38(2): 290-299.

[290] He N, Wen D, Zhu J, et al. Vegetation carbon sequestration in Chinese forests from 2010 to 2050[J]. Global Change Biolology, 2017, 23(4): 1575-1584.

[291] Chen J X, Colombo S J, Ter-Mikaelian M T, et al. Carbon budget of Ontario's managed forests and harvested wood products, 2001-2100[J]. Forest Ecology and Management, 2010, 259(8): 1385-1398.

[292] van Minnen J G, Strengers B J, Eickhout B, et al. Quantifying the effectiveness of climate change mitigation through forest plantations and carbon sequestration with an integrated land-use model[J]. Carbon Balance and Management, 2008, 3(3): 1-20.

[293] 任继勤, 夏景阳, 郑惠潆, 等. 公示的碳汇造林和森林经营碳汇项目比较研究[J]. 森林工程, 2015, 31(6):56-58.

[294] 王效科, 庄亚辉, 冯宗炜. 森林火灾释放的含碳温室气体量的估计[J]. 环境科学进展, 1998, 6(4): 1-15.

[295] Daigneault A J, Miranda M J, Sohngen B. Optimal forest management with carbon sequestration credits and endogenous fire risk[J]. Land Economics, 2010, 86(1): 155-172.

[296] 李福祥, 林文树. 对可持续森林资源管理的探讨[J]. 森林工程, 2005, 21(5): 7-8.

[297] Dias A C, Louro M, Arroja L, et al. The contribution of wood products to carbon sequestration in portugal[J]. Ann For Sci, 2005, 62(8): 902-909.

[298] Pingoud K, Wagner F. Methane emissions from landfills and carbon dynamics of harvested wood products: The first-order decay revisited[J]. Mitigation & Adaptation Strategies for Global Change, 2006, 11 (5-6) : 961-978.

[299] 陈欣. 我国林业碳汇交易实践与推进思路[J]. 理论探索, 2013, (5) : 93-97.

[300] 杨红强. 全球气候变化与中国林产品贸易碳贡献[M]. 北京: 中国林业出版社, 2017.

[301] 韩沐询. 基于碳测算的中国木质林产品贸易结构优化研究[D]. 北京: 北京林业大学, 2015.

[302] 唐人虎, 陈志斌. 通过构建多层次碳市场推动生态文明建设[J]. 环境经济研究, 2018, (2) : 149-156.

[303] 曾梦琦. 国际碳交易市场及其衍生品分析[J]. 商业视角, 2010, (632) : 73-75.

[304] 兰草, 李锴. 中国碳金融交易体系效率分析[J]. 经济学家, 2014, 10 (10) : 77-85.

[305] 易政. 发展碳金融市场与我国经济发展模式转型[J]. 时代金融, 2017, (29) : 44-45.

[306] 范英. 中国碳市场顶层设计: 政策目标与经济影响[J]. 环境经济研究, 2018, (1) : 1-6.

附录一 缩略语对照表

ABD	aboveground biomass density，地上生物量密度
AFA	atmospheric flow approach，大气流动法
AFOLU	agriculture, forestry, and other land use，农业、林业和其他土地利用
AGB	aboveground biomass，地上生物量
AR	afforestation and reforestation，造林和再造林
CBDR	common but differentiated responsibility，共同但有区别的责任
CBI	composite burn index，综合火烧指数
CDIAC	Carbon Dioxide Information and Analysis Center，二氧化碳信息分析中心
CDM	clean development mechanism，清洁发展机制
CMP	Conference of the Parties Serving as Meeting of the Parties of the Kyoto Protocol，京都议定书缔约方会议
CO_2	carbon dioxide，二氧化碳
COP	Conference of the Parties to the United Nations Framework Convention on Climate Change，联合国气候变化框架公约缔约方会议
FAO	Food and Agriculture Organization of the United Nations，联合国粮食及农业组织
FMRL	forest management reference level，森林管理参考水平
FRA 2015	Forest Resource Assessment 2015，《2015 年森林资源评估》
FRP	fire radiative power，火灾辐射功率
GFPM	global forest products model，全球林产品模型
GIS	geographic information system，地理信息系统
GPG-LULUCF	Good Practice Guidance for Land Use, Land-Use Change and Forestry，《土地利用、土地利用变化和林业良好做法指南》
GPP	gross primary productivity，森林初级生产力
HWP	harvested wood products，木质林产品
IET	international emissions trading，国际排放贸易机制
IPCC	Intergovernmental Panel on Climate Change，联合国政府间气候变化专门委员会
JI	joint implementation，联合履行机制
KP	Kyoto Protocol，《京都议定书》
LCA	life cycle analysis，全生命周期分析
LULUCF	land use, land use change and forestry，土地利用、土地利用变化和林业
NBR	normalized burn ratio，归一化燃烧指数

NEP	net ecosystem production，森林净生产力
NGO	Non-Governmental Organization，非政府组织
NPP	net primary productivity，净初级生产力
OPEC	Organization of the Petroleum Exporting Countries，石油输出国组织
PA	production approach，生产法
RED	reducing emissions from deforestation，减少毁林
REDD	reducing emissions from deforestation and degradation，减少发展中国家毁林与森林退化排放
REDD+	reducing emissions from deforestation and forest degradation，减少来自毁林和森林退化的碳排放，同时增加森林碳储、实施森林可持续管理
SBSTA	Subsidiary Body for Scientific and Technological Advice，《联合国气候变化框架公约》下附属科技咨询机构
SCA	stock-change approach，储量变化法
SFM	sustainable forest management，可持续森林经营
SWDS	solid waste disposal sites，固体废弃物处理场所
TM	thematic mapper，专题制图仪
UBD	underground biomass density，地下生物量密度
UNFCCC	United Nations Framework Convention on Climate Change，《联合国气候变化框架公约》
US EIA	Energy Information Administration of United States，美国能源信息署
WB	World Bank，世界银行
WRI	World Resource Institution，世界资源研究所
2013 Supplement	2013 Supplementary Methods and Good Practice Guidance Arising from the Kyoto Protocol，《2013<京都议定书>方法和良好实践的重要补充》

附录二　计量单位对照表

cm	厘米
Gg C	千吨碳
GJ/m^3	吉焦/立方米
hm^2	公顷
kg/culm	千克/株
kg/GJ	千克/吉焦
kg/m^2	千克/平方米
kg C	千克碳
m	米
m^2	平方米
m^3	立方米
$Mg\ C/hm^2$	吨碳/公顷
$Mg\ C/m^3$	吨碳/立方米
mm	毫米
Pg/a	十亿吨/年
Pg C	十亿吨碳
t	吨
$t/(hm^2 \cdot a)$	吨/(公顷·年)
t/hm^2	吨/公顷
t/m^3	吨/立方米
Tg	百万吨
Tg/a	百万吨/年
Tg C	百万吨碳

附录三　中国林业国家碳库抵偿水平

2010～2030 年各级安全标准与支出情景下中国林业国家碳库抵偿支出情况

		2010	2011	2012	2013	2014	2015	2016
GDP(亿元)		467566	512156	552392	595244	638683	682844	729960
GDP 增速		10.6%	9.5%	7.9%	7.8%	7.3%	6.9%	6.9%
一级安全	经济活动碳排放量(亿 t)	23.9	26.5	27.3	28.0	28.4	28.7	29.0
	GDP 碳排放强度(kg/万元 GDP)	511.4	517.8	494.7	469.6	444.2	419.7	396.8
	GDP 碳排放强度变化率	4.02%	1.26%	−4.46%	−5.08%	−5.40%	−5.53%	−5.44%
	中国林业国家碳库余额(亿 t)							190.7
	基期存量抵偿支出(亿 t)							0.0
	年增量抵偿支出(亿 t)							0.0
二级安全	经济活动碳排放量(亿 t)	23.9	26.5	27.3	28.0	28.4	28.7	31.0
	GDP 碳排放强度(kg/万元 GDP)	511.4	517.8	494.7	469.6	444.2	419.7	424.0
	GDP 碳排放强度变化率	4.02%	1.26%	−4.46%	−5.08%	−5.40%	−5.53%	1.04%
	中国林业国家碳库余额(亿 t)							188.7
	基期存量抵偿支出(亿 t)							0.0
	年增量抵偿支出(亿 t)							2.0
三级安全	经济活动碳排放量(亿 t)	23.9	26.5	27.3	28.0	28.4	28.7	43.9
	GDP 碳排放强度(kg/万元 GDP)	511.4	517.8	494.7	469.6	444.2	419.7	600.8
	GDP 碳排放强度变化率	4.02%	1.26%	−4.46%	−5.08%	−5.40%	−5.53%	43.15%
	中国林业国家碳库余额(亿 t)							175.8
	基期存量抵偿支出(亿 t)							14.9
	年增量抵偿支出(亿 t)							2.0
	中国林业碳库量(亿 t)						188.7	190.7
	林业碳库年增量(亿 t)							2
低速情景	经济活动碳排放量(亿 t)	23.9	26.5	27.3	28.0	28.4	28.7	29.4
	GDP 碳排放强度(kg/万元 GDP)	511.4	517.8	494.7	469.6	444.2	419.7	403.4
	GDP 碳排放强度变化率	4.02%	1.26%	−4.46%	−5.08%	−5.40%	−5.53%	−3.88%
	中国林业国家碳库余额(亿 t)							190.2
	基期存量抵偿支出(亿 t)							0.0
	年增量抵偿支出(亿 t)							0.5

续表

		2010	2011	2012	2013	2014	2015	2016
中速情景	经济活动碳排放量(亿t)	23.9	26.5	27.3	28.0	28.4	28.7	28.9
	GDP碳排放强度(kg/万元GDP)	511.4	517.8	494.7	469.6	444.2	419.7	396.4
	GDP碳排放强度变化率	4.02%	1.26%	−4.46%	−5.08%	−5.40%	−5.53%	−5.53%
	中国林业国家碳库余额(亿t)							190.7
	基期存量抵偿支出(亿t)							0.0
	年增量抵偿支出(亿t)							0.0
高速情景	经济活动碳排放量(亿t)	23.9	26.5	27.3	28.0	28.4	28.7	28.9
	GDP碳排放强度(kg/万元GDP)	511.4	517.8	494.7	469.6	444.2	419.7	396.0
	GDP碳排放强度变化率	4.02%	1.26%	−4.46%	−5.08%	−5.40%	−5.53%	−5.63%
	中国林业国家碳库余额(亿t)							190.7
	基期存量抵偿支出(亿t)							0.0
	年增量抵偿支出(亿t)							0.0

		2017	2018	2019	2020	2021	2022	2023
GDP(亿元)		780328	832609	888394	947028	1008585	1073135	1140742
GDP增速		6.9%	6.7%	6.7%	6.6%	6.5%	6.4%	6.3%
一级安全	经济活动碳排放量(亿t)	29.3	29.5	29.8	30.0	30.3	30.4	30.6
	GDP碳排放强度(kg/万元GDP)	375.2	354.8	335.5	317.3	300.0	283.7	268.3
	GDP碳排放强度变化率	−5.44%	−5.44%	−5.44%	−5.44%	−5.44%	−5.44%	−5.44%
	中国林业国家碳库余额(亿t)	192.7	194.7	196.7	198.7	201.0	203.4	205.8
	基期存量抵偿支出(亿t)	0.0	0.0	0.0	0.0	0.0	0.0	0.0
	年增量抵偿支出(亿t)	0.0	0.0	0.0	0.0	0.0	0.0	0.0
二级安全	经济活动碳排放量(亿t)	31.3	31.5	31.8	32.1	32.7	33.0	33.3
	GDP碳排放强度(kg/万元GDP)	400.7	378.8	358.3	339.1	324.1	307.9	291.8
	GDP碳排放强度变化率	−5.51%	−5.45%	−5.41%	−5.36%	−4.44%	−4.98%	−5.22%
	中国林业国家碳库余额(亿t)	188.7	188.7	188.7	188.7	188.7	188.7	188.7
	基期存量抵偿支出(亿t)	0.0	0.0	0.0	0.0	0.0	0.0	0.0
	年增量抵偿支出(亿t)	2.0	2.0	2.0	2.0	2.3	2.4	2.4
三级安全	经济活动碳排放量(亿t)	44.2	44.4	44.7	45.0	45.3	45.5	45.8
	GDP碳排放强度(kg/万元GDP)	566.0	533.8	503.5	475.3	449.0	424.4	401.4
	GDP碳排放强度变化率	−5.79%	−5.69%	−5.66%	−5.60%	−5.54%	−5.48%	−5.42%
	中国林业国家碳库余额(亿t)	162.9	150.0	137.1	124.2	111.6	99.1	86.6
	基期存量抵偿支出(亿t)	29.8	44.7	59.6	74.5	89.4	104.3	119.2
	年增量抵偿支出(亿t)	2.0	2.0	2.0	2.0	2.3	2.4	2.4
	中国林业碳库量(亿t)	192.7	194.7	196.7	198.7	201	203.4	205.8
	林业碳库年增量(亿t)	2	2	2	2	2.3	2.4	2.4

续表

		2017	2018	2019	2020	2021	2022	2023
低速情景	经济活动碳排放量(亿 t)	30.3	31.0	31.8	32.6	33.4	34.1	34.9
	GDP 碳排放强度(kg/万元 GDP)	387.7	372.7	358.3	344.4	331.0	318.2	305.8
	GDP 碳排放强度变化率	−3.88%	−3.88%	−3.88%	−3.88%	−3.88%	−3.88%	−3.88%
	中国林业国家碳库余额(亿 t)	191.2	191.7	191.7	191.2	190.5	189.4	187.8
	基期存量抵偿支出(亿 t)	0.0	0.0	0.0	0.5	0.7	1.1	1.6
	年增量抵偿支出(亿 t)	1.0	1.5	2.0	2.0	2.3	2.4	2.4
中速情景	经济活动碳排放量(亿 t)	29.2	29.5	29.7	29.9	30.1	30.2	30.4
	GDP 碳排放强度(kg/万元 GDP)	374.5	353.8	334.2	315.7	298.3	281.8	266.2
	GDP 碳排放强度变化率	−5.53%	−5.53%	−5.53%	−5.53%	−5.53%	−5.53%	−5.53%
	中国林业国家碳库余额(亿 t)	192.7	194.7	196.7	198.7	201.0	203.4	205.8
	基期存量抵偿支出(亿 t)	0.0	0.0	0.0	0.0	0.0	0.0	0.0
	年增量抵偿支出(亿 t)	0.0	0.0	0.0	0.0	0.0	0.0	0.0
高速情景	经济活动碳排放量(亿 t)	29.1	29.3	29.4	29.4	29.4	29.4	29.2
	GDP 碳排放强度(kg/万元 GDP)	373.3	351.6	330.7	310.8	291.7	273.5	256.2
	GDP 碳排放强度变化率	−5.73%	−5.83%	−5.93%	−6.03%	−6.13%	−6.23%	−6.33%
	中国林业国家碳库余额(亿 t)	192.7	194.7	196.7	198.7	201.0	203.4	205.8
	基期存量抵偿支出(亿 t)	0.0	0.0	0.0	0.0	0.0	0.0	0.0
	年增量抵偿支出(亿 t)	0.0	0.0	0.0	0.0	0.0	0.0	0.0

		2024	2025	2026	2027	2028	2029	2030
GDP(亿元)		1211468	1285368	1361204	1438793	1517927	1598377	1679894
GDP 增速		6.2%	6.1%	5.9%	5.7%	5.5%	5.3%	5.1%
一级安全	经济活动碳排放量(亿 t)	30.7	30.8	30.9	30.9	30.8	30.7	30.5
	GDP 碳排放强度(kg/万元 GDP)	253.7	239.9	226.8	214.5	202.8	191.8	181.3
	GDP 碳排放强度变化率	−5.44%	−5.44%	−5.44%	−5.44%	−5.44%	−5.44%	−5.44%
	中国林业国家碳库余额(亿 t)	208.2	210.7	213.2	215.7	218.3	220.9	223.5
	基期存量抵偿支出(亿 t)	0.0	0.0	0.0	0.0	0.0	0.0	0.0
	年增量抵偿支出(亿 t)	0.0	0.0	0.0	0.0	0.0	0.0	0.0
二级安全	经济活动碳排放量(亿 t)	33.5	33.8	34.0	34.2	34.4	34.4	34.4
	GDP 碳排放强度(kg/万元 GDP)	276.7	263.3	250.0	237.4	226.3	215.2	204.8
	GDP 碳排放强度变化率	−5.18%	−4.85%	−5.07%	−5.02%	−4.69%	−4.91%	−4.85%
	中国林业国家碳库余额(亿 t)	188.7	188.7	188.7	188.7	188.7	188.7	188.7
	基期存量抵偿支出(亿 t)	0.0	0.0	0.0	0.0	0.0	0.0	0.0
	年增量抵偿支出(亿 t)	2.4	2.5	2.5	2.5	2.6	2.6	2.6

续表

		2024	2025	2026	2027	2028	2029	2030
三级安全	经济活动碳排放量(亿 t)	46.0	46.2	46.4	46.6	46.7	46.7	46.7
	GDP 碳排放强度(kg/万元 GDP)	379.9	359.8	341.1	323.6	307.3	292.2	278.0
	GDP 碳排放强度变化率	−5.36%	−5.30%	−5.21%	−5.12%	−5.03%	−4.94%	−4.85%
	中国林业国家碳库余额(亿 t)	74.1	61.7	49.3	36.9	24.6	12.3	0.0
	基期存量抵偿支出(亿 t)	134.1	149.0	163.9	178.8	193.7	208.6	223.5
	年增量抵偿支出(亿 t)	2.4	2.5	2.5	2.5	2.6	2.6	2.6
	中国林业碳库量(亿 t)	208.2	210.7	213.2	215.7	218.3	220.9	223.5
	林业碳库年增量(亿 t)	2.4	2.5	2.5	2.5	2.6	2.6	2.6
低速情景	经济活动碳排放量(亿 t)	35.6	36.3	37.0	37.6	38.1	38.6	39.0
	GDP 碳排放强度(kg/万元 GDP)	294.0	282.6	271.6	261.1	251.0	241.2	231.9
	GDP 碳排放强度变化率	−3.88%	−3.88%	−3.88%	−3.88%	−3.88%	−3.88%	−3.88%
	中国林业国家碳库余额(亿 t)	185.8	183.3	180.3	176.9	173.2	169.0	164.5
	基期存量抵偿支出(亿 t)	2.1	2.5	2.9	3.4	3.7	4.2	4.6
	年增量抵偿支出(亿 t)	2.4	2.5	2.5	2.5	2.6	2.6	2.6
中速情景	经济活动碳排放量(亿 t)	30.5	30.5	30.5	30.5	30.4	30.2	30.0
	GDP 碳排放强度(kg/万元 GDP)	251.5	237.5	224.4	212.0	200.3	189.2	178.7
	GDP 碳排放强度变化率	−5.53%	−5.53%	−5.53%	−5.53%	−5.53%	−5.53%	−5.53%
	中国林业国家碳库余额(亿 t)	208.2	210.7	213.2	215.7	218.3	220.9	223.5
	基期存量抵偿支出(亿 t)	0.0	0.0	0.0	0.0	0.0	0.0	0.0
	年增量抵偿支出(亿 t)	0.0	0.0	0.0	0.0	0.0	0.0	0.0
高速情景	经济活动碳排放量(亿 t)	29.0	28.8	28.5	28.1	27.6	27.0	26.4
	GDP 碳排放强度(kg/万元 GDP)	239.7	224.1	209.2	195.1	181.8	169.2	157.3
	GDP 碳排放强度变化率	−6.43%	−6.53%	−6.63%	−6.73%	−6.83%	−6.93%	−7.03%
	中国林业国家碳库余额(亿 t)	208.2	210.7	213.2	215.7	218.3	220.9	223.5
	基期存量抵偿支出(亿 t)	0.0	0.0	0.0	0.0	0.0	0.0	0.0
	年增量抵偿支出(亿 t)	0.0	0.0	0.0	0.0	0.0	0.0	0.0

附录四 支撑本专著的代表性科研论文

（*为通讯作者）

1. Wenqi Pan, Man-Keun Kim, Zhuo Ning, Hongqiang Yang（*）. Carbon leakage in energy/forest sectors and climate policy implications using meta-analysis. *Forest Policy and Economics*, 2020, 115（102161）. DOI: 10.1016/j.forpol.2020.102161 （Top Journal）（SSCI, SCI, JCR Q1）

2. Xiaobiao Zhang, Jiaxin Chen, Ana Cláudia Dias, Hongqiang Yang（*）. Improving carbon stock estimates for in-use harvested wood products by linking production and consumption—a global case study. *Environmental Science and Technology*, 2020, 54（5）: 2565-2574. DOI: 10.1021/acs.est.9b05721 （Top Journal）（SCI, JCR Q1）

3. Jiaxin Chen, Hongqiang Yang, Rongzhou Man, et al. Using machine learning to synthesize spatiotemporal data for modelling DBH-height and DBH-height-age relationships in boreal forests. *Forest Ecology and Management*, 2020, 466（118104）. DOI: 10.1016/j.foreco.2020.118104 （Top Journal）（SCI, JCR Q1）

4. Aixin Geng, Jiaxin Chen, Hongqiang Yang（*）. Assessing the greenhouse gas mitigation potential of harvested wood products substitution in China. *Environmental Science and Technology*, 2019, 53（3）: 1732-1740. DOI: 10.1021/acs.est.8b06510 （Top Journal）（SCI, JCR Q1）

5. Aixin Geng, Zhuo Ning, Han Zhang, Hongqiang Yang（*）. Quantifying the climate change mitigation potential of China's furniture sector: Wood substitution benefits on emission reduction. *Ecological Indicators*, 2019, 103: 363-372. DOI: 10.1016/j.ecolind.2019.04.036 （SCI, JCR Q1）

6. Shengliang Zhang, Hongqiang Yang, Yu Yang. A multiquadric quasi-interpolations method for CEV option pricing model. *Journal of Computational and Applied Mathematics*, 2019, 347: 1-11. DOI: 10.1016/j.cam.2018.03.046 （SSCI, JCR Q1）

7. Hongqiang Yang（*）, Xi Li. Potential variation in opportunity cost estimates for REDD+ and its causes. *Forest Policy and Economics*, 2018, 95: 138-146. DOI: 10.1016/j.forpol.2018.07.015 （Top Journal）（SSCI, SCI, JCR Q1）

8. Xiaobiao Zhang, Hongqiang Yang（*）, Jiaxin Chen. Life-cycle carbon budget of China's harvested wood products in 1900—2015. *Forest Policy and Economics*, 2018, 92: 181-192. DOI: 10.1016/j.forpol.2018.05.005p （Top Journal）（SSCI, SCI, JCR Q1）

9. Jiaxin Chen, Michael T Ter-Mikaelian, Hongqiang Yang, et al. Assessing the greenhouse

gas effects of harvested wood products manufactured from managed forests in Canada. *Forestry*, 2018, 91 (2): 193-205. DOI: 10.1093/forestry/cpx056 (SCI, JCR Q1)

10. Aijun Yang, Ju Xiang, Hongqiang Yang, et al. Sparse bayesian variable selection in probit model for forecasting U.S. recessions using a large set of predictors. *Computational Economics*, 2018, 51 (4): 1123-1138. DOI: 10.1007/s10614-017-9660-1 (SSCI)

11. Shanshan Wang, Weifeng Wang, Hongqiang Yang (*). Comparison of product carbon footprint protocols: Case study on medium-density fiberboard in China. *International Journal of Environmental Research and Public Health*, 2018, 15 (10). DOI: 10.3390/ijerph15102060 (SSCI, SCI, JCR Q2)

12. Aixin Geng, Hongqiang Yang (*), Jiaxin Chen, et al. Review of carbon storage function of harvested wood products and the potential of wood substitution in greenhouse gas mitigation. *Forest Policy and Economics*, 2017, 85: 192-200. DOI: 10.1016/j.forpol.2017.08.007 (Top Journal) (SSCI, SCI, JCR Q1)

13. Aixin Geng, Han Zhang, Hongqiang Yang (*). Greenhouse gas reduction and cost efficiency of using wood flooring as an alternative to ceramic tile: A case study in China. *Journal of Cleaner Production*, 2017, 166: 438-448. DOI: 10.1016/j.jclepro.2017.08.058 (Top Journal) (SSCI, SCI, JCR Q1)

14. Han Zhang, Jari Kuuluvainen, Ying Lin, Penghui Gao, Hongqiang Yang (*). Cointegration in China's log import demand: Price endogeneity and structural change. *Journal of Forest Economics*, 2017, 27: 99-109. DOI: 10.1016/j.jfe.2017.03.003 (SSCI, JCR Q2)

15. Shanshan Wang, Han Zhang, Ying Nie, Hongqiang Yang (*). Contributions of China's wood-based panels to CO_2 emission and removal implied by the energy consumption standards. *Forests*, 2017, 8 (8): 273. DOI: 10.3390/f8080273 (SCI, JCR Q2)

16. Hongqiang Yang (*), Tian Yuan, Xiaobiao Zhang, et al. A decade trend of total factor productivity of key state-owned forestry enterprises in China. *Forests*, 2016, 7 (5): 97. DOI: 10.3390/f7050097 (SCI, JCR Q2)

17. Xiaobiao Zhang, Bin Xu, Lei Wang, Aijun Yang, Hongqiang Yang (*). Eliminating illegal timber consumption or production: Which is the more economical means to reduce illegal logging? *Forests*, 2016, 7 (9): 191. DOI: 10.3390/f7090191 (SCI, JCR Q2)

18. Hongqiang Yang (*), Xiaobiao Zhang. A rethinking of the production approach in IPCC: Its objectiveness in China. *Sustainability*, 2016, 8 (3): 216. DOI: 10.3390/su8030216 (SSCI, SCI)

19. Xiaobiao Zhang, Hongqiang Yang (*), Xufang Zhang, et al. Projection of global long-term carbon flow in the forest products trade from a climate negotiation perspective: 2010–2030. *Fresenius Environmental Bulletin*, 2015, 24 (11): 3679-3685 (SCI)

20. Hongqiang Yang (*), Xufang Zhang, Yinxing Hong. Classification, production, and

carbon stock of harvested wood Products in China from 1961 to 2012. *Bioresources*, 2014, 9(3): 4311-4322. DOI: 10.15376/biores.9.3.4311-4322 (SCI, JCR Q2)

21. 许恩银, 王维枫, 聂影, 杨红强(*). 中国林业碳贡献区域分布及潜力预测. 中国人口·资源与环境, 2020, 30(5): 36-45 (CSSCI)

22. 张楠, 杨红强(*). 欧美典型国家林地投资的产权结构演变与组织模式比较. 资源科学, 2020, 42(7): 1361-1371 (CSSCI)

23. 王珊珊, 张寒, 聂影, 杨红强(*). 林产品生物碳通量的动态生命周期评估. 中国人口·资源与环境, 2020, 30(3): 65-73 (CSSCI)

24. 耿爱欣, 潘文琦, 杨红强(*). 中国林木生物质能源替代煤炭的减排效益评估. 资源科学, 2020, 42(3): 536-547 (CSSCI)

25. 王珊珊, 杨红强(*). 基于国际碳足迹标准的中国人造板产业碳减排路径研究. 中国人口·资源与环境, 2019, 29(4): 27-37 (CSSCI)

26. 许恩银, 陶韵, 杨红强(*). LULUCF 关联林业碳问题研究进展. 资源科学, 2019, 41(9): 1641-1654 (CSSCI)

27. 王珊珊, 张寒, 杨红强(*). 中国人造板行业的生命周期碳足迹和能源耗用评估. 资源科学, 2019, 41(3): 521-531 (CSSCI)

28. 刘晶, 刘璨, 杨红强, 等. 林地细碎化程度对农户营林积极性的影响. 资源科学, 2018, 40(10): 2029-2038 (CSSCI)

29. 杨红强(*), 王珊珊. IPCC 框架下木质林产品碳储核算研究进展: 方法选择及关联利益. 中国人口·资源与环境, 2017, 27(2): 44-51 (CSSCI)

30. 耿爱欣, 杨红强(*). 生物质能源替代化石能源的成本有效性拓展模型: 基于时间价值视角. 资源开发与市场, 2017, 33(5): 533-539 (CSSCI)

31. 张旭芳, 杨红强(*), 袁恬. 复合链式结构下中国林业碳库系统测度模型构建. 中国人口·资源与环境, 2016, 26(4): 80-89 (CSSCI)

32. 张旭芳, 杨红强(*), 张小标. 1993-2033 年中国林业碳库水平及发展态势. 资源科学, 2016, 38(2): 290-299 (CSSCI)

33. 杨红强(*), 张小标. 共同但有区别责任: 基于全球 HWP 碳库替代减排的责任分担. 农林经济管理学报, 2015, 14(3): 309-318 (CSSCI)

34. 张小标, 杨红强(*). 基于 GFPM 的中国林产品碳储效能及碳库结构动态预测. 资源科学, 2015, 37(7): 1403-1413 (CSSCI)

35. 邹松涛, 杨红强(*). 标准仓单质押组合的价格风险: 基于中国农产品期货规范市场的实证研究. 技术经济, 2014, 33(10): 98-105 (CSSCI)

36. 陶韵, 杨红强(*). "伞形集团"典型国家 LULUCF 林业碳评估模型比较研究. 南京林业大学学报(自然科学版), 2020, 44(3): 202-210 (CSCD)

37. 李艳, 刘璨, 杨红强, 等. 资本异质性视角下林业投入劳动集约的成因分析. 林业科学, 2019(10): 99-110 (CSCD)

38. 陈家新, 杨红强(*). 全球森林及林产品碳科学研究进展与前瞻. 南京林业大学学报(自然科学版), 2018, 42(4): 1-8(CSCD)

39. 杨红强(*), 季春艺, 陈幸良, 等. 中国木质林产品贸易的碳流动: 基于气候谈判的视角. 林业科学, 2014, 50(3): 123-129 (CSCD)

40. 杨春芳, 杨红强(*). 非法采伐及相关贸易统计数据缺乏的估算方法学综述. 林业经济, 2020, 42(3): 88-96(中文核心)

41. 钱静, 杨红强, 聂影(*). 非法采伐普通木材运输刑事案件裁量的实证分析. 林业经济, 2019, 41(11): 74-79, 87(中文核心)

42. 李茜, 芮晓东, 杨红强(*). 中国退耕还林项目机会成本的差异: 基于 REDD+成本异质性. 林业经济, 2018, 40(8): 68-74(中文核心)

43. 芮晓东, 杨红强, 聂影(*). 林业碳汇项目的利益共享机制: 基于利益来源与分配的研究综述. 林业经济, 2017, 39(12): 72-79(中文核心)

44. 季春艺, 杨红强(*). IPCC 框架下中国 HWP 碳库的碳流动与碳平衡研究. 林业经济, 2016, 38(12): 34-40(中文核心)

45. 袁恬, 杨红强(*), 张小标. 全球林产品模型研究趋势及中国应用: 基于 1990~2015 年的 ISI 统计数据. 林业经济, 2015, 37(11): 51-56, 89(中文核心)

46. 张小标, 杨红强(*). 基于全球均衡市场的中国人造板产业动态演化. 林业经济, 2015, 37(1): 62-69, 74(中文核心)

47. 季春艺, 贺祥瑞, 杨红强. 中国原木进出口的森林生态足迹账户及影响研究. 林业经济, 2014(11): 61-66, 70(中文核心)

48. 张小标, 杨红强(*), 聂影. GFPM 模型: 研究综述与应用范畴. 林业经济, 2014, 36(7): 79-84(中文核心)

49. 张旭芳, 杨红强(*). 应对气候变化的中美木质林产品碳储量和碳减排比较. 林业经济, 2014, 36(7): 26-31(中文核心)

50. 季春艺, 杨红强, 聂影(*), 等. 气候变化与中国林产品的减排潜力. 林业经济, 2014, 36(7): 20-25(中文核心)

后　记

　　《中国林业国家碳库与预警机制》是国家社会科学基金重点项目(14AJY014)资助的学术成果，在项目研究后期，江苏省"333工程"科技领军英才项目(BRA2018070)跟进研究资助，在本专著付梓之际，作者对全国哲学社会科学工作办公室和江苏省人才工作领导小组办公室对本科研团队的资助和培养支持表达诚挚谢意。

　　南京林业大学与国家林业和草原局林产品经济贸易研究中心的诸多专家学者对于本专著的出版给予了极大的关心和支持。中国工程院院士、南京林业大学原校长曹福亮教授，在百忙中对本专著给予指导和题序，鼓励我们的研究要顶天立地，即既要关注全球性气候变化重大问题，又要立足中国重大战略需求并提出林业部门应对气候变化的中国智慧和方案。南京林业大学经济管理学院首任院长、国家林业和草原局林产品经济贸易研究中心首任主任陈国梁教授，耄耋之年仍笔耕不辍，诲人不倦，经常深夜还在帮助我们审稿和梳理文稿，帮扶团队教育激励年轻博士研究生潜心学术研究。研究团队客座教授王维枫、沈文星、杨爱军等，也从生态科学、资源科学、统计学等领域与我们协同开展科学研究，帮助我们解决了多项重要的科学难题。国家林业和草原局林产品经济贸易研究中心苏世伟教授、张寒教授、程南洋副教授、秦天堂副教授、陈积敏副教授、曾杰杰副教授、宁卓副教授等在项目开题和日常组会中多次参与研讨并提供了很多有益建议和意见。

　　全国著名经济学家、江苏社科名家、南京大学人文社科资深教授洪银兴教授，从2014年本项目申报开始，就给予了我们重点科研指导，项目立项后，洪老师每年度都会督问科研进展和成果报告，鼓励我们既要立足资源经济学研究，也要大胆探索交叉学科的科研创新。教育部重点基地——南京大学长三角经济社会发展研究中心范从来教授、张二震教授、葛扬教授、马野青教授以及南京财经大学张为付教授、杨继军教授等，也多次参加了我们的项目论证会和博士答辩，为我们的科研工作提供了宝贵建议。

　　国内林业碳科学研究领域的诸多专家和同行，也是我们要感谢的同路人。他们是：中国科学院欧阳志云教授；北京大学徐晋涛教授；中国林学会陈幸良教授；国家林业和草原局经济发展研究中心刘璨教授；北京林业大学宋维明教授、温亚利教授、程宝栋教授、于畅副教授；中国人民大学刘金龙教授；重庆大学杨易教授；东北林业大学田国双教授、曹玉昆教授、田刚教授；西北农林科技大学姚顺波教授；福建农林大学刘伟平教授、黄和亮教授、戴永务教授；浙江农林大学沈月琴教授、吴伟光教授；中国林业科学研究院王登举研究员、叶兵研究员、吴水荣研究员、陈勇研究员、徐斌研究员；等等。这些专家学者不同视角的同类科学研究的诸多成果，都对本专著的学术水平和质量提升具有重要借鉴价值。

　　本专著的出版，也得益于诸多国际专家学者的研讨和合作，我们对这些科学家的重要贡献一并致谢。加拿大安大略林业经济研究所Chen Jiaxin教授(国际著名气候变化碳核算首席专家)，连续多年与本团队合作培养博士研究生，每年接收研究生访学，并来南京林业大学为博士研究生授课讲学，2020 年疫情期间，也坚持通过视频会议研讨科学问题，Chen Jiaxin 教授与本团队合作发表重要科研论文十余篇，对本专著的出版给予了热忱帮助。其他对我们研究工作提供帮助的专家学者包括，美国威斯康星大学麦迪逊分校 Buongiorno Joseph 教授、密歇根州立大学 Yin Runsheng 教授、佐治亚大学 Richard Bin Mei 教授、密西西比州立大学 Sun Changyou 教授、犹他州立大学 Man-Keun Kim 教授，加拿大多伦多大学 Shashi Kant 教授、不列颠哥伦比亚大学 Tu Qingshi 教授、Wei-Yew Chang 教授等，这些国际专家学者和我们一起培养博士研究生，一起合作研究，与他们的交流合作保证了这部专著的研究问题具有重要的国际前沿性。

　　本科研团队开展"气候变化和林业碳科学"研究工作始于 2008 年，至今已有十几年，其间一批优秀的博士研究生和硕士研究生在本科研团队学习和工作，他们与课题团队一起成长进步，也推进着我们的科研工作不断深入。本专著出版过程中，多名博士研究生做了重要的前期基础研究工作，例如，张寒(现西北农林科技大学教授)较早在国内引入 GFPM、李春艺(现江南大学副教授)对 IPCC 方法学的先导研究、张旭芳(普渡大学博士后，现德克萨斯农工大学助理教授)关于 CO2FIX 林业碳模型的基础研究、张小标(现中国科学院博士后)构建了 CBM-MRIO 碳核算模型、耿爱欣(不列颠哥伦比亚大学联培)引入了碳替代问题的研究、王珊珊(明尼苏达大学联培)引入了林业产业 LCA 的分析思想等。研究团队的其他同学，包括芮晓东、袁恬、李茜、许恩银、潘文琦、张楠、余智涵、储安婷等，也参与了本专著出版过程中的数据整理、图表完善和文字校对等烦琐的工作。在此，特别向我们亲爱的孩子们致谢，这些同学的科研追求和对未知问题的持续探索，保证了本团队持续多年蓬勃向上的科研氛围，也是我们团队学术长青的宝贵财富。

　　我们团队关于气候变化与林业碳科学的研究工作不断深入，从森林碳汇、林产品碳储、林业产业碳减排，到未来要突破的林业碳替代、碳捕获、碳中和贡献等重要科学命题，目的在于为中国资源经济关联的森林经营和碳库管理提供更客观的科学依据，也为中国林业应对气候变化提供更有效的解决方案，这都需要后期继续进行更认真更艰苦更前沿的科学研究。

　　感谢金陵科技学院图书馆吴丁主任协调有关出版事项。我们对科学出版社刘翠娜和孙静慧两位编辑老师细心认真的工作表达衷心谢意。

2020 年 12 月于南京林业大学